T0292704

CAMBRIDGE LIBRARY COLLECTION

Books of enduring scholarly value

Earth Sciences

In the nineteenth century, geology emerged as a distinct academic discipline. It pointed the way towards the theory of evolution, as scientists including Gideon Mantell, Adam Sedgwick, Charles Lyell and Roderick Murchison began to use the evidence of minerals, rock formations and fossils to demonstrate that the earth was older by millions of years than the conventional, Bible-based wisdom had supposed. They argued convincingly that the climate, flora and fauna of the distant past could be deduced from geological evidence. Volcanic activity, the formation of mountains, and the action of glaciers and rivers, tides and ocean currents also became better understood. This series includes landmark publications by pioneers of the modern earth sciences, who advanced the scientific understanding of our planet and the processes by which it is constantly re-shaped.

Traité de Géognosie

Jean François Aubuisson de Voisins (1769–1841) was a French geologist and engineer who studied under Abraham Gottlob Werner at Freiberg together with Humboldt, von Buch and Jameson. Werner had coined the term geognosy to define a science based on the recognition of the order, position and relation of the layers forming the earth. His theory of the marine origins of the Earth's crust (Neptunism) was widely accepted at the time. Aubuisson however showed that igneous rocks such as basalt were similar to surface lava flows, and were not chemical precipitates of the ocean. His two-volume *Traité de Géognosie*, published in 1819, was one of the earliest geology books in French. It was highly successful, and gained him wide professional recognition. Volume 1 examines the earth, its size, atmosphere and oceans. Aubuisson describes the various processes that affect the surface of the earth, and how mineral deposits are laid down.

Cambridge University Press has long been a pioneer in the reissuing of out-of-print titles from its own backlist, producing digital reprints of books that are still sought after by scholars and students but could not be reprinted economically using traditional technology. The Cambridge Library Collection extends this activity to a wider range of books which are still of importance to researchers and professionals, either for the source material they contain, or as landmarks in the history of their academic discipline.

Drawing from the world-renowned collections in the Cambridge University Library, and guided by the advice of experts in each subject area, Cambridge University Press is using state-of-the-art scanning machines in its own Printing House to capture the content of each book selected for inclusion. The files are processed to give a consistently clear, crisp image, and the books finished to the high quality standard for which the Press is recognised around the world. The latest print-on-demand technology ensures that the books will remain available indefinitely, and that orders for single or multiple copies can quickly be supplied.

The Cambridge Library Collection will bring back to life books of enduring scholarly value (including out-of-copyright works originally issued by other publishers) across a wide range of disciplines in the humanities and social sciences and in science and technology.

Traité de Géognosie

Ou, Exposé des Connaissances Actuelles sur la Constitution Physique et Minérale du Globe Terrestre

VOLUME 1

J.F. D'AUBUISSON DE VOISINS

CAMBRIDGE UNIVERSITY PRESS

Cambridge, New York, Melbourne, Madrid, Cape Town,
Singapore, São Paolo, Delhi, Tokyo, Mexico City

Published in the United States of America by Cambridge University Press, New York

www.cambridge.org
Information on this title: www.cambridge.org/9781108029704

This edition first published 1819
This digitally printed version 2011

ISBN 978-1-108-02970-4 Paperback

The original edition of this book contains a number of colour plates, which cannot be printed cost-effectively in the current state of technology. The colour scans will, however, be incorporated in the online version of this reissue, and in printed copies when this becomes feasible while maintaining affordable prices.

TRAITÉ

DE

GÉOGNOSIE,

OU

EXPOSÉ DES CONNAISSANCES ACTUELLES SUR LA CONSTITUTION PHYSIQUE ET MINÉRALE DU GLOBE TERRESTRE.

PAR

J. F. D'AUBUISSON DE VOISINS,

Ingénieur en chef au Corps royal des Mines; Chevalier de l'ordre royal et militaire de Saint-Louis, ancien Officier d'artillerie; Secrétaire perpétuel de l'Académie des Sciences, Inscriptions et Belles-Lettres de Toulouse; de la Société géologique de Londres, des Sociétés d'histoire naturelle de Berlin, de Dresde, etc.

TOME PREMIER.

F. G. Levrault, Éditeur, à STRASBOURG,
Et rue des Fossés M. le Prince, n.° 33, à PARIS.
1819.

DISCOURS PRÉLIMINAIRE.

Peu de connaissances sont aussi propres à exciter la curiosité de l'homme, et paraissent plus dignes d'occuper son esprit, que celle de la structure et de la formation du globe qu'il habite. Dès qu'il commença à faire usage de la faculté de raisonner, il dut l'exercer sur de pareils objets : aussi, l'histoire des opinions géologiques remonte-t-elle jusqu'aux tems les plus reculés. Elles faisaient partie des études des prêtres égyptiens, premiers dépositaires des sciences humaines ; et d'après ce qui est parvenu jusqu'à nous, il paraît qu'ils regardaient la terre comme ayant été originairement recouverte par les eaux, et comme s'étant formée dans leur sein. Cette doctrine avait ainsi une grande conformité avec celle qui est exposée dans les livres sacrés, où le plus ancien des écrivains, Moïse, nous représente le Tout-Puissant formant l'univers au milieu des eaux, rassemblant ensuite, en un seul lieu, celles qui couvraient notre globe, et donnant ainsi naissance à la terre (1).

De l'Égypte, les connaissances scientifiques passèrent dans la Grèce. A l'exemple de plusieurs philosophes de sa nation, Thalès alla s'instruire chez les Egyptiens ; il rapporta à Milet leur système géologique, et il l'enseigna dans son école, la plus justement célèbre de l'antiquité, sous le rapport des sciences naturelles. Dans quelques autres, néanmoins, on professa des systèmes différents : c'est ainsi que Zénon présentait le feu comme le principe de tout, et, par suite, de la terre ; qu'ailleurs on regardait la terre, le ciel et même les dieux comme composés d'une matière éthérée. Au reste, il serait oiseux de chercher la moindre notion d'une géologie positive chez des philosophes, ou plutôt chez des sophistes qui, dédaignant la connaissance des faits, étaient entièrement livrés à leur imagination, et ne faisaient cas que de ses productions. Rien ne pouvait fournir un aliment plus propre à satisfaire leur goût et

---

(1) ℣ 1. *In principio creavit Deus cœlum et terram.*

℣ 2. *Terra autem erat inanis et vacua, et tenebræ erant super faciem abyssi : et spiritus Dei ferebatur super aquas.*

℣ 9. *Dixit verò Deus : Congregentur aquæ, quæ sub cœlo sunt, in locum unum ; et appareat arida. Et factum est ita.* Genese, chap. I.

leur penchant pour les dissertations, que des hypothèses sur la formation de la terre : ils s'y exercèrent à l'envi, et ils parcoururent presqu'en entier le cercle des choses possibles. Aussi, y a-t-il peu de vérités générales auxquelles nos travaux et nos sciences nous aient conduits, dans ces derniers tems, dont on ne trouve des indices, et quelquefois même l'énoncé positif dans leurs écrits : mais elles n'y portent pas sur des fondements plus solides que les erreurs au milieu desquelles elles sont avancées.

Ce mode entièrement spéculatif de traiter la géologie s'est continué, à quelques légères exceptions près, jusque vers la fin du dernier siècle. Il n'a produit que de vaines théories dont l'ensemble ne mérite certainement pas le nom de science, et qui ont jeté une défaveur sur celle qui, d'après son étymologie, devait avoir pour objet la *connaissance de la terre.*

L'heureuse révolution que Bâcon et Newton avaient opérée dans l'étude des sciences naturelles ne se fit ressentir que bien tard dans celle de la géologie. Il en coûtait trop à des esprits systématiques, accoutumés à la spéculation, de descendre de la brillante sphère de l'imagination à la froide recherche des faits, et d'abandonner un exercice de l'esprit pour se livrer à un travail en apparence mécanique. Vainement, dès le seizième siècle, Agricola, en Saxe, et, en France, Bernard de Palissy, simple potier de terre, avaient déduit de l'observation quelques idées raisonnées sur la formation des substances minérales; la faible lueur, qu'avaient jetée ces deux hommes extraordinaires pour leur siècle, s'éteignit bientôt, et la géologie se perdit dans l'obscurité et dans la frivolité des discussions scolastiques.

Cependant des faits aussi évidents que remarquables s'offraient de toutes parts : les coquillages, les squelettes de poissons, et les autres vestiges d'animaux et de végétaux qu'on trouve souvent dans l'intérieur des masses minérales, en attestant qu'une portion de l'écorce du globe avait été formée postérieurement à l'existence des êtres organisés, ne pouvaient manquer d'attirer l'attention des savants: ils fixèrent sur-tout celle de Stenon (1669). Mais à cette époque, où toutes les questions scientifiques étaient soumises au domaine de la théologie, ces faits furent attribués au déluge universel, et l'on disserta long-tems sur la manière dont il pouvait les avoir produits.

De Maillet, qui avait long-tems résidé en Egypte

où il s'était imbu de la doctrine des anciens philosophes de ce pays, et où il avait vu comment les eaux augmentent, par leurs sédiments, la masse de la terre, essaya une explication plus générale de ces faits. Il reproduisit, dans son *Telliamed* (1), l'opinion que notre globe était composé de couches déposées successivement les unes sur les autres par une mer dont la retraite graduelle avait mis à découvert nos continents.

Ce mode de formation fut admis par le célèbre Linné, dans son ouvrage sur l'accroissement de la terre habitable (*de telluris habitabilis incremento*).

Il le fut encore, au moins pour les couches superficielles du globe, par Buffon, dans son *Discours sur l'histoire et la théorie de la terre*, ouvrage essentiellement différent de ceux où il s'est efforcé depuis de soutenir l'hypothèse qu'il avait imaginée sur la formation du système planétaire : et, quoiqu'en général les tableaux de ce grand peintre de la nature soient plus recommandables par la noblesse des conceptions et par le brillant du coloris, que par l'exactitude du trait, on ne saurait disconvenir que, dans celui-

(1) *Telliamed* est le nom de l'auteur en renversant l'ordre des lettres, 1740.

ci, il ne se soit tenu bien près des faits. Malheureusement ceux qu'il avait observés, et même ceux que l'on admettait à cette époque, étaient trop peu nombreux, et ils n'étaient pas tous également constatés.

Des faits positifs devaient être la base comme les matériaux de l'édifice à élever, et il fallait commencer par les rassembler : ici, de même que dans les autres branches de l'histoire naturelle et de la physique, la vraie science consiste à bien observer les faits, à les rapprocher de manière à faire ressortir leurs rapports, et à tâcher d'en déduire les lois auxquelles ils sont assujettis. On connaissait à peine, et imparfaitement, quelques lieues carrées de la surface de la terre, et l'on voulait en conclure la formation du globe entier ! Ce mode de procéder dut être réformé ; il fallut d'abord faire connaître, d'une manière précise, la partie de la terre accessible à nos observations, et commencer, en conséquence, par des descriptions minéralogiques de diverses portions de cette terre.

Le Suédois Tylas est, je crois, le premier, qui, sentant l'avantage de pareilles descriptions, en entreprit et en publia quelques-unes (1750). L'exemple fut bientôt suivi : la quantité considérable d'exploitations souterraines qui existent en

Suède et en Allemagne, et le grand nombre de personnes instruites attachées à leur direction, y multiplièrent et les minéralogistes et les descriptions minéralogiques. Celle que Lehmann donna, en 1756, des terrains à couches (*Floetzgebirge*) du centre de l'Allemagne, mérite d'être particulièrement citée.

Les traités de minéralogie qui parurent ensuite, notamment ceux de Wallerius (1778) et de Gerhard, renferment déjà beaucoup de faits sur le gissement des minéraux. Mais aucun n'en présenta un plus grand nombre que la *Géographie physique* de Bergmann ; ce savant illustre y exposa, dans un ordre méthodique, tous ceux qui étaient venus à sa connaissance, et tout ce que l'on savait alors sur les couches de la terre et sur les filons métalliques.

Dans ce même tems, de savants voyageurs s'attachèrent à l'étude du sol des contrées qu'ils parcouraient ; on doit mettre au premier rang le célèbre Pallas, dont les voyages dans les parties les moins connues de la Russie ont procuré tant de connaissances sur ce vaste empire et sur son histoire naturelle : mais la rapidité avec laquelle ils furent faits, le peu de lignes parcourues dans un si grand espace, et l'état de la minéralogie à cette époque, font regretter que son grand ouvrage ne renferme pas une quantité proportionnee de faits géologiques bien circonstanciés : cependant, ceux qui y sont rapportés, les vues de l'auteur, et surtout ses observations sur les nombreux ossements d'éléphants, de rhinocéros, et d'autres animaux de la zone torride, qu'on trouve enfouis dans le sol glacé de la Sibérie, contribuèrent encore à étendre nos connaissances en géologie.

La France eut aussi ses descriptions minéralogiques. Guettard et Monnet, assistés de plusieurs naturalistes, et secondés par le gouvernement, entreprirent, sur un vaste plan, celle de tout le royaume, et ils en exécutèrent quelques parties : mais les faits qu'ils recueillirent restèrent isolés, la géologie n'ayant pas encore des principes à l'aide desquels on pût les lier. L'illustre et malheureux Lavoisier coopéra à cette entreprise ; quelques mémoires qu'il y fournit, et la supériorité de son jugement, autorisent à penser que, si des circonstances particulières ne l'eussent détourné de cet objet, le réformateur de la chimie eût été vraisemblablement encore un de ceux de la géologie. D'autres savants essayèrent des descriptions particulières de nos provinces : Gensane donna celle du Languedoc ; M. Faujas celle du Dauphiné, et il nous fit encore connaître les volcans du Vivarais : déjà Desmarest avait décrit et rétabli, en quelque sorte, dans tous leurs droits, les produits volcaniques de l'Auvergne : Palassou, dans son *Essai sur les Pyrénées,* fit connaître la structure de ces montagnes; et il nous apprit ce fait important, que la direction des couches y est parallèle à celle de la chaîne.

Mais, de tous les écrits qui parurent à cette époque (1779), aucun n'est plus important, aucun n'a plus contribué à l'avancement de la géologie que les premiers *Voyages de Saussure dans les Alpes.* L'auteur, esprit éclairé et judicieux, observateur exact et sans prévention, d'une imagination sage et réservée, ayant beaucoup d'ordre dans les idées et de clarté dans leur exposition, physicien du premier ordre, philosophe mu entièrement par l'amour de la vérité et le désir de contribuer à l'avancement d'une science pour laquelle il était passionné ; l'auteur, dis-je, est un de ces hommes précieux pour les sciences, et qui assurent infailliblement les progrès de celles dont ils s'occupent. Ses *Voyages*, remarquables par un grand nombre de faits minéralogiques importants, par des observations géologiques d'un grand intérêt, et par quelques excellentes digressions, occupent encore aujourd'hui le premier rang parmi les ouvrages publiés sur des matières géologiques. Les conséquences y découlent naturellement des faits rapportés ; les idées systématiques ne s'y rencontrent que de loin à loin, et elles y sont présentées avec une réserve qui doit servir d'exemple. On pourrait peut-être désirer que cet ouvrage formât un tout présentant plus d'ensemble, et que Saussure y eût consigné les résultats généraux de ses observations : mais on doit remarquer qu'il ne donnait au public qu'une suite de voyages faits successivement, et souvent à de longs intervalles les uns des autres ; certainement l'auteur des *Essais sur l'hygrométrie*, et des observations météorologiques faites sur le col du Géant, était bien capable de concevoir et d'exécuter, d'une manière supérieure, le plan d'un ouvrage scientifique. Quant aux résultats généraux, les chagrins qui l'affligèrent dans ses dernières années, et le dégoût qui en fut la suite, lui enlevèrent la force de rédiger le traité particulier dans lequel il s'était proposé de les rassembler.

Saussure eut pour émule, dans presque tous ses travaux, un de ses compatriotes, J. A. Deluc, de Genève, recommandable par les services qu'il a rendus à diverses parties de la physique et de la géologie : mais, esprit plus porté à la dissertation et à la controverse qu'à l'observation, écrivain diffus, ses nombreux ouvrages géologiques, pénibles à lire, renfermant peu de faits positifs, restent à une grande distance des *Voyages* de Saussure.

Quelques années avant la publication des écrits des savants dont nous venons de parler, un de ces hommes de génie que la nature semble avoir destinés, dès leur premier âge, à la réforme des sciences, Werner, signalé par des talents précoces, fut chargé de professer la minéralogie dans la métropole même de cette science, à Freyberg en Saxe ; dans l'école de l'Europe où la connaissance des minéraux avait été plus qu'ailleurs l'objet des travaux de plusieurs savants célèbres (Agricola, Henkel, Lonheis, Charpentier, etc.); et dans une contrée où un grand nombre d'ateliers souterrains avaient mis à même d'observer la manière dont les minéraux sont disposés dans le sein de la terre, et de remarquer plusieurs des circonstances qui ont dû accompagner leur formation. Embrassant son objet dans toute son étendue, Werner sentit que la minéralogie devait aussi traiter de la maniere que les substances minérales constituent, par leur ensemble, la partie du globe accessible à nos observations. Trouvant, dans l'examen des couches minérales, des preuves incontestables de leur formation successive, et persuadé que la nature, qui a tout fait avec ordre, en avait certainement suivi un dans cette série de formations, il s'occupa de sa recherche. Le peu qu'il trouva sur ce sujet, dans les auteurs qui l'avaient précédé, fut loin de le satisfaire, et peut-être même qu'aucun d'eux ne lui parut avoir envisagé la question sous son véritable point de vue : il ne fut pas difficile au plus habile des minéralogistes, à l'homme le plus porté à abandonner de vieilles routines, de s'ouvrir une nouvelle route menant directement au but qu'il se proposait d'atteindre. Doué d'une merveilleuse sagacité, doué au suprême degré du talent de rapprocher les faits et de les coordonner entre eux, il réunit tout ce que ses propres observations et celles de ses devanciers lui avaient appris sur la composition et la structure des diverses masses ou couches minérales, sur leurs rapports entre elles, sur les circonstances de leur gissement et de leur formation, sur l'ordre de leur superposition et sur leur âge relatif, etc. ; et il en fit un corps de doctrine auquel il donna le nom de *géognosie :* restreignant ainsi aux faits positifs, et à leurs conséquences immédiates, la science qui était désignée, depuis quelques années, sous le nom de *géologie*, et qui n'avait presque été, ainsi qu'on l'a déjà dit, qu'un tissu d'hypothèses hasardées sur la formation de l'univers.

Non-seulement Werner a créé cette nouvelle branche de l'histoire naturelle, car « c'est de lui, » et de lui seulement que datera la géologie po- » sitive, en ce qui concerne la nature minérale » des couches, » dit un juge bien compétent, M. Cuvier (1); mais encore il lui a imprimé, du haut de la chaire où il l'a professée pendant trente ans, l'étonnante impulsion qui lui a fait faire de si grands progrès dans ces dernières années. Il exposait sa doctrine avec un tel art, qu'il en pénétrait ses auditeurs jusqu'à l'enthousiasme ; il savait inspirer non-seulement le goût, mais encore la passion de sa science. C'est au sortir de ses leçons, et pleins de leur objet, qu'une foule de ses élèves, Freisleben, Mohs, Esmark, d'Andrada, Raumer, Engelhart, J. Charpentier, Brocchi, etc., se sont répandus dans toutes

(1) Discours préliminaire, contenant une esquisse des systèmes géologiques, placé au commencement des *Recherches sur les ossements fossiles*.

les parties de l'Europe, et qu'ils ont rempli les archives de la minéralogie de leurs nombreuses observations; que M. de Humboldt, bravant toute espèce de dangers, de peines et de privations, s'est enfoncé dans le Nouveau-Monde, et nous a ensuite étonnés par la multitude et par l'importance des résultats de ses recherches; que M. de Buch est allé parcourir la Norwége, l'Italie, les îles de l'Afrique, etc., d'où il a rapporté une si riche moisson de faits géognostiques. On peut dire de Werner ce qu'on a dit de Linné: La terre a été couverte de ses disciples, et, d'un pôle à l'autre, la nature a été interrogée au nom d'un seul homme.

J'ai eu l'avantage de suivre les leçons de ce grand maître, en 1800 et 1801; et leur objet m'en parut si intéressant et si neuf, que je résolus de le faire connaître dans ma patrie. Ce projet, dont je croyais l'exécution prochaine, fut même dès lors annoncé au public (1); mais les occupations de mon état, exigeant un autre emploi de mon tems, m'ont forcé à le différer jusqu'à ce jour.

---

(1) Brochant, *Minéralogie*, tom. 2, 1802.

Les circonstances m'avaient mis dans la position la plus favorable pour bien connaître la doctrine de Werner. Pendant quatre années consécutives, ce savant illustre m'honora de soins particuliers; dans de nombreux entretiens, il me dévoila en quelque sorte les principes de sa science, et il me traça la route à suivre dans les recherches qui peuvent conduire à une vraie géognosie. C'est en suivant ces principes, et après avoir tenu cette marche pendant vingt années de travaux et d'études, ayant un rapport direct ou indirect à des objets géognostiques, que je publie cet ouvrage.

Tout en convenant qu'il est fait d'après les principes de Werner et sur un plan qu'il a tracé, tout en convenant que c'est à lui que doit revenir l'honneur de ce qu'il peut y avoir d'utile et de bon, je n'en dois pas moins observer qu'il n'est ni un exposé ni même un simple commentaire de ses leçons.

Werner n'a rien écrit; il parlait d'abondance dans ses cours, il y exposait des principes et des résultats qu'il appuyait sur des faits pris le plus souvent des environs de Freyberg même, afin d'être mieux entendu de ses auditeurs. Que seraient, pour les lecteurs de cet ouvrage, de pareils faits, se rapportant presque tous a une localité éloignée et très-circonscrite? J'ai dû faire usage de ceux qui ont été exposés en détail par les plus célèbres observateurs; j'ai dû naturellement donner ceux que j'ai été moi-même à portée d'observer, principalement en France. Les résultats même rapportés par Werner, à l'époque où j'ai reçu ses leçons, sont en partie modifiés par les observations récentes; aussi, presque toutes les parties de cet ouvrage sont-elles différentes, tant pour le fond que pour la forme, de ce qu'elles auraient été si je n'eusse publié qu'un développement des leçons données à Freyberg, à l'époque où je m'y trouvais.

Werner a continué, d'année en année, à modifier et même à réformer quelques points de sa doctrine; ses élèves, en suivant les préceptes qu'il leur avait lui-même donnés, à mesure qu'ils ont multiplié leurs observations, ont ajouté et ils ajoutent sans cesse de nouveaux perfectionnements à son ouvrage. Au milieu de ces changements, pour ainsi dire journaliers, nécessités par les progrès rapides de la géognosie, je ne saurais avoir la prétention de donner ici un corps de science définitivement arrêté: je crois seulement avoir recueilli les faits géognostiques les plus importants de ceux qui nous sont connus, avoir exposé les faits généraux ou les résultats auxquels on croit être arrivé, et avoir établi ou développé les principes à suivre pour assurer les progrès de la science. Je me garderai bien encore de donner ces résultats et ces principes comme des vérités incontestables ; au contraire, j'appelle sur eux le doute et l'examen des savants ; persuadé que c'est sur-tout à la géognosie qu'on doit appliquer cette maxime de Descartes : Celui qui aspire à connaître la vérité doit, au moins une fois en sa vie, s'appliquer à douter de tout ce qu'on lui a appris.

Propager la vérité est ici mon unique objet, et je verrai avec satisfaction tout travail qui en établirait une, lors même qu'il entraînerait la ruine d'une des assertions que j'ai crues ou que je crois encore vraies. Ce n'est point le désir de soutenir ou d'accréditer un système qui m'a mis la plume à la main. Je n'en adopte positivement aucun ; et si, en traitant des masses et des couches minérales, je parais suivre une hypothèse sur le mode de leur formation, c'est qu'une pareille manière de procéder m'a paru simple, propre à mieux représenter les faits et à mieux les lier entre eux ; à-peu-près comme les physiciens qui, sans être convaincus de l'existence du fluide magnétique, la supposent cependant, afin de mieux représenter ce qui se passe dans divers phénomènes du magnétisme. Ce mode d'assembler les faits tient d'ailleurs si peu au fond de mon ouvrage, que le géologiste qui lui en substituerait un entièrement différent, qui adopterait, par exemple, le système de Hutton ou de Herschell, aurait à peine quelques paragraphes à réformer dans ce traité : les faits observés et leurs conséquences géognostiques resteraient les mêmes.

Revenons à l'histoire des progrès de la géognosie, et après avoir dit ce que Werner avait fait pour cette science en Allemagne, jetons un coup-d'œil sur ce qui se passait dans d'autres contrées.

En France, les écrits de Buffon, répandus dans toutes les classes des personnes instruites, y avaient porté le goût de l histoire naturelle, et en particulier celui de la géologie. On se livra à son étude, et les travaux des savants français que nous avons déjà cités, ainsi que les ouvrages de MM. Patrin, Delamétherie, Ramond, etc., ajoutèrent sensiblement à nos idées et à nos connaissances sur la théorie et sur la constitution de la terre. Mais c'est à Dolomieu principalement que la géologie doit l'essor qu'elle a pris chez nous : naturaliste d'un talent supérieur, d'un goût décidé pour les voyages et les recherches géologiques, bon observateur, porté par les circonstances sur les volcans de l'Europe encore en activité, il en fit une étude particulière, et, le premier, il nous donna des notions positives sur leurs produits, et sur la nature des substances volcaniques en général. Les travaux de MM. Faujas, Fleuriau-de-Bellevue, Spallanzani et Cordier, ont ensuite répandu de nouvelles lumières sur cet objet. Les masses minérales étrangères au domaine des volcans fixèrent aussi l'attention de Dolomieu, et quelques mémoires publiés à leur sujet prouvent la profonde connaissance qu'il avait de leur nature. Une mort prématurée, en nous privant des écrits dans lesquels il devait consigner les résultats de ses observations, aurait été une double perte pour la science, s'il ne nous eût laissé des élèves dignes héritiers de ses talens et de ses doctrines. Chargé de professer la géologie à l'école des mines, lui aussi sut en inspirer l'amour à ses disciples, et il guida leurs premiers pas dans la carrière que plusieurs d'entre eux poursuivent aujourd'hui avec tant de distinction. Les élèves de cette école, formés en outre par les leçons de M. Haüy à une exactitude jusqu'à-lors inconnue dans la détermination des espèces minérales, initiés par M. Vauquelin dans les secrets de la composition des minéraux, instruits par M. Brochant de ce qui avait été fait dans les pays étrangers, et exercés par lui aux bonnes méthodes, les élèves de cette école ont porté, dans les nombreux écrits minéralogiques et géologiques qu'ils sont dans le cas de publier journellement, une précision, un esprit éclairé, des vues saines et philosophiques, qui les rendent extrêmement recommandables. Affilié à cette école, formé à celle de Werner, j'ai tâché de mettre à profit, dans ce traité, l'esprit et les travaux de toutes les deux.

C'est encore en France que les recherches sur les débris des êtres organiques renfermés dans les couches de la terre, ont le plus puissamment contribué aux progrès de la géognosie. Werner avait bien signalé l'avantage de pareilles recherches, et il avait même tracé un plan d'après lequel elles devaient être faites; on devait une suite d'intéressantes observations sur les fossiles à MM. Blumenbach et de Schlottheim; mais ce sont les grands travaux de M. Cuvier qui ont amené un nouvel ordre de choses, et qui forment ici la plus brillante des époques. Portant l'œil du génie sur ces nombreux ossements épars et enfouis depuis des milliers d'années dans nos carrières, ce savant illustre les a rapprochés, réunis, et il a opéré, en quelque sorte, l'étonnante résurrection des êtres auxquels ils avaient appartenu. C'est aux nombreuses applications qu'il a faites à la géologie, de ses découvertes et de ses profondes connaissances dans l'anatomie comparée, à laquelle il venait de donner une nouvelle existence; c'est à l'application que M. Brongniart a faite de la connaissance des fossiles aux terrains des environs de Paris; à la distinction principalement établie par ce naturaliste, et suivie par M. Omalius d'Halloy et autres savants, entre les couches déposées dans le sein des mers, et celles formées dans les eaux douces; c'est enfin aux belles observations de M. Beudant, sur les coquilles qui vivent ou qui peuvent vivre dans les eaux salées et non salées, que l'histoire des couches secondaires doit un degré d'intérêt et même de certitude que n'a point celle des couches primitives. Les nombreux vestiges d'animaux de toutes les classes qui se trouvent dans les terrains secondaires, y sont comme les témoins des époques où ces terrains ont été formés, et ils sont quelquefois les indices des révolutions qui ont produit ou précédé ces formations. La science de M. Cuvier, en nous apprenant, en quelque manière, à confronter ces divers témoins, en montrant les rapports de ces fossiles, tant entre eux qu'avec les êtres aujourd'hui existants, peut nous mettre en état de prononcer sur les époques relatives et sur plusieurs autres circonstances de leur formation; elle peut mettre en corrélation l'histoire des règnes inorganiques avec celle des règnes organiques, et elle peut finir par jeter quelque jour sur la nature de l'ancienne population du globe, ainsi que sur les changements qu'elle aurait peut-être subis.

Pendant que la géognosie faisait parmi nous de pareils progrès, on l'avait vue, avec quelque surprise, rester stationnaire en Angleterre, où tant d'hommes d'un mérite distingué ont si efficacement contribué, dans ces derniers tems, à l'avancement des sciences physiques; mais une marche aussi rapide qu'assurée, a porté aujourd'hui cette nation sur une même ligne avec l'Allemagne et la France, et c'est elle peut-être qui promet aujourd'hui à la science les succès les plus positifs. — Hutton avait publié à Edimbourg, à la fin du dernier siècle, un système géologique entièrement différent de ceux qui avaient paru jusqu'alors; soutenu et commenté par M. Playfair, mathématicien aussi distingué qu'excellent écrivain, il fut généralement accueilli en Ecosse et même en Angleterre. Les belles expériences de Hall, sur les effets de la chaleur appliquée à des corps soumis à une grande compression, semblaient lui donner un nouveau degré de probabilité, et il était dans sa plus grande faveur, lorsqu'un élève de l'école de Freyberg, M. Jameson, vint établir (1808), à Edimbourg même, sous les yeux de MM. Playfair et Hall, une réunion de naturalistes qui prit le nom de *société wernérienne*. Les discussions s'engagèrent et s'échauffèrent entre les deux partis: le choc fut favorable à la connaissance de la vérité; le nouvel institut, se tenant au mode d observation tracé par Werner, et abandonnant ce qu'il pouvait y avoir d'hypothétique dans la doctrine de ce grand maître, ne s'occupe plus que de la recherche des faits positifs. A-peu-près dans le même tems, et sur des principes encore plus étrangers, s'il est possible, à toute idée systématique, il s'est formé à Londres une *société géologique* dont l'unique objet est d'encourager les recherches relatives à la connaissance de la structure minéralogique des diverses contrées de la terre : les Mémoires qu'elle a déjà publiés attestent et l'utilité de sa fondation et les succès de ses travaux. L'exemple de la capitale a été imité par les provinces, et le pays de Cornouailles a aussi sa *société géologique* particulière.

Quoiqu'en Italie, les esprits, plus particulièrement enclins aux exercices de l'imagination, soient par suite plus portés à la géologie spéculative, cependant plusieurs des ouvrages qui ont paru dans cette partie de l'Europe, particulièrement ceux de Fortis, Spallanzani et Breislak, contiennent encore un grand nombre de documents précieux, notamment sur les terrains volcaniques.

L'impulsion est donnée : de toutes parts on s'occupe avec ardeur de la géognosie : elle est aujourd'hui l'objet des travaux de la plupart des naturalistes, et de l'attention de toutes les classes de savants; tant les questions qu'elle traite présentent de l'intérêt, et ont même un attrait particulier pour notre esprit! Qu'on se rappelle qu'elles ont été le sujet des méditations des plus brillants génies qui aient honoré l'espèce humaine, et des savants du mérite le plus éminent : des Descartes, Leibnitz, Buffon, etc.; des Linné, Bergmann, Lavoisier, Saussure, Laplace, Cuvier, etc.

Plus encore que toute autre branche des sciences naturelles, la géognosie tend à élever notre esprit, à agrandir nos idées; plus que toute autre, elle fait sentir la supériorité et la dignité de l'histoire de la nature.

L'histoire civile, au milieu de ses horreurs, peut encore nous intéresser; c'est l'histoire de nos semblables : le tableau des malheurs passés, en nous présageant ceux que nous avons à craindre, peut indiquer à notre prudence les moyens de les prévenir, et il faut bien se résoudre à lire ses sanglantes annales. Mais que les scènes où nous voyons si souvent l'innocence immolée et le crime triomphant navrent notre âme et déchirent notre cœur! Quel désordre, en outre, quelle discordance, quelle instabilité dans ce tissu de petitesses, de folies, de superstitions! L'histoire de la nature nous offre un spectacle bien différent : ici tout est grand, tout est dans une harmonie et dans un ordre merveilleux; partout on n'aperçoit que des vérités éternelles et des lois immuables; ses tableaux sublimes élèvent notre esprit et n'affligent jamais notre âme; toutes ses pages excitent l'intérêt du vrai philosophe et commandent son admiration. Le géologiste qui

leçons de M. Haüy à une exactitude jusqu'alors inconnue dans la détermination des espèces minérales, initiés par M. Vauquelin dans les secrets de la composition des minéraux, instruits par M. Brochant de ce qui avait été fait dans les pays étrangers, et exercés par lui aux bonnes méthodes, les élèves de cette école ont porté, dans les nombreux écrits minéralogiques et géologiques qu'ils sont dans le cas de publier journellement, une précision, un esprit éclairé, des vues saines et philosophiques, qui les rendent extrêmement recommandables. Affilié à cette école, formé à celle de Werner, j'ai tâché de mettre à profit, dans ce traité, l'esprit et les travaux de toutes les deux.

C'est encore en France que les recherches sur les débris des êtres organiques renfermés dans les couches de la terre, ont le plus puissamment contribué aux progrès de la géognosie. Werner avait bien signalé l'avantage de pareilles recherches, et il avait même tracé un plan d'après lequel elles devaient être faites; on devait une suite d'intéressantes observations sur les fossiles à MM. Blumenbach et de Schlottheim; mais ce sont les grands travaux de M. Cuvier qui ont amené un nouvel ordre de choses, et qui for-

doit étudier et décrire le globe terrestre, les révolutions qu'il a éprouvées, les masses qui le composent, qui doit chercher à pénétrer le mystère de leur formation, est plus particulièrement l'historien de la nature; il est comme le dépositaire de ses fastes, et en quelque sorte leur interprète.

La géognosie présente en outre des avantages, pour ainsi dire matériels, à l'homme en société.

Elle est le flambeau qui éclaire le mineur dans sa marche souterraine; c'est elle qui lui indique le degré de probabilité avec lequel il peut procéder à la recherche de tel métal, ou de tel combustible fossile, dans un terrain donné; c'est elle qui lui montre la route qu'il doit suivre pour retrouver un filon qu'il poursuivait et qu'il vient à perdre, etc.

La connaissance des grandes masses minérales, c'est-à-dire la géognosie, est utile à l'ingénieur chargé du tracé des routes et des canaux: il lui importe de bien connaître le terrain sur lequel il doit établir ses ouvrages, les circonstances de sa stratification, le plus ou moins de résistance qu'il peut opposer, soit à l'action délétère des éléments atmospheriques, soit à l'action des forces comprimantes qui agiront sur lui.

Le géographe qui doit faire connaître une contrée, son état physique, la configuration de sa surface, peut encore tirer de grands secours des connaissances géognostiques. La constitution minéralogique du sol exerce une influence sur la grandeur et la forme des montagnes, des collines, et par suite sur la quantité et la force des courants d'eau; elle est même en quelque rapport avec la terre végétale, et par conséquent avec les produits et la population d'un pays.

L'étude de la géognosie offre encore un attrait que je dois signaler, car il a contribué aussi à ses progrès. Non-seulement elle occupe l'esprit, mais elle exige encore une activité de corps qui plaît singulièrement, sur-tout aux jeunes observateurs; les obstacles qu'ils ont souvent à surmonter, les dangers même qu'ils ont quelquefois à affronter pour atteindre le but de leurs courses, excitent leur courage, et irritent leur amour-propre tout en le flattant. Saussure, se croyant, en quelque sorte, défié par le Mont-Blanc, qui lui présentait tous les jours une cime qu'il avait plusieurs fois attaquée en vain, redoubla d'efforts, et c'est peut-être à ce désir ardent de triompher dans son entreprise (1) que nous devons les

(1) . . . . *Mene incepto desistere victum!*
Virg., Æneid., lib. I.

belles observations que ce naturaliste a faites sur la plus haute des montagnes de l'Europe. Lorsqu'après bien des peines, et après avoir vaincu bien des difficultés, l'observateur, se trouvant enfin sur ces grandes hauteurs qui dominent toute une contrée, promène ses regards autour de lui, le spectacle le plus ravissant se déroule à sa vue: l'univers entier lui semble être à ses pieds; les hommes et leurs monuments lui paraissent dans toute leur petitesse, et je dirai presque dans leur néant : son âme, participant à son élévation, se sentant au-dessus de toutes les petites passions, de tous les petits intérêts qui meuvent le monde d'en bas, éprouve une des plus douces sensations dont elle soit susceptible. Ce n'est qu'à regret qu'il s'arrache à cette délicieuse jouissance, et ce n'est souvent que le désir d'en éprouver une semblable qui le ramène sur de nouveaux monts, et qui procure à la science de nouvelles observations.

Plein du désir de contribuer à l'avancement de cette science, me serait-il permis de présenter ici quelques réflexions à ceux qui veulent se livrer avec succès à son étude?

Je leur rappellerai d'abord, avec Werner, qu'il est diverses branches des sciences physiques dont la connaissance leur est absolument necessaire.

Au premier rang nous mettrons l'*oryctognosie* c'est-à-dire la partie de la minéralogie qui apprend à reconnaître les différents minéraux et à les bien distinguer les uns des autres : toutes les observations du géologiste qui ne la posséderait pas sont absolument incomplètes, et le plus souvent insignifiantes. Lorsqu'il veut faire connaître la constitution d'un terrain, et tel est presque toujours l'objet de son travail, il a deux déterminations à faire : il doit d'abord assigner les substances minérales qui entrent dans cette constitution, et indiquer ensuite la manière dont elles sont disposées : l'oryctognosie peut seule le mettre à même d'exécuter la première, et ce n'est que lorsqu'elle est faite qu'il peut convenablement passer à la seconde. Que de naturalistes estimables ont consommé , sans presque aucun fruit, leurs peines et leur tems, pour s'être engagés dans des entreprises géognostiques sans une connaissance assez étendue de la minéralogie ! Le livre de la nature était ouvert devant eux, disaient-ils ; mais encore fallait-il connaître les caractères avec lesquels ce livre est écrit, et ces caractères sont ici les minéraux.

Il suffit de rappelerque la *physique* fait connaître les lois qui semblent régir la matière ; et sur-tout que, tenant continuellement sous nos yeux les phénomènes de la nature et les causes qui les produisent, elle nous met à même de saisir et d'apprécier les rapports qu'il peut y avoir entre des effets que nous voyons, et les causes auxquelles nous sommes portés à les attribuer, pour faire sentir combien cette science est nécessaire à celui qui s'occupe des révolutions du globe terrestre, et qui cherche à rendre raison des changements que sa surface éprouve ou qu'elle a éprouvés.

Lorsque ce même observateur entre dans les détails de la formation des minéraux, il ne voit plus que précipitations, cristallisations et dissolutions ; les forces qui ont produit les minéraux, qui en ont réuni et rassemblé les éléments, sont des forces d'affinité : il ne peut bien apprécier leurs effets, sans une connaissance approfondie de la *chimie générale.* Mais il lui faudra beaucoup de réserve et bien du discernement lorsqu'il voudra conclure de ce qui se fait dans nos laboratoires à ce qui se passe dans la nature : la nature agit sur des masses immenses, elle a le tems à sa disposition, il n'est rien pour elle ; et ces deux circonstances suffiront souvent pour rendre entièrement dissemblables les effets d'un même agent et les produits d'une même cause. Nous ne pouvons pas, en outre, nous flatter de connaître tous les moyens que la nature emploie dans ses formations, et nous ne devons pas conclure qu'un effet lui est impossible, parce que nous n'avons encore pu le produire dans nos laboratoires, par exemple, qu'une substance est indécomposable, parce que nous n'avons pu encore la décomposer.

Les autres branches de l'histoire naturelle, et sur-tout la conchyologie, sont encore d'une grande utilité au géologiste ; elles lui font connaître cette multitude de coquilles, ces débris d'animaux et de végétaux qu'il trouve dans un grand nombre de couches du globe, et qui donnent tant de lumières sur diverses circonstances de leur formation. Celui qui n'aurait pas ces notions, obligé sans cesse de recourir à d'autres naturalistes, serait arrêté à chaque pas dans l'étude des terrains secondaires.

Aux diverses connaissances que nous venons d'indiquer, le géologiste doit joindre un esprit éminemment observateur, un esprit assez étendu pour saisir les rapports entre des faits souvent fort éloignés, mais susceptible en même tems de petits détails : Placé en quelque sorte, dit

Werner, entre l'astronome qui, portant ses observations dans l'immensité des cieux, s'élève jusqu'à l'infiniment grand, et le naturaliste scrupuleux qui, armé d'un microscope et allant surprendre les secrets de la nature dans les organes d'une mite ou dans les lames d'un petit cristal, semble descendre jusqu'à l'infiniment petit; à la grandeur et à l'étendue des vues du premier, il doit unir la sagacité et l'exactitude du second. En montrant ainsi ce que devait être le parfait géologiste, Werner ne pensait pas qu'il se peignait lui-même dans la plus exacte réalité.

Muni des connaissances nécessaires, doué des qualités requises, celui qui désire se former à la géognosie, doit aller puiser dans l'observation directe de la nature, sa principale instruction. Ce n'est qu'en étudiant les minéraux dans leur gîte natal qu'il peut être conduit à des notions raisonnables sur leur formation; ce n'est qu'en voyant de ses propres yeux les couches et les filons qu'il peut se faire une idée exacte de leur forme, de leur structure, de leur disposition réciproque; ce n'est que lorsqu'il aura beaucoup vu et observé par lui-même, qu'il pourra bien apprécier les observations des autres, les soumettre à une juste critique, et en inférer des consequences ; c'est sur-tout à lui qu'il convient d'adresser la première leçon que Wallérius donnait à ses disciples en minéralogie, lorsqu'il leur recommandait d'aller, à pied et le marteau à la main, interroger la nature dans ses propres ateliers (1).

Au reste, c'est moins le nombre que l'exactitude des observations qui en fait le mérite ; et malheureusement ici, les observateurs ont trop souvent à lutter contre le penchant naturel à tous les hommes avides d'instruction : dès qu'en traversant un pays, de simples aperçus ont satisfait une première curiosité, ils veulent aller plus loin ; difficilement se déterminent-ils à retourner sur leurs pas, pour voir et revoir le même objet sous toutes ses faces et dans tous ses détails ; et cependant ce sont les observations de ce genre qui sont vraiment précieuses pour la science, celles qui assurent ses progrès et qu'elle conserve soigneusement dans ses archives. — Que le géologiste, qui voudrait en faire de pareilles, entreprenne, par exemple, la description complète

(1) *Ite, filii, emite calceos, montes accedite, valles, solitudines, littora maris, terræ profundos sinus inquirite ; mineralium ordines, proprietates, nascendi modos notate : tandem carbones emite, fornaces construite, et sine tædio coquite : ita enim ad corporum proprietatumque cognitionem pervenietis ; alias non.* Systema mineralogicum. Præfatio.

d'une contrée intéressante par sa nature minéralogique, mais de peu d'étendue : qu'il acquière une premiere notion du terrain en le parcourant dans deux ou trois directions différentes, de manière à ce qu'il soit en état de bien faire le plan du travail à exécuter, et d'établir la série des questions à résoudre : qu'il retourne ensuite sur les lieux ; son intelligence et l'habitude d'observer, lui indiqueront, soit d'après ce qu'il a déjà vu du pays, soit d'après ce qu'il verra en multipliant ses recherches, quels sont les points où il doit aller faire ses observations, et prendre ses données pour la solution des questions qu'il s'est proposées : il ne quittera le terrain qu'après qu'elles seront résolues ou qu'il se sera convaincu de l'impossibilité de les résoudre en tout ou en partie. Si je voulais faire ressortir, par un exemple, la supériorité de pareilles descriptions, et montrer en même tems la manière dont elles doivent être faites, je citerais celle que MM. Cuvier et Brongniart ont donnée du *terrain des environs de Paris.*

Il serait superflu de recommander à l'observateur de voir et de noter les faits tels qu'ils sont dans la réalité, en se dépouillant de toute prévention et de tout désir de les faire rentrer dans une théorie systématique : un système n'est souvent qu'un verre coloré, qui, placé devant les yeux du naturaliste, altère ou change même la couleur des objets qu'il voit à travers.

Au reste, en voulant éloigner tout système aveuglément embrassé, en répétant encore que l'observation est la seule base de la géognosie, je n'en dirai pas moins que celui qui se livre à son étude ne doit pas se borner à constater et à rassembler des faits ; il faut encore, ainsi qu'on l'a déjà vu, qu'il les rapproche afin d'en saisir les rapports et l'ensemble ; il faut qu'il les combine pour en tirer des conséquences ; il faut meme qu'il cherche à s'élever jusqu'à la connaissance de leurs causes : mais dans ses travaux, il doit se rappeler continuellement que toutes les conclusions qu'il tire, tous les principes qu'il établit, ne doivent être que les conséquences des faits observés, et que toute hypothèse lui est interdite. Si quelquefois le manque d'un nombre suffisant de données ne lui permet pas d'arriver à une solution rigoureuse, et qu'alors l'analogie et l'induction le portent à une conjecture, il se gardera bien de la présenter avec une réalité qu'elle n'a point, et d'en faire un des fondements de sa doctrine. L'observation, les principes d'une saine physique, et les règles d'une exacte logique, voilà les seuls moyens qu'il lui est permis d'employer pour élever l'édifice de la science.

TABLE ALPHABÉTIQUE

DES MATIÈRES ET DES AUTEURS CITÉS.

Les chiffres romains indiquent le volume, et les chiffres arabes la page.

A.

ADERSBACH, en Bohême; ses grès et rochers, I, 233; II, 329.
Aérolites. (Voyez *Météorites.*)
Affaissements du sol : dans les contrées volcaniques, I, 260 et suiv.; dans les terrains gypseux, II, 391.
Agates; leur formation, I, 283; enhydres, II, 568.
Age des couches et des roches. Principes de sa détermination, I, 335 (*Voyez* le nom des diverses roches). Age des cimes, I, 335.
Agricola. Basalte de Stolpen. II, 554.
Aigue-marine de Sibérie. Roche qui la renferme, II, 59.
Aikin. Whin dans les terrains houillers, II, 289. Porphyre dans les mêmes terrains, 310. Grès rouge d'Angleterre, 323.
Air. Son poids, I, 31; son action sur la surface de la terre, 121.
Aluminite, ou pierre d'alun, de Hongrie, de la Tolfa, etc., II, 544.
Amas métallifères. Caractères, et principaux exemples, II, 623. Formant des masses de montagnes, 624. Amas traversal, 656.
Ampelite, alumineux et graphique, II, 208 et 209.
Amphibole dans les roches primitives, II, 7; dans les granites, 19, 230, 235; dans les gneis, 67; dans les schistes micacés, 84; dans le phyllade, 99; dans les porphyres, 130, 228; dans les amygdaloïdes (spilites), 243, 245; dans les roches volcaniques, 520, 526, 562.
Amphibolites, ou roches amphiboliques, II, 141; leurs sortes, 145; leur gissement et rapport avec les autres terrains, 150; leur décomposition et réduction en terre à foulon, 156, 158. Dans les terrains intermédiaires, 212, 240 et suiv. En boules, 157, 245.
Amygdaloïdes, I, 280 et suiv. (Voyez *Amphibolite, Basalte*).
Andrada. Passage des roches les unes aux autres, II, 22. Passage du granite au porphyre, 116.
Andreossy. Observations sur la pente des faîtes et des versants dans les chaînes de montagnes, I, 73, 76. Formation des gol-

fes, 80. Terminaison des chaînes, 87. Relèvement des crêtes, 90.
Angleterre. Ses formations seconuaires, II, 253, 313, 323, 352, 359, 363, 371, 374, 398, 426. Son ancienne jonction avec la France, 372.
Animaux. Leur ap arition successive, I, 362. Ani aux fossiles, II, 410, 507 (V yez *Ossements*.
Anthracite. Sa nature, II, 210, 264. Dans le phyllade, 209. Dans le calcaire, 222. Da.s les filons, 301.
Anzin, près Valenciennes. Son terrain houiller, II, 265, 274, 276, 285, 370.
Aoste (Vallée d'); ses vents périodiques, I, 33; ses bassins, 85.
Aphanite. Nature, définition, variétés, II, 147. Rapports avec les co néennes des divers auteurs, 149. Porphyrique et amygdaloi le, 152; variolitique, 155 Dans les terrains houillers, 279, 289.
Arago Température des caves de l'Observatoire de Paris, I, 427.
Arçon (d'). Relèvement des crêtes dans les moutagnes, I, 90.
Ardoise, II, 93 (Voyez *Phyllade*).
Argile. Sa formation et son existence dans les terrains de transport et d'alluvion, I, 148II, 468 — 470; dans les grès, 308, 321, 323. Ses rapports avec la masse des porphyres, 123, 308, 309. Dans les filons, 641. — *Argile plastique* de Paris, 405; de Londres, 427. — *Argile salifère*, 393 et suiv. — *Argile schisteuse* des houillères; sa nature et ses différences avec le phyllade, 271, 272.
Argilolite et *Argilophyre*, de M. Brongniart, II, 122 et 127.
Asbeste, dans la ser, entine, II, 161, 628.
Atlantide. Sa disparition, I, 263.
Atmosphère. Composition, I, 30. Poids, 32. Hauteur, 32. Ses Mouvements, 33. Température à diverses hauteurs, 435 et suiv.
Atmosphérique (règne), son étendue, I, 376.
Atterrissements, I, 147—149, 150, 251; II, 469.
Augite, dans les terrains intermédiaires; II, 229, 242, 244, 246; dans les roches volcaniques, 520, 526, 561.
Auvergne; ses produits volcaniques, II, 547, 552, 597.

B.

Bagnères et *Barèges*. Analyses de leurs eaux minérales, I, 56.
Barrow. Limon porté par le fleuve Jaune, I, 58, 150.
Basalte. Sa dénomination, II, 554. Sa nature, 521, 557—560 Ses caractères, 560. Sa structure porphyrique (cristaux qu'il contient), 561. Sa structure amygdaloïde (nodules qu'il contient), 565. Ses formes (prismes, plaques, boules, pièces grenues), I, 302 et suiv.; II, 570—575. Ses passages, 576. Basalte vitreux, 576. Basalte celluleux, 577. Basaltes altérés, 579—582. Couches étrangères, 582. Basalte en filons, 586. Pétrifications, 588. Métaux contenus, 589. Sa décomposition, 591. Son altération par les va-

peurs, 593. Sa manière d'être en France, en Allemagne, en Irlande, etc., 597—601. Discussion sur son origine, 601—606. Ses brèches et tufs, 606.

Basalte (*Pseudo-*), II, 529.

Basaltiques (*Laves* et *terrains*) (Voyez *Basalte*).

Basaltiques (*Roches*). Avec du granite et du porphyre, II, 228. Dans du calcaire, 243, 583; du phyllade, 246; du schiste-micacé, 247. Dans les terrains houillers, 279, 288, 583. Dans le grès, 583 et 605.

Bassins, dans les montagnes, I, 102—107. Bassins des rivières et fleuves, 111.

Beaunier. Puissance des couches de houille dans le Forez, II, 266. Fragments de roches dans le terrain houiller, 276. Forme des couches du même terrain, 284.

Berger. Stratification du granite de Cornouailles, II, 29. Veines de granite dans le même pays, 40. Serpentine, 169. Euphotide, 172. Dikes ou filons de basalte du comté d'Antrim, 587. Sur les coquilles dans un prétendu basalte de la même contrée, 589.

Bergmann. Salure de la mer, I, 41—43. Silice dissoute dans l'eau, 57. Inégale répartition des continents, 61. Inégale inclinaison des versants dans les chaînes de montagnes, 76. Diminution des eaux de la mer, 416. Aplatissement des bois fossiles, II, 451.

Berthier. Fer carbonaté des houillères, II, 274. Aphanite (trapp) dans les terrains houillers, 279. Phosphate de chaux dans les craies, 370. Roche d'aspect basaltique (trapp) sous des grès et des calcaires, 583.

Berthollet. Chaleur et lumière dans la combinaison du soufre et des métaux, I, 211.

Beudant. Cristallisation globuleuse des minéraux, I, 310. Cristaux plus impurs dans leur partie centrale, II, 128. Porphyre iénitique de la Hongrie, 123 et suiv., 141. Amphibole tendre et stéatiteux, 130. Porphyre stratifié, et contenant des couches étrangères, 133, 134. Porphyre vert du Cantal, 155. Les coquilles ne vivent pas dans les eaux gypseuses, 390. Fossiles à Wieliczka, 395. Coquilles marines et fluviatiles dans la même couche, 406; pouvant vivre dans le même fluide, 425. Terrain tertiaire de Provence, 430. Quartz et grenats dans les trachytes, 526, 527. Sur les trachytes, 529, 530, 536, 542, 546, 547, 550. Pierre et roche d'alun, 544. Basalte sur une terre meuble contenant des coquilles terrestres, 590.

Blainville. Poissons fossiles, II, 214, 341, 365, 366, 367, 431, 432. Pierre qui enveloppe les ossements humains de la Guadeloupe, 514.

Blocs isolés, I, 231; blocs des Alpes sur le Jura, 231. Leur diminution de grosseur dans les vallées, II, 462.

Bois bituminisés (Voy. *Lignites*).

Bois enfouis, II, 486, 497.

Bois pétrifiés et minéralisés, II, 314, 490, 543.

Bol dans les basaltes, II, 569, 584.

Bonnard. Formations circonscrites, I, 329. Superposition des couches, 336. iénite et granite de la Saxe, II. 21, 32, 34. Stratification du gneis, 69. *Weisstein*, 71. Houille de Saxe, 312. Terrains tertiaires, 402. Étain de Cornouailles, 482.

Borkowski. Roche de la Tolfa, II, 545; du Capitole, 582.

Born. Saxum metalliferum, II, 123.

Bouguer. Mesure de la terre, I, 20. Déviation du fil à plomb, 28 Pierres roulées par les eaux, 127.

Bourget. Angles saillants et rentrants dans les vallées, I, 85.

Bournon. Météorites, I, 392. Émeraudes dans les granites, II, 24. Division des schistes, 101.

Bowditsch. Météorite de Weston, I, 394.

Brèches. Définition, II, 260. Dans les terrains primitifs, 3, 36, 75, 189, 233; dans les terrains intermédiaires, 202; dans les terrains houillers, 276. Brèches volcaniques, 540, et 606.

Breislak. Chaleur des laves, I, 182. Éruptions boueuses, 183. Communication entre le Vésuve et le Solfatare, 206. Pétrole dans les volcans, 208. Effets des volcans, 259. Abaissement et relèvement du sol, 417, 418. Travertin, II, 474. Eau dans les laves, 566 Zéolites dans les basaltes, 368. *Piperno,* 580. Collines de Rome, 582. Solfatare, 596. Tufs prismatiques et sonores, 609.

Brémontier. Mouvement des dunes, II, 468.

Brocchi. Sa nécrolite, II, 549.

Brochant. Blocs des Alpes sur le Jura, I, 232. Feldspath dans le calcaire, II, 181. Gypse du Val-Canaria, et sur les gypses réputés primitifs en général, 190. Terrains de transition, 195. Gneis, schistes-micacés, et serpentines de transition, 196, 235. Gypse de transition, 248. Schiste-bitumineux, 268. Son opinion sur les grès de Paris, 419.

Brongniart. Classification et structure des roches, I, 275. Structure clastique, 276. Classification des terrains, 366. Kaolins provenant des granites graphiques, II, 18. Son micaschiste, 79. Son jaspe schisteux, 105. Son argilolite, 122. Sa rétinite, 126. Ses diverses sortes de porphyres, 127. Son trapp, 143. Terrain intermédiaire de Normandie, 198, 232. Ses psamites, 261. Son mimophyre, 278. Fossiles de la craie, 368. Chlorite de la craie, 370. Terrains tertiaires, 402. Terrain de Paris, 404-426. Formations d'eau douce, 433—435. Terrain des Landes, 440. Dénomination de lignite, 456. Calcaire sur le trachyte, 546.

Brovalius. Diminution des eaux de la mer I, 416.

Buch. Observations sur le Vésuve, I, 168, 171, 178, 195. Blocs de granite sur le Jura, 232. Inclinaison des couches en Norwége, 346. Exhaussement des côtes de la Baltique, 418. Granite, II, 25, 28, 35. Gneis, 66, 75, 78. Mica charbonneux, 67. Filons de granite, 73. Gypse et Dolomie, au Splugen, 89. Passage du schiste-micacé au phyllade, 96. Granite superposé au phyllade, 110. Pâte des porphyres, 116. Eurite passant au gneis, 135. Porphyre de Schweidnitz, 140. Amphibolite réduite en terre à foulon, 158. Euphotide, 170 et suiv. Force de cristallisation en Norwége, 172. Terrains intermédiaires, 196, 197, 238. Porphyre, basalte, siénite et granite de Christiana, 227 et suiv. Calcaire alpin, 349, 351. Sel à Berchstolsgaden, 396 Terrain d'OEningen et de Locle,

432. Sa domite, 521. Son opinion sur le Puy-de-Dôme, 552, 612. Sur les colline de Rome, 582. Leucite au Vésuve, 586.
Buckland. Grès rouge d'Angleterre, II, 324. Oolite d'Angleterre, 359, 363. Horizontalité des couches, 361. Terrain de Londres, 426.
Buffon. Inégale répartition des continents, I, 61. Remarque sur la direction des détroits, 138. Effets des courants, 220. Système sur la formation de la terre, 419.

C.

Calcaire primitif. Caractères, II, 178. Dans le granite, II, 43 et 187; dans le gneis 70 et 188; dans le schiste-micacé, 88 et 188; dans le phyllade, 108 et 189. Minéraux dans ce calcaire, 179. Sa stratification, 181. Métaux contenus, 182.— *Calcaire* intermédiaire, 219—225. — *Calcaire* secondaire. Ses formations, II, 335—375 (Voy. *Thuringe, Calc. alpin, Calc. du Jura, Calc. coquiller, Craie*, etc.). Ses silex, 375; ses houilles, 377; ses grottes, 379; sa décomposition, 385.—*Calcaire* tertiaire (Voy. *Calc à cérites, Calc. siliceux, Calcaire d'eau douce*, et pages 431, 432, 436, 445.
Calcaire; dans les houilles, II, 277; dans les grès 323; dans les basaltes, 566, 567, 569, 570; alternant avec les basaltes, 583.
Calcaire alpin, II, 263, 349.—360.
Calcaire des cavernes, II, 380.
Calcaire coquillier de Werner, ou *Calcaire horizontal* de M. Omalius, II, 360 et suiv.
Calcaire d'eau douce, de Paris, II, 422; reconnu ailleurs, 433.
Calcaire à cérites, ou calcaire grossier de Paris, II, 405
Calcaire encrinitique, (ou *Montain-Limestone*, calcaire des montagnes) des Anglais, II, 225.
Calcaire fétide, II, 345; pulvérulent, 347; siliceux de Paris, 407.
Calcaire à gryphytes, II, 334.
Calcaire magnésien des Anglais, II, 352.
Calcaire à trochytes, II, 364.
Calcédoine, dans les géodes d'Oberstein, I, 283; dans les porphyres, II, 127, 131, 136; dans les terrains volcaniques, 527, 550, 568, 572, 596, 601.
Calmelet, II, 315.
Campan; on marbre, II, 221.
Cartes de topographie. Observations sur leur confection, I, 81 et 113.
Cavendish. Densité de la terre, I, 29.
Cavernes (Voy. *Grottes*).
Celsius. Abaissement du niveau des mers, I, 416.
Cendres, ou calcaire pulvérulent, II, 347.
Cendres volcaniques, I, 168.
Chaînes de montagnes. Leur structure générale et leurs parties, I, 66; leurs rapports et enchaînement, 94; leur séparation, 98; leur direction générale, 100. Chaînes sous-marines, 116.
Chaleur (Voy. *Température*).
Champeaux. Granite graphique, II, 18. Emeraudes dans le granite, 24.
Charbon de bois fossile (*Holz-*

kohle), II, 270.
Charbon de terre (Voy. *Houille*).
Charpentier (père). Gneis II, 61. Rapports entre le schiste-micacé et le phyllade, 96.
Charpentier. Boules de granite, I, 315. Pyrénées, II, 27, 43, 183, 184, 208, 211, 221. Pyroxène en roche, 185 et suiv. Entroques dans une roche feldspathique, 212. Gypse de Bex et gypses anhydres, 249. *Nagelflue* de la Suisse, 326. Calcaire des Alpes, 352.
Chaussée des Géans, en Irlande, II, 571, 600.
Chlorite dans les terrains primitifs, II, 86, 103 dans les craies, 370, 371; dans les roches volcaniques, 568.
Chopine (*Puy-de-*), montagne d'Auvergne, II, 612.
Christiana, en Norwége; ses terrains intermédiaires, II, 227 et suiv.
Cimes (des montagnes). Espèces, I, 65, 88, 89. Forme, 65, 90; II, 52. Age par rapport aux montagnes, I, 335.
Cirques, dans les montagnes, I, 84.
Cladni. Météorites, I, 400 et 401.
Clairault. Figure de la terre, I, 17 et 18.
Cleaveland. Granite. II, 57.
Clère. Houilles, II, 270, 276.
Cogne. Mine de fer, II, 167; gypse, 191.
Collines. I, 107.
Cologne (Terre de). II, 443, 448.
Cols dans les montagnes, I, 69 et 92.
Concrétions calcaires, I, 152. (Voy. *Tuf*). Concrétions siliceuses, I, 156. (Voy. *Calcédoine*.
Condamine. Force de projection des volcans, I, 173. Inondations volcaniques, I, 185.
Contreforts dans les montagnes, I, 81.
Conybeare. II, 218 et 589.
Coq. Calcaire sur les terrains volcaniques, II, 546.
Cordier. I, 387. Passage du schiste-micacé au phyllade, II, 96. Roches regardées comme volcaniques, 155, 242, 244. Enormes couches de houille, 266. Absence du quartz dans les laves, 521. Leucostine, 521. Aluminite du Mont-Dore, 545. Dolérite, 557. Nature du basalte, 559. Augite et amphibole dans le basalte, 562.
Cornéenne, des Allemands, II, 99; de Wallerius, Saussure, 149.
Correa. Forêt sous-marine, II, 487.
Coticule (Schiste), II, 103, 207.
Couches. Définition, I, 272. Direction et inclinaison, 289, 342--352. Couches essentielles, subordonnées, etc., 323 et 324. Circonstances de leur superposition et de leur forme, 330, 338, 339. Plis, 341. En éventail, 347. Redressement, 349. Leur morcellement, 232.
Couches (gîtes de minerai); caractères et différence avec les filons, II, 615; forme et étendue, 617; rapports avec les roches environnantes, 618. Minerais, le plus fréquemment en couches, 619.
Courants de la mer. Courant équinoxial, I, 36. *Gulfstream*, 37—39. Contre-courants et sous-courants, 39.
Craie. Sa formation, II, 367. Ses fossiles, 368. En France, en Angleterre, etc., 369. Prétendue stérilité, 373.
Crain, ou *Cran*, II, 267.

Cristallites des verreries, I. 313.
Cronstedt; son trapp, II, 142.
Cuvier. Diminution subite des eaux de la mer, I, 419. *Monitor* des schistes de la Thuringe, II, 341; de la craie de Maëstricht, 369. *Ptero-dactyle*, 366. Grottes de l'Allemagne, et leurs ossements, 381, 383—385. Terrain des environs de Paris, 404, 426. Ossements des gypses, 409—412. Prétendu squelette humain d'Œningen, 432. Ossements des tourbières, 499. Ossements des terrains de transport (leur gissement et leurs espèces principales) 504—512. Conséquences géologiques, 512 et suiv. Absence des ossements humains parmi les fossiles, 414.

D.

Dalembert. Courant équinoxial, I, 37.
Dalton. Quantité de rosée, I, 54.
Décomposition des roches, I, 142. Voy. les divers noms de roche.
Degré terrestre. Longueur, I, 19 et suiv.
Delambre. Mesure de la Terre, I, 24.
Deluc. Degré de l'ébullition à de grandes hauteurs, I, 47. Opinion sur l'intérieur du globe, 216. Formation des vallées, 248, 251. Système de géogénie, 420. Stratification du granite, II, 29. Formation des grès et des sables, 332 et 466. Peu d'ancienneté des continents, 466. Alluvions de la mer, 470. Origine des cristaux dans les laves, 564.
Descotils. Fer carbonaté des houillères, II, 274. Aluminite de la Tolfa, 545.
Desmarest. Opinion sur le Puy-de-Dôme, II, 552.
Desmarest. Calcaire d'eau douce, II, 433.
Diabase. Granitoïde, II, 146. Schisteuse, 146. Rapport avec l'eurite, 118; avec le basalte et la dolérite, 148.
Diallage. Dans la serpentine, II, 161. Dans l'euphotide, 170 et suiv.
Dikes, ou filons basaltiques, I, 226, II, 288 et 586.
Diorite ou *Diabase* (Voy. ce dernier mot.)
Dolomieu. Concours de l'eau dans les phénomènes volcaniques, I, 214. Opinion sur l'intérieur du globe, 216. Blocs granitiques sur le Jura, 232. Tremblement de terre de la Calabre, 265. Porphyres, II, 114, 115, 132. Trapp, 143. Trachytes, 534, 536, 537, 552. Basalte, 555. Amphibole, cristaux, eau, zéolites, dans les basaltes, 562, 564, 566, 567, 568. Calcaire alternant avec les basaltes, 583. Leucite dans les laves, 585. Division prismatique des basaltes, 572. Couleur noire des scories volcaniques, 606.
Dolérite, ou basalte granitoïde, II, 556.
Dos des montagnes, ou larges faîtes, I, 72.
Duhamel. Trapp ou aphanite dans les houillères, II, 279. Forme des couches de houille, 288. Fragments de roche dans les houillères, 307. Houille des calcaires, 379. Bois fossiles du Cotentin, 489.

Dunes, II, 467.

Durance (*variolite de la*), II 155.

E.

Eaux courantes, I, 54; minérales, 56. Action de l'eau sur la surface de la terre, 125, 126. Action érosive sur les roches, 128-138, 240 Action due au poids, 138. Action due à la gelée, 140. Action dissolvante, 141. Formations opérées actuellement par les eaux, 152-157. Concours de l'eau dans l'excavation des vallées, 237-247.

Ebel. Terrain calcaire au nord des Alpes, II, 217, 224, 349, 378

Eboulements des montagnes et des roches, I, 134, 138-141, 221, 260.

Electricité dans les éruptions volcaniques, I, 195.

Eléphant de Sibérie, ou *mammouth*, II, 506, 508.

Elévation du sol; ses effets sur la diminution de température, I. 431.

Ellis, température des mers, I, 449.

Elvan ou granite passant au porphyre en Cornouailles, II, 218.

Emeraude dans les terrains primitifs, II, 24, 85; dans une siénite intermédiaire, 230.

Engelhard. Vallée de Térek, dans le Caucase, II, 234. Craie en Crimée, 373.

Epidote dans le granite, II, 24.

Eruptions volcaniques. Causes, I, 213. — Eruptions aqueuses et boueuses, I, 183 et suiv., II, 609.

Escher. Couches en éventail, I, 347. Calcaire des Alpes, II, 224, 259, 351.

Nagelflue, 324.

Etain dans le granite, II, 44.

Êtres organisés, leur apparition successive, I. 362.

Euphotide. Composition, II, 170. Gissement, 171. Rapports avec la serpentine, 173.

Eurite. Sa nature, ses caractères, ses variétés, II, 117. Eurite terreux, 122, 123. Eurite noir, 156. Passage au gneis, 135. Dans les terrains intermédiaires, 212.

Evaporation. Cause I, 45. Quantité, 46-48.

F.

Failles des terrains houillers, II, 287.

Faîte d'une chaîne de montagnes, I, 67, 70.

Falun de Touraine, II, 407.

Faujas, base du porphyre, II, 114. Fossiles, 369, 445, 449.

Feldspath. Principe dominant des roches primitives, II, 6. Dans le granite, 14, 26. Dans les gneis, 63, 66. Dans les porphyres, 127. Dans l'euphotide, 170; dans le calcaire, 181. Dans le phyllade intermédiaire, 211. Dans les terrains secondaires, 309, 310. Dans les produits volcaniques, 519, 526, 563.

Fentes, dues aux tremblements de terre, I, 203, 259; devenues filons, II, 630, 654.

Fer carbonaté des houillères,

II, 273, 278. — *Chromaté*. Dans la serpentine, 167, 169 —*Hydraté*. Dans les grès, 315, 343. Dans les calcaires, 350, 357, 362, 620 et 622. Dans les terrains tertiaires et dans les lignites, 450, 453, 456. Dans les terrains de transport, 475.—*Météorique*, I, 398. — *Oxidé* en couches, II, 620. Dans les terrains volcaniques, 520, 527 et 563. — *Oxidulé*. Dans les terrains primitifs, II, 25, 45, 166, 619, 625. Dans les terrains volcaniques, 520, 563, 611.

Ferber. Gneis, II, 61. Phyllade, 95. I, 213.

Ferrara. Éruption boueuse, II, 609.

Ferrussac. Terrain d'eau douce, II, 433. Ossements dans le terrain de Moissac, 439. Coquilles dans les lignites, 445.

Fichtel. Opinion sur les lydiennes, II, 106. Terrain salifère de Hongrie, 394.

Filons. Caractère essentiel, II, 630. Parties, 631. Allure, 633. Dimensions, 634. Masse (gangue et minerai), 635. Structure, 638. Rapports avec la roche environnante, 643—646. Parallélisme des filons d'un groupe, 649. Intersection et jonction des filons, 649. Formation et origine, 652. Théorie de Werner, 654. Filons renflés, 656. Fil. cunéiformes, 657. Filons en stockwerk, 658.

Filons de granite, II, 36 et 73.

Fleuriau de Bellevue. Atterrissements sur la côte de la Rochelle, I, 151. Absence du quartz dans les laves, II, 521. Cristallites, 523. Analyse mécanique des roches volcaniques, 559. Lave leucitique, 585.

Fluidité des masses minérales. Sa nature, I, 379-389.

Flux et reflux, I, 36.

Forêts enfouies, II, 486 et suiv.

Formations. Définition I, 272. Vraie acception, 322. Distinction entre les form. mécaniques et les form. chimiques, 145. Composition, 323. Formations générales, 326; partielles, 328; circonscrites, 329; particulières, 368. Caractères de l'identité ou de la différence, 333. Suites de form. 369. Suite schisteuse, 370. Suite calcaire, 371.

Forster. Température de la mer, I, 449.

Foudre. Action sur les rochers, I, 124.

Freiesleben. Gypse du Val-Canaria, II, 190. Formations de la Thuringe, 338, 339. Végétaux fossiles, 342, 390. Sables et pierres anguleuses de formation primitive, 346, 347.

Freyberg. Température de ses mines, I, 446.

Fumée volcanique, I, 167.

G.

Gabbro, ou Euphotide, II, 170.

Gallois. Fer carbonaté des houillères, II, 274, 278. Roseaux dans des houillères, 293.

Gay-Lussac. Composition de l'atmosphère, I, 31. Salure de la mer, 42. Température des hautes régions de l'atmosphère, 437, 440, 443.

Gardien. Roche basaltique sous des houilles, II, 279.

Géodes d'agate, Leur formation,

I, 283 et suiv. — Géodes de fer hydraté, 318.
Géogénie. Son objet, I, 3. Ses systèmes, 419.
Géognosie. Son objet, I, 1. Etymologie, 2. Matières dont elle traite, 3—11. Définition par Werner, 374. Rang dans les sciences naturelles, 376.
Géologie. Différence avec la géognosie, I, 2.
Geyser. Ses eaux jaillissantes, I, 56, 191.
Gillet de Laumond. Plis des couches, II, 286.
Girard. Atterrissements du Nil, I, 147.
Gîtes des minéraux. Définition, et distinction en généraux et particuliers, I, 374, II, 613. — *Gîtes de minerais.* Division, 613, 615. (Voyez *couches*, *amas*, *stokwerke*, *filons*, *putzenwerke.*)
Glaris (poissons fossiles de), II, 214.
Globe terrestre. Figure et applatissement, I, 14. Fluidité primitive, 23, 379 et suiv. Grandeur, 24. Densité, 25. Mouvements et rapports avec les autres corps planétaires, 390. Température, 424 et suiv.
Globuleuses (Formations et division) des roches, I, 307 et suiv. (Voy. *granite*, *basalte*, *amphibolite.*)
Gneis, II, 60. Composition, 62. Variétés, 64. Substances contenues, 66 Stratification, 67. Décomposition, 69. Couches renfermées, 70 Age et différence avec le granite, 74. Métaux, 76. Etendue, 77.
Goldfuss. Stratification du granite et de la serpentine, II, 165. Amphibolite du Fichtelberg, 245.
Gorges, dans les montagnes, I, 69 et 88.
Granite Dénomination, II, 12. Définition et composition, 7 et 14. Variétés, 17. Minéraux ordinairement contenus, 23. Stratification, 27, 165 et 181. Division en plaques et prismes, 30; en boules, I, 315, II, 31, 46, 50. Epoques de formation, 32, 55, 235. En filons, 36. Couches renfermées, 43. Métaux contenus, 44. Sa décomposition et son exfoliation, I, 144, II, 45 — 51. Peu propre à la culture du froment, 51. Aspect de ses montagnes, 52. Son étendue en France, etc., 54.—*Granite* de Corse, I, 308. — *Granite graphique*, II, 17. — *Granite oriental*, ou siénite, II, 20, 45.—*Granite veiné* ou gneis, II, 60, 62.
Granitoïde (Roche), ou roche à à structure porphyrique, I, 278.
Graphite dans les terrains houillers, II, 279.
Grauwacke ou *Traumate.* (Voy. ce dernier mot.)
Grauwackenschiefer ou *phyllade* intermédiaire. (V. ce dernier mot.)
Greiffenstein (Rochers de), I, 228.
Greisen, ou *hyalomicte*, (Voy. ce dernier mot)
Grenat. Dans les granites, II, 23; les gneis, 67; les schistes-micacés, 83 et 88; dans les roches volcaniques, 527 et 564.
Grès. Définition, division et structure, I, 276, II, 260. Variétés, 261. Formations, 252, 257. Elévation, 333.— *Gr. houiller*, 263, 275. (V. *houiller* (terrain). *Gr. micacé* ou *friable*, 277. — *Grès ancien* ou *grès rouge.* Sa nature, 306, 307. Localités remar-

quables, 312. Fossiles, 314. Métaux contenus, 315. Age, 317. — *Grès avec argile* ou *grès bigarré* de Werner. Nature et composition, 320. Couches étrangères, 322. En Angleterre, 223. En Suisse (*nagelflue*), 324, — *Grès de dernière formation* secondaire. Caractères, 327. En Saxe, 329. *Grès quartzeux*, 330. Opinion de M. Voigt sur la nature de plusieurs roches regardées comme des grès, 331.

Grès de Paris, II, 414. Remarques sur sa formation, 417 et suiv.

Grès flexible du Brésil, II, 87 et 332.

Grignon. Ses coquilles, II, 407.

Grottes. Leur formation, I, 142, Dans les calcaires, II, 183 et 379; leurs ossements, 383. Dans le gypse, 390.

Grünporphyr, ou porphyre aphanitique, II, 154.

Grünstein ou *diabase* (Voy. ce mot). *Grünstein* compacte, ou *aphanite*. (Voy. ce mot.)

Gypse primitif. Au Splugen, II, 89; au Val-Canaria, 190; à Cogne, 191. — *Gypse* intermédiaire, 247. A Bex, 249 — *Gypse* secondaire. Caractères, 386. Minéraux contenus, 387. Epoques de formation, 388. Gypse de la Thuringe, 389. Grottes, 390. Sources salées, 392. Avec l'argile salifère, 393 et suiv. Dans la craie, 373. — *Gypse* tertiaire. Auprès de Paris, 408; de Londres, 427; d'Aix, 430; des Pyrenées, 438. — Dans les terrains de transport, I, 155.

Gypse anhydre, II, 249, 387. —Gypse pulvérulent, 394.

H.

Hall. Veines de granite dans les schistes, II, 40 — Chaleur agissant sur des bois et des pierres calcaires, soumis à une forte compression, 447 et 604. Effets d'un refroidissement lent sur des masses minérales en fusion, 522.

Halles. Quantité de rosée, I, 54.

Halley. Sous-courants, I, 39. Salure de la mer, 44.

Hamilton. Observations sur le Vésuve, I, 178, 179, 180, 183, 184.

Hamilton. Température des sources de l'Irlande, I, 428.

Hattchet. Formation des houilles, II, 298; des lignites, 454. Rétinasphalte, 454

Hausmann. Triple feuilletage d'un schiste amphibolique', I, 292. *Weisstein* en Suède, II, 72. *Hælleflinta* des Suédois, ou eurite, 118. Basalte du Kinnekulle, 143. Amphibolite du Smoeland, 151. Porphyre, basalte et siénite de Christiana, 197, 227 et suiv. Grès dans la Basse-Saxe, 330. Anthracite dans les filons, 301. Nature du Mont-Taberg, 625.

Hauteurs (mesure des), à l'aide du baromètre, I, 452—489.

Haüy. Pyroméride, I, 311. Phtanite, II, 105. Diorite, 146. Aphanite, 147, 149. Euphotide, 270. Trachyte, 524.

Heim. Passage du granite au porphyre, II, 116. Porphyre prismatique, 133. Amphibolite du *Thüringerwald*, 153

Hellant. Température de Tornéo, Wadsoë, I, 428.
Henkel. Gneis de Freyberg, II, 60.
Héricart de Thury. Anthracite du Dauphiné, II, 209. Houilles d'origine animale, 299 et 379.
Héron de Villefosse. Forme des couches de houille, II, 286. Produit des houillères de l'Angleterre, 304. Argiles salifères des Alpes, 396. Gîtes de minerai d'Idria, du Rammelsberg et de Stahlberg, 624, 645 et 658.
Herculanum. Tuf qui le recouvre, II, 608,
Herschel. Idées cosmogéniques, I. 423.
Himmalaya ; sa hauteur, I, 59.
Holland. Salines de Northwich, II, 398.
Horner. Epidote dans le granite, II, 24. Quartz intermédiaire, 239.
Houille. Nature et couches, II, 264, 281. Origine, 293 Dans les grès nouveaux, 323, 330; dans les calcaires, 350, 357, 377. — Houille pulvérulente, 269.
Houiller (terrain). Composition. Couches essentielles, 264-277. Couches accidentelles, 277-280. Disposition des couches, 280 et suiv. Stratification et plis, 282. Failles, 287. *Dikes* ou filons basaltiques, 288. Fossiles, 290. Métaux contenus, 301. Etendue, 302. Elévation, 307. Age (Le terrain houiller doit être placé dans les terrains intermédiaires, il en est le dernier terme; telle est mon opinion définitive), 317.
Humboldt. Vapeurs à de grandes hauteurs, I, 31. Quantité de pluie, 51. Courant de Bahama (*Gulfstream*), 38 et 39. Dos et plateaux des montagnes, 72. Cols élevés, 93. Nœuds, 97. Rochers frappés de la foudre, 125. Boues et eaux des volcans de l'Amérique, 186 et suiv. *Moya*, 187, et II, 610. Poissons des antres volcaniques, I, 188. Salses en Amérique, 190. Flammes sortant de terre, 191. Fréquence des éruptions volcaniques, 193. Volcan de Jorullo, 200 et 264. Volcans de Quito, 260. Direction générale des couches, 344. Observation sur la fluidité ignée des masses minérales, 380. Fer météorique, 399. Température sur les plateaux de Mexico et de Quito, 421. Lignes isothermes, 434. Décroissement de la chaleur à mesure qu'on s'élève, 434. Limite des neiges, 442, 443. Stratification du granite, II, 29 et 181. Granite prismatique, 30. Granite en Amérique, 57. Grenats dans les gneis et les schistes-micacés, 67 et 83. Gneis peu métallifère en Amérique, 77. Formations primitives de l'Amérique, 93. Porphyre siénitique du Mexique, 126. Diabase en boules, 157. Serpentine alternant avec la siénite, 169. Quartz granuleux, 177. Gypse du Val-Canaria, 190. L'amygdaloïde d Oberstein appartient à la formation du grès rouge, 244. Calcaire alpin et du Jura, 253, 351, 354, 359. Formations secondaires de l'Angleterre, 255. Grès anciens en Amérique, 313. Brèches de Cumana, 327. Grès à 4400 mètres d'élévation, 333 Grotte de Caripe, 382. Marais salants d'Araya, 401. Salure du sol du Mexique, 485 Quartz dans le trachyte, 526. Rétinite à Ténériffe, 532. Obsidiennes 534. Ponces de Ta-

cunga, 541. Soufre dans les tufs volcaniques, 545. Trachyte sur le porphyre, et sous un calcaire compacte, 547. Trachyte du Chimboraço, I. 551 Quatre époques dans le terrain trachytique, 552. Marne alternant avec le basalte, 584. Hyalite sur le basalte, 597. Grand filon de Guanaxuato, 126, 635, 638.
Hutton. Systèm: de géogénie, I, 421. Filons de granite dans les schistes, II, 39 et 40.
Huygens. Aplatissement de la terre, I, 15.
Hyalite dans les terrains volcaniques, II, 543, 596, 597.

J.

Jameson. Veines de granite dans le schiste, II, 40. Porphyres primitifs, 141. Roches basaltiques et graphyte dans le terrain houiller, 279. Grès en boules, 328. Tourbe sur les montagnes, 495. Calcaire alternant avec des basaltes, 583, 605.
Jaspe noir ou *jaspe schisteux*, II, 105. Voy. *Lydienne.*
Jaret II, 442, 452.
Ichtyolites ou *Poissons fossiles.* (Voyez ce dernier nom.)
Jefferson. Destruction des montagnes par les fleuves, I, 133.
Iles produites par les volcans, I, 407.
Iles flottantes, II, 495.
Inégalités de la surface du globe, I, 59-120.
John. Lucullane, ou calcaire fétide noir, II, 346.
Jorullo (volcan de). Sa formation, I, 199 et 264.
Irwing. Température des mers, I, 449, 451.
Isothermes (lignes), I, 434.
Jurine. Protogine, II, 19.

K.

Kaolin, ou feldspath terreux, II, 72.
Keratite de Lamétherie ou *hornstein*, II, 114, 118.
Kidd. Formations globuleuses, I, 319. *Lias*, II, 354.
Kieselschiefer, II, 104, 105. Voy. *Lydienne.*
Killas, ou phyllade, II, 218.
Klaproth. Analyse d'eau minérale, I, 56 Propriété pyrophorique des houilles et lignites, II, 453. Absence de bitume dans quelques lignites, 455. Analyse du phonolite, 538; du basalte, 560.

L.

Lacs dans les montagnes, I, 102-106. Lac de Czirkniss, 106. Érosion des digues, 131.
La Grange. Météorites, I, 400.
Lamanon. Formation du gypse de Paris et d'Aix, II, 426. 434.
Lambton. Degré terrestre mesuré dans l'Inde, I, 21.
Landes (terrain des), I, 440, 456
Laplace. Figure de la terre, I, 18, 22. Sa densité, 26. Cause du courant équinoxial,

37. forme vésiculaire de la vapeur dans les nuages, 50. Opinion sur la formation de la terre, 422.
Latitude effet de la) sur la température, I, 427 et suivantes.
Lavages de minerais; dans les terrains de transport, II, 477, Dans les tufs volcaniques, 610.
Laves. Dans les cratères, I, 173. Sortie et marche, 176. Vitesse, 178. Viscosité, 179. Lenteur du refroidissement, 180. Chaleur, 181. Grandeur des courants, 182. Matière, 211 Voy. *Volcans* et *terrains volcaniques.*
Lelièvre Émeraude de Limoges, II, 24.
Lemery. Volcan artificiel, I, 210.
Leonhard, I, 357 *et passim.*
Lépidotite dans les granites, II, 24.
Leptinite, ou *Weisstein*, II, 71
Leucite, 520, 563, 585.
Leucostictos de Pline, ou porphyre, II, 112, 127.
Leucostine, ou trachyte blanc, II, 521.
Lias des anglais, calcaire bleuâtre et fétide, II, 354.
Lignites. Variétés, II, 441. Gisement, 444. Substances contenues, 453. Mode de formation, 454. Dans les basaltes, 585.
Linné. Diminution des eaux de la mer, I, 416. *Saxum trapezium*, II, 142.
Londres (Terrains des environs de), II, 426.
Lucullane, ou Calcaire noir fétide, II, 346.
Lydienne. Mode de formation, II, 103. Caractères, 105. Gisement et galets, 106, 207. Dans le calcaire, 221, 359. Dans le terrain houiller, 268.

M.

Mac-Culloch. Boules de granite, I, 315. Identité entre le granite et la siénite, II, 21. Granite prismatique, 31. Filons et veines de granite à Glentilt, 41. Quartz en roche, 177, 239. Quartz dans le terrain houiller, 280.
Macle. Dans les schistes-micacés, II, 84; les phyllades, 99.
Maclure. Stratification du granite, II, 29. Stérilité des terrains granitiques, 52. Grès à ciment euritique, 219. Houille aux Etats-Unis, 305.
Macalouba (Volcan d'air de), I, 189.
Magnésie, cause de stérilité dans les terrains, II, 91. Dans la Serpentine, 161.
Mallet. Mesure du Mont-Grégorio, I, 463.
Malte-Brun. Géographie, I, 64. Pentes abruptes tournées vers la mer du sud, 78. Anciens lacs, 133. Ossements fossiles en Sibérie, II, 506.
Manfredi. Terre charriée par les fleuves, I, 58. Exhaussement du fond de l'Adriatique, 418.
Marbres. II, 220; M. de Campan, 221. M. noirs de Namur, 224.
Marcel de Serres. Coquilles des eaux saumâtres, II, 425. Formation d'eau douce, 433. Lignites de Béziers, 445. Amphibole et terre verte dans les basaltes, 562, 569.
Marne rouge, ou grès rouge des

Anglais, II, 323.
Marneux (Terrain) au pied des Pyrénées, II, 435-440.
Marqué-Victor. I, 393, 479.
Mayer. Température de la terre, I, 429.
Meisner, montagne de la Hesse. Constitution génerale, I, 230. Ses lignites, II, 445. Sa dolérite, 556.
Mélaphyre, ou porphyre noir, II, 127.
Menard de la Groye. Salses et terrains ardens, I, 190 et 191. Coquilles sur les montagnes volcaniques, 213. Dolérite et wacke de Beaulieu, II, 557, 558, 581. Ramollissement et altération des laves basaltiques, 581, 594, 595. Laves leucitiques, 586.
Mer. Etendue et permanence, I, 35. Ses mouvements, 36. Salure, 41. Inégalités de son fond, 115. Action contre les continents, 135. Formations qui se font dans les mers, 157. Diminution, 413. Température, 448.
Mercadier. Atterrissements sur la côte de Languedoc, I, 151.
Mesure des hauteurs à l'aide du barometre, I, 452.
Métaux et Minéraux. Dans les terrains de transport, II, 447. *Voyez* les articles des diverses roches pour les minéraux et métaux qui y sont contenus.
Météorites. I, 34, 391 et suiv.
Meulières; de Wallerius, II, 84; de Paris, 408, 421; des terrains volcaniques, 530 et 579.
Mica. Cause de la stratification de plusieurs roches, I, 299. Dans les roches primitives, II, 6, 16, 26, 63, 79, 86. Dans les porphyres, 131. Dans les quartz en roche, 87, 176. Dans le calcaire, 179. Dans les grès, 277, 308, 321. Dans les roches volcaniques, 520, 526, 530, 563.
Micaschiste (Voyez *Schiste-Micacé*.
Mimophyres, ou Pseudo-Porphyre, II, 278, 309.
Minéral. Définition, I, 271.
Minéralogie. Son objet et ses parties, I, 376.
Mines. Température, I, 444 et suiv. — Mines les plus profondes, I, 377.
Mollasse, ou grès tendre, II, 262, 325, 437.
Monitor. Dans les schistes, II, 341. Dans la craie, 369.
Montagnes. Parties, I, 64. (Voy. *Chaînes de Montagnes*)
Mont-Blanc. Son granite, II, 12, 18, 34.
Mont-Bolca. Poissons fossiles, II, 366.
Mont-Dore, en Auvergne, II, 548, 541, 546, 553.
Monte-Nuovo. Formation de ce volcan, I, 199.
Monteiro. Pyromeride globulaire, I, 311.
Mont-Faucon. Granite. II, 13.
Montlosier. Dégradation du sol de l'Auvergne, I, 234. Base du Mont-Dore, II, 542. Origine du Puy-de-Dôm 552.
Montmartre. Gypse, II, 409
Mont-Perdu. Constitution, II, 334.
Moya. Vase volcanique du Pérou, I, 187, II, 610.
Murray. Analyse de l'eau de la mer, I, 41, 43.

N.

Nagelflue des Suisses. Poudingue et grès, II, 324 et suiv. 397.
Neiges (limite des), I, 442.
Neill. Basalte alternant avec diverses roches, II, 583.
Newton. Figure de la terre, I, 17.
Niagara. Cataractes, I, 130, 133.
Nil. Quantité de limon qu'il porte, I, 58 et 147.
Nœggerath. Lignites des bords du Rhin, II, 450.
Nœuds. Dans les chaînes de montagnes, I, 96.
Nuages. Formation et hauteur, I, 49 et 50.

O.

Oberstein (roche amygdaloïde d'), II, 244.
Obsidienne. Voyez *trachyte* et *basalte vitreux.*
Ocean cahotique de Werner, I, 355.
Œningen (terrain d'), II, 431.
Oiseaux (montagne des), en Provence, I, 312.
Olivier. Sol de la Perse, II, 469.
Olivine. Dans les roches volcaniques, II, 520, 562.
Ollaire (*pierre*), II, 86.
Omalius d'Halloy. Lydienne dans le calcaire, II, 107 et 221. Terrain intermédiaire du nord de la France, 197, 198, 232. Deux formations au Jura, 355. Calcaire horizontal, 360, 363. Deux formations de craie, 371. Dépôt de coquilles en en Champagne, 407. Opinion sur la formation de quelques grès et du sable de la Sologne, 419 et 46? Quatre étages dans le terrain de Paris, 423. Calcaire d'eau douce à Rome, 423.
Oolites. Mode de formation, I, 316. Dans les gres, II, 322. Dans le calcaire, 345, 455. Oolite des Anglais, 359.
Opale. Dans la serpentine, II, 162. Dans les tufs volcaniques, 543.
Ophibase de Saussure, II, 156.
Ophite des anciens minéralogistes, II, 141, 154; de M. Brongniart (eurite vert), 127; de Palassou (amphibolite), 213,
Or. Dans les terrains primitifs, II, 76, 91; dans les terrains intermédiaires, 624; dans les terrains de transport, II, 478. dans les terrains trachytiques, 551.
Ordinaire. Enumération des volcans, I, 162. Explosion d'un fourneau, 215
Ossements fossiles. Dans le phyllade, II, 214; dans les calcaires, 341, 369; dans les caverne, 383; dans le gypse de Paris, 410; dans l'a gil de Londres, 428; dans le terrain marneux de l'Agenais, 439. Dans les terrains de transport (leur gissemen et leurs espèces principales), 503-512; conséquences géologiques, 512, 514.
Ossements humains fossiles, II, 473, 514.

P.

Palaïopètre, ou pétrosilex primitif de Saussure, II, 119, 211.
Paleotherium, animal fossile, II, 411, 439.
Pallassou. Parallélisme entre la

la direction des couches et celle des chaînes de montagnes, I, 343. Couches inclinées, 347. Granite sur les schistes, II, 34. Ophite, 213.

Pallas. Salses de la Crimée, I, 190, 191. Abaissement des montagnes de la Sibérie, 225. Aspect de ces montagnes, II, 54. Lacs salés de la Sibérie, 484. Ossements fossiles, 505. Rhinocéros fossile, 510.

Panser. Houille en Chine, II, 305.

Pappenheim. Calcaire et poissons fossiles, II, 365.

Parallélisme entre la stratification de deux formations superposées, I, 332. Conséquences, 333 et suiv.

Paris (terrain des environs de), II, 404. — 426. Voy. *Calcaire*, *gypse*, *grès*, *ossements*, etc.

Passage d'une roche à l'autre. Sortes, II, 22. Du granite au phyllade, I, 370, II, 94. Du terrain primitif au terrain intermédiaire dans les Alpes, 192. *Voy*. les divers noms de roches.

Pechstein et pechstein porphyr, porphyre rétinitique, II, 126.

Pelletier. Cristallisation de l'alun au milieu de l'argile, I, 279.

Peperino, tuf volcanique durci, II, 607.

Péron. Rochers élevés par les zoophytes, I, 117 et suiv. Température des mers, 449, 451.

Pesanteur. Effets sur les masses minérales, I, 138, 221 et suiv.

Pétrosilex de Dolomieu, II, 114, 118; de Cronstedt et Wallerius, 119; de Saussure, 119, 211.

Phillips. Grès ancien d'Angleterre, II, 313. Craie des environs de Douvres et de Calais, 371.

Phtanite ou lydienne, II, 105.

Phonolite, roche volcanique, II, 522, 537 et suiv.

Phyllade. Dénomination, II, 93. Caractères, 94. Rapport avec le schiste-micacé, 94. Analyse, 97. Minéraux contenus, 99. Stratification et feuilletage, 100. Couches subordonnées, 102. Age relatif, 109. Sous le granite, 34 et 110. Décomposition, decoloration et aptitude à la végétation, 110 et 111. — *Phyllade intermédiaire*. Différences avec le phyllade primitif, 206. Couches subordonnées, 207-213. Fossiles contenus, 213. Métaux, 214. Localités bien reconnues, 217.

Physique, son objet, I, 376.

Picot-Lapeyrouse. Calcaire primitif dans les Pyrénées, II, 183. Poisson fossile aux environs de Toulouse, 439.

Pictet, basalte de la chaussée des Géans, II, 573.

Pierre de touche, II, 98 et 104. — *Pierre de corne*, II, 99. Voy. *Cornéenne*.

Pierres inaltérées, lancées par les volcans, I, 171, II, 612.

Pinite dans le granite, II, 24.

Pisolites. Formation, I, 155.

Plaines, I, 108.

Plateaux ou plaines élevées, I, 65, 71, 72, 109. Morcellement, 110.

Platine des terrains de transport, II, 480.

Playfair. Dégradation des continents. Action érosive de l'eau, I, 136, 241, 242, 245. Exhaussement des côtes de la Baltique, 418. Veines de granite dans le schiste, II, 39.

Pline. Iles de l'Archipel produites par les volcans, I, 407.

Porphyre, II, 112. Basalte, 554.
Plomb dans les grès, II, 316, 629; dans le calcaire, 622.
Po. Attérissemens, I, 149.
Poiret. Barques enfouies dans des tourbières, II, 499. Mode de formation des tourbes, 501.
Poisson. Météorites, I, 399.
Poissons dans les montagnes volcaniques du Pérou, I, 188.
Poissons fossiles à Glaris, II, 214; en Thuringe, 340; à Pappenheim, 365; au Mont-Bolca, 366; à Aix, 431; à Oeningen, 432; à Toulouse, 439.
Poumiers. Analyse d'eaux minérales, I, 56.
Ponts-Naturels, dans l'Ardèche, I, 129; dans les États-Unis, 130. Formation, 134.
Porphyre. Dénomination, II, 112. Sa nature, 113. Rapport avec le granite, 114. Porphyre euritique, 120; P. kératique, 120; P. siénitique, 121; P. terreux, 122. P. retinitique, 126. Cristaux renfermés, 127. P. en boules, 131. P. bréchiforme, 132. Stratification, 132. Division en prismes et plaques, 133. Couches étrangères, 134. Age et formation, 71, 134 et 236. Décomposition et aspect des montagnes, 136. Métaux contenus, 137. Localités reconnues, 138 et suiv. — *Porphyre intermédiaire*, 227 et suiv. — *Porphyre secondaire*, 310; tient quelquefois au grès, 258.
Porphyre aphanitique, ou porphyre noir, II, 154. — Porphyre oriental, II, 120, 121.
Porphyre (pseudo), II, 278, 309.
Porphyroïdes, ou roches à structure porphyrique, I, 279, II, 113.
Poudingues, II, 260, 420.
Pouzzolanes, II, 608.
Précipités chimiques et mécaniques. Différence, I, 145.
Prismatique (division), I, 302.
Profondeurs (grandes) que l'on a atteint, I, 377.
Prony. Vitesse de la Seine, I, 38. Attérissements du Pô, 49.
Protogine, ou granite talqueux, II, 7 et 18.
Proust. Formation des houilles, II, 265, 294.
Psamites, II, 261. Voy. *Grès.*
Putzenwerk, filon épais et cunéiforme, II, 657.
Puvis. Aphanite dans un terrain houiller, II, 279.
Puy-de-Dôme. Nature, II, 547. Mode de formation, 552.
Pyrites. de formation récente, I, 157. N'occasionnent pas les feux volcaniques, 209 et 210. Dans les amphibolites, II, 146. Dans les houilles, 270. Dans les craies, 368. Dans les lignites, 444, 453. Dans l'argile de Londres, 427. Dans les tourbières, 496. Dans les terrains volcaniques, 545, 596.
Pyroméride globulaire, I, 311.
Pyroxène (augite des terrains non volcaniques), en roche dans les Pyrénées, II, 185.

Q.

Quartz. Formation récente, I, 156. Dans les roches primitives, II, 6 et 8; dans le granite, 16; gneis, 63 et 65; schiste-micacé, 79 et 87; phyllade, 96, 99, 107; porphyre, 129; calcaire, 179; phyllade intermédiaire, 207;

terrain houillier, 280; roches volcaniques, 520, 526, 530, 569, 570. — *Quartz* en roche; caractères, 174. Quartz grenu, pris pour des grès, 174. Gissement, 176. Réduction eu galets et sables, 177.
Quartzite. V. *Quartz* en roche.

R.

Ramond. Versant abrupte des Pyrénées vers l'Espagne, I, 75. Pentes abruptes vers la méditerranée, 78. Rochers frappés de la foudre, 125. Grès divisés en parallélipipèdes rectangles, 301. Couches en éventail, 347. Structure du pic du midi, II, 189; du Mont-Perdu, 334. Contemporanéité du basalte et du trachyte au Mont-Dore, 546.
Rancié (Montagne de). Sa couche ferrifère, II, 620.
Raumer. Passage de la siénite au granite, II, 21. Stratification du granite et du gneis en Silésie, 30 et 68. Granite de Dohna en Saxe, 34. Formations primitives en Silésie, 92. Granites siénitiques, leur rapport avec les porphyres, 34, 198, 233.
Régions élevées et *régions basses* des continents, I, 62.
Retinasphalte, II, 454.
Rétinite ou *Pechstein*, II, 126 et 532.
Reuss. Grès en boules, II, 328, Végétaux dans les grès, 329.
Rhinocéros fossile, II, 510.
Rinmann. Introduit le nom de *trapp*, II. 141.
Roche. Définition, I, 272. *Espèces de roches*, ce qui les constitue, 286. II, 6. Observations sur la nomenclature des roches, I, 285; II, 75, 119, 148, 202. Roches stratifiées, I, 293; divisées en rectangles, 300; en prismes, 302; en plaques, 306; en boules et globules, 307 et suiv. Changements progressifs dans leur nature, 353 et suiv. Nature de leur fluidité, 379 et suiv. Diverses roches primitives, II, 6 et suiv. Roches composées et homogènes en apparence, 8. Roches secondaires, 250. Roches volcaniques, 521. Voyez *structure des roches*, *stratification* et le nom des diverses espèces de roches.
Rochers frappés de la foudre, I, 124. Rochers élevés par les zoophytes, I, 117.
Rozière. Vallée du Nil, I, 85, Siénite et Sinaïte, II, 20. Stratification du granite de Syène, 29. Exfoliation des monuments de granite, 50. Porphyre en Egypte, 120.
Roth-Liegendes, ou grès ancien, II, 306. (Voy. ce dernier mot.)

S.

Sables, du terrain des environs de Paris, II, 414 — 421. Dans les terrains de transport, 465. Sables volcaniques, I, 170.
Salses. Volcans d'air et de boue, I, 189.
Santorin. Ses îlots produits par les volcans, I, 409 et suiv.
Saussure. Evaporation à de gran-

des hauteurs, I, 47. Vapeur vésiculaire des nuages, 49. Inégale inclinaison des versants dans les montagnes, 77. Bassin de Genève, 105. Rochers frappés par la foudre, 124 Erosion des roches, 132, 135, 136. Eboulements, 141. Grès de formation actuelle, 158 Les aiguilles et les pics sont des vestiges de l'ancien sol, 228. Opinion sur la formation des vallées, 252 et 253. Grès divisés en prismes rectangulaires, 301. Structure remarquable de la montagne des Oiseaux, 312. Parallèlisme entre la direction des couches et celle des montagnes, 343 Couches du Jura, 345. Cause de l'inclinaison des couche, 348, 350. Dissipation dans l'espace des eaux du globe terrestre, 414. Température de la surface de la terre, 426, 431; des hautes régions de l'atmosphère, 436; des souterrains, 444; des mers et des lacs, 450. Granite du Mont-Blanc, II, 19. Stratification du granite, 29. Granite formé au milieu des autres roches, 33. Filons de granite dans les phyllades, 38. Aspect des montagnes granitiques, 53. Grenats dans les schistes micacés, 83. Passage du granite au phyllade, 96. Phyllades calcarifères de Gênes, 109. Pâte du porphyre, 113. Passage du granite au porphyre, 115. Palaïopètre, 119. Trapp, 143. Ophibase, 156. Absence du calcaire compacte dans les terrains primitifs, 178. Nature quartzeuse du grès intermédiaire, 204. Poudingue et galets à 2500 mètres de hauteur, 333. Terrains tertiaires d'Aix et d'Oeningen, 431, 434. Tuf calcaire primitif, 474. Limbite ou olivine décomposée, 563

Saussure (Fils). Poids de l'air, I, 32. Eboulement du Ruffiberg, 139.

Saxum metalliferum, ou porphyre siénitique de Hongrie, II, 123.

Scheuchzer. Homme témoin du déluge, II, 432.

Schieferthon, ou argile schisteuse, II, 271.

Schiste alumineux, ou Ampelite. Voy. ce mot.

Schiste argileux. V. phyllade.

Schiste bitumineux, ou *schistus carbonarius*, II, 268.

Schiste marneux de la Thuringe, II, 338.

Schiste-micacé. Composition, II, 78. Variétés, 81. Passage au schiste talqueux. 82. Substances contenues, 83. Stratification, 85. Couches subordonnées, 85. Age, 90. Décomposition, 91. Etendue, 92.

Schiste siliceux, ou phtanite, II, 104.

Schiste talqueux, II, 7 et 82.

Schisteuse (texture ou structure), I, 276, 278.

Schlottheim. Fossiles dans les traumates, II, 213; dans le calcaire intermédiaire, 223; dans les grès, 290, 315, 323, 328; dans les calcaires secondaires, 342, 357, 364; dans la craie, 368; dans les tufs calcaires, 473.

Schreiber. Filon témoin de l'ancienne élévation du sol, I, 227. Calcaire dans le gneis, II, 71. Or exploité dans le gneis, 76.

Scories volcaniques., I, 170, II, 606.

Sédiments des fleuves, I, 147; de la mer, 150.

Seiffen, ou lavage de minerais,

II, 477, 610.
Sel gemme (muriate de soude). Dans le gypse intermédiaire, II, 248, 249 ; dans le calcaire du Jura, 357 ; dans les gypses secondaires, 386, 392, 393. — 400. (A Wieliczka, 394 ; à Salzbourg, 396 ; à Nortwich, 398 ; à Cardonne, 399 ; en Lorraine, 400). Dans la craie, 401. Dans les terrains de transport, 482.
Serpentine. Nature et caractère, II, 9 et 160. Dans le schiste micacé ou talqueux, 86. Minéraux qu'on y trouve, 160. Formations d'après Werner, 162. N'est qu'une roche talqueuse compacte ; 143. Rapports avec l'aphanite, 164. Stratification, 165 Décomposition, 165. Affinité pour le fer oxidulé, 166. Abonde dans les Alpes, 163, 168 Localités remarquables, 168 et suiv.
Shaw. Atterrissements du Nil, I, 58, 147. Erosion des rochers par les flots, 136.
Siénite, ou granit siénitique, II, 7 et 19. En Saxe, 19, 35 55. Siénite zirconienne de Christiana, 230. Plusieurs géologistes regardent la siénite comme caractérisant une formation de roche granitique appartenant aux terrains intermédiaires.
Silex. Mode de formation, I, 318, II, 375—377. Dans les calcaires, 350, 362 ; dans les craies, 367, 371 ; dans le terrain de Paris, 406, 409.
Silice, dissoute par l'eau dans l'intérieur du globe, I, 57, 156.
Silex-corné, en boules, I, 317.
Silici-calce, II, 375.
Smith. Ordre de superposition des couches en Angleterre, II, 253. Grès rouge d'Angleterre, 313, 323.
Soldani. Terrains d'eau douce en Toscane, II, 434.
Solfatare de Pouzzolle, I, 195, II, 595
Soufre. Dans le gypse, II, 387. Dans les terrains volcaniques, 545, 569, 596.
Soulèvements produits par les volcans, I, 263. Soulèvement des couches, 350 ; des continents, 422, 418, 415.
Sources. Origine, I. 54, 401 et suiv. Plus abondantes dans les montagnes que dans les plaines, 405. Température, 427.—Sources salées, II, 392, 399, 400.
Spallunzani. Observations sur la matière des laves en fusion dans les cratères de l'Etna et de Stromboli, I, 174-176. Viscosité de cette matière, 179. Sa chaleur, 180. Vapeur provenant de sa gazéification, 215. Tufs de l'Italie, 184. Salses et terrains ardents du Modenais, 190. 191. Trachytes vitreux de Lipari, II, 533. Leur eau de composition, 535. Cause de la division prismatique des basaltes, 572. Cavités bulleuses des laves, 578. Difficile décomposition des laves vitreuses, 591. Leur altération par les vapeurs, 594.
Stalactites. Leur formation, I, 152 et suiv.
Staurotide. Dans les schistes-micacés, II, 84.
Stéatite. Passe à la serpentine et au talc laminaire, II, 164, Stéatite molle, 169. Dans les terrains volcaniques, 569.
Steffens. Craie, dans le nord de l'Allemagne, II, 372, 401
Stockwerk, gîte de minerai. Nature et formation, II, 626. Exemples, 628.
Strate. Accept. de ce mot, I, 288.
Stratification. Définition, I, 288. Caractères, 290. Roches stra-

tifiées, 293. Causes, 295. La stratification des montagnes n'est point en rapport avec la direction des vallées transversales, 247-249. Voyez le nom des diverses roches, relativement aux particularités de leur stratification.

Structure des masses minérales. Différentes sortes, I, 270. Différents ordres, 273. Structure simple, 276. Structure fragmentaire, 276. Structure granitique et schisteuse, 278. Structure porphyrique, 279. Structure amygdaloïde, 280. Structure double, 284. Structure irrégulière, 285. Voyez *stratification, prismatique* (division), etc.

Struve. Gypse de Bex, II, 249.

Superposition des couches. Sa théorie, d'après Werner, I, 330.

Suites de formations. Voyez *formations.*

T.

Talc. Remplace souvent le mica dans les roches primitives, II, 7. Dans le schiste-micacé, 82 et 85; la serpentine, 161; l'euphotide, 170 et suiv.; le calcaire, 180. — Talc schisteux dans le phyllade, 102.

Tables pour la mesure des hauteurs à l'aide du baromètre, I, 465 et

Température de la terre, I, 424-434. Temp. de l'atmosphère à diverses hauteurs, 435—441. Temp. des mines, 444—448. Temp. des mers, et lacs de la Suisse, 448—450.

Térénite. Roche particulière, II, 99, 206.

Terrains (abaissement du niveau des), I, 224.

Terrains (minéralogiques). Définition, I, 272. Circonstances principales de leur formation, 353—364. Division en six classes, 364.—*Terrains primitifs.* Caractères, II, 3. Roches qui les constituent, 6. Classification sous le rapport de l'ancienneté, 10.—*Terrains intermédiaires.* Notice historique, 194. Définition, 200. Difficile circonscription, 199. Rapport avec les autres terrains, 200 et suiv. Mon opinion définitive sur leur limite, 319. — *Terrains secondaires.* Caractères généraux, 250. En Thuringe, 252; en Angleterre, 253; dans le nord de la France, 256. Rapport avec les terrains intermédiaires, 257.—*Terrains tertiaires.* Caractères généraux, 402. Terrains d'eau douce, 433 et suiv. — *Terrains de transport.* Définition et sortes, 459. Dans les montagnes, 460; dans les plaines, 565. Subtances qu'ils renferment, 571.— *Terrains volcaniques.* Epoques, 516. Minéraux et roches qui les composent, leur division, 519 et suiv.. Voyez *trachyte* et *basalte.* Voyez pour les autres terrains, le nom des roches qui les constituent.

Terrain houiller. Voy. *houiller* (*terrain*).

Terrains de transition. Voyez *terrains intermédiaires.*

Terre. Voyez *globe terrestre.*

Terre charriée par les fleuves, I, 58, 147, II, 469. Voyez *atérissements.*

Thomson. Calcaire et grès du Northumberland, II, 225, 318.

Thonschiefer. Voyez *phyllade.*

Thonstein, et *Thonporphyr*, ou eurite terreux et porphyre euritique terreux, II, 122, 123.
Thuringe. Ses formations de grès, calcaire et gypse, II, 252, 306, 337—349, 360, 389.
Thüringerwald, masse de montagnes entre la Saxe et la Franconie. Son porphyre euritique, II, 116, 120, 127, 131, 133, 310. Son porphyre aphanitique, 152.
Tilas Observation sur l'inclinaison des faîtes des chaînes de montagnes, I, 73.
Toadstone, amygdaloïde du Derbyshire, II, 242.
Topaze (Roche de) de Saxe, II, 58.
Torre (*De la*). Observations sur le Vésuve, I, 178, 196.
Tourbe. Nature et variétés, II, 492.
Tourbières. Constitution, II, 493. Substances qu'elles contiennent, 496. Age, 498. Mode de formation, 500.
Tourmaline. Dans les roches primitives, II, 23, 58, 59, 66, 84.
Trachyte. Essence, 521, 524. Caractères, 525. Variétés, 527. Tr. émaillé ou *perlstein*, 530. Tr. vitreux ou obsidienne, 532. Tr. ponceux, 536. Rapport de gissement avec le basalte, 545. Age, 546. Manière d'être en Auvergne, 547; en Italie, 549; en Hongrie, 550; en Amérique, 551. Origine, 552.
Trachytique (*terrain*), II, 524-553.
Traill. Sel de Cardonne, II, 399.
Trapp. Acception de ce mot, II, 141.
Trappéennes (Roches), ou amphibolites, en Irlande, II, 242; dans les houillères, 279.
Trass, brèche ponceuse, II, 608.
Travertin de Rome, II, 473.
Traumate, ou *Grauwacke*. Caractères, II, 202. Variétés, 203.
Tremblements de terre. Espèces, I, 197. Phénomènes, 201. Distance à laquelle ils se propagent, 205. Cause, 206 et suiv. Effets, 259.
Trémolites. Dans le calcaire, II, 180, 227.
Trilobite, fossile caractéristique des terrains intermédiaires, II, 213, 223.
Tuf calcaire : sa formation et ses espèces, II, 472. Tuf trachytique, 540 et suiv. Tuf volcanique, 606 et suiv.
Tuffeau, ou craie grossière, II, 369.

U.

Ulloa. Inondations volcaniques, I, 185. Effets des tremblements de terre, 201, 204.
Urtrapp; *Urgrünstein* (Voyez *Trapp*, *Grünstein*).

V.

Vallées, dans une chaîne de montagnes. Différents ordres, 67—69. Vallées transversales et longitudinales, 82. Forme, renflements et resserrements, 84. Angles saillants et rentrants, 85. Position par rapport à la chaîne, 86, 87. — Vallées principales des grandes régions 96. Vallées des

plaines, 109. — Vallées primitives, 221 et 253.—Creusement et formation des vallées, 237—248. Diverses opinions sur leur origine, 248-254.
Van Marum. Formation de la
Valorsine. Poudingue, I, 349. tourbe, II, 501, 503.
Vapeur aqueuse Quantité contenue dans l'atmosphère, I, 31.
Vapeurs volcaniques. Nature, I, 167. Action destructive sur les laves, II, 593. Action reproductive, 594
Variolites, ou roches à structure variolitique, I, 280, 311. II, 155.
Vauquelin. Analyse des eaux de Plombières, I, 56. Dissolution de la silice dans les eaux minérales, 57. Météorites, 392, 397. Eau dans les trachytes vitreux, II, 535.
Végétaux fossiles; premiers, I, 362. Dans les houilles, II, 290 — 293. Dans les grès, 314, 323. (Voyez *Bois*, *Lignites*, *Tourbes*).
Veltheim. Porphyre sur la houille, II, 311.
Vents. Espèces, et vent périodique dans des vallées, I, 33. Effets sur la surface de la terre, 122.
Versants, d'une chaîne de montagnes, I, 67, 74. Inégale inclinaison, 74-79.
Voigt. Division en strates et feuillets des phyllades, II, 106. Lydiennes dans les terrains houillers, 107. Porphyre rétinitique au *Thüringerwald*, 127. Puissance des couches de houille, 266. Houille semblable à de la suie, 269. Fossiles dans les houilles, 290, 297. Le terrain houiller appartient aux terrains intermédiaires, 319. Opinion sur la formation de certains grès, 331. Considérations sur le schiste marneux cuprifère de la Thuringe, 342, 344. Houille limoneuse, 379.
Volcans, I, 159. Volc. brûlants, leur position, 160. Volc. sous-marins, 162. Volc. éteints, 164. Phénomènes volcaniques, 163 —197. Fumée, 167. Cendres, 168. Sables, 170. Scories, 170. Force de projection, 172. Laves, 173, 183. (*Voyez* ce mot). Eruptions aqueuses et boueuses, 183. Production de *Monte-Nuovo* et de *Jorullo*, 199. Observations sur les causes, 206 et suiv Sur le combustible qui peut les alimenter, 207. Sur la cause des éruptions, 213. Position des foyers volcaniques, 216. Effets sur la constitution du globe, 254. (Voy. *Terrains volcaniques*)

W.

Wacke. Nature et caractères, II, 206, 580. A Christiana, 229. Wacke de nature particulière, en filons, 651 et 657.
Wallerius. Sa dénomination du granite, II, 12; du schiste-micacé, 78, 81, 84; du phyllade, 93; du porphyre, 112; de l'amphibolite (cornéenne), 141, 149; de la serpentine, 160; du grès, 260. Son pétrosilex, 119.
Watt. Phénomènes des masses minérales fondues durant leur refroidissement, II, 522, 574, 575.
Weaver. Brèches dans les terrains primitifs, II, 233. Roche trapéenne de l'Irlande, 242.
Webster. Craie de l'Angleterre,

II, 368, 372, 373. *Pudding-stone*, 420. Terrain tertiaire de Londres et de l'île de Wight, 426—430.

Weisstein, ou feldspath granuleux, II, 71.

Weiss. Quartz dans le trachyte du Cantal, II, 526. Basalte sur le trachyte, 546.

Werner. Acception des mots géologie, géognosie, géogénie, I, 2. Définition de la géognosie, 374. Son rang dans les sciences na urelles, 376. Formation des pisolites, 158. Structure des roches, 275—285. Stratification des roches, 294, 300. Boules de granite, 315. Théorie de la superposition des couches, 330. Formation des masses minérales, 353—373. Abaissement dans le niveau des couches, 355. Sa circonspection, relativement aux révolutions de la nature, 369. Formations, 322. Suites de formations, 369. Diminution des mers actuelles, 412 et 418. Stratification du granite, II, 29. Roche de topaze de la Saxe, 57 et suiv. Gneis, 61, 62. Porphyre, 113 Base du porphyre et passage à la siénite, 115. *Hornsteinporphyr* et *feldspathporphyr*, 114. *Sienitporphyr*, *Thonporphyr* et *Thonstein*, 121—123. Trapp, 144. *Grünporphyr*, 154. Terrains intermédiaires, 195 et suiv. Origine des houilles, 298. Variétés du fer d'al uvion, 476. *Klingstein*, 538 Nature du basalte, 555, 557. Wacke, 581. Stockwerk, 626. Formations de filons, 643 Theorie des filons, 654. Théorie de certains filons ou veines, 627. Voyez le nom des diverses roches relativement à leur division en formations.

Whin et *Whinstone* (nom écossais de l'amphibolite ou dolérite presque compactes, synonime de trapp et de *grünstein*), II, 242. Dans les houilles, 289.

Wielicrka (Mines de sel de) II, 394.

Wight (Terrain de l'île de), II, 428.

William. Roches d'aspect basaltique dans les houilles, II, 583.

Winch Calcaire montagneux de l'Angleterre, II, 225. Houilles de Newcastle 265, 293, 304. Calcaire magnésien, 353.

Z.

Zechstein, ou calcaire compacte de la Thuringe, II, 343.

Zeolites. Dans les basaltes, II, 567.

Zircon. Dans le granite siénitique de Christiania, II, 230.

Zoophytes (Roches et îles élevées par les), I, 117.

FAUTES ESSENTIELLES A CORRIGER.

TOME Ier.

Page 111, *en marge* et		*lisez* des.
124, *ligne* 4	au moins nul	nul.
156 . . . 27	1812	1782.
184 . . . 10	1751	1755.
221 . . . 15	V	III.
232 . . . 5	Alpines	Alpes.
286 . . . 5	: il	, il.
286 . . . 28	*scheifer*	*schiefer.*
311 . . . 28	Montciro	Monteiro.
338 . . . 29	fig. 9	fig. 8.
405 . . . 27	contre un	un.
460 . . . 14	o	ou.
463 . . . 1	10,0	1+0,0
485 . . . 12	ces fractions sont	sont ces fractions.

TOME II.

10 . . . 9	quatre	cinq.
29 . . . 4	Charpentier	Palassou.
78 . . . note,	Le	Le nom.
93 . . . 6	de ces	en ces.
118 . . . 1	rouge	rouge-brun.
119 . . . 28	distinguèrent	distingueront
124 . . . 17	elle passe d'amphibole	d'amphib. elle passe.
166 . . . 28	est	s'est.
197 . . . 17	granite	grenat.
350 . . . 17	eisenherz	eisenerz.

TRAITÉ

DE

GÉOGNOSIE.

INTRODUCTION.

§ 1. La géognosie a pour objet principal la connaissance des masses minérales, ou plutôt des divers groupes, ou *systèmes de masses minérales*, dont l'ensemble compose la partie solide du globe terrestre. Elle considère la composition minéralogique, la structure, la forme et l'étendue de chacun de ces systèmes; elle traite de leur disposition réciproque, des circonstances de leur superposition les uns aux autres, et de leurs différents rapports entre eux : tout ce qui est relatif au mode de leur formation, aux changements qu'ils ont éprouvés, en un mot, tout ce qui tient à leur histoire naturelle est de son ressort : et puisque notre globe n'est formé que par leur assemblage, la connaissance de sa constitution sera le résultat final de la science que nous allons traiter.

Objet de la géognosie.

Au reste, nous n'entendons parler ici que de la partie du globe qui peut être l'objet direct de nos observations, et qui se borne à une mince écorce dont l'épaisseur n'est pas la millième partie du rayon terrestre (1) : tout ce qui se trouve au-dessous est et sera éternellement dérobé à nos recherches; il n'en saurait être question dans cet ouvrage.

Étymologie. Le mot *géognosie*, compose des deux mots grecs γῆ (*tellus*) et γνῶσις (*cognitio*), signifie *connaissance de la terre.* La science, que nous désignons par ce nom, était autrefois comprise sous celui de *géologie*, dérivé des deux mots γῆ et λόγος (*sermo*) ; mais comme ce dernier a une acception plus étendue et plus vague que γνῶσις, et qu'effectivement la *géologie* de cette époque ne comprenait guère que des dissertations ou des théories sur la formation de la terre, nous avons cru devoir employer une expression plus précise pour désigner la nouvelle science ; et cette expression est maintenant adoptée, dans le sens que nous lui donnons, par la majeure partie des savants français. Werner remarque, en outre, que les noms composés de λόγος, tels que *zoologie*, *minéralogie*, etc., désignent l'universalité de nos connaissances sur cet objet; et, d'après cela, la *géologie* comprend, selon lui, non-seulement la *géognosie*, mais encore la *géographie*, l'*hydro-*

(1) Voyez la note 11, à la fin du volume.

graphie, la *geogénie* (*telluris generatio*) (1), etc. Notre ouvrage est ainsi étranger aux systèmes de géogénie, mais il doit renfermer tous les faits que présente le globe et dont on pourrait déduire des conséquences géogéniques.

Coup-d'œil général sur l'ensemble de la géognosie.

§ 2. Afin de donner une idée des matières que comprend la géognosie, telle que nous la considérons, nous allons jeter un coup-d'œil sur les objets qui se présenteront successivement à notre examen dans la recherche de la constitution du globe. Cet aperçu nous fournira, en même tems, une occasion de faire connaître divers termes techniques que nous serons dans le cas d'employer dès les premiers chapitres.

En considérant le globe dans son ensemble, et en fixant notre attention sur sa figure, nous trouverons qu'elle est exactement celle qu'aurait prise une masse fluide douée des mêmes mouvements que lui; et nous pressentirons déjà sa fluidité primitive. L'examen de divers phénomènes qu'il produira, en vertu de sa masse, nous portera à penser que cette fluidité a dû s'étendre bien avant dans son intérieur, et il nous fournira quelques notions sur la répartition de la matière dans ses parties intérieures : ce seront les seules connaissances que nous pouvons espérer d'acquérir à leur sujet.

Nous verrons ensuite la masse solide du globe

(1) Voyez, note 1, la définition de la géognosie, par Werner.

recouverte en partie d'une nappe d'eau et entièrement entourée d'une enveloppe atmosphérique ; nous verrons l'eau s'élever, sous la forme de vapeur, dans cette atmosphère ; y former des nuages, retomber en pluie, en rosée, etc., sur la surface de la terre ; y couler, s'y charger de diverses substances, s'y réunir en ruisseaux, rivières, fleuves, qui la porteront dans un immense réservoir où elle sera encore agitée de divers mouvements, et d'où elle sortira pour s'élever de nouveau, et continuer perpétuellement cette circulation.

Si nous portons et promenons ensuite nos regards sur la surface du globe, nous serons frappés des *inégalités* qu'elle présente de tous côtés ; ici, ce sont des *terres fermes*, ou continents, qui s'élèvent au-dessus du niveau des eaux ; là, ce sont des *fonds de mer* qui s'enfoncent au-dessous de ce niveau. Les continents nous offrent, tantôt de grandes *régions basses* semblables à d'immenses plaines, tantôt des *régions élevées* et montueuses d'une étendue non moins considérable ; presque par-tout nous voyons une alternative continuelle d'élévations et d'enfoncements, de *montagnes*, de *collines* et de *vallées* ou de *plaines*. Les montagnes nous présentent, par la manière dont elles sont réunies et disposées entre elles, des *chaînes*, ou arêtes saillantes, diversement découpées, qui se prolongent à des distances plus ou moins considérables, qui se lient diversement les unes aux autres, et dont la forme, la structure et la direction sont astreintes à certaines lois générales.

L'aspect morcelé et comme déchiré que présentent les inégalités dont la surface du globe est hérissée, l'immense quantité de pierres roulées, de graviers et de sables qui proviennent de la destruction des roches, nous prouveront que la croûte du globe et les masses qui la composent ont éprouvé, depuis l'époque de leur formation, des dégradations et des changements considérables. Du moment que nous entreprendrons de rechercher quels sont les *agents* qui ont pu produire de pareils effets, nous devrons porter notre attention sur ceux qui exercent encore une action sur les masses et couches minérales : ce n'est que de ce qui s'opère que nous pouvons conclure, par induction, ce qui s'est opéré. En observant la superficie de la terre, nous la verrons continuellement en contact, et, pour ainsi dire, aux prises avec les *fluides aériformes* et *aqueux* qui l'entourent de toutes parts; nous verrons l'action décomposante de ces fluides attaquer et détruire les roches les plus dures ; nous verrons l'eau, dans son passage continuel sur les continents, occupée sans relâche à les corroder, à les miner, à entraîner les molécules que la décomposition en a détachées, sillonner les parties élevées du globe, y creuser des ravins, des vallées, et concourir ainsi à donner à leur surface l'aspect qu'elle présente. Ailleurs nous apercevrons des agents d'une toute autre espèce, les feux souterrains, avec les fluides et les vapeurs auxquels ils prêtent une si terrible force : tantôt ils percent la croûte du globe et ils y forment des *volcans ;* des fleuves de matières minérales en fusion couvrent les contrées voisines d'une grande nappe de lave qui devient, dans la suite, une nouvelle couche minérale ; des nuées de cendres et des grêles de pierres y ajoutent un nouveau produit ; ces différentes matières, s'accumulant autour de la bouche volcanique, y élèvent des montagnes d'une hauteur quelquefois très-considérable : tantôt les mêmes agents, contenus et comprimés dans les cavités souterraines, ébranlent, durant les accès de leurs convulsions, la surface du globe, et ils produisent des *tremblements de terre* qui occasionent souvent des fentes, des crevasses, et quelquefois des affaissements à la superficie du sol.

Si après avoir étudié le globe à sa surface, le géognoste descend dans son intérieur, il le trouvera formé de l'assemblage de diverses masses minérales : au premier aspect, ces masses lui paraîtront comme entassées et placées pêle-mêle sous toutes sortes de formes ; mais un examen plus attentif lui fera voir que le désordre n'est qu'apparent, et que les divers matériaux de l'édifice qu'il considère sont disposés suivant un ordre déterminé. Il verra que les grandes masses minérales, ou *roches*, ont presque toujours une forme plate, très-étendue en surface, présentant l'image de grands bancs, lits ou *couches* superposées les unes aux autres. Il trouvera que les unes sont homogènes, c'est-à-dire composées d'un seul et même minéral, tandis que d'autres le sont de plusieurs minéraux différents et différemment disposés; et, encore ici, il verra un certain ordre, une certaine régularité dans cette disposition qui constitue la *structure des roches*. Quelques couches lui offriront une masse continue sans aucune division au moins régulière; mais il verra que la plupart sont divisées, par des fentes ou des fissures parallèles à leur surface, en couches plus minces, et qu'elles sont ainsi *stratifiées*. Il en remarquera plusieurs qui se trouvent habituellement ensemble, qui alternent entre elles, engrènent, en quelque sorte, les unes dans les autres, et présentent ainsi des systèmes bien distincts, formés sans interruption d'une même manière et à une même époque : ce sont autant de *formations* différentes. Celles dans lesquelles une même roche domine composent un même *terrain* minéralogique, et c'est l'assemblage de ces diverses formations ou terrains qui constitue l'écorce minérale du globe.

En examinant les masses minérales, l'observateur sera étonné de la prodigieuse quantité de débris d'animaux et de végétaux qu'elles contiennent. Il se rappellera l'ordre dans lequel les êtres organiques sont répandus à la surface du globe : les uns ne sauraient vivre que dans le sein des mers ; d'autres dans les eaux douces ; quelques-uns ne se trouvent que dans la zone torride ; tandis qu'il y en a qui périssent dès qu'on les transporte hors de la zone glaciale : en un mot, chaque espèce paraît comme fixée dans un élément et dans un climat qui lui est propre. Dans les couches de la terre, tout sera déplacé : les vestiges des animaux qui ne peuvent exister qu'au fond de l'Océan, se trouveront empâtés dans les rochers qui forment la cime des montagnes ; les ossements de ceux qui ne peuvent vivre que sous la zone torride seront enfouis dans le sol glacé des régions polaires. Presque par-tout, il trouvera des restes d'animaux et de végétaux différents de ceux qui existent aujourd'hui, et il se croira transporté dans un nouveau monde. Tout lui indiquera que le lieu de son habitation a éprouvé de grands changements et de grandes révolutions ; les coquilles marines, incrustées dans la masse des montagnes, seront à ses yeux un témoignage irrécusable de l'ancien séjour des mers sur nos continents, et de la préexistence des animaux qui habitaient ces coquilles à celle des masses minérales qui les renferment : il sera évident à ses yeux que ces masses n'ont pas toujours été solides. — La figure de la terre, la forme par couches, semblables à des sédiments, de la plupart des roches, la nature cristalline du plus grand nombre des minéraux qui les composent, etc., le conduiront à une pareille conséquence, et le forceront à conclure que la masse de ces roches, couches, minéraux, etc., en un mot, que toute la croûte de la terre a été primitivement fluide, ou suspendue dans un fluide, et qu'elle s'est formée par une suite de dépôts qui se sont successivement placés et moulés les uns sur les autres; que chaque couche est un de ces dépôts, et que, par conséquent, les couches les plus inférieures sont aussi les plus anciennes. — En comparant ces diverses couches, ou les terrains qui résultent de leur assemblage, il remarquera que les plus anciens ne contiennent aucun vestige ou indice d'êtres organiques, et qu'ainsi ils ont été formés antérieurement à l'existence de ces êtres : de là le nom de *terrains primitifs :* les substances qui les composent sont en général de structure cristalline. Ceux qui sont au-dessus, les *secondaires*, renferment au contraire une grande quantité de débris de végétaux et d'animaux, notamment de testacés : on voit, parmi leurs couches, une multitude de brèches, de poudingues, et de grès qui sont principalement formés de fragments de roches primitives. Entre ces deux sortes de terrains, il observera des *terrains intermédiaires*, qui participent, jusqu'à un certain point, de la nature des primitifs, et qui, en même tems, renferment les premiers indices d'êtres organiques que l'on trouve dans le règne minéral. Dans les régions basses, et immédiatement à la superficie du sol, il trouvera d'énormes bancs de galets, de graviers, de sables et de terres, matières sans cohérence, sans liaison, qui ne sont que des débris de roches charriés et entassés par les eaux, et qui forment des *terrains d'alluvion ou de transport.* Enfin, le sol de quelques contrées, recouvert de matières lancées ou vomies par les volcans, appartiendra aux *terrains volcaniques;* et il arrivera, peut-être quelquefois, que ceux-ci entremêleront leur masse avec celle des derniers terrains secondaires.

Après ces considérations générales sur le globe terrestre et sur les masses qui le composent, le géognoste passera aux détails relatifs à chaque espèce de terrain; il examinera quels sont les minéraux qui les constituent, et ceux qu'ils renferment accidentellement; quelles sont les couches hétérogènes que l'on y trouve ordinairement; il observera la forme, l'étendue, les circonstances de la stratification, celles de la superposition, le plus ou moins de facilité à se décomposer, etc., de chacun d'eux.

Il arrivera enfin à l'examen des *gîtes de minerai*, systèmes particuliers de masses minérales, dans lesquels se trouvent habituellement les substances métalliques ou combustibles, objet des recherches du mineur. Ces gîtes sont, ou des *couches* intercalées entre des couches de nature différente ; ou des *filons*, c'est-à-dire, d'énormes plaques de matière minérale coupant les couches de la roche qui les contient; ou des *amas*, c'est-à-dire, des masses dont les trois dimensions sont moins inégales entre elles que dans les couches ou les filons. Il étudiera leur forme, leur structure, la disposition de leurs parties métalliques par rapport à leurs gangues ou parties pierreuses, et leur manière d'être tant entre eux qu'à l'égard du terrain qui les renferme.

Plan de cet ouvrage.

§ 3. L'aperçu rapide que nous venons de donner des différents objets qu'embrasse la géognosie indique le contenu de cet ouvrage. L'ordre dans lequel ils se sont présentés naturellement à l'observateur, a fixé la marche et le plan que nous avons suivis dans leur exposition et dans leur développement.

Nous diviserons ce traité en deux parties. La première comprendra les considérations générales sur le globe et sur les divers terrains ; la matière de chacun de ses six chapitres est indiquée par chacun des six premiers alinéa de l'aperçu. La seconde partie renfermera les détails relatifs à chaque espèce de terrain et de gîte de minerai.

Je rappellerai que, dans cet ouvrage, on a pour objet de donner une connaissance de la constitution entière du globe terrestre.

De là vient que le premier chapitre renferme des notions sur sa figure, sa densité et ses dimensions, qu'on trouve encore dans les traités de cosmologie et d'astronomie; que dans le second, il est question de l'eau, des mers et de l'atmosphère, matières mentionnées encore dans les ouvrages de physique : mais j'ai été très-succinct sur ces objets, et je me suis borné à ce qui avait trait à mon sujet. Au reste, les personnes à qui ces matières sont suffisamment connues passeront outre, sauf à revenir sur ces deux premiers chapitres, si elles en avaient besoin.

Le troisième, qui traite des inégalités de la surface de la terre et des chaînes de montagnes en particulier, semble être aussi du domaine de la géographie physique ; mais nous avons considéré ici ces objets d'une manière toute particulière, et nécessaire au géognoste, qui est dans le cas de faire précéder la description minéralogique d'une contrée par sa description topographique, ainsi qu'on le fait presque toujours.

Le quatrième, relatif à l'origine ou à la forme des inégalités, ainsi qu'aux dégradations que la croûte minérale du globe a éprouvées et éprouve encore, est spécialement du ressort de la géognosie.

Le cinquième et le sixième, contenant les généralités sur la structure, la disposition et la formation des masses minérales, sont exclusivement du domaine de cette science.

J'en dirai autant de tous les chapitres de la seconde partie.

PREMIERE PARTIE.

CONSIDÉRATIONS GÉNÉRALES SUR LE GLOBE TERRESTRE ET SUR LES MASSES MINÉRALES QUI LE COMPOSENT.

CHAPITRE PREMIER.

DE LA FIGURE ET DE LA MASSE DU GLOBE TERRESTRE.

La considération de la figure et de la masse de la terre est d'un grand intérêt en géologie, par les lumières qu'elle répand sur l'état primitif de notre planète, et sur quelques points de sa constitution intérieure : c'est sous ce rapport que nous allons traiter de cette figure et de cette masse.

Figure de la terre.

§ 4. De nombreux phénomènes avaient déjà, depuis long-temps, indiqué que la terre était ronde : les navigateurs, qui, en allant toujours dans la même direction, se retrouvaient au point dont ils étaient partis, et qui avaient ainsi fait le tour du monde, mirent ce fait hors de tout doute, et ils lui imprimèrent le sceau de la certitude physique. La sphère étant le plus simple des corps ronds, et rien n'ayant encore indiqué que le globe fût plus arrondi dans une partie que dans une autre, on le supposa parfaitement sphérique.

Figure d'après les lois de l'équilibre des fluides.

Cependant, s'il avait été fluide, comme plusieurs circonstances pouvaient le faire présumer, son mouvement de rotation aurait dû altérer la sphéricité de sa forme, et, en donnant une plus grande force centrifuge aux parties situées vers l'équateur, il aurait dû renfler le globe dans cette partie et l'aplatir aux pôles. Huyghens, après avoir découvert les lois des forces centrales, les fit servir à la détermination de cet aplatissement, et il le porta à $\frac{1}{578}$, c'est-à-dire, que, d'après lui, le diamètre de l'équateur est à l'axe terrestre comme 578 à 577.

Voyons comment la théorie a pu conduire à un pareil résultat (1).

Tout corps qui décrit un cercle tend continuellement, ainsi que l'on sait, à se mouvoir suivant la tangente, et par conséquent à s'éloigner du centre. Cette tendance, ou *force centrifuge*, se mesure par la quantité dont le corps s'éloignerait réellement dans l'unité de tems, la seconde, par exemple, si la force centripète, ou l'obstacle qui le retient autour du centre, cessait d'agir, et cette quantité est représentée par le sinus verse du petit arc décrit durant une seconde. Or, le rayon de l'équateur étant de 6376986 mètres, et la terre mettant $23^h\ 56'\ 4''$ à

(1) Les objets imprimés en petit caractère, dans cet ouvrage, sont, en quelque sorte, des notes nécessaires à l'intelligence ou au développement du sujet, et que nous avons liées au texte pour ne pas en couper la lecture par des renvois.

faire sa révolution autour de son axe, la force centrifuge d'un corps placé à l'équateur sera exprimée par 0,016954 mètres. Sous le même cercle, la force centripète, ou la gravité, fait parcourir, dans le même tems, 4,888 m. à un corps qui tombe : elle est donc 288,3 fois plus considérable que la force centrifuge : Huyghens admettait 289. Cela posé, concevons deux colonnes ou filets de fluide, se communiquant au centre du sphéroïde terrestre, et aboutissant l'un au pôle et l'autre à un point quelconque de l'équateur : la gravité sollicite chacune de leurs molécules à se porter vers le centre, et pour qu'il y ait équilibre, il faut que la somme des sollicitations dans un des filets, soit égale à celle de l'autre filet. Il est évident que si le sphéroïde était en repos, les deux filets devraient être égaux en longueur pour que cet effet eût lieu : mais il n'en est plus de même lors du mouvement de rotation ; les parties du filet qui va au pôle étant dans l'axe restent immobiles, elles n'ont aucune force centrifuge, et pèsent comme précédemment vers le centre ; tandis que toutes les molécules du filet équatorial, décrivant un cercle, ont une force centrifuge qui est opposée à leur force centrale, et qui doit diminuer leur pesanteur. Lorsque plusieurs corps décrivent en même tems des cercles, leurs forces centrifuges sont proportionnelles aux rayons des cercles décrits ; par conséquent, celle de chaque molécule du filet équatorial sera proportionnelle à sa distance au centre du globe : toutes ces distances formant une progression arithmétique dont le premier terme est zéro, il en sera de même des forces centrifuges : de sorte que la force centrifuge moyenne du filet, celle qu'on peut lui supposer dans toute sa longueur, sera la moitié de celle qu'a l'extrémité qui aboutit à l'équateur : elle sera donc $\frac{1}{578}$ $(\frac{1}{2} \cdot \frac{1}{289})$ de la gravité. Ainsi, les molécules de ce filet pesant $\frac{1}{578}$ moins que celles du filet polaire, ne peuvent leur faire équilibre qu'autant qu'elles seront de $\frac{1}{578}$ plus nombreuses, c'est-à-dire, qu'autant que le filet qu'elles forment sera de $\frac{1}{578}$ plus long que l'autre.

Pour que l'aplatissement indiqué par Huyghens pût être admis, il faudrait que l'action de chaque molécule du globe fût dirigée vers le centre ; or, du moment que le sphéroïde s'aplatit, en vertu du mouvement de rotation, ce fait cesse d'avoir lieu, les directions de la gravité restent perpendiculaires à la surface du sphéroïde et ne coïncident plus au centre. Newton entreprit de résoudre la question, en ayant égard à cette considération ; il supposa que la masse du globe était homogène en densité, et que sa figure, en s'aplatissant, devenait un ellipsoïde : d'après cela, et à l'aide de ses principes sur la gravité universelle, il trouva l'aplatissement de $\frac{1}{230}$.

Maclaurin démontra ensuite la légitimité de la seconde des deux suppositions de Newton, l'ellipticité de la forme ; quant à l'autre, celle de l'homogénéité, Clairault fit voir qu'elle était inadmissible. Si la terre était homogène, l accroissement de la pesanteur, de l'équateur au pôle, devrait suivre le rapport inverse de la longueur des rayons, et par conséquent être de $\frac{1}{230}$: or, l'observation du pendule ayant appris qu'il était réellement de $\frac{1}{185}$ (1), il s'ensuit que la terre est plus dense dans son intérieur qu'à sa surface. Clairault démontra encore que l aplatissement ne saurait

(1) Ou 0,0054. Laplace, *Mém. de l'Institut*, 1818.

être plus grand que dans le cas de l'homogénéité; et il établit cette belle proposition : que dans toutes les hypothèses sur la constitution du noyau qui peut être placé dans l'intérieur de la terre, la surface du globe supposée fluide doit prendre une figure telle, que l'accroissement de la pesanteur, de l'équateur au pôle, ajouté à l'aplatissement, égale deux fois l'aplatissement dans le cas de l'homogénéité; ou, ce qui revient au même, égale les $\frac{5}{2}$ du rapport de la force centrifuge à la gravité sous l'équateur (1).

M. Laplace, qui a traité, dans sa *Mécanique céleste*, la question de la figure des planètes de la manière la plus générale, a démontré « que les » limites de l'aplatissement de l'ellipsoïde sont $\frac{5}{2}$ » et $\frac{1}{2}$ du rapport de la force centrifuge à la gra- » vité sous l'équateur : la première limite étant » relative à l'homogénéité de la masse, et la se- » conde se rapportant au cas où les couches » infiniment voisines du centre étant infiniment » denses, toute la masse du sphéroïde peut être » considérée comme étant réunie à ce point (2). » La première limite donne pour l'aplatissement $\frac{1}{230}$, résultat de Newton; et la seconde $\frac{1}{578}$, résultat de Huyghens. M. Laplace a d'ailleurs

(1) Clairault, *Théorie de la terre, déduite des lois de l'hydrostatique*, p. 246 et 296.

(2) *Exposition du système du monde*, liv. IV, ch. 8.

confirmé l'important théorème de Clairault : que l'aplatissement est égal à $\frac{5}{2}$ du rapport de la force centrifuge à la gravité sous l'équateur, moins l'accroissement de la pesanteur de l'équateur au pôle. Cet aplatissement sera donc $\frac{5}{2}.\frac{1}{288} - \frac{1}{185}$ ou $\frac{1}{305}$. Tel est le dernier mot de la théorie sur la figure du sphéroïde terrestre, dans le cas où la terre eût été fluide, en conservant sa densité actuelle et ses mouvements actuels.

Figure réelle, d'après la mesure et l'observation.

Comparons maintenant cette figure avec celle que le globe a réellement, et qui nous est indiquée par les mesures géodésiques, ainsi que par divers phénomènes astronomiques.

Si la terre est un sphéroïde aplati, il suffira de mesurer, à différentes latitudes, deux degrés pris à sa surface, pour conclure la grandeur de l'aplatissement. Au commencement du siècle dernier, Picard, la Hire et Cassini exécutèrent, en France, de pareilles mesures; mais, à cause de la petitesse de l'aplatissement ces degrés, trop rapprochés, ne présentèrent que de petites différences, et comme elles se confondaient avec les erreurs de l'observation, on n'en put rien conclure de positif. On en tirait des conséquences opposées; quelques personnes en inféraient même que la terre était allongée et non aplatie vers les pôles. Pour mettre fin aux discussions qui, depuis trente ans, divisaient l'académie, et pour décider irrévocablement la question, il fallait prendre des degrés aussi éloignés que possible, et les mesurer avec une exactitude extrême. Cette considération porta trois académiciens, Bouguer, la Condamine et Godin, à se rendre sous l'équateur; et Maupertuis, avec quatre de ses confrères, alla sous le cercle polaire pour y effectuer ces mesures. Le travail des premiers donna pour longueur du degré 56753 toises, ou plutôt 56735, avec les corrections que les astronomes, et en particulier M. Delambre, ont cru devoir y faire. Quant au degré sous le cercle polaire, soit erreur d'observation, soit que les circonstances locales eussent été défavorables, il n'a pas inspiré la même confiance: remesuré, dans ces derniers tems, par des savants suédois, il s'est trouvé de 57193 toises, sous une latitude moyenne de 66° 20′. Étant plus long que celui de l'équateur, il a mis hors de tout doute l'aplatissement de la terre, et son excès de longueur a indiqué $\frac{1}{314}$ pour grandeur de l'aplatissement (1).

De semblables mesures ont été effectuées en plusieurs endroits : le tableau suivant en présente les résultats.

---

(1) L'aplatissement est donné, avec une exactitude suffisante, par la formule de Maupertuis,

$$\frac{3\,(D \sin.^2 L - D \sin.^2 L)}{D - D'}$$

D et D' étant deux degrés, et L et L' leurs latitudes respectives.

OBSERVATEUR.	LIEU.	LATITUDE.		LONGUEUR DU DEGRÉ.	APLATISSEMENT.
				toises	
1. Bouguer.	Pérou.	0°	0′	56735	
2. Boscowich.	Italie.	43	0	56979	$\frac{1}{324}$
3. Delambre.	France.	45	0	57012	$\frac{1}{309}$
4. Lacaille.	France.	49	23	57074	$\frac{1}{291}$
5. Mudge.	Angleterre.	52	2	57069	$\frac{1}{319}$
6. Swanberg.	Laponie.	66	20	57193	$\frac{1}{314}$
7. Masson.	Pensylvanie	39	12	56888	$\frac{1}{443}$
8. Lacaille.	Cap de B.-Espér.	33	18	57040	$\frac{1}{169}$
9. Lambton.	Inde.	9	35	56740?	

Le degré de Pensylvanie, mesuré seulement à la chaîne, présente un résultat trop anomal pour n'avoir pas besoin d'être vérifié avant d'en rien inférer. Il serait également prématuré de conclure, de la seule opération de la Caille, que l'hémisphère austral est, dans son ensemble, plus aplati que l'hémisphère boréal. Les degrés que nous avons cités, comparés avec celui de France, indiqueraient un plus grand aplatissement; et l'ensemble des degrés mesurés par Lambton, dans l'Inde, comparé avec celui de Laponie, donne $\frac{1}{307}$ (1). C'est le dernier résultat des mesures géodésiques, celui qui est donné par les deux opérations faites, à la plus grande distance, avec tous les soins et les instruments que comporte l'état actuel de la science.

Les anomalies que présentent ces diverses mesures, même celles faites dans ces derniers tems avec des soins extraordi-

(1) *Journ. de Physique*, mars 1819.

naires, peuvent provenir en partie des erreurs de l'observation: avec les meilleurs instruments on ne saurait répondre d'une, deux, trois et même quatre secondes dans la détermination de la latitude d'un lieu, et par conséquent dans la longueur d'un arc mesuré. De plus, des attractions locales, provenant de l'inégale répartition de la masse terrestre aux environs du lieu ou l'on opère, peuvent avoir dévié le fil à plomb ou le niveau, et avoir occasioné encore une erreur dans cette même détermination; de sorte qu'il serait bien possible que tous les arcs cités et leurs diverses parties appartinssent réellement à une ellipse aplatie de $\frac{1}{305}$, ou de $\frac{1}{310}$; car c'est entre ces deux nombres que les physiciens et les astronomes pensent que se trouve l'aplatissement réel.

Cependant, lorsqu'on voit les diverses parties de l'arc dernièrement mesuré en France, comparées entre elles, n'indiquer qu'un aplatissement de $\frac{1}{180}$, tandis que la comparaison de leur ensemble avec le degré de l'équateur indique $\frac{1}{309}$, et $\frac{1}{321}$ avec le degré de Laponie; lorsqu'on voit deux degrés consécutifs mesurés par M. Mudge présenter une différence de 216 mètres en moins, tandis qu'on aurait dû en avoir une de 33 en plus; lorsqu'on voit les opérations d'un aussi habile observateur que la Caille donner jusqu'à $\frac{1}{16}$, d'aplatissement, etc., il est bien difficile de croire que tous les méridiens terrestres soient des ellipses parfaites et égales, c'est-à-dire que la terre soit un solide de révolution. « Sa figure, dit M. Laplace, est très-composée, » comme il est naturel de le penser, lorsqu'on fait attention aux » grandes inégalités de sa surface, à la différente densité des par» ties qui la recouvrent, et aux irrégularités du contour et de la » profondeur des mers. »

Au reste, les irrégularités n'ont lieu que dans les détails; car la terre, dans son ensemble, est bien réellement un ellipsoïde aplati. Les observations astronomiques le prouvent, et les inégalités du mouvement de la lune, tant en longitude qu'en latitude, donnent $\frac{1}{301}$ pour l'aplatissement (1).

Nous avons vu que cet aplatissement est précisément celui qui est indiqué par les lois de l'hydrostatique, c'est-à-dire que la terre a exactement la même figure qu'elle devrait avoir si elle eût été originairement fluide. Par quel singulier hasard, si elle eût été toujours solide, aurait-elle eu une forme si extraordinaire, qui est une suite nécessaire des propriétés des fluides, et qui leur paraît exclusivement propre? Elle s'est pliée à cette forme singulière; et pour qu'elle ait pu le faire, il a fallu, de toute nécessité, que dans l'origine ses molécules aient été indépendantes les unes des autres, c'est-à-dire qu'elles aient formé une masse fluide.

Conséquence. La terre a été fluide.

Nous retrouvons une figure semblable dans les autres planètes; et, abstraction faite de quelques irrégularités dues à des causes particulières, leur aplatissement est d'autant plus considérable que leur mouvement de rotation est plus rapide; ainsi que cela doit être, d'après les lois de l'équilibre des fluides. Jupiter, par exemple, qui fait une révolution sur son axe en $9^h\ 56'$, présente un aplatissement de $\frac{1}{14}$. Il en est à très-peu près de même de Saturne : preuve manifeste que l'aplatis-

(1) Laplace, *Mécanique céleste.*

sement des planètes est un effet de leur mouvement de rotation, et par conséquent que *les planètes ont été originairement fluides au moins à leur surface.*

La nature et la disposition des substances qui forment la surface de la terre nous fournissent en outre des preuves directes de sa fluidité primitive. (1)

Grandeur de la terre.

§ 5. Les mêmes mesures qui nous ont fait connaître la figure de la terre, nous instruisent encore de sa grandeur.

La plus considérable et vraisemblablement la plus exacte de ces mesures est celle qui a été effectuée, dans ces derniers tems, par MM. Delambre, Méchain, Arago et Biot, pour déterminer le *mètre,* base de tout le système des poids et mesures prescrit par nos lois. L'arc de méridien mesuré s'étend depuis Dunkerque, par Perpignan, jusqu'à la petite île de Formentera dans la Méditerranée ; il a 12° 48′ 44″, et on l'a trouvé de 705089 toises : d'où l'on a conclu que le quart du méridien, depuis l'équateur jusqu'au pôle, était de 5131111 toises, ou 10000723 mètres légaux (2).

(1) Voyez note III.

(2) Un premier travail sur la mesure faite par MM. Delambre et Méchain, comparée avec celle de Bouguer, avait porté la commission des savants francais et étrangers assemblés à Paris, en 1799, pour la détermination du mètre, à donner au quart du méridien 5130740 toises : et ce fut la dix-millionième partie de cette quantité qui fut reconnue et déclarée le *mètre ;* lequel se trouva

De cette donnée, et en admettant un aplatissement de 0,00324, on a pour les principales dimensions du sphéroïde terrestre :

Rayon de l'équateur.	6376986 mètres.
Demi-axe terrestre	6356324
Différence ou aplatissement. . .	20662
Rayon moyen ou à 45° latitude. .	6366745
Degré à cette même latitude. . (1)	111119
Surface du globe environ. . . .	5100000 myr. carrés.
Volume du sphéroïde	1079235800 myr. cubes.

§ 6. Il nous reste maintenant pour connaître

Densité de la terre.

---

ainsi de 0,5130740 toises, ou 443,296 lignes : des étalons de cette grandeur furent déposés aux archives nationales et à l'observatoire de Paris : ils représentent le *mètre légal.*

Mais une nouvelle révision de son propre travail et de celui de Bouguer, a porté ensuite M. Delambre à donner 5331111 toises au quart du méridien, et par conséquent sa dix-millionième partie devient 443,328 lignes ; postérieurement il a pris 443,32, et peut-être postérieurement encore 443,31. (Voyez *Base du Syst. mét.*, tom. III, p. 135 et 557. *Astronomie*, tom. 3, p. 568.) Le mètre n'est plus ainsi la dix-millionième partie du quart du méridien terrestre ; mais il n'en diffère que d'une quantité imperceptible.

(1) Le rayon du sphéroïde, à une latitude quelconque l, est donné, en mètres, par la formule

$$R = 6366745\ (1+0{,}001646 \text{ coss. } 2l);$$

le degré de latitude l'est par

$$D = 111119 - 541 \text{ coss. } 2l,$$

et le degré de longitude, D', par

$$D' = 111299\ \frac{1{,}001621}{1{,}001623 \text{ coss. } 2l} \text{ coss. } l.$$

la masse du sphéroïde terrestre, à déterminer sa densité.

Nous avons déjà vu que la grandeur de l'aplatissement montre qu'elle est plus grande dans l'intérieur que vers la surface du globe ; et plusieurs autres phénomènes confirment ce fait. « La précession des équinoxes et la nutation de » l'axe terrestre, dit M. Laplace, indiquent une » diminution dans la densité des couches du » sphéroïde, depuis le centre jusqu'à la surface, » sans cependant nous instruire de la véritable » loi de cette diminution.... La mer est dans un » état stable d'équilibre, et cette stabilité cesse- » rait d'avoir lieu si la moyenne densité de la » mer surpassait celle de la terre. Enfin les prin- » cipes de l'hydrostatique exigent que si la terre » a été primitivement fluide, les parties voisines » du centre soient en même temps les plus » denses. »

Cette dernière assertion n'est applicable qu'aux parties du globe qui ont été fluides en même tems; et peut-être en est-il réellement ainsi de tout l'intérieur. Mais dans la partie extérieure, dans cette mince écorce, objet des observations du minéralogiste, et qui est formée de masses ou couches qui étaient déjà consolidées, lorsqu'elles ont été recouvertes d'autres masses ou couches, celles-ci peuvent très-bien être, et elles sont quelquefois d'une densité supérieure aux substances qui les supportent : c'est ainsi qu'on voit des couches de plomb sulfuré placées sur des couches calcaires, quoique les premières pèsent quatre fois plus que les secondes.

Au reste, il n'en est pas moins positif qu'en somme, la densité du globe terrestre augmente à mesure qu'on s'enfonce dans son intérieur; et les lois que suit la pesanteur à sa surface, portent M. Laplace à penser que cette augmentation est progressive, au moins jusqu'à une grande profondeur, à deux ou trois cents lieues, par exemple.

Ces mêmes lois le portent encore à conclure que les couches concentriques, dont on peut concevoir tout le globe composé, sont à très-peu près elliptiques et disposées symétriquement autour du centre de gravité. « Une telle disposition, » ajoute-t-il, ne peut exister que dans le cas où » la terre entière a été primitivement fluide. »

En admettant que la diminution dans la densité des couches s'étend jusqu'au centre du globe, et qu'elle a lieu en progression arithmétique, M. Laplace trouve que la densité moyenne du sphéroïde est 1,55, celle de la surface solide étant 1. Les faits suivants indiquent un rapport un peu plus grand.

Les physiciens ont cherché à déterminer directement cette densité moyenne, en comparant les phénomènes dans lesquels le globe terrestre agit en raison de sa masse, avec des phénomènes de même nature produits par des corps dont la masse, c'est-à-dire le volume et la densité, nous sont bien connus : par exemple, l'attraction qu'un corps exerce sur un autre étant proportionnelle à sa masse, nous n'avons qu'à comparer les effets de la force attractive du globe avec ceux d'un autre corps pris à sa surface.

Les montagnes isolées et d'un volume considérable peuvent nous fournir ce terme de comparaison. Bouguer, dans les opérations géodésiques qu'il fit au Pérou, s'aperçut que le Chimboraço déviait le fil à plomb de ses instruments de $7\frac{1}{2}$ secondes; mais cette montagne étant volcanique, il pensa qu'elle pouvait être creuse, et il n'osa tirer de ce fait aucune conséquence sur la densité du globe. En 1774, Maskeline reprit cet objet, et il chercha à obtenir une détermination aussi précise que possible : il fit, avec le plus grand soin, une suite d'observations au pied du mont Shehallien, en Ecosse, de deux côtés opposés; et quoique la montagne n'eût que 630 mètres de hauteur, les observations n'en indiquèrent pas moins une déviation de 5″,8; d'où Maskeline conclut que le globe a une densité 4,5 fois plus considérable que l'eau. M. Playfair, après un nouvel examen de la nature minéralogique de la montagne, porte ce nombre à 4,7. (*Bibliotheque universelle.*)

Cavendish a cherché à déterminer cette densité, mais sans sortir de son cabinet, et par un moyen très-ingénieux. Il a pris une balance de torsion extrêmement sensible, analogue à celle imaginée par Coulomb; et, en présentant de grosses boules de plomb aux deux extrémités du bras de cette balance, il est parvenu à déterminer leur action attractive : il l'a ensuite comparée à celle de la terre; vingt-trois expériences, faites avec un soin et des précautions extraordinaires, lui ont indiqué, pour le globe, une densité de 5,48, celle de l'eau étant 1 : les plus grandes différences ne se sont élevées qu'à 0,07. (*Transact. phil.*, 1798.)

Ces diverses déterminations semblent nous autoriser à conclure que la *densité moyenne du globe terrestre est environ cinq fois plus grande que celle de l'eau, et par conséquent presque double de celle de l'écorce minérale de la terre.* Au reste, ces premiers résultats ne doivent être regardés que comme une simple approximation. Qu'on se rappelle qu'on ne peut répondre d'un angle de hauteur à deux et trois secondes près; et une pareille erreur dans les données de Maskeline eût totalement changé son résultat : et Cavendish est bien loin de donner comme un fait positif, celui qu'il a conclu de ses expériences; il invite les physiciens à en faire de nouvelles.

La *note IV*, en donnant un apercu des mouvements de la terre et de ses rapports avec les autres corps du système planétaire, complétera les notions de cosmologie qui peuvent être de quelque intérêt, directement ou indirectement, pour le géologiste.

CHAPITRE II.

DES FLUIDES QUI ENTOURENT LA MASSE SOLIDE DU GLOBE.

Avant de passer aux considérations sur la masse solide du globe, objet spécial de cet ouvrage, jetons un coup-d'œil sur l'enveloppe des substances aériformes et aqueuses qui entoure cette masse. Ces substances intéressent particulièrement le géognoste, par le rôle qu'elles jouent dans l'histoire des dégradations que les couches minérales éprouvent journellement et qu'elles ont déjà éprouvées.

Art. 1. *De l'atmosphère.*

Sa composition.

§ 7. L'enveloppe aériforme du globe, ou l'atmosphère, est principalement composée d'air atmosphérique; elle contient encore, mais en très-petite quantité, quelques autres matières gazeuses, et elle sert de receptacle aux vapeurs qui s'élèvent de la terre.

L'air atmosphérique lui-même est un composé de *gaz oxigène* et de *gaz azote*, à-peu-près dans le rapport d'un à quatre (21 à 79) en volume, auxquels se joignent trois millièmes environ de gaz acide carbonique. Cette proportion a été trouvée constamment la même, dans toutes les saisons, à toutes les latitudes et à toutes les hauteurs que l'on a atteint; M. Gay-Lussac s'étant élevé à sept mille mètres, y a pris de l'air, qui lui a donné, par une analyse très-exacte, les mêmes résultats que celui recueilli au milieu de Paris.

Quant à la vapeur aqueuse, elle est dans l'atmosphère en quantité très-variable ; elle va quelquefois jusqu'à vingt et quelques grammes par mètre cube ; et elle y est, en général, en quantité d'autant plus considérable que la chaleur est plus forte. Dans nos climats, elle n'est guère, près de la surface du globe, que de 6 à 12 grammes, et cette dernière quantité est environ la centième partie, en poids, de pareil volume d'air atmosphérique. A mesure qu'on s'élève la vapeur diminue, et MM. de Humbolt et Gay-Lussac en ont trouvé à peine un gramme aux hauteurs de six mille mètres.

Nous renvoyons entièrement aux traités de physique et de chimie pour ce qui concerne les diverses propriétés des vapeurs et de gaz, et nous nous bornerons à rappeler, 1° qu'à zéro du thermomètre, et sous une pression barométrique de 76 centimètres, l'air sec pèse 1300 grammes par mètre cube (1), et par conséquent 770 fois moins que l'eau; 2° que, dans nos latitudes moyennes, une colonne de l'atmosphère, comptée du niveau de la mer, pèse autant qu'une colonne de mercure de 761 millimètres de longueur, à zéro de température.

Hauteur de l'atmosphère.

§ 8. D'après ce dernier fait, et en observant que l'air pèse 10453 fois moins que le mercure, sous le poids de 761 millimètres de pression barométrique, on voit que si l'atmosphère avait, dans toute son étendue, la même densité qu'au niveau de la mer, sa hauteur serait de 7955 mètres. Mais comme cette densité décroît à mesure qu'on s'élève, la hauteur réelle est beaucoup plus considérable. En rigueur mathématique, elle serait infinie, puisque le décroissement de densité se fait en progression géométrique: cependant il est vraisemblable que l'air, au delà d'un certain terme, n'est plus susceptible de dilatation, et, par conséquent, que la hauteur de l'atmosphère a une limite. Elle nous est inconnue, et nous savons seulement, par les phénomènes du crépuscule, qu'à une hauteur de soixante mille mètres, l'air a encore une densité assez considérable pour réfléchir sur la surface de la terre la lumière du soleil.

---

(1) De nombreuses expériences de M. Théodore de Saussure, indiquent 1293 grammes.

§ 9. L'atmosphère est bien rarement dans un état de repos complet; presque toujours quelques-unes de ses portions se meuvent dans une direction plus ou moins constante, et forment ainsi des courants d'air; ce sont les *vents*. Ils sont *irréguliers* ou *réguliers*: ces derniers sont ceux qui se présentent dans de certains lieux et à certaines époques, dans une direction déterminée: tels sont les *vents alisés*, les *moussons*, les *vents de terre et de mer*: ils sont connus de tous nos lecteurs, et il serait superflu d'en donner même la définition: quant aux détails qui les concernent et aux causes qui les produisent, ils sont entièrement du ressort de la géographie et de la physique. Nous n'avons également rien à dire ici sur les vents irréguliers, et nous nous bornerons à remarquer que leur vitesse est déjà très-considérable lorsqu'elle est de dix mètres par seconde; mais, dans des ouragans, on l'a vue de vingt et même de trente. Mouvements de l'atmosphère.

J'observerai ici que dans quelques vallées, dans de certaines saisons et à certaines heures, il s'établit des courants d'air qui, par leur périodicité, leur direction et vraisemblablement, par leur cause, ont beaucoup d'analogie avec les vents de terre et de mer: c'est ainsi que dans la vallée d'Aoste, dans les jours d'été, lorsque la chaleur du soleil est forte, il s'élève, vers neuf a dix heures du matin, un courant qui remonte la vallée et qui dure jusque vers le soir. J'ai fait connaître ce fait dans ma description de cette vallée (1).

Météorites. § 10. L'atmosphère présente un phénomène bien remarquable et que nous ne devons point passer ici sous silence : il vient, dans ces derniers tems, de fixer d'une manière particulière l'attention des physiciens, et il est bien fait pour captiver celle des géologistes ; je parle de l'apparition des pierres connues sous le nom de *météorites,* qu'on voit quelquefois paraître dans les airs et tomber sur la terre. Je me borne ici à mentionner le fait, et je renvoie à la *note V* les détails des circonstances qui le concernent.

Nous parlerons des phénomènes dépendants de la température de l'air, tel est celui de la limite inférieure des neiges permanentes, dans la *Notice sur la température de la terre*, à la fin de cet ouvrage.

Art. II. *De l'eau sur le globe.*

De tous les fluides qui entourent notre planète, il n'y en a point qui exerce une action plus sensible sur sa superficie que l'eau. Examinons les divers états dans lesquels elle s'y trouve, et les différentes circonstances de sa circulation : nous la considérerons à cet effet, 1° dans la mer, 2° dans l'atmosphère, 3° coulant sur la terre ferme.

---

(1) *Journal des mines*, tom. 29.

a) *De l'eau dans la mer.*

§ 11. La mer présente une surface qui est presque les trois quarts de celle du globe. Sa profondeur varie considérablement d'un lieu à un autre ; dans quelques endroits, des sondes de 1500 mètres n'ont pu en atteindre le fond ; mais de pareils exemples sont rares ; et en comparant la partie de la terre qui s'élève au-dessus du niveau de l'Océan avec celle qui en fait le fond, l'analogie ne permet guère de croire qu'il y ait des profondeurs de plus de quatre à cinq mille mètres. M. Laplace a d'ailleurs démontré que la profondeur moyenne de la mer n'était qu'une petite fraction de la différence des deux axes de la terre, et cette différence n'est pas de vingt-un mille mètres (1).

Etendue et permanence la mer.

Son niveau se maintient à la même hauteur depuis des siècles, ou du moins il n'a pas varié d'une manière sensible. Cependant l'évaporation lui enlève annuellement une couche d'eau d'environ un mètre d'épaisseur, ainsi que nous le verrons bientôt : il faut donc qu'elle reçoive des pluies et des fleuves une quantité d'eau égale, et qu'en dernier résultat, il rentre dans son sein à-peu-près tout ce qui en était sorti.

§ 12. Les eaux de la mer présentent divers mouvements dont les uns sont généraux et les

Mouvements de la mer.

(1) *Mémoires de l'Institut*, 1818.

autres sont particuliers à certains parages ; ce sont les *courants*. Il ne saurait être question ici des mouvements en quelque sorte accidentels et momentanés, occasionés par les vents irréguliers et les ouragans.

Les mouvements généraux sont :

1° Le *flux* et *reflux*, produits par l'action attractive de la lune et du soleil, qui élève et abaisse alternativement, deux fois par jour, les eaux de l'Océan. La différence de niveau entre la plus grande élévation et le plus grand abaissement, dans deux oscillations ou marées consécutives, est la *marée totale*. Sa grandeur varie suivant les localités et les circonstances ; elle est quelquefois de plus de douze mètres à Saint-Malo, et elle est à peine d'un pied au milieu de la mer Pacifique. L'action attractive du soleil et celle de la lune, causes du phénomène, concoïncidant dans les sysigies, la marée doit être la plus forte à cette époque ; par suite, elle doit être la plus faible, dans les quadratures : à Brest, elle est de 5,9 mètres dans le premier cas, et de 2,8 dans le second.

Courants. 2° Le mouvement général d'orient en occident qui règne dans la zone torride, c'est le *grand courant équatorial*. Il a été particulièrement reconnu depuis la mer des Indes jusqu'au golfe du Mexique ; sa largeur varie considérablement ; aux environs de Sainte-Hélène, elle va, dit-on, jusqu'à quatre cents lieues. Sa vitesse éprouve de pareilles variations ; ainsi elle n'est guère que de deux mille mètres par heure au cap de Bonne-Espérance, tandis qu'elle est de six mille, sous la ligne, dans l'Océan atlantique, d'après le major Rennel. D'Alembert attribuait ce mouvement au soleil et à la lune, qui, en s'avançant vers l'occident, attiraient, soulevaient et traînaient, en quelque sorte, à leur suite, les eaux de l'Océan ; mais M. de Laplace a fait voir que la force attractive de ces astres ne peut produire, ni dans les mers, ni dans l'atmosphère, aucun courant constant ; et cet illustre géomètre attribue sa cause à l'action des vents alisés qui soufflent d'orient en occident, et qui règnent constamment dans la zone torride.

Les mers présentent en outre un grand nombre de courants particuliers ; mais leur nomenclature et les détails qui les concernent étant purement du domaiue de la géographie, nous renverrons aux ouvrages sur cette science, et à un traité de M. Romme *sur les vents, les courants et les marées*. Nous nous bornerons ici à citer, comme exemple, le plus considérable de ceux de l Océan atlantique, le *Gulf Stream* (courant du golfe) ; cet exemple suffira pour donner une idée de ces fleuves marins, et pour mettre à même de juger des effets qu'ils peuvent produire sur la partie solide du globe. Les eaux de l'Océan, portées dans le golfe du Mexique par le courant général dont nous avons parlé, en sortent par le détroit de Bahama, et continuent à courir dans la direction de ce détroit, vers le N. N. E., à-peu-près parallèlement aux côtes des Etats-Unis d'Amérique, jusqu'à la rencontre du grand banc de Terre-Neuve : là, le courant est contraint de changer de direction ; il tourne vers l'est et va jusqu'aux Açores, où il semble se perdre dans l'Océan ; cependant, en le suivant avec soin, on le voit tourner vers le sud-est et puis vers le sud, passer à Madère, et se jeter, aux îles du cap Vert, dans le grand courant équinoxial, où ses eaux, reprenant la route du golfe du Mexique, recommencent une nouvelle révolution. M. de Humbolt porte la longueur de ce trajet à 3800 lieues, et il compte que l'eau emploie deux ans et dix mois à le faire. La rapidité des eaux du courant et leur température les font distinguer dans la masse de l'Océan : à la sortie du canal de Bahama, la vitesse est de neuf mille mètres par heure, et par conséquent quatre fois plus grande que la vitesse moyenne de la Seine à Paris (1) ; à sept cents lieues du canal, elle n'est diminuée que de moitié ; et M. de Humbolt porte à trois mille mètres la moyenne, depuis le détroit jusqu'à Terre-Neuve. A mesure que la vitesse

(1) Mariotte porte cette vitesse moyenne, entre le Pont-Royal et le Pont-Neuf, à cent pieds par minute. (*Voyez ses œuvres*, pag. 339.) M. Prony, d'après des expériences faites avec soin, par M. de Chezy, au-dessous du pont de Neuilly, la porte à 0,653 mètres par seconde, ou 120 pieds par minute.

diminue, la largeur augmente ; ou, plus exactement, la vitesse diminue à mesure que la largeur augmente : cette dernière est de 15 lieues au canal de Bahama, de 45 à la hauteur de Charles-Town, de 80 à Terre-Neuve, et 160 aux Açores. La température se maintient encore long-tems au degré qu'elle avait dans le golfe du Mexique ; près de Terre-Neuve, M. de Humbolt l'a trouvée de 22 $\frac{1}{2}$ degrés du thermomètre centigrade, tandis que celle de la mer voisine n'était que de 17 $\frac{1}{2}^{\circ}$ (1). Le courant est, ainsi que la plupart des autres, bordé, en quelques endroits, de contre-courants. Ailleurs, il présente, dit-on, des *sous-courants* qui vont également en sens contraire. Le célèbre Halley, en annonçant le premier l'existence des *sous-courants*, en a cité un grand nombre d'exemples que nous croyons superflu de rapporter ici.

Peut-être tous les courants particuliers ne sont-ils que des parties du grand courant équatorial différemment déviées de leur direction, soit par la rencontre de quelques côtes, soit par le passage dans quelques détroits. Peut-être encore le déversement d'une mer, ou plutôt de son *trop plein*, dans une autre, a-t-il donné lieu à quelques courants particuliers ?

Lorsque les fleuves et les pluies portent dans

(1) *Relation historique du voyage de M. de Humbolt*, tom. I.

une mer plus d'eau que l'évaporation n'en enlève, il doit s'établir un courant et comme un transport des eaux de cette mer, dans une mer contiguë qui ne serait pas dans le même cas, ou qui y serait moins. De là provient le courant du Bosphore allant de la mer Noire à la Méditerranée, et que M. Andreossy regarde, en quelque sorte, comme une continuation du cours des fleuves qui traversent cette première mer pour se rendre à la seconde. La mer Baltique reçoit également des fleuves plus d'eau qu'elle n'en perd par l'évaporation ; aussi y a-t-il, dans le Sund, un courant assez fort dirigé vers l'Océan atlantique. Cet océan lui-meme, recevant la presque totalité des eaux de l'Europe et de l'Amérique, et la majeure partie de celles de l'Afrique, est porté, dit-on, en masse, dans la grande mer du Sud : il se verse aussi en partie dans la Méditerranée par le détroit de Gibraltar, où il existe continuellement un courant vers cette mer intérieure.

Les vents exercent une action bien marquée sur les courants de la mer : nous avons vu que c'est à l'action des vents alisés que M. Laplace attribuait l'existence même du grand courant équatorial, et par suite celle de la plupart des autres. Toutes les fois que le vent souffle dans une direction opposée au courant de Bahama (le *Gulf Stream*), il diminue sa largeur et augmente sa vitesse. M. Andreossy lui a vu modifier diversement la largeur et la vitesse du courant du Bosphore, selon sa force et sa direction.

Contend des eaux de la mer. Salure.

§ 13. Les principales substances que l'on est parvenu à retirer des eaux de la mer sont le muriate de soude (sel commun), les sulfates de magnésie, de soude et de chaux, quelques carbonates terreux, et quelques parties bitumineuses. Les trois analyses suivantes donneront une idée de la nature et de la quantité des matières salines; la première a été faite par Bergmann sur de l'eau prise, à la hauteur des Canaries, en pleine mer, à soixante brasses de profondeur (1); la seconde l'a été par Murray sur de l'eau puisée dans le golfe de Leith, en Angleterre; et la troisième par M. Bouillon-Lagrange sur l'eau de l'Océan qui baigne les côtes de France (2).

SUBSTANCES.	EAU DE LA MER		
	D'AFRIQUE	D'ANGLETERRE.	DE FRANCE
Muriate de soude.	3,21	2,48	2,51
Muriate de magnésie. . .	»	0,34	0,35
Sulfate de soude	»	0,10	»
Sulfate de magnésie . . .	0,87	0,08	0,58
Sulfate de chaux.	0,10	0,09	0,02
Carbonate de chaux . . .	»	0,01	0,02
Carbonate de magnésie. .	»	0,02	
Acide carbonique. . . .	»	»	0,02
TOTAL.	4,18	3,12	3,50

(1) *Physicalische Beschreibung der Erckugel*, § 97.

(2) *Annales de chimie et de physique*, tom. 6.

L'on avait cru, jusqu'à ces derniers tems, que la salure de la mer était plus considérable dans les régions chaudes, et par suite qu'elle augmentait à mesure qu'on s'approchait de l'équateur; mais des observations faites avec soin par M. de Humbolt et par d'autres savants, ont prouvé qu'elle était à très-peu-près la même dans tous les parages où des circonstances absolument locales n'avaient pas donné lieu à quelque anomalie. M. Gay-Lussac, essayant de l'eau de l Océan atlantique prise en pleine mer, à-peu-près à toutes les latitudes, depuis le tropique du capricorne jusque dans nos latitudes, n'a vu la quantité de substances salines varier que de 3,4 à 3,8 pour cent Au 80e degré de latitude nord, près et sous les glaces, Irwing a également trouvé 3,3 et 3,5.

Marsigli, Bergmann, Wilke, etc., d'après quelques données, pensaient encore que la salure augmentait dans la mer à mesure qu'on s'y enfonçait; mais les observations ultérieures n'ont pas confirmé cette opinion, et Irwing n'a pas trouvé l'eau de la mer plus salée à 1250 mètres de profondeur qu'à la surface (1).

Toute cause qui porte de l'eau douce dans un parage y diminue la salure, de là vient qu'elle est souvent moins considérable à l'embouchure des grands fleuves. L'eau de la mer est, dit-on,

---

(1) *Voyage du capitaine Phipps au pôle boréal en 1773.*

potable à quelques lieues de distance des bouches de la Plata : peut-être est-ce une cause de ce genre qui n'a donné à Murray que 3,1 pour la quantité de sels contenus dans les eaux du golfe de Leith ? Les grandes pluies diminuent encore la salure ; des expériences faites sur les côtes du Cumberland n'ont indiqué que 2 pour cent de muriate de soude après une saison pluvieuse, tandis qu'on a habituellement 2,8 (*Bergmann*). La fonte des glaces produit encore quelquefois un effet analogue. On sait que l'eau de la mer, en se congelant, repousse en quelque sorte le sel qu'elle contient ; et par conséquent la résolution en eau d'une grande quantité de glaces ne peut qu'affaiblir la salure dans le lieu où elle s'opère, tout comme leur formation ne peut que l'augmenter. Aux salines de Walloë en Norwége, on a obtenu jusqu'à 4,2 de muriate de soude, à la fin de la saison des gelées, tandis qu'en autre tems on n'obtient que moitié de cette quantité.

Au reste, les mouvements dont l'eau de la mer est agitée, les courants et les tourmentes mélangeant continuellement les eaux des diverses latitudes et même des diverses profondeurs, ne peuvent que rétablir bientôt l'uniformité dans la salure, lorsque quelque cause accidentelle vient à la troubler.

Les parties bitumineuses qui peuvent exister dans la mer n'y sont qu'en quantité insensible ;

elles proviennent vraisemblablement de la décomposition des êtres organisés qui vivent dans leur sein, et de celles que les fleuves y apportent. L'amertume des eaux marines, qui leur a été longtems attribuée, est principalement due aux sels magnésiens.

D'où vient, demandera-t-on, la quantité considérable de sel que présentent par-tout les eaux de la mer, et qui semble les distinguer de celles qui coulent sur nos continents? Halley et quelques autres physiciens, observant que les fleuves portent à la mer une quantité considérable d'eau tenant en dissolution un plus ou moins grand nombre de particules salines; que cette même eau, s'évaporant, en sort entierement pure, et qu'elle y laisse ainsi tout ce qu'elle y avait porté, ont pensé que quelque petite que pût être la quantité de sel ajoutée chaque année aux eaux de l'Océan, elle ne pouvait manquer de devenir considérable depuis la longue suite de siècles que les fleuves mènent leurs eaux à ce grand réceptacle, et qu'elle pouvait être l'unique cause de la salure actuelle des mers. Les observations faites, dans ces derniers tems, en Perse, par Olivier, et en Sibérie, par Pallas et Patrin, semblent donner un nouveau degré de vraisemblance de plus à cette opinion: tous les grands lacs de ces pays qui ont des affluents et point d'issue, qui ne perdent ainsi que par l'évaporation les eaux que les courants leur apportent, sont salés. Cependant, lorsqu'on considère que le sol de la mer est de même nature que celui des continents, et qu'il en est comme le prolongement; que celui-ci renferme un grand nombre de masses de sel gemme et de roches salées; que c'est en passant sur ces masses et ces roches que les eaux courantes prennent leur salure, il est difficile de ne pas croire qu'il n'en existe de pareilles dans le sein de la mer, et que dissoutes par ses eaux elles n'aient concouru à les saler; ou, pour parler un langage plus géologique, il est difficile de ne pas croire que la même cause qui a produit le sel sur nos continents, n'ait également produit celui qui est contenu dans les mers.

b) *De l'eau dans l'atmosphère.*

§ 14. La partie superficielle des eaux de la mer et de celles qui sont à la surface du globe, cédant à l'action dissolvante du calorique, se réduit continuellement en vapeurs, et, sous cette forme, elle s'élève dans l'atmosphère, dont elle devient une des parties constituantes. *Passage de l'eau dans l'atmosph.* *Evaporat.*

Si l'air interposé ne gênait pas les mouvements de cette vapeur et ne l'empêchait pas de se disposer, jusqu'à un certain point, suivant les lois de l'hydrostatique des fluides élastiques, comme elle le ferait si elle était entièrement libre, la quantité totale de celle qui est contenue dans l'atmosphère, au-dessus d'une contrée, serait donnée par la *force élastique* de la vapeur dans la couche inférieure de l'atmosphère, et par conséquent par le thermomètre et l'hygromètre placés dans cette couche et qui indiquent cette force (1), laquelle n'est due qu'à la pression ou au poids de la vapeur dans les couches qui sont au-dessus. Par exemple, à Paris, le thermomètre étant, terme moyen, à 11°, et l'hygromètre à 82°, la force élastique de la vapeur y sera de 2,9 lignes de mercure, ou 3,2 pouces d'eau : par conséquent, si toute la vapeur contenue dans l'atmosphère au-dessus de Paris, dans l'état moyen de température et d'humidité, venait à se précipiter, elle produirait une couche d'eau de 3,2 pouces d'épaisseur. Dans un jour d'été chaud et humide, cette quantité serait double. Sous l'équateur, elle serait habituellement de sept à huit pouces.

La quantité d'eau qui se réduit en vapeurs, ou qui s'évapore dans un même lieu, est à-peu-près la même chaque année ; et d'un lieu à un autre elle varie selon la latitude et les circonstances locales. Des observations faites avec soin, nous apprennent qu'à Paris l'épaisseur de la tranche

---

(1) La force élastique de la vapeur, ou le poids que la vapeur contenue dans un espace peut supporter en vertu de son élasticité, est représentée, en hauteur barométrique, lorsque l'espace est entièrement saturé et à la température t, par la formule suivante :

$$0{,}00512 \text{ mèt.} \times 10^{0{,}02797t - 0{,}00006t^2}$$

A mesure que la quantité de vapeur diminue dans le même espace, et la diminution est indiquée par l'hygromètre, la force élastique décroît dans le même rapport. M. Gay-Lussac a donné une table de ce décroissement.

que l'évaporation enleverait, en un an, à une masse d'eau, est d'environ 32 $\frac{1}{2}$ pouces (1).

Le produit de l'évaporation, en un tems donné, dépend de quatre élémens :

1° *De la température.* La force élastique de la vapeur est d'autant plus grande que la chaleur est plus considérable, et nous venons d'indiquer le rapport qu'il y avait entre ces deux quantités. Celui qui existe entre la quantité qui s'évapore en un tems donné et la température, est exactement le même, cette quantité, ou la force évaporante, étant, toutes choses égales d'ailleurs, proportionnelle à la force élastique.

2° *De la pression de l'atmosphère.* Moins cette pression sera considérable, plus l'évaporation sera grande. On sait avec quelle facilité les fluides se vaporisent sous le récipient de la machine pneumatique. Dans les lieux élevés, ils bouillent à l'aide d'une chaleur moins forte (2), et se dissipent plus promptement. Saussure, par des expériences faites à Genève et sur le col du Géant, à 3436 mètres d'élévation, a trouvé que les pressions atmosphériques, ou les hauteurs du baromètre qui les représentent, étant dans le rapport de 738 à 507, les quantités d'eau évaporées, tout étant d'ailleurs ramené aux mêmes circonstances, étaient entre elles comme 84 à 37 (3). Au reste, ces expériences présentent de grandes anomalies entre elles, et leur résultat ne saurait être généralisé.

---

(1) *Académie des sciences*, tom. X. L'eau s'évaporait d'une cuvette entretenue pleine et placée sur la plate-forme de l'Observatoire.

(2) D'après les expériences de Deluc et de Saussure, le degré de l'ébullition de l'eau, sous une pression barométrique, représentée par H et exprimée en fraction de mètre, est donné sur le thermomètre centigrade par l'expression suivante :

$$61{,}2 \text{ logarithme } H + 107{,}3.$$

(3) *Voyage dans les Alpes*, § 2058 et suiv.

3° *Du degré de siccité de l'air ambiant.* Plus il sera sec, plus l'évaporation sera prompte : elle sera proportionnelle à la différence qu'il y a entre la quantité d'eau que cet air peut contenir et celle qu'il contient déjà réellement. Ainsi elle sera nulle s'il est entièrement saturé ; elle sera moitié moins prompte que dans un milieu sec, s'il renferme déjà la moitié de la vapeur qu'il peut admettre. C'est l'humidité déjà contenue dans l'air qui repose sur la surface des grandes masses d'eau, qui fait qu'en général, en pleine mer, l'évaporation est moins considérable que sur le continent et même près des côtes ; et d'après cette même cause, sous l'équateur, au milieu de l'Océan, l'évaporation est moins considérable que la latitude ne porterait à le croire. Quelques observations de M. de Humbolt n'ont pas donné au 10° degré de latitude une plus grande évaporation qu'au 40e, quoique la chaleur fût de 26° dans le premier de ces endroits, et de 15 seulement dans l'autre.

4° *De l'agitation de l'atmosphère.* Un courant d'air entraînant la vapeur à mesure qu'elle se forme, met continuellement en contact avec la surface évaporante, un air plus sec : peut-être encore exerce-t-il une action mécanique sur le fluide. Dalton a remarqué que, tout étant d'ailleurs le même, l'évaporation, par un très-grand vent, est plus que double de celle qui a lieu dans un air entièrement calme (1).

Retour de l'eau sur la terre.

§ 15. L'eau ainsi réduite en vapeurs et répandue dans l'atmosphère, y séjourne jusqu'à

(1) L'épaisseur de la lame d'eau qui s'évapore, en une heure, en tems calme, à une petite élévation au-dessus de la mer, et à des degrés du thermomètre et de l'hygromètre déterminés, est donnée par la formule

$$0{,}034 \text{ mèt.} f(1-n),$$

f étant la force élastique correspondante au degré du thermomètre, et n étant le nombre correspondant au degré de l'hygromètre, dans la table dressée par M. Gay-Lussac et citée pag. 46.

ce que de nouvelles causes venant à agir, elle reprenne son premier état, et se précipite, tantôt sous forme visible, tantôt sous forme invisible, comme dans la formation de la rosée.

Dans les précipitations visibles, la vapeur, en quittant l'état aériforme, commence par former de petits globules que la plupart des physiciens, d'après Saussure, regardent comme de nature vésiculaire, c'est-à-dire creux dans leur intérieur. En cet état, ils se soutiennent dans l'atmosphère, en prenant la place qui leur est assignée par leur pesanteur spécifique, et ils y forment des *nuages*. Ces globules se réunissent ensuite en gouttelettes d'eau, qui, étant plus pesantes que l'air, tombent sous forme de *bruine* ou de *pluie*, suivant leur grosseur. Lorsque la région dans laquelle se fait la résolution du nuage en eau, est au-dessous du terme de congélation, les globules, en se réunissant, cristallisent en petites aiguilles, qui, par leurs groupements, forment des flocons de *neige*. Si les gouttes, dans leur chute, viennent à éprouver un grand degré de froid, produit par l'évaporation ou par toute autre cause, elles passent à l'état de glace, et il en résulte de la grêle.

La cause qui fait prendre la forme vésiculaire à la vapeur répandue dans l'atmosphère nous est absolument inconnue. Puisque la vapeur n'est que de l'eau tenue en dissolution par le calorique, il était naturel de penser qu'une diminution de chaleur pourrait être la cause de ce phénomène; mais il n'en est point ainsi. Je me suis souvent trouvé dans les couches de l'atmosphère au moment où les nuages s'y formaient, et le thermomètre n'y éprouvait aucune variation: bien plus, on voit souvent après une nuit très-claire, le ciel se couvrir de nuages dès que le soleil vient rechauffer la terre; il reprend sa sérénité vers le coucher de cet astre, et cela consécutivement pendant plusieurs jours de suite. D'ailleurs l'effet du refroidissement, dans une couche d'air, est de précipiter la vapeur qui y est contenue sous forme de rosée, ainsi que nous le dirons bientôt, mais il ne produit point de nuages. L'état même de l'eau dans les nuages est extrêmement problématique; et l'on a peine à concevoir comment des vésicules dont l'enveloppe est de l'eau et qui sont pleines de l'air au milieu duquel elles se forment, peuvent être d'une pesanteur spécifique égale à celle de ce même air. On ne peut pas dire que celui qui est dans leur intérieur, étant saturé de vapeur, soit plus léger; car l'air ambiant dans le nuage est presque toujours dans le même état de saturation. Des considérations, sur l'attraction moléculaire, ont conduit M. Laplace à conclure qu'une lame d'eau d'une épaisseur plus petite que le rayon de la sphère d'activité sensible de ses molécules, éprouve une compression beaucoup moindre qu'une pareille lame située au milieu d'une masse considérable de ce liquide, et qu'il est naturel de penser que sa densité est très-inférieure à celle de cette masse: après cette observation il ajoute: « Est-il invraisemblable de supposer » que c'est le cas de l'enveloppe aqueuse des vapeurs vésiculaires, qui par-là deviendraient plus légères et seraient dans » un état moyen entre l'état liquide et celui de vapeurs? » La cause qui résout en eau les vapeurs vésiculaires nous est tout aussi inconnue que celle qui a donné lieu à leur formation.

La hauteur à laquelle s'élèvent les nuages peut nous donner une idée de celle qu'atteignent les vapeurs. Riccioli, qui a fait un grand nombre de mesures trigonométriques à ce sujet, n'a pas vu de nuages à plus de 5 mille pas (8000 mètres) d'élévation. Bouguer met au rang des plus élevés ceux qu'il a vus passer à 7 ou 800 mètres au-dessus de Chimboraço, et qui étaient par conséquent à près de 7000 mèt. M. Gay-Lussac, se trouvant à cette hauteur, en a vu au-dessus de lui quelques-uns d'un petit volume qui lui paraissaient être encore à une distance considérable. Malgré ces exemples d'une très-grande élévation, rien n'indique que les vapeurs dépassent dix ou douze mille mètres. Dans l'état ordinaire des choses, les nuages sont bien plus bas. Durant trois étés, où j'ai eu presque continuellement le Mont-Blanc et le Mont-Rose sous les yeux, je n'ai presque jamais vu les nuages au-dessus, et ces montagnes n'ont pas cinq mille mètres. Le plus souvent, les nuages, le long des Alpes qui bordent les plaines du Piémont, se tiennent à 1800 mètres de hauteur.

Quantité d'eau tombée.

La quantité de pluie qui tombe en différents lieux du globe varie considérablement suivant les circonstances locales; elle paraît principalement dépendre de la température, de l'éloignement de la mer, et de la position par rapport aux chaînes de montagnes. M. de Humbolt a cherché à exprimer l'effet de la température ou du climat, sur la quantité d'eau de pluie tombée, par le tableau suivant :

LATITUDE.	TEMPÉRATURE CORRESPONDANTE.	PLUIE, EN UN AN.
0°	27°	90 pouces.
19	26	75
45	13	27
60	4	16

Nous remarquerons que dans les climats chauds les pluies, quoique beaucoup plus abondantes sont cependant moins fréquentes que dans les pay froids. Les contrées voisines de la mer, surtout lorsqu'elles sont du côté où le vent souffle le plus habituellement, sont bien plus pluvieuses que celles qui sont situées en avant dans les terres. Les montagnes paraissent avoir une grande action sur les nuages, elles favorisent leur formation et leur résolution en pluie : aussi en tombe-t-il une plus grande quantité dans les pays montagneux, toutes choses égales d'ailleurs. La position d'un pays par rapport aux chaînes, a encore une grande influence sur la quantité de pluie ; elle est beaucoup plus rare dans les contrées placées derrière ces chaînes, par rapport au point de l'horizon d'où viennent habituellement les vents pluvieux.

Ces diverses circonstances, et peut-être quelques autres encore, produisent une très-grande différence dans la quantité d'eau qui tombe annuellement, ainsi qu'on peut le voir dans les tableaux que les physiciens ont dressé de cette quantité, et dont nous extrairons celui qui suit :

Au Cap, île de St.-Domingue . .	113 pouces.
à Calcutta, dans l'Inde.	111
à Rome.	37
à Toulouse.	25

à Paris. . . . . 21 pouces.
à Londres. 17
à Pétersbourg. 15

M. Cotte ayant recueilli cent quarante-sept observations de ce genre, en a conclu, pour la quantité moyenne, 35 p.; de sorte que l'épaisseur de la quantité d'eau qui tombe sur la surface du globe, serait, terme moyen, de près de trois pieds ou d'un mètre.

Au reste, je dois observer que d'année en année cette quantité varie considérablement dans le même lieu. La moyenne des années pluvieuses à Toulouse, est de 32 pouces, et celle des années sèches est de 15 pouces; à Paris, on a eu, en 1711, 26 pouces, et, en 1723, on n'a eu que 7 ½ p.

L'on sait encore qu'il tombe plus d'eau sur les lieux enfoncés que sur des lieux élevés, proportionnellement à leurs surfaces; ainsi, en 1818, il est tombé 0,518 mètres de pluie dans un récipient placé dans la cour de l'observatoire de Paris, tandis qu'il n'en est tombé que 0,432 dans un récipient pareil placé sur la terrasse de l'observatoire, 27 mètres plus haut. Si le plus de *verticalité* des filets de pluie, dans les endroits abrités des vents n'est pas l'unique cause de cette différence, elle doit du moins y avoir une bien grande part; il est difficile même d'en concevoir une autre.

Le refroidissement que les couches inférieures de l'atmosphère éprouvent, principalement au lever du soleil, prive une partie de la vapeur contenue dans ces couches du calorique qui la tenait à l'état gazeux; elle se résout en eau, se précipite et se dispose en gouttelettes sur les plantes et autres corps qui couvrent la surface de la terre: c'est la *rosée*. La quantité qu'il en tombe est plus considérable qu'on ne le pense communément : Halles la porte à trois pouces par an pour Londres, et Dalton estime à près de cinq pouces celle qui tombe annuellement à Manchester. (*Thomson, Chimie.*)

Art. III. *De l'eau à la surface de la terre.*

Des eaux courantes.

§ 16. Lorsque l'eau qui tombe de l'atmosphère sur la surface de la terre ferme, est en petite quantité, elle humecte seulement le sol qui la reçoit; l'évaporation la reporte bientôt dans cette même atmosphère. Mais lorsque la pluie est abondante, l'eau filtre à travers les terrains meubles ou perméables, et elle descend ainsi dans l'intérieur de la terre, jusqu'à ce qu'elle rencontre une couche ou roche qui lui soit imperméable ; alors elle glisse dessus, elle en suit les sinuosités, qui, semblables à des gouttières, la ramènent à la surface du globe : telle est l'origine des sources (1).

Les filets d'eau produits par les sources ordinaires, en coulant à la surface du globe, s'y réu-

(1) Voyez quelques détails à leur sujet dans la note VI.

nissent d'abord en ruisseaux, puis en rivières, et finalement en fleuves.

Les détails relatifs à ces divers cours d'eau, et notamment aux fleuves, sont entièrement du domaine de la géographie, et nous renvoyons aux ouvrages qui traitent de cette science, pour ce qu'on peut dire sur leur grandeur, leur direction, la périodicité des crues, et différentes circonstances que présentent plusieurs d'entre eux.

§ 17. Les eaux, encoulant dans l'intérieur du globe, à travers les masses minérales, s'y chargent de diverses substances, qu'elles portent avec elles lorsqu'elles sourdent à la surface du sol.

Contenu des sources et des eaux courante.

En général, celles qui sortent des terrains primitifs ou sablonneux, sont limpides et pures; mais celles qui ont traversé des montagnes calcaires, et sur-tout des montagnes gypseuses, portent avec elles une quantité plus ou moins considérable de carbonate et de sulfate de chaux qui les rendent peu agréables à boire, et impropres à certains usages domestiques. Il en est à-peu-près de même de celles qui ont séjourné dans les terrains de transport où des substances pyriteuses, animales et végétales ont donné lieu à la formation de quelques sels ou matières solubles.

Les eaux qui ont traversé des roches imprégnées de pareils sels et matières, et qui en contiennent une quantité notable, indépendamment du carbonate et du sulfate de chaux, prennent vulgairement le nom d'eaux *minérales*, et on y ajoute celui de *thermales* lorsqu'elles sortent chaudes de l intérieur de la terre. Afin de mettre à même d'apprécier la nature et la quantité des substances qu elles renferment, je donnerai ici les analyses de quelques-unes des plus célèbres de ces eaux.

SUBSTANCES contenues (DANS MILLE PARTIES.)	PLOM-BIERES. (1)	BARÉ-GES. (2)	BAGNÈ-RES-Luchon (3)	CARLS-BAD. (4)	PYR-MONT. (5)	GEY-SER. (6)
Sulfate de soude....	0,13	»	»	5,80	7,00	0,15
Sulfate de magnésie.	»	0,07	0,03	»	»	»
Sulfate de chaux....	»	0,11	0,06	»	»	»
Muriate de soude...	0,04	0,03	0,02	1,19	12,17	0,25
Muriate de magnésie	»	0,03	0,03	»	1,02	»
Mur. de chaux (sec).	»	»	»	»	1,22	»
Carbonate de soude.	0,12	»	»	3,71	»	»
Carbonate de chaux.	0,03	0,05	0,03	0,41	1,45	»
Carb. de magnésie.	»	»	»	»	2,39	»
Carbonate de fer...	»	»	»	»	»	»
Silice...........	0,07	0,01	0,02	0,09	»	0,54
Alumine........	»	»	»	»	0,31	0,05
Soufre..........	»	0,01	0,02	»	»	»
Mat. bitumineuse..	»	»	»	»	0,07	»
Mat. anim. gélat...	0,05	»	»	»	»	»
en volume sur cent p. } hydr. sulf...	»	3,00	1,80	»	»	»
en volume sur cent p. } acide carbon.	»	9,00	0,90	32,00	147,0	»

(1) Vauquelin, *Annales de chimie*, tom. 39.

(2) Source du *Bain royal*. Temp. 31°, analysée par M. Poumiers.

(3) Source de la *Reine*. Temp. au-dessus de 30°, par le même.

(4) *Klaproth*. Température, 74°.

(5) *Westrumb*. Ces eaux ne sont pas thermales, leur pesanteur spécifique est 1,0115, et 1,0095 après leur volatilisation de l'acide carbonique.

(6) *Black*. Voyez une notice sur ces eaux célèbres, à l'article des *volcans*, chap. IV.

Arrêtons un instant notre attention sur la dissolution de la silice dans l'eau. Quelle que soit la cause ou l'agent intermédiaire qui la produit, le fait est hors de doute : la silice n'est pas simplement suspendue dans l'eau, elle y est intimement combinée et *parfaitement dissoute*, dit M. Vauquelin (1). Klaproth s'exprime d'une manière aussi formelle, dans son analyse des eaux de Carlsbad. Bergmann, ayant trouvé de la silice dans celles d'Upsal, s'est vu contraint, dit-il lui-même, d'adopter cette opinion, après avoir remarqué que l'eau passée plusieurs fois par le filtre, donnait toujours la même quantité de silice : il observe encore que l'eau chaude exerce une action plus marquée sur cette terre.

Plusieurs sources contiennent du pétrole et autres matières bitumineuses, quelquefois même en très-grande quantité, telles sont celles que Spallanzani a vues au Monte-Zebio, dans le Modenais ; il s'en trouve plusieurs à Astracan et sur les bords du Tigre : ce fleuve en reçoit une si notable quantité, en quelques endroits, qu'il suffit d'approcher une torche de ses eaux pour qu'elles se couvrent, sur toute la surface, jusqu'à une distance considérable, de flammes qui ne s'éteignent que lorsque le bitume est consumé (2).

(1) *Annales de chimie*, tom. 39.

(2) Bergmann. Sa *Géographie physique* (*Physicalische Beschreibung der Erdkugel*) contient plusieurs autres détails sur le contenu des eaux, principalement aux § 73, 75, 83, 91 et 97.

Les fleuves n'étant que la réunion d'une grande quantité de sources, doivent contenir les mêmes substances ; mais y étant étendues d'une grande quantité d'eau, elles y sont à peine sensibles.

Les eaux courantes se chargent, sur-tout dans les tems de crue, de matières terreuses, qu'elles déposent ensuite, sous forme de limon, dans les lieux où leur vitesse se ralentit. On sait quelle grande quantité de pareilles matières le Nil dépose chaque année sur le sol de l'Egypte. Le docteur Shaw estime que les eaux de ce fleuve charrient $\frac{1}{132}$ de limon en volume. Celles du Rhin, dans des moments de crue, en contiennent, d'après Hartzoeker, jusqu'à $\frac{1}{100}$. Manfredi ayant pris de l'eau de rivière médiocrement trouble, et l'ayant mise dans un vase, a trouvé, au bout de quelque tems, qu'elle avait produit un dépôt terreux qui était $\frac{1}{174}$ de son volume (1). Le docteur Barrow, ayant soumis à une pareille expérience l'eau du fleuve Jaune à la Chine, en a retiré près de $\frac{1}{200}$ de limon (2).

---

(1) *Collection académique*, tom. X.

(2) Makartney, *Voyage dans la Chine.*

CHAPITRE III.

DES INÉGALITÉS DE LA SURFACE DU GLOBE.

§ 18. Rien ne frappe plus l'observateur qui promène ses regards sur la surface de la terre, que cette multitude d'*inégalités*, ou différences de niveau, qu'elle lui présente de toutes parts. Des exhaussements du sol bornent sa vue de tous côtés ; il ne peut aller d'un lieu à un autre sans traverser une suite continuelle d'élévations et d'enfoncements : quelques contrées sont hérissées de hauteurs et de pics ; d'autres sont limitées comme par d'immenses digues ; les plus unies même lui montrent encore des coupures et des ondulations très-sensibles. Quelque petites que ces inégalités soient par rapport à la masse du globe, puisqu'elles ne sont pas, sur sa surface, ce que les petites aspérités de la peau d'une orange sont sur ce fruit, et que la plus considérable n'aurait pas même une demi-ligne de hauteur sur un globe de quatre pieds de diamètre (1),

Objet de ce chapitre.

(1) La plus haute des montagnes, qui est sur l'Himmâlaya (l'*Imaüs* des anciens), dans le Thibet, n'a que 7821 mètres d'élévation au-dessus de la mer, et il n'est pas vraisemblable que la mer ait nulle part 4000 mètres de profondeur.

Voyez, à la fin de ce Traité, l'exposition du mode le plus simple de mesurer les hauteurs.

elles ne laissent pas que d'intéresser infiniment le géologiste; elles lui montrent à découvert la structure intérieure de la terre; leur hauteur excède trois et quatre mille fois celle de l'homme; elles sont les effets et, en quelque sorte, les monuments des révolutions que notre planète a éprouvées. Leur examen va être l'objet de ce chapitre: nous les y considérerons sous le rapport topographique, indépendamment de la nature des substances qui les constituent; et ce que nous dirons à leur sujet pourra être ainsi regardé comme un essai sur la *configuration de la superficie du globe.*

Différentes sortes d'inégalités.

§ 19. Pour nous faire une idée exacte de ces inégalités et de leurs différentes espèces, portons un instant notre attention sur la surface du globe, prise dans tout son ensemble.

Immédiatement après sa formation, cette surface n'était pas vraisemblablement celle d'un sphéroïde entièrement uni: la matière minérale, plus accumulée dans certaines parties, y avait produit des contrées plus élevées que le sol environnant. Vraisemblablement encore, par suite de la loi de continuité, et de la marche graduelle que la nature suit habituellement dans les opérations, le passage des parties basses aux parties élevées était progressif; les élévations se propageaient à de grandes distances, et tout ce qu'il en reste encore nous porte à croire qu'elles étaient originairement sur le globe comme de simples ondulations ou rugosités de sa surface.

Les eaux, qui recouvrent une portion de la terre, laissent au-dessus de leur niveau les parties les plus élevées, la *surface des continents*, ou plutôt de la terre ferme, et elles les séparent, en quelque sorte, du *fond des mers*. De cette manière, elles donnent lieu à une première division des inégalités : les détails qui la concernent étant du ressort de la géographie, nous n'en parlerons point ici (1).

En considérant la surface des continents, nous

---

(1) Nous nous bornerons simplement à observer, 1° que sur environ 5100000 myriamètres carrés que présente la surface du globe, 3700000, c'est-à-dire près des trois quarts, sont occupés par la mer; 2° que les terres, formant l'autre quart, ne sont pas également réparties sur la surface du sphéroïde; elles sont comme groupées autour du pôle arctique, et l'hémisphère boréal en présente trois fois plus que l'autre.

Cette inégalité de répartition a frappé quelques savants, et les a portés à diverses conjectures. Buache, Buffon, Bergmann, etc., pensaient que l'excès des terres dans l'hémisphère boréal devait être contre-balancé ou équilibré par un grand continent austral qui nous était inconnu. Mais les navigateurs modernes, Cook entre autres, s'étant dirigés vers le pôle sud, par des routes opposées, et ayant dépassé le cercle polaire, sans trouver aucune terre, ont mis dans tout son jour la non-existence du prétendu continent. Parce qu'un des deux hémisphères porte sa surface un peu plus haut que l'autre au-dessus des mers, c'est-à-dire parce qu'il a un peu plus de volume que l'autre, et cela d'une quantité extrêmement petite, devons-nous en conclure qu'il a aussi plus de poids ? Pour tirer cette conclusion, il faudrait que la matière qui compose le globe fût exactement de même densité; mais, dans la partie de ce globe qui

la voyons traversée par les grandes ondulations dont nous avons parlé ; nous voyons encore d'autres ondulations ou rides d'un ordre inférieur la parcourir, soit dans le même sens, soit dans des sens différents : les parties supérieures de ces ondulations et rides, y forment des *régions élevées :* leurs parties inférieures et les espaces compris entre elles, y sont comme autant de *régions basses.* Telle est la première division des continents, et, en même tems, la plus générale, sous le rapport des inégalités de leur surface. C'est ainsi, par exemple, que l'Europe présente une grande *région basse*, comprise entre deux *régions élevées* qui la bornent l'une au nord et l'autre au midi : cette dernière a sa partie centrale dans les Alpes, à l'est de la Suisse ; elle s'étend vers l'ouest jusqu'à l'Océan atlantique, et vers l'est jusqu'à la mer Noire. La région élevée du nord comprend la partie septentrionale de l'Angleterre, la Norwége, la Suède, et quelques provinces de la Russie d'Europe : c'est entre elles que se trouve cette sorte d'immense plaine qui renferme la partie septentrionale de la France, la Hollande, la basse Allemagne, la Silésie, la

---

nous est connue, nous voyons, sous le rapport de cette densité, des différences assez notables d'un point à un autre ; et on peut bien croire, d'après cela, qu'un des deux hémisphères peut être, en somme, un peu plus dense que l'autre, et que l'excès de densité compense le manque de volume.

Pologne, et la majeure partie de la Russie jusqu'au pied des monts Ourals, vraie limite entre l'Europe et l'Asie.

Des causes, en partie connues et en partie inconnues, ont agi sur la surface des continents après sa formation première, elles l'ont sillonnée et découpée de différentes manières. Dans les régions élevées, elles ont, par suite de cette action, isolé, entre de grands sillons, ou grandes vallées, de longues et hautes masses de terrain, c'est-à-dire qu'elles y ont produit des *chaînes de montagnes.* Dans des lieux plus bas, le morcellement n'aura produit que des *collines* ou des coteaux. Enfin, des parties, d'ailleurs assez planes, pourront être restées intactes sur une assez grande étendue (ou quelque remblai en aura couvert les inégalités); ce seront nos *plaines* actuelles. De sorte que la surface des continents présente maintenant un mélange continuel de *montagnes*, de *collines* et de *plaines:* ce sont les *inégalités* de cette surface. Nous allons en traiter dans la première section de ce chapitre; la seconde sera consacrée aux *inégalités du fond de la mer.*

Nous ne traiterons de ces objets qu'en général; et nous ne citerons des faits locaux que comme exemples, et nullement pour faire connaître les inégalités qui existent dans chaque contrée en particulier. Cette dernière connaissance constitue une des parties de la géographie; et on pourra consulter à ce sujet les grands ouvrages sur cette science, et particulièrement ceux de M. Malte-Brun, les meilleurs que nous ayons, dans notre langue, sur-tout en ce qui est relatif à la géographie générale et à la géographie physique.

SECTION PREMIÈRE.

Inégalités de la surface des continents.

ART. I. *Des montagnes et des chaînes de montagnes.*

Les montagnes étant plus particulièrement le théâtre des observations du géognoste, étant l'objet continuel de ses études et de ses descriptions, nous croyons devoir entrer dans quelques détails sur leur constitution physique. Nous considérerons d'abord une montagne seule et isolée; nous passerons ensuite à l'examen des *masses et chaînes de montagnes;* et ici nous aurons à examiner leur structure générale, leurs diverses parties, et finalement leur disposition respective. Je m'attacherai en même tems à fixer la nomenclature qui leur est relative; objet peut-être trop négligé dans notre langue.

Montagne. Ses parties.

§ 20. Une montagne, en prenant ce nom dans son acception la plus restreinte, et en la considérant comme isolée, est une masse de terrain qui s'élève considérablement au-dessus du sol environnant ; elle y est comme une excroissance qui approche plus ou moins de la forme conique: la partie supérieure en est la *cime*, l'inférieure en est le *pied*, et au milieu sont les *flancs*.

La cime varie considérablement quant à sa forme. Souvent elle est arrondie ; mais quelquefois elle s'aplanit et présente un *plateau ;* ailleurs elle se détache, en quelque sorte, de la montagne, prend une pente plus abrupte et forme un cône plus ou moins tronqué, c'est un *pic ;* enfin elle s'élève quelquefois en une pointe aiguë et élancée, c'est une *aiguille.* Ces diverses formes dépendent beaucoup, comme nous le verrons par la suite, de la nature de la roche : ainsi les cimes convexes ou arrondies appartiennent plus particulièrement aux granits tendres, aux gneiss et autres roches schisteuses ; les plateaux aux montagnes de grès, de calcaire secondaire, et en général à celles qui sont en couches horizontales ; les pics aux monts basaltiques, aux montagnes très-quartzeuses ; enfin les aiguilles se remarquent plus fréquemment dans les terrains granitiques et dont les couches sont verticales.

La cime est ordinairement la partie de la montagne la plus petite, et les flancs sont la plus considérable. Le pied en est presque toujours la partie la moins inclinée, ce qui vient souvent des terres et pierres qui s'éboulent des parties supérieures. L'inclinaison des flancs est déjà très-considérable lorsqu'elle excède trente degrés.

Il est rare de trouver des montagnes isolées sur un terrain plat, de manière à présenter, dans leur entier, les diverses parties dont nous venons de parler, en exceptant toutefois les volcans, lesquels sont habituellement dans ce cas; l'Etna, le Vésuve et le pic de Ténériffe nous en fournissent des exemples. L'Auvergne, outre ses anciennes bouches volcaniques en forme de cône, présente quelques montagnes isolées: tel est entre autres le fameux Puy-de-Dôme, élevé d'environ 600 mètres au-dessus de sa base. J'ai vu, dans le *Landscrone*, en Lusace, un exemple d'une montagne de plus de 300 mètres de hauteur, presque entièrement granitique, isolée au milieu d'une grande plaine. En Irlande, où elles abondent, on les nomme *Devilstone* (pierres du diable).

Idée générale d'une chaîne. Sa structure et ses parties.

§ 21. Le plus souvent les montagnes se présentent en formant un grand massif de terrain élevé au-dessus du sol environnant, diversement découpé par des vallées, et des divers points duquel s'élèvent encore des cimes ou des montagnes particulières: ce sont des *masses de montagnes*, que l'on désigne habituellement, dans notre langue, sous le nom de *chaînes de montagnes*, quoique, strictement parlant, cette dénomination ne convienne qu'à quelques-unes des masses étendues en longueur. Au reste, les masses peuvent toujours être considérées comme un assemblage de pareilles chaînes ou de chaînons d'un ordre inférieur, mais de structure semblable.

Donnons d'abord une idée aussi exacte que possible d'une chaîne et de sa structure.

Pour en montrer et nommer convenablement les parties, ainsi que pour faire voir leur disposition respective, nous supposerons que l'on ait, au milieu d'une contrée plane, une grande masse semblable à une digue dont la coupe transversale, pareille à celle d'un toit surbaissé, présenterait un triangle d'une petite hauteur par rapport à la base. Ce solide représentera le massif de notre chaîne : les deux grandes faces en seront les deux *versants;* leur intersection, ou l'arête supérieure, en sera le *faîte ;* la partie inférieure de chacun d'eux sera un des deux *pieds;* les deux petites faces (les bases du prisme) seront les deux *extrémités ;* sa *longueur* sera la distance d'une extrémité à l'autre ; sa *largeur* se prendra transversalement d'un pied à l'autre ; et la *hauteur* sera l'élévation verticale du faîte au-dessus du pied, ou au-dessus de la mer ; enfin le point de l'horizon vers lequel le faîte se dirigera indiquera sa *direction.*

Imaginons maintenant, sur chacun des deux versants, de part et d'autre du faîte, et à-peu-près perpendiculairement à sa direction, de grands sillons qui descendent jusqu'au pied. Ils formeront les *vallées principales*, et diviseront le massif de la chaîne en plusieurs massifs particuliers, ou *rameaux*, disposés, de part et d'autre du faîte, à-peu-près comme, dans un quadrupède, les côtes le sont à l'égard de l'épine du dos. Leur faîte ira en baissant, depuis celui de la chaîne jusqu'à son pied, ce sera une *crête* ou *faîte du second ordre ;* les deux versants du rameau en seront les *pentes*. Si, sur les versants de la chaîne, on conçoit encore de nouveaux sillons dirigés à-peu-près dans le sens des premiers, soit qu'ayant leur origine près du faîte, ils n'atteignent point le pied et qu'ils aboutissent à une vallée principale, soit que, partant du milieu du versant, ils aillent jusqu'au pied, ils donneront lieu à des vallées plus courtes, et ils bifurqueront les rameaux déjà existants, en les divisant, dans leur partie extrême, en deux ou plusieurs branches. Les pentes des deux rameaux voisins, qui forment les parois ou berges d'une même vallée, se joignent, par leur partie inférieure, en une ligne plus ou moins sinueuse qui occupe exactement le fond de la vallée ; elle en est le *thalweg* (1). Les sillons qui ont donné lieu aux vallées, lorsqu'ils aboutissent au faîte, en ont comme emporté une portion ; de

(1) Ce mot allemand, qui signifie *chemin de la vallée*, est aujourd'hui adopté dans les ouvrages techniques français ; il se prononce *talvègue* : il est immédiatement au-dessous du *fil de l'eau* des ruisseaux ou rivières qui coulent dans la vallée.

sorte qu'à la naissance de la vallée, il présente une échancrure arrondie ou *col*. Entre deux cols voisins, le faîte, resté à sa primitive hauteur, forme une protubérance ou *cime ;* de sorte que sa longueur montre, en forme de dentelure, une alternative de *cimes* et de *cols ;* les cimes sont les points de départ de deux rameaux opposés, un sur chaque versant ; et les cols, les points de départ de deux vallées également opposées.

Passons maintenant à un rameau, et divisons-le, ainsi que nous en avons agi pour la chaîne principale, par des sillons perpendiculaires à sa crête. Nous produirons des rameaux et des vallées d'un second ordre qui seront perpendiculaires aux rameaux et aux vallées du premier, mais qui nous présenteront les mêmes circonstances, et qui diviseront également la crête en une suite de cols et de cimes. Ces sillons, selon leur plus ou moins de grandeur, seront appelés *vallées*, *vallons* ou *gorges :* ces dernières sont courtes, inclinées, ordinairement évasées, quelquefois cependant profondes.

Quelquefois encore on trouve, dans les grandes chaînes, des rameaux du second ordre divisés, de la manière que nous avons exposée, en rameaux du troisième et même du quatrième, etc.; ce qui donne lieu à des vallées du troisième, du quatrième, etc., ordre.

Les chaînes de montagnes ne se présentent pas,

il est vrai, dans la nature, avec toute la régularité de celle dont nous venons de tracer l'esquisse ; la forme et la disposition de leurs parties sont toujours plus ou moins altérées ou oblitérées; mais plus elles en approchent, plus elles sont régulières. On pourra se faire une juste idée de ce qu'elles sont en stricte réalité, en jetant les yeux sur une carte des Pyrénées: on y verra la manière dont les versants sont découpés par les vallées, et jusqu'à quel point la direction de celles-ci, et par conséquent celle des rameaux intermédiaires, est perpendiculaire au faîte.

Après avoir ainsi donné la définition et assigné la position des parties d'une chaîne, nous exposerons successivement ce que nous avons à dire de général sur chacune d'elles.

Parties d'une chaîne.

Faîte. § 21. Le faîte (1) d'une chaîne, étant la ligne (droite, courbe ou brisée) que l'on imaginerait à la jonction des deux versants, fait la séparation des eaux qui coulent de part et d'autre de la chaîne ; de là vient le nom de *ligne de partage des eaux* (*divortia aquarum*) qu'on lui donne quelquefois; de là vient encore celui de versants donné

(1) Le faîte des grandes chaînes était designé, par les Latins, sous la dénomination de *juga montium*. Il est assez extraordinaire qu'il n'ait pas un nom particulier dans notre langue. Dans plusieurs provinces du midi de la France, il porte celui de *serre*, lequel a vraisemblablement la même origine que le mot espagnol *sierra*, chaîne de montagnes.

aux pentes. Sa détermination exacte sur le terrain devient quelquefois d'une grande importance; par exemple, lorsqu'on veut le faire servir à la fixation des frontières entre deux états limitrophes; et cela arrive fréquemment : c'est ainsi qu'en 1659, il fut stipulé, par le *traité des Pyrénées* (art. 42), que le faîte de ces montagnes formerait la limite entre la France et l'Espagne, à quelques petites exceptions près. Je remarquerai à cette occasion que les faîtes des grandes chaînes sont, sous les rapports naturels, les limites les plus réelles qui puissent exister entre deux pays; et que, sous les rapports politiques, elles sont encore les plus convenables, plus même que les grands fleuves.

D'après ce que nous avons dit sur la structure des chaînes, il semblerait que lorsqu'on en traverse une, de suite après avoir atteint son faîte, en montant sur un des versants, on doit descendre sur l'autre : cela arrive effectivement quelquefois : mais souvent le faîte a une largeur considérable, et il faut la traverser pour aller d'un versant à l'autre; très-rarement, dans les montagnes de la France et des contrées voisines, cette largeur est-elle d'une lieue : mais ailleurs elle a des dimensions bien plus considérables : dans le *Lang-Field*, en Norwége, le faîte est un grand plateau ayant presque par-tout de huit, dix et même douze lieues de large, au rapport de

M. de Buch : le Mexique présente encore un bien plus grand exemple de ces larges faîtes : les Cordilières qui le traversent, ou plutôt qui constituent la majeure partie du sol, montrent, entre deux versants assez abruptes, un énorme plateau, dont la hauteur, aux environs de Mexico, est de 2300 mètres, et dont la largeur offre d immenses plaines, à peine interrompues par quelques arètes saillantes, et ayant jusqu'à cinquante lieues : il se prolonge vers le nord, à une distance de cent cinquante lieues, en se tenant toujours au-dessus de 1700 mètres. M. de Humbolt donne le nom de *dos* à ces faîtes élargis.

Au reste, même sur ces grands plateaux, il existe toujours une ligne de partage des eaux ; et c'est elle qui représentera, dans tous les cas, le faîte *géométrique*, s'il m'est permis de m'exprimer ainsi.

Dans les chaînes régulières, telles que les Pyrénées, les Vosges, le faîte se continue assez directement d'une extrémité à l'autre, en présentant toutefois quelques légères sinuosités et même quelques petits crochets. Mais ailleurs, on le voit changer totalement de direction : c'est ainsi que dans les grandes Alpes, après avoir cheminé à-peu-près vers l'ouest-sud-ouest, depuis le St.-Gothard jusqu'au delà du Mont-Blanc, il tourne brusquement vers le sud, et se maintient dans cette nouvelle direction jusqu'à la Méditerranée.

Lorsqu'une chaîne est isolée dans une contrée plane, ou entre deux mers, la plus grande hauteur du faîte est habituellement vers son milieu; et elle diminue de part et d'autre en allant vers les extrémités, quoique d'une manière fort irrégulière et fort inégale. Mais lorsque la chaîne fait partie d'un système de montagnes, telles sont, par exemple, le Jura et les Cevennes qui font partie du système des Alpes, quoiqu'elles n'y tiennent pas immédiatement, alors le faîte est à sa plus grande élévation vers l'extrémité voisine du centre du système, et il baisse graduellement vers l'autre extrémité. Les deux chaînes citées en fournissent un exemple. Ce fait, remarqué depuis long-tems par Tilas (1), est la suite d'un principe posé par M. Andreossy, et dont nous parlerons bientôt.

Dans ses diverses inflexions, le faîte baisse quelquefois considérablement : c'est ainsi que le faîte si élevé des Andes n'a plus, dans l'isthme de Panama, que 5 à 600 mètres au-dessus de l'Océan. Mais dans une même chaîne, il ne peut descendre jusqu'au niveau de son pied; la chaîne serait coupée, et l'on en aurait deux. L'étroite coupure par laquelle l'Elbe sort des montagnes de la Bohême, fournit un exemple de ce genre; à gauche, se trouve l'*Erzgebürge*, qui sépare la Bohême de la Saxe; et à droite est la chaîne

(1) *Mémoires de l'Acad. de Stockholm*, 1760.

qui sépare le premier de ces pays de la Lusace et de la Silésie : le passage de l Ecluse, par lequel le Rhône entre sur le territoire français, sépare, dans cette partie, le Jura des Alpes.

Des versants. § 22. Les versants ne peuvent être l'objet de considérations générales que sous le rapport de leur inclinaison.

En regardant un versant comme une surface plane, descendant uniformément du faîte jusqu'au pied de la chaîne, je trouve, d'après les observations parvenues à ma connaissance, que dans les montagnes qui ne présentent d'ailleurs rien d'extraordinaire, l'inclinaison varie depuis 2 jusqu'à 6° : celle du versant septentrional des Pyrénées est de 3 à 4° : celle du versant méridional des grandes Alpes, depuis le faîte qui supporte les hautes cimes du Mont-Blanc, du Mont-Cervin et du Mont-Rose, et dont l'élévation générale est de 3500 mètres, jusqu'aux plaines du Piémont et de la Lombardie, est de 3 $\frac{3}{4}$ degrés. Mais comme cette inclinaison générale se compose d'un grand nombre d'inclinaisons particulières, à cause de la forme très-ondulée des versants, même en suivant toujours la crête d'un rameau, il faut monter et descendre alternativement des pentes bien plus fortes que celles que nous venons d'indiquer avant d'atteindre le faîte (1).

(1) Je remarquerai, au sujet de la grandeur des pentes, qu'une

Les deux versants d'une chaîne ne sont que très-rarement inclinés d'une égale quantité : presque toujours l un est plus court et d'une pente plus rapide que l'autre. Ce fait est mis hors de tout doute par l observation de la plupart des montagnes connues. Ainsi l'*Erzgebürge*, dont la hauteur au-dessus du pied est d'environ mille mètres, présente au nord une pente très-douce de dix à douze lieues de long ; tandis que vers le midi elle est très-rapide et n'a pas même deux lieues en plusieurs endroits. M. Ramond, placé sur la cime du Mont-Perdu, voyait le versant septentrional des Pyrénées se maintenir à une grande hauteur jusqu'à plusieurs lieues d'éloignement ; tandis que du côté de l'Espagne tout lui paraissait abrupte et comme à pic. Les Cevennes, les Vosges et le Jura, ont leur pente escarpée tournée vers l'est. Le système des Alpes, pris dans tout son ensemble, descend rapidement, au midi, vers la Méditerranée et l'Adriatique, tandis que la pente septentrionale s'allonge et s'étend jusque dans le nord de l'Allemagne. Dans la grande Cordilière des Andes en Amérique, le versant occidental, celui qui est tourné vers la grande mer Pacifique,

---

pente est déjà forte lorsqu'elle a 7 à 8°, c'est le *maximum* pour les voitures ; qu'elle est très-rapide à 15°, c'est le *maximum* pour les bêtes de sommes ; qu'à 35° l'homme ne peut y monter sans entailler des gradins ; et que M. de Humbolt regarde comme impraticable, même à l'aide de gradins, toute pente qui a plus de 44°.

est en général bien plus incliné que celui qui regarde l'intérieur du continent.

Cette différence d'inclinaison a frappé les observateurs, et ils ont cherché la loi à laquelle elle pouvait être soumise. En rassemblant les observations faites à cet égard, Bergmann a conclu que, dans les chaînes dirigées du nord au sud, le versant occidental était le plus abrupte, et que c'était le versant méridional, dans les chaînes dirigées de l'est à l'ouest (1) : mais cette règle présente bien des exceptions ; les Vosges et les montagnes voisines nous en ont déjà fourni une. M. Andreossy, dans des observations sur la topographie de la France méridionale, qui le conduisent à une détermination raisonnée de l'emplacement du canal de Languedoc, et qu'il a consignées dans son bel ouvrage sur ce canal (tom. 1, p. 31), M. Andreossy, dis-je, remarque que toutes les fois qu'une chaîne de montagnes se trouve sur un plan de pente, tels sont le Jura, les Vosges, les Cevennes, situés sur le plan de pente qui descend des Alpes à l'Océan, le versant tourné vers la partie supérieure du plan est le plus abrupte ; il le nomme *contre-pente*, par opposition à l'autre versant qui, étant incliné dans le sens de la pente générale du terrain, porte le simple nom de *pente*.

---

(1) Voyez un mémoire de Kirwan, à ce sujet, dans la *Bibliothèque britannique*, tom. 16.

Les observations de Saussure sur les Alpes rentrent dans ce fait général. « Les chaînes intérieures, dit ce savant, tournent le dos à la partie extérieure des Alpes, et présentent leur escarpement à la chaîne centrale. » Après avoir remarqué qu'il se présente cependant quelques exceptions, ce judicieux observateur ajoute : « Mais il suffit que la structure de la plus grande » partie des montagnes soit conforme à cette loi, » pour qu'elle mérite l'attention des géologues; et » nous en verrons dans la suite des confirmations » très-nombreuses (§ 282). » MM. Dupuis-Torcy et Brisson, dans leur mode entièrement géométrique, et aussi ingénieux qu'exact, de considérer les inégalités de la terre, ont été conduits au même principe, qu'ils expriment en disant : « Entre les » pentes d'un même ordre, rapportées à une » même pente générale, les pentes inverses sont » ordinairement les plus courtes (1). »

Saussure remarque encore (§ 281) que dans les montagnes formées de couches inclinées, la pente la plus douce est ordinairement celle qui est dans le sens de l'inclinaison. J'ai vu fréquemment la confirmation de ce fait.

Le même observateur avait encore observé que les montagnes qui entourent le lac de Genève ont leur escarpement, c'est-à-dire leur versant le

(1) *Journal de l'Ecole polytechnique*, tom. 7, pag. 266.

plus abrupte, tourné vers le lac. Celles qui bordent les lacs de Constance, de Lucerne, le lac Majeur, présententle même fait. On le voit encore répété par les chaînes qui ceignent la Méditerranée : les montagnes de l Espagne, les Pyrénées, les Cevennes, les Alpes, les montagnes de la Grèce, de l'Asie mineure, de la Syrie, et enfin l'Atlas, ont une pente beaucoup plus rapide vers cette mer que dans le sens opposé (1). J'ai retrouvé encore cette même circonstance autour de plusieurs grands bassins entourés de montagnes ; la Bohême, qui n'est qu'un pareil bassin de forme presque circulaire, en fournit un exemple : la très-large vallée, ou bassin, qui renferme l'Alsace, le Brisgaw et le pays de Bade, en offre un semblable, les Vosges et la Forêt-Noire ont leur escarpement tourné vers son intérieur. Le même fait pourrait encore être étendu aux vallées ordinaires, mais alors son explication serait toute naturelle ; tandis que je me garderais bien d'indiquer la même cause pour expliquer l'escarpement des bords qui entourent les grands bassins, tels que la Boheme et la mer Méditerranée.

M. Malte-Brun ajouterait peut-être ici la *grande mer des*

---

(1) M. Ramond avait déjà remarqué cette plus grande inclinaison des pentes vers la Méditerranée. Voyez ses *Observations dans les Pyrénées*, chap. XVI.

Indes. Il fait au sujet des terres qui la bordent une remarque qui mérite d'être rapportée : c'est certainement celle qui a été faite sur une plus grande étendue de terrain, relativement à la direction des escarpements. Ce géographe se place au midi de la terre de Diémen ; de là, il porte ses regards sur la suite de chaînes ou de terrains qui bordent la mer du Sud, depuis le cap de Bonne-Espérance jusqu'au cap Horn, en longeant la côte orientale de l'Afrique, la côte méridionale de l'Asie, et la côte occidentale del'Amérique, et par-tout il voit l'escarpement des montagnes et des terrains tourné vers cette mer, tandis que la pente est douce et allongée vers l'intérieur des terres (1).

§ 23. Les rameaux n'étant, en quelque sorte, que de petites chaînes, tout ce que nous avons dit sur les chaînes proprement dites, peut leur être appliqué; en conséquence, nous nous bornerons aux considérations suivantes. Des rameaux.

La crête des rameaux, prise dans son ensemble, baisse depuis le faîte de la chaîne jusqu'à son pied; mais cet abaissement est loin d'être uniforme : habituellement la crête se maintient long-tems à une grande hauteur, et ce n'est qu'à une distance plus ou moins considérable du faîte qu'elle baisse rapidement ; cette plus grande rapidité vers l'extrémité inférieure du rameau produit une brisure que l'on peut comparer à celle d'un toit à la mansarde; elle est quelquefois si forte, que le rameau en arrivant dans la plaine y présente une

(1) *Précis de Géographie*, tom 2, p. 284.

extrémité brusque et élevée ; il semble comme coupé à pic, et arrêté au milieu de son cours : quelques géographes le désignent alors sous le nom d'*éperon.* De plus, la crête, en descendant du faîte au pied de la chaîne, éprouve souvent, même dans ses parties éloignées, des relèvements considérables qui donnent lieu à des cimes dont la hauteur surpasse quelquefois celle de la crête à son point de départ.

On voit assez souvent des rameaux dépasser le pied général de la chaîne, et se porter en avant dans les plaines ; ce sont des *bras de montagnes:* lorsqu'ils s'avancent dans la mer, et qu'ils s'y terminent brusquement, leur extrémité devient un *cap* ou un *promontoire.* Quelquefois ils sont si considérables, qu'ils forment eux-mêmes de vraies et grandes chaînes de montagnes ; tels sont les Apennins, que l'on peut considérer comme un bras que les Alpes étendent vers le midi.

D'autres fois, au contraire, un des rameaux de la chaîne, au lieu de s'avancer plus que les autres, reste en arrière, et laisse ainsi un espace vide entre les extrémités des deux rameaux qui étaient à sa droite et à sa gauche Si la mer baigne le pied de la chaîne, elle entrera dans le vide et y formera un *golfe,* lequel étant abrité par les deux côtés pourra être un bon port. M. Andreossy, qui a le premier remarqué ce fait, en donne une ingénieuse application à la formation du port de

Constantinople. (*Voyage à l'embouchure de la mer Noire.*)

La crête des rameaux, comme le faîte des chaînes, a souvent une largeur plus ou moins considérable; habituellement, elle présente la forme d'un dos d'âne; mais quelquefois aussi c'est un plateau ou plutôt une longue terrasse de plusieurs lieues de large.

Les rameaux ordinaires sont eux-mêmes divisés à-peu-près perpendiculairement à leur crête par de petites vallées, par des vallons et des gorges, en rameaux d'un ordre inférieur, qui n'ont habituellement qu'une petite longueur (celle indiquée par la distance entre la crête du rameau et le thalweg de la vallée voisine): on leur donne le nom de *contre-forts*, comme s'ils étaient destinés à épauler les rameaux, de la même manière que dans les fortifications les contre-forts épaulent les remparts; quelques ingénieurs militaires ont même étendu cette dénomination à tous les rameaux d'une chaîne; ils les y regardent comme des contre-forts du faîte principal.

La détermination de la position de la crête des rameaux, en suivant chacune d'elles dans toutes ses divisions et ses subdivisions, c'est-à-dire en suivant successivement la crête des contre-forts ou rameaux du second, troisième, etc., ordre, lesquels se rattachent immédiatement ou médiatement au rameau principal; cette détermination, dis-je, est la base de la topographie d'une chaîne et même d'un terrain en général. Jointe au tracé des thalwegs intermédiaires, dont la position est presque toujours une dépendance de celle des crêtes, elle forme tout le squelette du terrain, elle en est le plan géométrique ; tout ce qui reste à faire ne consiste plus qu'en des détails qu'on peut abandonner à un dessin exécuté par approximation. C'est encore le nivellement de ces mêmes crêtes et faîtes, avec celui des thalwegs, qui doit former ou servir à former tous les profils et toutes les coupes de ce même terrain.

Des vallées. § 24. Les vallées principales d'une chaîne, ainsi que nous l'avons observé, sont celles qui prennent naissance vers le faîte et qui descendent à-peu-près perpendiculairement à sa direction, jusqu'au pied : elles sont placées en travers de la chaîne, et sont nommées en conséquence *vallées transversales* par quelques auteurs (1). Elles reçoivent de droite et de gauche, et presque perpendiculairement à leur direction, ou, plus exactement, sous un angle en général peu aigu (2),

---

(1) Saussure donnait, par opposition, le nom de *vallées longitudinales* à de grandes vallées parallèles à la chaîne; il citait pour exemple la vallée du Rhône au-dessus du lac de Genève. Mais Saussure parlait des Alpes, qui ne sont pas une chaîne telle que nous la décrivons ici, mais bien une grande masse de montagnes composée de chaînons ou de chaînes particulières.

(2) Si les surfaces sur lesquelles coulent les eaux étaient planes, et que l'écoulement se fît sur la ligne de plus grande pente, l'angle à la jonction de deux courants, toujours aigu, et ayant son sommet tourné vers le bas de la vallée, aurait pour expression,

$$\text{Coss.}\, x = \frac{\sin.\, a}{\sin.\, b}$$

x étant l'angle à la jonction, a l'inclinaison de la vallée principale, et b l'inclinaison du courant affluent. b est toujours plus grand que a.

les vallées du second ordre, ainsi que les gorges comprises entre les contre-forts des rameaux voisins ; ces dernières vallées reçoivent à leur tour les gorges ou vallées du troisième ordre, placées entre les contre-forts du second ordre, ou rameaux du troisième. De plus la vallée principale, vers son extrémité supérieure, se divise et soudivise successivement en un plus ou moins grand nombre de vallons, gorges et ravins qui finalement se perdent dans des plis de terrain, lesquels vont mourir à une plus ou moins grande distance du faîte. Les vallées des ordres inférieurs présentent des faits semblables dans leur extrémité ; de sorte qu'une grande vallée peut être comparée à la tige de certains arbres dont les branches représenteraient les vallées d'ordres inférieurs, et dont les petites ramifications qui sont à l'extrémité des tiges et des branches, offriraient une image des divisions et sous-divisions que nous avons vu exister à la naissance des vallées. Un coup-d'œil jeté sur la carte topographique d'une chaîne donnera la juste idée qu'on doit se faire de cette disposition.

Le fond d'une vallée, c'est-à-dire son thalweg, s'élève à mesure qu'on approche du faîte ; mais cette élévation est bien loin d'être uniformément graduelle. Presque toujours l'inclinaison est faible et assez uniforme jusque vers les ramifications qui sont à l'extrémité supérieure ; mais là elle augmente considérablement ; souvent on ne peut s'élever vers le faîte que par une pente très-rapide, et quelquefois même presque verticale ; alors la vallée semble se terminer tout-à-coup vis-à-vis un escarpement à pic. S'il s'élargit et prend une forme arrondie, il présentera comme un *cirque* d'une grandeur quelquefois très-considérable. Parmi ceux qu'on voit dans les Alpes, je citerai celui qui termine la vallée d'Anzasca, au pied du Mont-Rose : c'est un bassin presque circulaire de deux lieues de diamètre, et dont les parois s'élèvent verticalement à plus de deux mille mètres de hauteur (*Sauss.*, § 2140). C'est encore à des cirques de ce genre que se termine, dans les Hautes-Pyrénées, la vallée du Gave de Pau, au pied des *tours de Marboré* d'une part, et au pied de la *tour des Aiguillons* de l'autre.

Au delà de ces grands cirques, en suivant le cours des eaux, les vallées se resserrent pour s'élargir et se resserrer ensuite consécutivement une ou plusieurs fois avant d'atteindre la plaine : car il y a peu de vallées, sur-tout parmi les grandes, qui ne présentent, dans une partie de leur longueur, une suite d'étranglements et de renflements ; ils y forment souvent comme une suite de grands bassins rangés, par étages, les uns au-dessus des autres, et ne communiquant d'ordinaire que par d'étroites coupures. Saussure en a signalé cinq dans la vallée du Rhône depuis son origine jusqu'à Genève. La grande et belle vallée d'Aoste m'en a présenté trois ; le plus considérable a 1800 mètres de large ; les deux autres n'en ont que 600 ; et les étroites échancrures par lesquelles la Doire passe de l'un à l'autre, ont à peine quelques mètres de large. La vallée du Nil, dans la haute et moyenne Egypte, n'est qu'une suite de pareils bassins, d'après M. Rosières.

Au reste, ces renflements n'empêchent pas que la plupart des vallées, dans une grande partie de leur cours, et malgré leurs nombreuses sinuosités, n'affectent un parallélisme vraiment remarquable dans les flancs qui les bordent, c'est-à-dire dans les pentes des deux rameaux, entre lesquelles elles sont comprises : de manière que lorsqu'un des flancs forme un angle saillant, l'autre présente, à la partie opposée, un angle rentrant dans lequel le premier semble s'emboîter. Cette *correspondance entre les angles saillants et rentrants* dans les vallées, remarquée d'abord par Bourguet, et donnée par quelques savants comme la clef de la théorie de la terre, a été peut-être trop généralisée ; mais il n'en est pas moins très-positif qu'elle se retrouve à chaque pas qu'on fait dans les montagnes, et qu'elle ne peut manquer d'y frapper tout observateur. Plus des trois quarts des vallées que j'ai vues me l'ont présentée; et ce n'est guère que dans les grandes et larges vallées que le parallélisme a disparu pour faire souvent place à l'alternative de renflements et d'étranglements.

La direction des vallées, ainsi que nous l'avons vu, est, et à très-peu près, perpendiculaire au faîte ou à la crête des chaînes et rameaux qui les présentent : c'est une conséquence de ce principe général, que *les vallées, dans leur ensemble, et abstraction faite des déviations dues à des circonstances locales, sont dirigées suivant la ligne de plus grande pente du plan sur lequel elles se trouvent*(1). Ce principe, vu les très-fréquentes déviations que nous venons de mentionner, ne peut être pris qu'avec la même latitude que cet autre, qui n'en est qu'un corollaire, et qui est admis par tous les géographes; savoir, que les fleuves, vers leur embouchure, ont une direction perpendiculaire à la côte de la mer qui les reçoit. Par suite du principe posé, dans le milieu des chaînes, le faîte y étant horizontal (en faisant abstraction de ses ondulations, lorsqu'elles n'altèrent pas sensiblement la direction des versants, objet principal), les vallées doivent lui être perpendiculaires : c'est ce qui a effectivement lieu. L'examen de la carte des Pyrénées nous y fera voir les vallées de l'Aude, de l'Arriége, de la Garonne, de la Neste, des Gaves,

(1) On se rappellera que les lignes de plus grande pente sur un plan, et en général sur une surface quelconque, sont des lignes tracées sur cette surface, perpendiculairement à des lignes horizontales qui y seraient également menées.

ainsi dirigées, tant qu'elles sont comprises dans la chaîne. J'ai vu un exemple frappant du même fait dans les Hautes-Cevennes : toutes les vallées, ou les ruisseaux qu'on peut regarder comme les sources ou les affluents de l'Ardèche, du Lot et du Tarn, y sont dirigés de l'est à l'ouest, tandis que le faîte l'est du nord au sud. Les grandes chaînes des Alpes sont sillonnées par des vallées faisant presque toujours un angle droit avec leur longueur (1). Mais aux extrémités d'une chaîne, lorsque le faîte baisse définitivement jusqu'en bas pour ne plus se relever, les vallées, en conséquence du principe ci-dessus, doivent aller en divergeant au tour du point où commence l'abaissement (comme des lignes droites sur une surface conique) ; elles ne sont plus perpendiculaires au faîte, et peuvent même lui devenir parallèles. Les Pyrénées présentent un exemple très-remarquable de ce fait, à leur extrémité orientale ; on y voit les vallées de la Teta, du Tech, de la Mouga, etc., former comme une pate d'oie dirigée, dans son ensemble, de l'ouest à l'est, à-peu-près comme la chaîne. M. Andreossy, prenant ce fait dans un sens inverse, observe que lorsque des vallées sont ainsi disposées, la chaîne à laquelle elles appartiennent

---

(1) *Theorie de la surface de la terre*, pag. 5, par M. André de Gy.

est à sa fin. « Dans le cours de sa direction, une » chaîne ne peut laisser écouler ses eaux que par » ses pentes latérales ; lorsqu'elle en verse dans » le sens de sa longueur, c'est une preuve qu'elle » se termine en cet endroit, » dit-il, dans le 35e des aphorismes sur la géographie physique, placés en tête de son *Voyage à la mer Noire*.

Les vallées servent d'égout aux eaux qui coulent dans les montagnes. Le fond des principales est occupé par de forts ruisseaux, par des torrents et quelquefois par des rivières ; par la Garonne dans la vallée de Saint-Beat. Les vallées secondaires, affluents des principales, conduisent des ruisseaux ou de simples filets d'eau, selon leur plus ou moins d'étendue. Celles d'un ordre inférieur, ainsi que presque toutes les gorges, n'en conduisent point habituellement, sauf les produits de quelques sources. Au reste, on sent qu'on ne peut rien dire de général à ce sujet : tout dépend ici des localités

Des cimes.

§ 25. Les cimes, dans les chaînes ou masses de montagnes, sont des protubérances qui s'élèvent brusquement sur un faîte ou une crête, au-dessus des parties adjacentes : elles peuvent ainsi être regardées comme produites par tout brusque relèvement du faîte et de la crête.

D'après cela, il semble que c'est sur le faîte principal que doivent se trouver les plus hautes ; cela est effectivement vrai en général, ainsi qu'on le voit dans les Vosges, dans les Alpes Pennines, etc.; c'est exactement sur le faîte de ces dernières que sont les cimes formant le Mont-Blanc, le Mont-Cervin et le Mont-Rose; mais souvent aussi les sommités les plus élevées, telles que le Mont-Perdu et la Maladetta, dans les Pyrénées, ne sont plus exactement sur le grand faîte ou ligne de partage des eaux; elles en sont à une certaine distance, fort petite à la vérité : elles sont dues aux relèvements dont nous avons déjà parlé, page 80, et qui portent quelquefois la crête des rameaux à une plus grande hauteur que le point de leur rattachement au faîte.

Les cimes forment en général, sur le faîte, de pareils points ou nœuds de rattachement : à chacune d'elles se joignent deux rameaux opposés, un sur chaque versant. En poursuivant la comparaison par laquelle nous avons déjà représenté les rameaux disposés à l'égard du faîte comme les côtes le sont par rapport à l'épine du dos, les cimes, parties saillantes de ce faîte, représenteront les vertèbres, parties saillantes de l'épine, et auxquelles se rattachent les côtes opposées. Les sommités sur la crête des rameaux sont dans le même cas : de chacune d'elles on voit partir deux contre-forts, un sur chaque pente opposée. Quelquefois même, sur-tout lorsqu'elles sont très-considérables, que la chaîne est grande, et que les vallées principales sont fort espacées, il s'en détache trois et même quatre contre-forts. Ces faits avaient été signalés par le célèbre ingénieur d'Arçon ; après avoir remarqué que les différents rameaux des montagnes éprouvent une déclinaison progressive à mesure qu'ils s'éloignent de leur origine, il ajoutait : *On remarque, en outre, qu'au point d'attache de deux ou plusieurs contre-forts, il y a toujours relèvement.* M. Andreossy, après avoir rappelé ces observations de d'Arçon, y insiste fortement dans ses *Considérations sur la géographie physique*, déjà citées.

C'est principalement de la forme des cimes que dépend l'aspect général des chaînes. Chaque chaîne en a une qui semble plus particulière, et qui est en quelque sorte caractérisée par le nom qu'elle porte, suivant l'observation de Dolomieu : c'est ainsi que dans les Alpes, des cimes aiguës, semblables à d'immenses obélisques, y sont connues sous le nom d'*aiguilles ;* que dans les Pyrénées on a des *pics* ou énormes masses de rochers présentant de toutes parts des faces escarpées ; que dans les Vosges on a un grand nombre de *ballons* ou cimes de forme arrondie (1).

Ces diverses formes tiennent beaucoup à la nature minéralogique des montagnes qui les présentent, ainsi qu'à la position des couches. C'est principalement dans les parties granitiques ou

---

(1) *Journal des mines*, n° 40.

primitives et à couches verticales, que les Alpes présentent ces hautes crêtes déchirées de toutes parts, portant, comme une énorme dentelure, des suites de pyramides ou aiguilles gigantesques; objets qui constituent en quelque sorte le caractère alpin des montagnes : c'est encore dans les granites du Haut-Vivarais que l'on voit des montagnes décharnées, d'immenses pans de murailles terminés par des arêtes tranchantes, et comprenant entre eux d'horribles précipices. Les Pyrénées, formées d'un mélange de granite et de schistes granitiques, auront des cimes plus arrondies et plus plates : de là les nombreux pics et les grands plateaux ou longues terrasses qui y règnent souvent au-dessus des hautes sommités. Les montagnes de la Saxe, consistant en gneiss tendres et en schistes phyllades, présenteront presque par-tout des pentes douces, et ne seront en quelque sorte qu'un terrain mollement ondulé; de loin à loin, quelques masses porphyriques élèveront une tête arrondie et quelques plateaux basaltiques s'apercevront à deux ou trois cents mètres au-dessus du sol environnant. Les Cevennes, formées de calcaire en couches horizontales ne présentent presque par-tout qu'une suite de plateaux; elles ne sont en quelque sorte qu'une grande masse découpée, par les vallées et vallons qui les traversent, en masses plus petites, prismatiques, et dont la partie supérieure est plate et horizontale.

La forme des cimes, ou plutôt l'aspect des montagnes, dépend aussi de leur hauteur: plus une crête sera élevée, plus les découpures pourront y être profondes.

Des cols. § 26. De même que l'on peut regarder les cimes comme produites par tout brusque exhaussement du faîte, les cols seront considérés comme l'effet d'un abaissement notable et assez subit du même faîte.

Les cols étant ainsi les parties les plus basses sur la ligne des sommités d'une chaîne, seront les points de passage ou de communication entre deux contrées séparées par cette chaîne. Malgré leur position basse par rapport aux parties voisines, ils ne laisseront pas que d'être quelquefois à une hauteur absolue très-considérable; c'est ainsi que les cols du *Brenner* entre Inspruck et Brixen, et celui du Saint-Gothard, seuls passages entre l'Allemagne occidentale et l'Italie, sont, l'un à 1420, et l'autre à 2075 mètres au-dessus de la mer. Les plus fréquentés, lorsqu'on va de France en Italie, sont le grand Saint-Bernard, élevé de 2500 mètres, le petit Saint-Bernard ayant 2200 mètres, le Mont-Cenis de 2060 mètres. Dans les Pyrénées, entre les deux routes percées à leurs extrémités, on n'a point de passage plus bas que le col de Puymorin, aux sources de l'Arriége, et il est encore à 1920 mètres. Dans les Andes, à l'est de Popayan, le passage sur le Paramo de Guanacas a

3760 mètres ; et celui d'Assuay, entre les villes de Quito et de Cuença, en a 4042, d'après M. de Humbolt.

De part et d'autre d'un col, on a presque toujours une vallée sur chaque versant ; et de même que les cimes sont, sur le faîte, les nœuds de jonction des deux rameaux opposés, les cols y seront les parties où se joindront, par l'extrémité supérieure, deux vallées opposées ; le point le plus bas du col sera commun aux deux thalwegs.

Telles sont les considérations générales que nous avions à exposer sur les diverses parties d'une chaîne de montagnes. Ce que nous avons dit à ce sujet suffit pour montrer combien la connaissance et la disposition de ces parties intéressent non-seulement le géognoste, mais encore le géographe occupé de la description d'un pays montagneux ; l'ingénieur qui est chargé de tracer des chemins dans les montagnes ; le militaire qui doit y conduire et y disposer ses troupes, y prendre ses points de défense, etc. Chaque chaîne, il est vrai, présente des objets et des dispositions qui lui sont exclusivement propres; mais le plus grand nombre d'entre elles n'en a pas moins une esquisse à-peu-près semblable ; et c'est cette esquisse que nous avons essayé d'ébaucher. Elle mettra celui qui observe ou décrit une chaîne quelconque à même de rapporter chaque partie à sa vraie place, et de se faire une idée de l'ensemble avant de passer à des détails qui varient toujours d'une localité à une autre.

Rapports des chaînes entre elles.

Liaison des chaînes entre elles.

§ 27. Rarement une chaîne de montagnes se présente-t-elle isolée comme celle que nous venons de décrire, et même comme se présente celle des Pyrénées que nous avons souvent citée. Presque toutes tiennent plus ou moins aux chaînes voisines; elles sont des parties d'une même suite ou d'un même système d'inégalités; et les limites que nous leur assignons, en les distinguant les unes des autres, ne sont, le plus souvent, que des limites de convention.

Pour bien voir les choses dans toute leur réalité, reportons notre attention sur la surface des continents. Elle est (§ 19) couverte comme de différentes rides, ayant entre elles divers rapports de position; quelques-unes d'une étendue très-considérable, et semblables à de grandes ondulations, traversent les continents en entier, et y forment de grandes bandes ou régions élevées: ce sont ces différentes bandes qui, diversement découpées et sillonnées, constituent nos chaînes de montagnes. Afin de fixer nos idées, prenons pour exemple notre ancien continent, abstraction faite de l'Afrique. Nous le verrons traversé dans sa plus grande longueur, et à-peu-près de l'est à l'ouest, par une de ces grandes rides ou bandes élevées : considérons d'abord la portion renfermée dans l'Europe, et qui s'étend depuis l'Océan jusqu'à la mer Noire. Sa partie centrale est vers les sources du Rhin et de l'Inn : à partir de cette contrée, elle baisse dans tous les sens, abstraction faite de quelques relèvements partiels ; elle baisse au nord vers la Hollande et la mer Baltique ; à l'est, vers la mer Noire; et à l'ouest, vers l'Océan atlantique. Toutes ces pentes sont découpées, par les lits des fleuves, en diverses chaînes qui appartiennent évidemment au même système, celui des Alpes : elles se rattachent, directement ou indirectement, par leur faîte à la contrée centrale. C'est ainsi que le Jura est regardé par Saussure (*Sauss.*, § 330) et par la plupart des géographes, comme une dépendance des Alpes suisses ; que les Vosges tiennent au Jura, et que les Ardennes tiennent aux Vosges : les Cevennes, formant en quelque sorte un étage pour s'élever aux grandes Alpes, leur sont *subordonnées :* quelques personnes diraient même que les Pyrénées tiennent aux Cevennes et par conséquent aux Alpes. La suite des chaînes qui bordent le Danube au nord, et qui semble faire un système particulier, tient à la suite de celles qui sont au sud, et qui forme le système alpin proprement dit, par les montagnes de la Haute-Souabe, au milieu desquelles ce fleuve prend sa source. Les contrées, points ou plateaux auxquels se réunissent ainsi les diverses chaînes d'un même système, sont les *nœuds* du système ; et les grandes vallées qui en partent, qui séparent les chaînes, et dans lesquelles coulent ordinairement des fleuves, ne sont plus du même ordre que celles qui découpent les chaînes en rameaux: elles sont d un ordre majeur ; ce sont les *vallées principales* des régions : telles seraient, dans notre exemple, celle du Danube en premier rang, et celle du Rhin et du Rhône en second.

Au reste, les traits, qui dans l'origine unissaient peut-être des chaînes, peuvent s'être oblitérés et effacés. Il paraît que c'est le cas pour le Jura, dépendance manifeste des Alpes, et qui en est maintenant presque entièrement séparé : il forme au-devant d'elles un groupe isolé de six rameaux ou chaînons parallèles, se tenant par leur extrémité supérieure, et baissant de hauteur, comme par étage, à mesure qu'ils sont plus éloignés des Alpes. J'observe ici qu'en montrant la liaison qui existe, ou qui a pu exister, entre des chaînes de montagnes, je ne dis point que toutes soient réellement liées entre elles.

Si de l'Europe nous passons en Asie et que nous y suivions la grande bande élevée, nous la verrons, vers les monts Himmalaya, au nord de l'Inde, éprouver un renflement qui la porte au-dessus de tous les autres points du globe, et qui lui donne, sur le faîte, une largeur d'environ troiscents lieues, dit-on(1) : c'est ce qu'on nomme communément le *grand plateau de la Tartarie.* Tout au tour, le terrain baisse graduellement ; au nord, vers la mer Glaciale ; à l'est, vers l'océan de la Chine ; au sud, vers la mer des Indes ; et à l'ouest, vers la mer Caspienne. Ces versants, au moins les trois premiers, sont sillonnés, à-peu-près dans le sens de leur plus grande pente, par les fleuves qui se jettent dans les mers que nous venons de nommer ; et les massifs qui restent entre ces sillons, découpés eux-mêmes par des sillons du second, troisième, etc., ordre, forment comme autant de grandes chaînes qui se réunissent au plateau, lequel, comme un énorme nœud, les lie entre elles. Voilà un seul système, une seule masse de montagnes, la plus grande de celles qui existent sur notre globe : toutes les chaînes qu'elle presente ne sont que les parties d'un même tout. Cependant elles sont à de si énormes distances (car il y a mille lieues des montagnes de l'Indostan

(1) M. de Humboldt, en combinant les observations faites en dernier lieu sur ces contrées, a réduit considérablement ces dimensions. Au reste elles importent peu à notre objet ; et lors même que les chaînes que nous avons indiquées n'aboutiraient pas directement au plateau, nos conséquences resteraient les mêmes. Au lieu de cet exemple, nous aurions pris celui de la contrée la plus élevée de l'Amérique, le plateau *de los Pastos*, qui, sur une élévation de trois mille mètres, a plus de 85 lieues carrées, et d'où il part, comme d'un grand nœud, cinq chaînes différentes. *Humboldt, Annales de physique et de chimie*, tom. 3.

aux chaînes qui sont en Siberie, entre le Jenissei et la Lena), qu'il a fallu les considérer et les décrire séparément; il a fallu en quelque sorte rapprocher la nature de la faiblesse de nos moyens, et, par de simples raisons de convenance, nous avons établi souvent des divisions et des séparations là où il n'en existait pas en réalité.

Limites entre les diverses chaînes.

§ 28. Nous dirons, en définitive, qu'une chaîne est séparée d'une autre :

1° Par des mers interposées : c'est ainsi que l'extrémité des Alpes d'Europe, ou le mont Hœmus, est séparée du Caucase par la mer Noire. Ici, la limite est naturelle ; mais encore elle n'est pas toujours réelle en rigueur absolue, car il serait bien possible qu'un faîte se continuât d'une manière prononcée sous les eaux. Buache a peut-être trop généralisé ces enchaînements sous-marins, ainsi que nous le verrons bientôt ; mais il n'en est pas moins très-probable qu'ils ont lieu quelquefois.

2° Par des plaines placées entre les extrémités ou entre les pieds de deux chaînes : c'est ainsi que les Alpes noriques (celles du Tyrol) sont séparées du Bœhmerwald et des autres montagnes qui entourent la Bohême, par les plaines de la Bavière ; que les petites montagnes de la Bretagne sont séparées des Vosges et des Ardennes par les plaines de la Beauce, de l'Ile-de-France, etc.

3° Par les *vallées principales* qui ont leur origine au nœud d'un système de montagnes (§ 27) : c'est ainsi que les Cevennes sont séparées des Alpes françaises par la vallée du Rhône ; que les Vosges le sont de la Forêt-Noire par la vallée du Rhin.

4° Par des collines interposées : les Vosges sont séparées de cette sorte du Jura : les Pyrénées le sont de la même manière des Cevennes, ou d'un de leurs appendices, la montagne Noire, située au nord de Carcassonne : les collines placées entre cette montagne et le pied des Pyrénées n'ont pas plus de 200 mètres au-dessus de leur pied, et de 300 à 400 au-dessus de la mer ; la ligne de séparation serait la vallée du canal de Languedoc, ou plutôt les vallées dans lesquelles il est tracé. Ceux qui admettraient une jonction entre le système des Alpes et des Pyrénées l'auraient au col de Naurouse, point de partage du canal, et élevé de 189 mètres seulement au-dessus de la mer.

5° Par une coupure du faîte : elle est indiquée par les courants d'eau qui traversent la chaîne dans cette partie. L'on a un exemple de ce cas dans le passage resserré par lequel le Rhône sépare, près le fort de l'Écluse, le Jura des Alpes françaises. On en a un autre dans le défilé étroit par lequel le Danube sort du Bannat pour entrer dans la Valachie, défilé connu sous le nom de *Portes de fer*, et qui termine la chaîne de montagnes qui sépare ce dernier pays de la Transylvanie. Un grand nombre de ces coupures sont en quelque sorte accidentelles et postérieures à la formation des montagnes ; elles les partagent au milieu de leur cours, et n'en sont pas ainsi les extrémités les plus naturelles : aussi Saussure observe-t-il que le Mont-Vouache, situé sur la gauche du Rhône, n'est en réalité qu'une suite du Jura, situé sur la droite.

Quelquefois encore on met parmi les caractères qui distinguent une chaîne d'une autre, le changement total et permanent dans la direction du faîte. Les Alpes françaises, du Mont-Blanc à la Méditerranée, sont distinguées des Alpes du Valais par un pareil changement de direction, quoiqu'elles forment d'ailleurs une masse continue ; mais les premières se dirigent du nord au sud, et les secondes de l'ouest à l'est, ou plutôt de l'ouest-sud-ouest à l'est-nord-est.

Je le répète, la nécessité de distinguer par des noms différents, et de considérer séparément les montagnes des différents pays, nous a contraints de prendre des limites ; et on a cherché à les prendre, autant que possible, dans la nature.

Direction générale les chaînes.

§ 29. Quelques géographes ont cru remarquer que les grandes chaînes affectent plus particulièrement une direction parallèle à l'équateur ; d'autres au contraire ont pensé qu'elles étaient plus souvent dirigées dans le sens des méridiens. Buffon, conciliant les deux opinions, admettait que la direction des montagnes est du nord au sud dans le nouveau continent, et de l'est à l'ouest dans l'ancien.

Mais il me semble que cette direction présente un fait plus direct et plus positif, indépendant de toute considération des méridiens et des parallèles. *C'est qu'en général la direction de schaînes est dans le sens de la plus grande dimension des îles, presqu'îles ou continents qui les renferment.* Ce fait, je puis dire ce principe, me paraît fondé dans la nature même des choses. En effet, à partir des bords de la mer, le sol des masses de terre s'élève graduellement en avançant vers l'intérieur: par suite de ce fait, si la masse est allongée, on aura deux grands plans de pente qui se réuniront par leur partie supérieure en une ligne ou faîte dirigé dans le sens de la plus grande longueur L'élévation du sol, il est vrai, pourra être d'un des deux côtés, en tout ou en partie, plus grande que de l'autre; il en résultera alors qu'un versant sera plus incliné que l'autre; et que le faîte présentera des inflexions et des sinuosités; mais il sera toujours, dans son ensemble, parallèle à la longueur de l'île; et il sera, toutes choses égales d'ailleurs, d'autant plus long, que la longueur de l'île sera plus grande par rapport à sa largeur. Si les deux dimensions étaient égales, et par conséquent si l'île approchait de la forme circulaire, la masse du terrain présenterait une figure conique plus ou moins tronquée, et le faîte pourrait n'être qu'un point. Ce fait se voit effectivement dans quelques petites îles de peu d étendue, et qui ne forment en quelque sorte qu une montagne isolée au milieu des mers.

Mais le fait général, que la direction des chaînes est parallèle à celle de la masse de terrain qui les renferme, se voit continuellement à la surface de la terre ferme: c'est ainsi que dans la presqu'île italienne, le faîte des Apennins est tout-à-fait parallèle aux côtes de la mer; que dans la contrée allongée formant le sol de la Scandinavie, les chaînes du *Dovre-Field* et *Lang-Field*, qui longent toute la contrée, ont la même direction qu'elle : les Cordilières des Andes présentent d'une manière remarquable, le même parallélisme entre leur faîte et la longueur du nouveau continent. Dans l'ancien, en faisant abstraction de l'Afrique, le système général des montagnes, c'est-à-dire la grande bande élevée dont nous avons parlé, a une même direction que le continent; et les chaînes qui lui sont perpendiculaires ou obliques, peuvent être regardées comme d'énormes rameaux ou bras qu'elle pousse à droite et à gauche.

Bassins et lacs dans les montagnes.

§ 30. Avant de quitter les montagnes, nous devons faire une mention particulière des bassins qu'on y voit si souvent et dont nous avons déjà dit quelques mots, page 84. Plusieurs sont remplis d'eau, et forment des lacs dont le trop-plein s'échappe par des issues ou coupures fort étroites;

et un grand nombre de ceux qui sont aujourd'hui à sec paraissent avoir été remplis dans des tems reculés.

C'est principalement au pied des chaînes et vers leur faîte, c'est-à-dire à l'extrémité la plus élevée des vallées, tout près des cols, que se trouvent ces bassins et ces lacs.

Cette derniere situation est aussi fréquente que remarquable. Sur les Alpes, les trois grands passages de France en Italie, le Mont-Cenis, le petit Saint-Bernard et le grand Saint-Bernard, présentent, presqu'à leur point culminant, des lacs qui, placés à cette hauteur, ne manquent jamais de fixer l'attention du voyageur : le premier a plus d'une demi-lieue de longueur, et le dernier présente un contour de trois à quatre mille mètres; quant à sa profondeur elle est inconnue. Il y en a plusieurs autres dans ces mêmes montagnes à une hauteur égale. Les bassins non remplis d'eau sont également très-nombreux sur les Alpes : je ne citerai que celui qui m'a le plus frappé, et qui est en même tems le plus considérable de ceux que j'ai observés à de grandes hauteurs ; il est dans le pays d'Aost, à l'extrémité supérieure du *Val-Savaranche*, presque sur la crête des montagnes, à 2400 mètres d'élévation. C'est une petite plaine parfaitement unie, de forme ovale, ayant deux à trois mille mètres de long et mille de large, ceinte par des hauteurs peu considérables ; elle présente un beau pâturage sur lequel il y a plusieurs châlets : on y arrive par un défilé étroit et resserré entre deux rochers ; tout indique que cette grande prairie était jadis le fond d'un lac qui a rompu ses digues, et dont les eaux se sont écoulées par ce passage.

Les Pyrénées présentent des faits semblables : on voit, tout le long de leur faîte, une suite innombrable de petits lacs, d'où sortent les premiers affluents des rivières et torrents qui coulent dans ces montagnes; M. Ramond en a signalé un au pied de la cime du Mont-Perdu, à 2540 mètres d'élévation : le reste de la chaîne n'en présente presque plus. Le même phénomène se répète dans les Andes d'Amérique : le lac de Mica, sur le plateau de l'Antisana, est à 4000 mètres de hauteur, et tout le monde sait que Mexico est au milieu d'un lac, sur le dos des Cordilières.

Dans l'intérieur des Alpes on en voit quelques-uns, même d'une étendue assez considérable, et à des niveaux peu élevés; mais c'est à leur pied, à des hauteurs qui n'excèdent pas 500 mètres, et qui descendent même jusqu'à 200, que ces montagnes présentent les plus grands, tels que les lacs de Constance, de Genève, de Côme, le lac Majeur, etc. : elles semblent en être entourées.

Ces lacs ne sont souvent que le fond de bassins beaucoup plus considérables, qui se rempliraient encore d'eau jusqu'à une grande hauteur, si un passage par lequel le trop-plein se vide était obstrué. Saussure, en considérant, sous ce rapport, le bassin au fond duquel est le lac de Genève, observe que le Rhône n'en sort que par une échancrure étroite et profonde, le passage de l'Ecluse creusé entre le Vouache et le Jura; s'il se fermait, la vallée formerait un immense réservoir qui ne pourrait verser ses eaux que par-dessus le Mont-Sion, lequel est à 272 mètres au-dessus du niveau actuel du lac.

Nous avons déjà remarqué que dans les vallées de l'intérieur des chaînes de montagnes, plusieurs bassins sont souvent placés immédiatement à la suite les uns des autres : cette même disposition se voit dans les grandes vallées des fleuves, loin du centre des masses de montagnes. C'est ainsi que le Rhin, après être sorti du bassin au fond duquel est le lac de Constance, entre dans celui qui s'ouvre à Bâle, qui comprend l'Alsace, le Brisgau, le pays de Bade, et qui se referme au-dessous de Mayence près de Bingen; là, les montagnes rapprochées ne laissent entre elles qu'un étroit passage semblable à une fente dans laquelle coule le fleuve jusqu'à Bonn, où commencent les grandes plaines qu'il arrose et dans lesquelles il se divise avant d'arriver à la mer. Le cours du Danube présente une pareille suite de bassins : ce fleuve traverse d'abord celui qui comprend la Bavière; il en sort par le défilé resserré qui est auprès de Passau, entre les montagnes venant du Tyrol et celles de la Bohême; il passe dans le bassin de l'Autriche, puis et successivement dans ceux de la Hongrie et du Bannat, d'où il sort près d Orsowa, par les *Portes de fer*, et il entre dans les plaines de la Moldavie et de la Valachie, qui le conduisent à la mer Noire.

Les grands lacs de l'Amérique septentrionale sont encore une suite de bassins traversés par le fleuve Saint-Laurent.

Des mers intérieures, que nous voyons communiquer avec l'Océan par de simples détroits, présentent bien quelque analogie avec la suite de bassins dont nous venons de parler : la mer d'Azof, la mer Noire, la mer de Marmara et la Méditerranée, seraient une pareille suite.

Quelques-uns des lacs qu'on voit dans les chaînes de montagnes offrent un phénomène singulier, dont je fais mention. Dans leur état ordinaire, les eaux y arrivent par plusieurs affluents, elles s'y maintiennent à une certaine hauteur, et leur trop-plein s'écoule par des conduits souterrains ; mais tout-à-coup, et sans une cause apparente, on les voit disparaître, et laisser le bassin à sec pendant quelque tems, au bout duquel elles reviennent de nouveau. Tel est le fameux lac de Czirkniss en Carinthie ; pendant trois, quatre ans, il reste plein, et les habitants du pays y vont à la pêche ; ensuite les eaux se retirent, ces mêmes habitants vont en cultiver le fond, et ils en obtiennent de riches moissons, jusqu'à ce qu'ils en soient chassés par les eaux et contraints d'aller de nouveau chercher la subsistance à leur surface. Il faut observer que ces lacs sont dans des terrains calcaires, et qu'il est très-vraisemblable que les grottes ou cavernes qui abondent dans ces terrains, donnent lieu à ces phénomènes, soit par l'obstruction ou l'ouverture de quelques-uns de leurs conduits, soit par des dispositions analogues à celles des siphons, et qui produisent une évacuation totale lorsque les eaux ont atteint un certain niveau; phénomène qui serait alors de même nature que celui des fontaines intermittentes.

ART. II. *Des collines.*

§ 31. Les collines diffèrent principalement des montagnes par leur moindre élévation, qui n'excède guère deux ou trois cents mètres au-dessus de leur pied.

Ce que nous avons dit sur les chaînes de montagnes et sur leur disposition respective, est applicable aux chaînes de collines : nous observerons cependant que celles-ci sont moins régulières et moins bien caractérisées que les premières : leur direction n'affecte plus la même constance, et en général on peut dire que les collines forment moins des chaînes que des groupes qui occupent souvent des espaces d'une étendue considérable.

Il en est sur-tout ainsi des *basses collines* : leurs

groupes s'étendent presque autant en largeur qu'en longueur : on n'y voit rien de constant dans la direction ; il n'y a plus de faîte général ; ce n'est qu'une surface mamelonnée : ce sont les dernières ondulations d'un pays montueux, celles par lesquelles il se perd dans les plaines.

Art. 3. *Des plaines.*

Plaines ordinaires.

§ 32. Les plaines, en prenant ce mot dans une acception étendue, ne présentent pas par-tout une surface entièrement plane ; quelques-unes de leurs parties sont plus ou moins ondulées ; et lorsque ces ondulations sont fortes, elles forment des coteaux et des rideaux souvent assez considérables pour donner au pays qui les présente un aspect légèrement montueux. Quelquefois elles se prolongent à de grandes distances, et présentent ainsi, au milieu d'un pays plat, des *arêtes* de plusieurs lieues de longueur, qui font ordinairement partie de la ligne de séparation entre deux bassins de rivières limitrophes.

De plus, les fleuves et les rivières qui traversent les plaines, y occupent des lits ou espaces, plus ou moins profonds et plus ou moins larges, qui en interrompent la continuité. Ils forment au milieu d'elles, comme d'autres plaines, d'un niveau peu inférieur aux premières, ayant ordinairement peu d'étendue en largeur, et renfermant l'encaissement du fleuve vers leur milieu. Ces plaines basses, ces vallées des plaines, si on peut s'exprimer ainsi, sont habituellement les parties les plus fertiles et les plus peuplées du pays : c'est principalement sur leur sol que s'établissent les villes et les villages.

Aux vallées ou encaissements des fleuves, aboutissent ceux des rivières; à ceux-ci se joignent les vallons des ruisseaux ; les berges des uns et des autres présentent des échancrures en forme de gorges qui vont se perdre dans la plaine souvent en se ramifiant. Lorsque ces diverses excavations (vallées, vallons, gorges) se multiplient, elles découpent le sol, le rendent inégal, mamelonné, et finissent assez souvent par en faire un pays de collines, ainsi qu'on le voit aux environs de Paris.

Des plaines élevées. Plateaux.

§ 33. Les plaines proprement dites n'appartiennent guère qu'aux régions basses de nos continents : le peu qu'on en voit dans les régions élevées n'y sont, en quelque sorte, que de larges vallées : telles sont celles de la Bavière, par exemple. Cependant nous avons vu (§ 21 et 27) qu'à de très-grandes hauteurs, sur le faîte même de hautes chaînes de montagnes, on trouve de grandes surfaces planes et horizontales ; ce sont bien des plaines en stricte rigueur ; mais afin de mettre plus de précision dans le langage, on les désigne sous le nom de *plateaux*, et on laisse celui de plaines aux terrains plats situés au pied des chaînes, ou à une petite élévation.

Les eaux qui traversent ces terrains n'y produisent, en les morcelant, que des mamelons; des collines, ou, tout au plus, de fort petites montagnes: telles que celles de la Bretagne; tandis que le morcellement des plateaux donne lieu à de vraies montagnes. Ici, l'action érosive des eaux, ou plutôt la cause, quelle qu'elle soit, qui détruit peu-à-peu les masses minérales, continuant d'agir, diminue de plus en plus la largeur des plateaux, et doit finir par en faire des cimes ou des faîtes de montagnes. Par un laps de tems, qui dépasse presque, il est vrai, ce que notre imagination pourrait concevoir à cet égard, les vallées ou échancrures qui entourent le grand plateau central de l'Asie, ou, pour parler avec plus de connaissance de cause, le grand et haut plateau *de los Pastos* dans l'Amérique méridionale, s'avançant de plus en plus vers son intérieur, par suite de l'action destructive des éléments, finiront peut-être par le morceler entièrement; et ses derniers vestiges seront alors les cimes des plus hautes montagnes de la région.

Entre les plaines des régions basses et les hauts plateaux des montagnes, il est encore des surfaces en quelque sorte intermédiaires, et dont le morcellement donne lieu à des inégalités du sol, qu'il est important de signaler. Qu'on se figure un terrain sous la forme d'un grand plan incliné, et que loin à loin il s'y produise des sillons, la personne qui le traverserait dans ses parties élevées, obligée de descendre et de remonter dans des vallées de quelques centaines de metres de profondeur, le trouverait certainement fort inégal ; et cependant elle n'y verrait point de montagnes, c'est-à-dire des parties fortement saillantes au-dessus du plan général de la surface ; car les vallées et vallons n'existant que de loin à loin, leur volume serait peu considérable par rapport à celui du terrain resté à sa primitive hauteur : les inégalités du sol ne seraient point ici des exhaussements du terrain, elles y seraient des enfoncements. Tel est à-peu-près le cas de la partie de la France comprise entre la Loire, la Garonne et le Rhône. A partir de l'Océan, cette région s'élève assez graduellement vers l'est-sud-est, jusqu'au faîte des Cevennes, dans l'Ardèche et la Lozère, où elle atteint une hauteur de près de 1500 mètres : sa partie centrale, qui comprend le Limosin, le Quercy, l'Auvergne et le Rouergue, quoique très-morcelée, ne présente presque point de montagnes, abstraction faite des monts et produits volcaniques ; et cependant on y est quelquefois à une hauteur de près de mille mètres, et on y traverse des vallées de trois, quatre et cinq cents mètres de profondeur.

§ 34. Avant de terminer ce qui concerne les inégalités que présentent les continents, nous nous

Bassins et rivieres.

arrêterons un instant sur une considération à laquelle elles donnent lieu, et dont la géographie peut tirer un grand parti dans la fixation des limites de divers pays.

La surface des continents est sillonnée par un grand nombre de fleuves ; chacun reçoit les eaux qui tombent et coulent dans une certaine étendue de païs ou dans un district dont il occupe la partie basse, et le point par lequel il se décharge dans la mer en est le point le plus bas. A mesure que le terrain s'éloigne de l'embouchure et des bords du fleuve, il s'élève graduellement, en remontant les rivières et les ruisseaux qui portent les eaux au fleuve, jusqu'aux sources les plus élevées, et il atteint finalement le faîte des versants des montagnes, collines et pays sur lesquels ces eaux sont tombées. Au delà de ces faîtes, le terrain baisse, et les eaux qui coulent sur ces nouvelles pentes se rendent à d'autres fleuves et appartiennent à d'autres districts; de sorte que le district d'un fleuve est entouré et séparé de ceux des fleuves voisins, par une suite de faîtes, et comme par une ceinture de montagnes, de collines et d'arêtes: c'est un vrai *bassin.*

Un fleuve étant alimenté par des rivières dont chacune reçoit les eaux d'un arrondissement ou district particulier, son bassin se divisera en *bassins de rivières.*

Un continent ainsi divisé et sous-divisé en bas-

bassins de fleuves et de rivières présenterait la division la plus naturelle. Philippe Buache est le premier qui l'ait introduite dans la géographie : après avoir établi et développé ses principes à ce sujet (1), il en fit l'application à la France, et il donna la carte de ce royaume divisé en cinq grands bassins, ceux du Rhin, de la Seine, de la Loire, de la Garonne et du Rhône : il publia, quelque tems après, une carte du bassin de la Seine divisé en ses bassins de rivière. Cet exemple a été suivi par divers géographes. De pareilles cartes, faites avec le soin et l'exactitude convenables, seraient du plus grand intérêt pour la géographie physique, et pourraient même devenir fort utiles dans la géographie politique.

Observations relatives à la représentation des inégalités d'un terrain sur les cartes.

On peut abuser de tout; et les principes de Buache, outrés par quelques personnes, sont aussi devenus une cause d'erreurs en géographie. Parce que les cours d'eau sont séparés par des faîtes, et que les faîtes des grandes chaînes séparent ordinairement des bassins de grands fleuves, quelques géographes en ont agi, dans la confection de leurs cartes, comme si, entre deux rivières, il devait toujours y avoir une chaîne de montagnes, et une chaîne d'autant plus considérable que le cours d'eau est plus grand : par suite de ce prétendu principe, ils ont couvert de montagnes les sables du Brandebourg et les plaines de la Beauce, entre Paris et Orléans, etc. (2); comme si des rivieres, et même de grands fleuves ne pouvaient pas être et n'étaient pas en effet séparés assez souvent, dans une partie de leur cours,

(1) *Mémoires de l'acad.*, 1752.

(2) Voyez l'*Atlas de l'Encyclopédie méthodique*.

par des faîtes de quelques mètres d'élévation seulement: la Meuse et le Rhin, en Hollande, en fournissent un exemple.

La considération des cours d'eau, vus sur une carte, peut bien faire connaître l'élévation respective de deux de leurs points, c'est-à-dire indiquer que l'un est plus élevé que l'autre; mais elle ne saurait rien apprendre sur leur élévation absolue, et encore moins sur celle des points non situés sur ces cours d'eau. En conséquence, toutes les cartes faites dans le cabinet, d'après des inductions de ce genre, ne peuvent que donner une fausse idée du terrain et de ses inégalités : celles-ci sont soumises à trop peu de règles, lesquelles sont elles-mêmes sujettes à trop d'exceptions pour que leur connaissance puisse jamais être donnée autrement que par l'observation directe.

Je remarquerai que les cartes de géographie faites sur une échelle de moins de $\frac{1}{200000}$, ne sauraient représenter ces inégalités avec exactitude : les montagnes qu'on y marque, annoncent seulement qu'il existe de pareilles inégalités, mais sans pouvoir faire connaître la vraie disposition et la ramification de leurs parties. Cette connaissance ne peut être donnée que par des cartes dressées sur une plus grande échelle, c'est-à-dire par des cartes de topographie : à cet effet, elles doivent représenter exactement les faîtes des montagnes, collines et coteaux, avec toutes leurs ramifications : des côtes, placées de distance en distance sur ces faîtes, ainsi que sur les thalwegs intermédiaires et sur les points saillants du terrain, en feront connaître l'élévation absolue. Il existe, il est vrai, un moyen bien plus propre à donner le figuré d'un terrain sur un simple plan, et d'en exprimer les contours et le relief: c'est d'y tracer la projection des intersections de ce terrain par une suite de plans horizontaux et équidistans, à un mètre, ou à dix, ou à cinquante mètres au plus les uns des autres, selon la grandeur de l'échelle du plan, et selon l'objet auquel on le destine. Mais ce mode, quelque parfait qu'il soit, exigeant un tems et un travail fort grands, ne peut etre usité que pour des terrains d'une médiocre étendue, et que pour quelque objet d'utilité spéciale, tel que le tracé d'un canal : en faire usage pour une grande contrée, avec de simples approximations, ou à l'aide de quelques données prises de loin à loin, ce serait employer l'appareil scientifique et l'apparence de l'exactitude à consacrer ou à accréditer des erreurs ; ce serait être ainsi plus nuisible qu'utile aux progrès de nos connaissances.

SECTION II.

Des inégalités du fond de la mer.

§ 35. Le fond ou lit de la mer n'est que le prolongement de la surface des continents au-dessous du niveau des eaux ; étant de même nature que cette surface, il doit présenter des inégalités semblables. Mais comme il est dérobé à notre vue, que ce n'est que par des coups de sonde, ou par les rochers et les bancs qui s'élèvent au-dessus de l'eau, que nous pouvons juger de ses formes, nos connaissances, à cet égard, ne peuvent être que très-incomplètes : elles ne peuvent même s'étendre qu'aux parties peu enfoncées, car la sonde n'a pas atteint plus de deux mille mètres de profondeur. D'après ce que nous avons dit dans les articles précédents, on peut conclure que les inégalités sont d'autant moins nombreuses et moins considérables que la région qui les présente est moins élevée ; et cela peut nous porter à penser que le fond de la mer est, en général, bien moins inégal que la surface des continents.

Observations générales.

8.

En général, le lit de la mer va en augmentant de profondeur à mesure qu'on s'éloigne des côtes; et cette profondeur est assez ordinairement en rapport avec l'élévation du rivage adjacent; si ce rivage est bas et plat, il en sera de même du lit de la mer, ainsi qu'on l'observe sur les côtes de la Hollande; si au contraire il est élevé, formé par des falaises comme sur les côtes de la Bretagne, la mer sera profonde : cette profondeur sera considérable si les falaises sont de véritables montagnes, ainsi que cela a lieu dans la Grèce. *Généralement parlant*, dit le fameux voyageur Dampier, *tel est le fond qui paraît au-dessus de l'eau, tel est celui que l'eau couvre* (1).

Chaînes de montagnes sous-marines.

§ 36. Les îles, ainsi que les écueils, sont les parties supérieures des régions élevées et des montagnes sous-marines : en les voyant réunies par groupes comme dans les archipels, ou affectant certaines directions comme dans les petites Antilles, les Maldives, les Mariannes, etc., nous sommes fondés à conclure qu'il existe dans le fond de la mer quelques groupes et chaînes de montagnes.

Philippe Buache a tiré de cette observation des conséquences ingénieuses, mais trop étendues. Il remarqua, ou crut remarquer, que les chaînes sous-marines connues, les bas-fonds, les

(1) Voyez des détails à ce sujet dans l'*Histoire naturelle de Buffon*, tom. I, p. 442 et suiv.

écueils, etc., se trouvaient sur la direction des chaînes continentales ; de sorte que celles-ci lui parurent se prolonger sous le niveau des eaux, et se relever ensuite sur les continents opposés. D'après cela, abstraction faite de l'eau qui couvre le globe, sa surface lui parut partagée en grands bassins entourés de chaînes ou arêtes saillantes qui les separaient les uns des autres ; et les bassins les plus bas, ou leurs parties les plus basses, étaient sous le niveau de la mer. Il donna une mappemonde dans laquelle tous ces bassins, et par conséquent les chaînes sous-marines, étaient tracés. Le principe qui lui servait de base n etait pas dénué de tout fondement, ainsi que nous l'avons vu ; mais une partie des données d'après lesquelles il fit son travail n'étaient qu'hypothétiques, ou du moins déduites de bien faibles analogies.

Rochers et îles élevés par les zoophytes.

§ 37. En parlant des inégalités que présente le fond de la mer, il ne faut pas oublier ces amas et forêts de coraux, madrépores, et autres zoophytes, qui sont si abondants dans la zone équatoriale de la mer Pacifique : ils y forment une multitude d'îles, et les nombreux récifs ou écueils qui la rendent si dangereuse aux navigateurs. La majeure partie de cette innombrable quantité de petites îles et d'îlots formant les archipels qui s'étendent de l'ouest à l'est, depuis les îles de la Sonde jusque dans les mers d'Amérique, ne sont, en tout ou en partie, que l'ouvrage de ces faibles animaux (1) : presque toutes les îles basses de la mer du Sud ont été produites par eux, dit le naturaliste Forster, un des compagnons de voyage de Cook. Une portion du sol de la Nouvelle-Hol-

(1) *Mém. de Péron*, Journal de physique, tom. 59.

lande leur doit également son existence : Vancouver rapporte que, vers le sud de ce pays, la terre est presque toute de corail : le sommet d'une des montagnes les plus élevées présente, d'après son rapport, un plateau dont le sol est de sable blanc ; il en sort, dit-il, des branches de corail exactement pareilles à celles qu'on voit à la surface de la mer, et leur épaisseur varie depuis une ligne jusqu'à un ou deux pouces, et leur hauteur au-dessus du sol est de plus de trois pieds. Ailleurs, les produits de ces mêmes animalcules entourent, comme d'une circonvallation de récifs, les îles et les terres de cette partie du monde, et en défendent souvent l'approche aux navigateurs: leur travail s'accroît journellement, et hausse de plus en plus le fond de certaines rades. Ce sont souvent, d'après la Billardière, d'immenses murailles ou colonnes que ces êtres presque imperceptibles ont élevées à plomb, depuis le fond de la mer jusqu'à sa surface, et dont quelques-unes ont plus de deux cents mètres de hauteur.

Ces prodigieux effets, et d'autres plus considérables encore, produits par une cause si faible en apparence, sont bien faits pour étonner notre imagination, et pour confondre nos raisonnements. Péron, après avoir rapporté que toute une partie de l'île de Timor, ainsi que les hautes montagnes qu'il a été à même d'y observer, est un produit des zoophytes, remarque qu'on peut voir sur les bords mêmes de l'île ces petits êtres élevant leur immense ouvrage. Du côté d'Osopa, l'on peut, à mer basse, s'avancer à plus de trois quarts de lieue sur le rivage abandonné par les flots: « C'est là, dit Péron, qu'avec un étonnement mêlé » d'admiration, l'on peut jouir à son aise du spec- » tacle merveilleux de ces milliers d'animalcules » occupés sans cesse de la formation des rochers » sur lesquels on s'avance; et lorsque l'observa- » teur, armé d'une forte loupe, vient à contempler » ces êtres si faibles, il a peine à concevoir com- » ment, par des moyens si petits en apparence, la » nature a pu élever du fond des mers ces vastes » plateaux de montagnes qui se prolongent sur » la surface de l'île et qui paraissent former sa » substance presque entière. »

CHAPITRE IV.

DES AGENTS QUI EXERCENT UNE ACTION SUR LA SURFACE DU GLOBE, ET DES DÉGRADATIONS OU CHANGEMENTS PRODUITS PAR CETTE ACTION.

La forme des inégalités que vient de nous présenter la surface de la terre, ainsi que l'aspect déchiré et morcelé qu'elle offre de toutes parts, suffisent pour nous convaincre qu'elle n'est plus telle qu'elle a été formée, et qu'elle a éprouvé de grands changements et de grandes dégradations. Leur examen et celui des agents qui les ont produits vont être le double objet de ce chapitre.

SECTION PREMIÈRE.

Des agents et de la nature de leur action.

Une observation attentive des phénomènes qui se passent sous nos yeux, nous montre que les changements et les dégradations se continuent encore à la surface du globe, et qu'ainsi les agents qui les produisent sont, au moins en partie, les mêmes que ceux qui ont produit les anciens. Parmi ces agents, les uns, ayant leur siége à l'extérieur, par rapport à la masse solide du globe, l'attaquent par sa superficie ; les autres, qu'elle recèle dans son sein, agissent, pour ainsi dire, de bas en haut sur sa croûte. Les premiers ne peuvent être que l'enveloppe de fluides aqueux et aériformes qui entoure la terre, et qui exerce une action continuelle sur sa surface : les seconds sont les feux volcaniques et les tremblements de terre ; ce sont au moins les seuls dont l'action se soit fait ressentir à la superficie : quant à ceux qui, enfoncés plus avant vers le centre de la terre, en minent peut-être la croûte, nous n'avons absolument aucun moyen de nous assurer même de leur existence Cette distinction d'agents en *extérieurs* et *intérieurs* divisera naturellement la section en deux articles.

Art. 1. *Agents extérieurs.*

Ces agents sont l'atmosphère et l'eau. Nous avons fait connaître leur essence et leur manière d'être à la surface du globe, dans le chapitre II de cet ouvrage : nous allons traiter ici de la nature de leur action et des effets qu'elle peut produire : c'est principalement sur l'eau que nous nous arrêterons, ses effets étant les plus considérables.

1) *Action de l'atmosphère.*

Nous comprendrons ici, parmi les fluides atmosphériques, outre l'air ordinaire, le calorique et le fluide électrique.

§ 38. L'air exerce une action chimique directe sur certaines substances minérales, soit en leur

Action de l'air sur la surface de la terre.

enlevant quelqu'un de leurs principes constituants, soit en leur cédant une portion de son oxigène : par ces opérations, il relâche et détruit leur tissu, et il concourt ainsi à leur dégradation et à leur décomposition ; mais comme, dans cet effet, il est puissamment secondé par l'eau en vapeurs, nous renvoyons à l'article suivant ce qui y est relatif.

Quant à son action mécanique sur les roches, à celle qu'il exerce par le choc, lorsqu'il est en mouvement sous forme de vent, elle est peu considérable, et paraît se borner à enlever et emporter les molécules très-déliées que la décomposition a détachées de leur surface, et à occasioner la chute de quelques rochers déjà ébranlés.

C'est sur les terrains d'alluvion, notamment sur ceux de sable, que l'air en mouvement produit ses principaux effets. Le récit unanime des voyageurs qui ont traversé les déserts de l'Afrique, de l'Arabie, etc., nous apprend que les vents y soulèvent des nuages de sable, les transportent au loin, les y accumulent et en forment des montagnes. L'histoire de l'académie (1722) fait mention d'une grande masse de sable de 6 à 7 mètres de hauteur, qui couvrit, en 1666, tout un canton voisin de Saint-Paul-de-Léon en Bretagne, et qui submergea ce pays, si l'on peut employer ici cette expression: cinquante-six ans après, elle s'était avancée de six lieues dans l'intérieur des terres, et l'on apercevait encore quelques pointes des clochers du pays submergé. Ce sont les vents qui élèvent sur les bords de la mer, en plusieurs endroits, ces ceintures de collines de sable, ou *dunes*, dont nous parlerons dans la seconde partie de cet ouvrage, qui les poussent vers l'intérieur des terres, et qui reculent ainsi, sur quelques points du globe, les limites de la mer.

La distance à laquelle les courants d'air peuvent emporter les sables et les matières pulvérulentes, est vraiment étonnante. Des navigateurs ont été assaillis par des pluies de sable à dix et douze lieues en mer (1). Dans les éruptions de l'Etna et du Vésuve, les cendres volcaniques et les petits fragments de lave ont été portés jusque sur les côtes de la Libye, et même sur celles de l'Asie mineure à deux cents lieues de distance.

Les vents, en accumulant les nuages dans certains lieux, en y produisant des ouragans et des tempêtes, en y soulevant les flots, peuvent encore produire, d'une manière indirecte, quelques effets sur la surface du globe, ainsi que nous le dirons dans la suite de ce chapitre.

§ 39. La chaleur de l'atmosphère, ou celle qui se fait sentir à la surface de la terre, ne paraît devoir exercer directement qu'une bien faible action sur les roches; elle se borne à accélérer

Action de la chaleur.

(1) *Histoire de l'académie*, 1719.

leur destruction, par l'alternative de condensation et de dilatation que son plus ou moins d'intensité produit; et encore cet effet est-il très-petit; peut-être même est-il au moins nul : nous ne connaissons aucun fait bien constaté qui le mette hors de tout doute. Mais c'est indirectement, et comme un des grands agents des décompositions chimiques, que la chaleur peut exercer une action réelle sur la surface du globe : c'est en augmentant ou favorisant l'action dissolvante des divers menstrues répandus dans l'atmosphère, qu'elle concourt à la dégradation des masses minérales.

Action de la foudre.

§ 40. Parmi les effets que le fluide électrique peut exercer sur la croûte solide du globe, il n'en est qu'un qui nous soit connu, et il est bien faible : c'est celui qui a lieu lorsque la foudre vient à frapper la cime de quelque montagne. Alors, on l'a vu quelquefois occasioner la chute de rochers, les fendiller ou laisser des traces de fusion à leur surface. Saussure a trouvé, sur la cime du Mont-Blanc, des masses d'amphibole schisteux, portant des bulles vitreuses d'un vert plus ou moins foncé. Un bloc de siénite lui a présenté de pareilles bulles qui étaient blanches sur le feldspath et noires sur l'amphibole; et, d'après les observations de ce minéralogiste, les unes et les autres ne pouvaient être que le produit d'une fusion opérée par la foudre : il fait remarquer qu'elles ne se trouvaient qu'à la surface, et qu'il n'y en avait pas dans l'intérieur (1). MM. Ramond et de Humboldt ont observé, l'un dans les Pyrénées, et le second en Amérique, des roches sur lesquelles la foudre avait imprimé de pareils indices de fusion.

2) *Action de l'eau.*

L'eau, sur la surface du globe, est agitée de divers mouvements (§§ 12 et 16) : en passant continuellement sur la terre ferme et sur les roches, elle les corrode, les dégrade, en détache des molécules, et les transporte en d'autres lieux où elle forme de nouveaux terrains et de nouvelles masses minérales : de sorte qu'une destruction dans un endroit est suivie d'une reproduction dans un autre. Nous allons considérer l'action de ce fluide sous ce double point de vue.

a) *Action destructive de l'eau.*

L'eau exerce son action destructive à la surface de l'eau, tantôt *mécaniquement*, tantôt *chimiquement*. Elle l'exerce mécaniquement lorsque, dans ses mouvements, elle arrache et entraîne les particules du sol sur lequel elle passe, ou corrode les parois des réservoirs qui la contiennent; lorsqu'en s'imbibant dans les masses de montagnes, elle en augmente le poids, et favorise ainsi leur affais-

(1) *Voyages dans les Alpes*, §§ 1153, 1994.

sement et leur éboulement; lorsque, surprise par la gelée, elle brise les roches qu'elle avait pénétrées. Elle agit chimiquement lorsqu elle dissout certaines substances minérales à travers lesquelles elle filtre; lorsque, répandue sous forme de vapeur dans l'atmosphere, elle concourt à la décomposition des roches exposées à son action.

ACTION ÉCANIQUE.

L'eau se trouve à la surface du globe de quatre manières différentes. 1° A l'état d'*eau sauvage*, lorsqu'elle coule sur cette surface immédiatement après y être tombée de l'atmosphère, et sans être contenue dans un lit; 2° sous forme de courant réglé, de ruisseau, rivière ou fleuve; 3° dans les lacs; 4° dans la mer. Examinons les effets destructeurs qu'elle peut produire par son mouvement, dans ses quatre manières d'être.

Eaux sauvages.

§ 41. Lorsqu'elle tombe sur la terre en petite quantité, elle l'humecte, filtre à travers les premières couches et va alimenter les sources : dans ce mouvement elle ne peut guère produire d'effet sensible ; mais il n'en est plus de même dans les grandes pluies, dans les orages et les averses, ou dans les fontes considérables de neige; alors on voit les eaux couler de tous côtés sur le sol qui les a reçues, entraîner la terre végétale, les terrains meubles et la surface décomposée des roches. Un seul orage a quelquefois suffi pour dévaster toute une contrée, pour dépouiller et mettre à nu le noyau d'une montagne dont la surface était couverte de plantations quelques heures auparavant. Les Mémoires de l'académie de Stockholm (1747) rapportent qu'en 1740 une pluie d'orage qui dura huit heures, fut si forte, qu'elle délaya et entraîna plusieurs collines de Wermeland : une haute montagne appelée *Lidscheere* se fendit en plusieurs endroits, s'écroula, et ses fragments emportés par les eaux couvrirent les champs voisins.

Les eaux sauvages, en se réunissant sous forme de ravines, dans les sinuosités que le terrain présente, y creusent fréquemment de profonds sillons ; elles y forment ou élargissent des ravins, sapent la base sur laquelle reposent d'énormes rochers, en occasionent la chute, entraînent des pierres d'un volume considérable, quelquefois même de gros quartiers de roche. Bouguer a vu au Pérou, dans une éruption du Cotopaxi, une ravine, produite par une fonte subite des neiges qui couvraient la cime de ce volcan, occasioner de terribles ravages, quoiqu'elle ne fît en quelque sorte que traverser le terrain sur lequel elle passa. En des endroits où elle ne séjourna pas plus d'une minute, « il y eut des pierres très-pe-
» santes, de plus de 10 à 12 pieds de diamètre,
» qu'elle changea de place et qui furent trans-
» portées à 14 ou 15 toises de distance sur un
» terrain *presque horizontal* (1). »

(1) Bouguer, *de la Figure de la terre*, p. lxix

Des eaux sous forme de courant.

§ 42. Les rivières, les ruisseaux, et en un mot toutes les eaux courantes, exercent une action continuelle sur le lit et sur les rives qui les contiennent: elles tendent continuellement à en corroder et à entraîner la partie qui est en contact avec elles : elles le font avec d'autant plus de facilité que leur masse et leur vitesse sont plus considérables, et que les parois et le fond de leur lit sont susceptibles de moins de résistance.

Action de l'eau courante sur les rochers.

Lorsqu'une rivière coule dans le roc, son action, pour être moins sensible dans un court espace de tems, n'en est pas moins réelle. Quel est l'observateur qui, en suivant le cours d'une rivière ou même d'un simple ruisseau resserré entre des rochers, n'a pas vu, en quelques endroits, la partie du roc la plus fréquemment exposée au choc de l'eau, être corrodée, arrondie et comme minée? J'ai observé au milieu du lit du Rhin, à la fameuse cataracte de Schaffouse, deux rochers isolés qui s'élèvent sur le bord du précipice que l'eau va franchir; le courant, resserré entre eux, en corrode le bas, qui est ainsi beaucoup plus mince que le haut, et dans peu, ils finiront par s'écrouler. Le changement de lit de quelques rivières, la perte de quelques autres dans des excavations souterraines, sont des effets de la même cause; ces excavations s'approfondissent de jour en jour, dit Saussure (§ 409) en parlant de la perte du Rhône. L'action des courants sur les rochers va même jusqu'à percer des digues de roc qui barraient leur chemin, et qui semblaient devoir mettre un obstacle éternel au cours qu'elles ont aujourd'hui. On a un exemple de ce fait sur le Tarn, à deux lieues au-dessus d'Albi, au *Saut du Sabot :* le fleuve y semble comme barré par une masse de schiste micacé très-quartzeux, qui s'élève au-dessus du niveau des eaux ; au milieu, le Tarn s'est creusé un passage pareil à une fente de plus de deux cents mètres de longueur, dix-huit de profondeur jusqu'au niveau de l'eau, et de six à sept de large à ce même niveau : ses parois sont taillées presque à pic; elles portent, notamment dans leur partie inférieure, des signes non équivoques de l'érosion des eaux ; ce sont des faces arrondies, ondulées et rongées dans les parties les plus tendres. J'ai encore vu un bel exemple du même fait dans la vallée de l'Ardèche : à quatre lieues au-dessus du point où cette rivière se jette dans le Rhône, les eaux se sont ouvert, au bas d'une digue de pierre calcaire qui barre transversalement la vallée, et qui a environ 70 mètres de hauteur et 30 d'épaisseur, un passage ayant l'aspect d'un beau pont dont l'arche aurait 30 mètres de hauteur et 50 de largeur (1). Il y en a un pareil en Virginie, le

(1) Voyez les dessins de ce pont dans l'*Histoire naturelle du Vivarais*, par Soulavie, tom. I.

Natural-bridge; il a 50 mètres de hauteur et 30 de largeur ; c'est en passant au-dessous que la rivière *James* traverse une branche des monts Alleganys (1). Je ne saurais donner une idée plus exacte de l'action érosive de l'eau sur les rochers, qu'en rappelant le phénomène que présentent les superbes cataractes du Niagara, dans l'Amérique septentrionale : cette rivière sort du lac Erié et va dans le lac Ontario, distant d'environ huit lieues, et plus bas de cent mètres que le premier : vers les deux tiers de son cours, elle tombe de près de 50 mètres de haut, et elle achève sa route dans une échancrure profonde qu'elle a creusée dans le sol, ou plan incliné, compris entre les deux lacs : les cataractes étaient autrefois vers le bas du plan ; elles ont reculé d'environ 12000 mètres (2), et reculent encore depuis que les Européens sont dans le pays ; l'échancrure dans le sol est évidemment leur ouvrage L'action de l'eau sur les roches, qui a donné lieu au proverbe *goutte sur goutte use les pierres*, est un fait connu trop généralement et depuis trop long-tems pour que j'y insiste davantage.

L'eau des ruisseaux et des rivières qui s'imbibe dans le roc de leur lit, le ramollit quelquefois au

---

(1) *American Geography*, *by Jedidials Morse*, pag. 613.

(2) Voyez la note qui est sur la carte des États-Unis, par Arrow-Smith.

point de le réduire en un limon qui est ensuite attaqué, délayé et emporté avec une grande facilité. J'ai eu occasion de voir ce fait dans des ravins du Mont-d'Or, en Auvergne; le marteau s'enfonçait dans la roche à-peu-près comme dans de la boue.

Les substances que les torrents entraînent ne peuvent qu'augmenter leur force destructive: ainsi les sables et les graviers qu'ils roulent doivent contribuer à user et corroder les rochers contre lesquels les eaux les pressent. Les glaces que les rivières charrient dans les tems de débâcle, étant d'un volume souvent énorme, et étant animées d'une vitesse considérable, peuvent produire de grands effets par le choc. On a vu des quartiers de roche transportés sur de gros glaçons à des distances considérables; et sans un pareil intermédiaire, il serait souvent bien difficile de concevoir comment certaines masses énormes ont pu être apportées par les eaux sur un sol qui leur est absolument étranger.

Eau dans les lacs. Erosion des digues.

§ 43. Dans les lacs qui ont une issue, les eaux exercent une action continuelle contre la digue ou la paroi qui s'oppose à leur écoulement: lorsque le *trop-plein* s'épanche par-dessus une digue, elles en corrodent la partie supérieure et en baissent continuellement le niveau: lorsqu'elles s'échappent par des fentes ou fissures, elles se pressent fortement contre leurs parois et les élargissent : de sorte qu'au bout d'un tems plus ou moins considérable, les lacs baissent de niveau et finissent même par se dessécher entièrement. De là cette multitude de bassins que nous voyons sur la partie sèche du globe (§ 30), qui sont entourés de collines plus ou moins élevées, et qui nous présentent encore, de la manière la moins équivoque, et plus ou moins bien conservée, l'échancrure par laquelle se sont écoulées les eaux qui les ont autrefois remplis. Peu de faits sont aussi bien constatés en géographie physique que l'ancienne existence de ces lacs desséchés, et que la rupture de leurs digues.

Saussure, en examinant les rochers qui bordent le passage de l'Ecluse, a cru y voir des indices de leur érosion par les eaux du Rhône, à plusieurs pieds au-dessus du niveau actuel de ce fleuve (§ 213). Les étroites coupures faites au milieu des montagnes du pays de Cologne et de la Saxe, et par lesquelles le Rhin et l'Elbe sortent, le premier du bassin de l'Alsace, du Palatinat, etc., et le second du bassin de la Bohême, sont évidemment des échancrures par lesquelles ces bassins se sont vidés. Un naturaliste (M. Lippy) qui a observé les *Portes de fer*, par lesquelles le Danube sort du Bannat pour déboucher dans les plaines de la Valachie, m'a dit avoir été frappé de la correspondance des couches de part et d'autre du passage : tout lui indiquait l'ancienne jonction des deux chaînes aujourd'hui séparées par ces portes, et lui attestait que les eaux les avaient ouvertes. Le Potomack, rivière des Etats-Unis d'Amérique, traverse la chaîne des Montagnes-Bleues, dans une coupure profonde, au fond de laquelle on voit d'énormes rochers, *monuments de la guerre entre les fleuves et les montagnes*, dit le président Jefferson (1). Les Alpes, les Pyrénées, et toutes les montagnes présentent une multitude de faits pareils : il serait superflu d'accumuler les citations.

Nous n'invoquerons pas les témoignages de l'histoire sur l'existence des anciens lacs et sur l'érosion des digues, malgré leur grand nombre; c'est ainsi qu'on nous dit que la Thessalie était autrefois le fond d'un grand bassin, et que la vallée de Tempé s'étant ouverte, les eaux s'écoulèrent par cette issue et se rendirent à la mer (2).

Nous pouvons nous faire une idée de la manière dont plusieurs lacs ont disparu et ont été desséchés, en observant le phénomène des cataractes du Niagara, rapporté au paragraphe précédent. Ces cataractes ont reculé de sept milles ; si elles reculent encore de dix-huit, le lac Erié se trouvera abaissé au niveau du lac Ontario, et il disparaîtra peut-être en se transformant en un bassin dont

---

(1) Malte-Brun, *Géographie*, tom. XIV, pag. 387.

(2) *Idem*, *ibid.*, tom. X, p. *xliv*.

le fond, resté à sec, sera traversé par le fleuve Saint-Laurent, lequel en sortira à travers l'échancrure creusée par les cataractes, à-peu-près comme nous voyons sortir le Rhin du bassin ou est l'Alsace, par l'échancrure qui s'étend depuis Bingen jusqu'à Bonn.

Quelquefois les eaux des lacs, au lieu d'attaquer leurs digues dans la partie supérieure, attaquent et percent la partie inférieure contre laquelle elles exercent d'ailleurs une plus forte pression : une petite fissure, dans cette partie, peut donner lieu à l'ouverture. C'est vraisemblablement ainsi que se sont formés les ponts naturels dont nous avons parlé au paragraphe précédent. Souvent la formation ou l'agrandissement de ces ouvertures inférieures aura été suivie de l'éboulement des parties de la digue ou montagne qui étaient au-dessus : telle est peut-être la cause à laquelle il faut attribuer les grands quartiers de roche qu'on trouve quelquefois au fond des coupures des chaînes de montagnes, et dont le Potomack vient de nous fournir un exemple.

Des affaissements, des tremblements de terre, en donnant lieu à de nouvelles fentes, peuvent encore avoir ouvert une issue aux eaux des lacs ou mers méditerranées, et avoir ainsi occasioné leur débâcle.

Ces débâcles ne peuvent manquer de produire de très-grands effets. Les eaux cédant à une pression souvent immense, doivent sortir avec une violence extraordinaire; elles entraîneront les terres et pierres qui seront sur leur passage, elles sillonneront profondément le terrain qu'elles parcourront, et y creuseront des ravins. C'est en grande partie à de pareilles causes que Saussure attribuait les traces d'érosions que les montagnes des environs de Genève lui présentaient de tous côtés.

§ 44. Les mouvements dont les eaux de la mer sont douées leur donnent le moyen d'exercer une action beaucoup plus considérable qu'on ne le croit communément, sinon sur le fond, du moins sur les bords du bassin qui les contient.

Action de l'eau dans la mer.

Si ces bords sont élevés, les vagues les attaquent, les corrodent, les transforment en falaises, qu'elles minent ensuite, et dont elles occasionent peu-à-peu la chute et la destruction. Elles peuvent ainsi reculer les limites de la mer, et lui former les côtes escarpées qu'elle présente si souvent. Les rochers nus et à pic qui la dominent quelquefois en surplombant, ceux qui se portent en avant et qu'une érosion a évidemment détachés de la terre pour en faire des écueils, etc., sont des preuves incontestables de l'action destructive des vagues: et quoique ce soit principalement par une action continuellement répétée, pendant une bien longue durée de tems, que ces effets peuvent être produits, nous avons cependant des exemples

d'un effet rendu sensible depuis une époque peu éloignée. Schaw a observé, sur les côtes de la Syrie, des auges de trois aunes, entaillées dans le rocher et destinées à la confection du sel : malgré la dureté de la pierre, dit ce voyageur, elles sont aujourd'hui presque entièrement usées et aplanies par le battement continuel des vagues (1). L'*Histoire de l'académie* (1707) cite une falaise de pierre tendre, corrodée jusqu'à une distance de seize pieds en trente ans. Bergmann parle de plusieurs cavernes creusées par les flots, et dont les savants suédois ont constaté l'accroissement (2). Les fragments, les quartiers de rochers qui tombent dans la mer, poussés par les vagues contre la côte, font encore partie de la puissante artillerie, dit Playfair, à l'aide de laquelle l'Océan bat en ruine la terre ferme. Ces fragments, roulés ainsi par les eaux, se brisent, s'usent et finissent par se réduire en sable et en terre. « J'ai vu dans la mer de Sicile, dit Saus-
» sure, de grands blocs de lave dure (basalte) et
» anguleuse, parfaitement arrondis par le choc
» des vagues, et réduits en peu d'années à la
» moitié de leur volume........ En deux ans, de
» grosses masses qu'on avait fait sauter à la pou-
» dre étaient toutes arrondies comme si on les
» eût taillées au ciseau. »

(1) Schaw, *Voyages*, etc., tom. II.

(2) *Géographie physique*, § 170.

La mer exerce aussi quelquefois de terribles effets sur les régions basses, exposées à son action. La Hollande en fournit de tristes exemples. En 1225, l'Océan, soulevé par une grande tempête, inonda le pays ; le Rhin, gonflé par des pluies extraordinaires et retenu à une grande hauteur, tant par les eaux de la mer que par les vents, se répandit sur les terres voisines ; mais le calme étant ensuite survenu tout-à-coup, les eaux se retirèrent avec une telle rapidité et une telle force qu'elles entraînèrent une portion considérable du sol, et laissèrent en place la mer du *Zuyderzée*. En 1421 une inondation submergea également la partie méridionale du comté de Hollande, noya plus de cent mille habitants, couvrit une centaine de villages, et, en se retirant, elle forma, près de Dordrecht, le bras de mer connu sous le nom de *Bies-Boos*.

Les preuves des effets destructeurs des mers sur leur fond ne sont pas aussi positives. Les mouvements irréguliers de l'Océan, même dans les plus fortes tourmentes, ne paraissent pas se faire ressentir au-delà de quelques mètres de profondeur : ils sont ainsi bien loin d'atteindre les grands fonds. Mais en est-il de même des courants, pour ainsi dire éternels, et qui tiennent à des causes générales et permanentes : tel est le grand courant équinoxial ? Ce n'est pas vraisemblable. Les navigateurs ont remarqué que dans les mers des Etats-Unis d'Amérique, la profondeur est plus grande sous le grand courant, le *Gulf-Stream* (1), lequel se serait ainsi creusé un lit dans l'Océan, en écartant les sables et les vases, et peut-être même en corrodant les rochers qui sont au-dessous.

Lorsque, par un concours de circonstances, l'action de ces courants viendra à augmenter et à se joindre à celle des flots, ils finiront quelquefois par renverser les obstacles qui leur étaient opposés. C'est très-vraisemblablement de cette manière qu'ont été produits un grand nombre de détroits. Buffon remarque à ce sujet que la plupart de ceux de la zone équatoriale sont dirigés de l'est à l'ouest comme le grand courant équinoxial, et qu'il est très-probable que ce courant a concouru à la formation d'un grand nombre d'entre eux. Il aura peut-être aussi concouru indirectement à l'ouverture de celui de Bahama, par laquelle il sort du golfe du Mexique ; et peut-être encore, par un effet analogue, il aura contribué à la formation du golfe même.

Action de l'eau par son poids.

Eboulements.

§ 45. L'eau peut encore concourir par son poids à la dégradation de la surface du globe. Elle s'imbibe quelquefois dans de grandes masses les rend plus pesantes, et concourt de cette manière à leur affaissement ou à leur croulement.

(1) Humboldt, *Relation historique des voyages*, tom. I, p. 76.

On a remarqué que les éboulements dans les montagnes étaient plus fréquents dans les années humides ; c'est ainsi qu'en 1805, à la fin d'un été et d'un jour très-pluvieux, nous avons vu s'écrouler une portion considérable du Ruffiberg, en Suisse. Cette montagne, élevée de 1150 mètres audessus de la vallée, est formée de couches de grès ou de poudingue (*nagelfluhe*) à ciment marneux et parallèles à la pente : le 2 septembre il s'en détacha une bande ayant près de 4000 mètres de long, 400 de large, et 30 d'épaisseur ; en glissant sur les couches inférieures, ramollies encore par l'eau, elle se précipita dans la vallée, ensevelit sous ses débris plusieurs villages, coûta la vie à cinq cents personnes, et éleva au fond de la vallée des collines de plus de 60 mètres de haut (1).

La Suisse et en général tous les pays de montagnes ne sont que trop souvent témoins de pareilles catastrophes, produites par l'augmentation du poids des masses qui s'imbibent d'eau, favorisée par le délayement et l'entraînement des couches terreuses, marneuses ou gypseuses sur lesquelles reposaient ces masses. En 1618, par suite de ces causes, une énorme portion des rochers

---

(1) Voyez une description aussi exacte que bien raisonnée de ce malheureux événement, faite par M. de Saussure fils, dans la *Bibliothèque britannique*, tom. XXXII.

qui bordent la vallée de Chiavenna, dans la Valteline, s'éboula, ensevelit la petite ville de Pleurs, et plus de deux mille de ses habitants. En 1714, la partie occidentale du mont *Diableretz*, dans le Valais, croula et couvrit de ses débris plus d'une lieue carrée, sur une hauteur de cent mètres en quelques points.

Ces éboulements, en obstruant quelquefois les vallées, y retiennent les eaux et y forment des lacs, dont la débâcle occasione ensuite de terribles ravages.

Effet de la congélation de l'eau.

§ 46. L'eau pénètre, ainsi que l'on sait, dans la masse d'un très-grand nombre de roches, et elle s'insinue dans toutes leurs fissures : si elle vient à y être surprise par la gelée, en passant à l'état de glace, elle augmente de volume (dans le rapport de 9 à 10), et par ce mouvement de dilatation, elle écarte les molécules minérales entre lesquelles elle se trouve ; elle rompt leur agrégation, produit de nouvelles fissures et élargit les anciennes. Tant qu'elle reste congelée, elle sert encore de ciment aux parties désunies ; elle les colle en quelque sorte les unes aux autres. Mais lors du dégel, elles ne sont plus retenues ; le premier agent mécanique qui se présente peut les emporter, et souvent l'action de la pesanteur suffit pour occasioner leur chute. Aussi, dans les pays très-froids, c'est lors du dégel que les grands éboulements et les grandes avalanches de pierres ont lieu ; il serait imprudent de passer, à cette époque, sur un grand nombre de chemins situés au pied des montagnes de la Suède et de la Norwége : dans les Alpes, on évite de se trouver sur certains glaciers, ou sur de grandes hauteurs, vers le milieu d'un jour d'été, lorsque la forte chaleur du soleil fond des glaces conservées jusqu'alors, et occasione ainsi leur chute ainsi que celle des rochers et des pierres. Saussure, durant seize jours qu'il passa, en juillet, sur le col du Géant, ne passait pas une heure sans voir ou sans entendre quelques avalanches de rochers se précipiter avec le bruit du tonnerre ; il attribuait ces faits à la congélation de l'eau qui s'était infiltrée dans les interstices de couches inclinées (1).

ACTION CHIMIQUE. Action dissolvante.

§ 47. Les eaux pluviales qui sont entrées pures dans le sein de la terre, en sortent chargées de diverses substances qu'elles ont enlevées aux masses minérales à travers lesquelles elles ont filtré. Les principales de ces substances (§ 17) sont le sulfate de chaux, le carbonate de chaux, le muriate de soude. Par-tout où l'eau trouve ces sels, et en général toutes les matières qu'elle peut dissoudre, soit directement, soit indirectement, à l'aide de quelque intermédiaire, et tel est souvent l'acide carbonique, elle s'en charge et les

---

(1) *Voyage dans les Alpes*, § 2048.

entraîne avec elle. Ces dissolutions souvent répétées, doivent à la longue produire des vides plus ou moins considérables dans l'intérieur des montagnes. De là le grand nombre de grottes, de cavernes et de canaux souterrains que l'on trouve si souvent dans les roches calcaires et gypseuses, et dont nous parlerons en traitant de ces roches: de là encore les affaissements, les creux et les lacs qu'on y trouve quelquefois, et qui sont une suite de l'existence des cavernes.

Décomposition des roches.

§ 48. L'eau concourt encore d'une manière plus forte, quoique moins apparente, à la destruction des roches : c'est lorsque, répandue dans l'atmosphère, aidée de l'action de l'air, de la chaleur, et peut-être encore de quelques agents qui nous sont inconnus, elle opère leur décomposition, et les fait tomber comme en efflorescence. On a observé que l'air humide était plus propre à ce travail de la nature, preuve évidente de la coopération de l'eau.

La décomposition dont nous parlons ici, celle qu'éprouve un minéral qu'on laisse exposé à l'action de l'atmosphère, n'est pas seulement due à un simple relâchement dans l'agrégation des molécules intégrantes : il paraît qu'il y a un effet chimique qui attaque même ces molécules, et qui en change la composition, soit par la soustraction, soit par l'addition de quelque nouveau principe. L'eau est un des agents qui produisent cet effet : tantôt elle enlevera à quelques minéraux leur partie alcaline ; tantôt elle se combinera avec le fer qu'ils peuvent contenir, pour former des hydrates ; ou bien encore, en se décomposant, elle produira l'oxigénation ou la sur-oxigénation de quelque principe constituant.

Le feldspath, qui est la substance minérale la plus abondamment répandue sur le globe, qui est comme la base des granites et de la plupart des roches primitives, est très-sujet à la décomposition, sur-tout lorsqu'il est en grains lamelleux. Il n'y a pas de paveur qui ne sache que, malgré sa dureté apparente, c'est une des plus mauvaises pierres qu'il puisse employer : à peine l'a-t-il étendue sur un chemin qu'elle s'y réduit en une vraie terre. L'analyse chimique ayant indiqué la présence de la potasse dans un grand nombre de feldspaths, on a pensé que la soustraction de ce principe, opérée par les agents atmosphériques, pourrait bien être cause de la facilité avec laquelle ce minéral se décompose. Sa décomposition entraîne nécessairement la désagrégation complète des roches dont il fait partie.

Les schistes, tant par suite de leur texture que de leur composition, se délitent et se détruisent avec beaucoup de facilité. Les pierres calcaires résistent beaucoup plus, sur-tout lorsqu'elles sont pures. Quant aux grès, leur résistance dépend beaucoup de la nature de leur ciment ; mais, en général, elle est peu considérable. Nous donnerons, dans la seconde partie, les détails relatifs à chaque espèce de roche.

La décomposition des masses minérales, et en particulier celle des granites, se fait quelquefois en des tems assez courts dans les lieux où ces masses sont exposées à toute l'action de l'atmosphère. Dans les carrières ouvertes depuis un petit nombre d'années, les minéralogistes ont souvent bien de la peine à pouvoir prendre un échantillon de granite assez frais pour être conservé dans leurs cabinets. Dans un chemin creux, ouvert à l'aide de la poudre depuis six ans, j'ai vu des granites entièrement décomposés, jusqu'à trois pouces de leur surface.

La profondeur à laquelle se fait sentir la décomposition, est quelquefois de plusieurs pieds. Dans quelques terrains granitiques de l'Auvergne, du Vivarais, des Pyrénées orientales, etc., on croit fréquemment être sur de grands tas de graviers, tant la décomposition y est complète et profonde.

D'autres granites, il est vrai, ainsi que nous le verrons par la suite, résistent beaucoup plus à l'action délétère des éléments. Cependant il ne faut pas toujours conclure qu'ils ne se décomposent pas, parce qu'ils présentent continuellement une surface dure et solide ; il est possible que les molécules soient enlevées à mesure que la décomposition les détache. J'ai vu un grand nombre de preuves de ce fait : par exemple, j'ai observé de grosses boules de granite, dont la surface décomposée présentait plusieurs couches concentriques ; la partie de ces couches qui aurait recouvert l'hémisphère supérieur manquait ; elle avait été enlevée par les pluies ; mais l'on voyait évidemment, par la manière dont se terminaient les couches de l'hémisphère inférieur, qu'elles avaient originairement enveloppé les boules dans leur entier.

Action reproductive de l'eau.

Distinction entre les formations mécaniques et chimiques.

§ 49. L'eau chargée des matières minérales qu'elle a enlevées aux diverses parties de la surface du globe, les entraîne et finit par les déposer en d'autres lieux, où elle reproduit de nouveaux terrains et forme de nouveaux minéraux. Selon que les matières qu'elle dépose étaient mécaniquement suspendues ou chimiquement dissoutes dans son sein, ses formations sont *mécaniques* ou *chimiques*.

Nous disons qu'une substance est *mécaniquement* retenue dans l'eau, lorsque la seule action de la pesanteur peut l'en séparer, le fluide étant en repos ; ou lorsque la séparation peut se faire à l'aide d'un procédé mécanique, tel que la filtration. En se déposant, elle forme un *précipité mécanique*, qu'on désigne communément sous le nom de *dépôt* ou de *sédiment :* telles sont les couches d'argile, de marne, etc.

Une substance est *chimiquement* tenue dans un fluide, lorsqu'elle ne peut en être séparée que par la soustraction du dissolvant, ou par l'action chimique de quelque nouvelle substance qui intervient dans le fluide. En se séparant, elle donne un *précipité chimique*, soit qu'il paraisse cristallin, comme dans les granites et les marbres salins; soit qu'il présente une masse compacte, comme dans l'eurite; soit même que ses parties n'aient aucune adhérence entre elles, tel est peut-être le cas de quelques kaolins et autres minéraux.

Au reste, la ligne de démarcation entre les deux sortes de précipités, et par suite entre les deux sortes de formations qui en sont composées, ne saurait être tracée avec une précision rigoureuse: les chimistes eux-mêmes sont embarrassés lorsqu'il s'agit d'indiquer, même en théorie, une vraie limite entre la suspension, la solution et la dissolution.

ACTION ÉCANIQUE.

Nous considérons ici l'eau à l'état d'eau courante et à celui d'eau stagnante.

Eaux ourantes.

§ 50. Les eaux sauvages, qui courent sur la surface de la terre, ont en général peu de force; leur effet se borne à entraîner les parties terreuses les plus ténues des pentes sur lesquelles elles coulent, et à les déposer à leur pied. Dans les grandes pluies, elles y portent encore et y entassent des graviers, des galets et même de grosses pierres.

Les ruisseaux, rivières et fleuves, tant qu'ils sont contenus dans leur lit, et en tems ordinaire, ne sauraient produire aucune nouvelle formation ; on a seulement remarqué qu'ils avaient en général, vers leur embouchure, une tendance à exhausser leur lit. Mais il n'en est plus de même dans les tems de crue, lorsqu'ils débordent et couvrent de leurs eaux les terres voisines. A cette époque, ils roulent une quantité souvent considérable de galets, de gravier, de sable et de limon, qu'ils ont enlevés au sol sur lequel ils sont passés, ou qui leur ont été apportés par les eaux sauvages, cause de leur crue; ils les déposent sur le terrain qu'ils inondent, abandonnant d'abord les pierres les plus grosses, puis les graviers, puis les sables, et enfin les terres et vases. Ces sédiments, accumulés pendant une multitude de siècles, peuvent former des masses de terrains assez considérables ; tous les cent ans, le Nil dépose sur le sol de la Basse-Egypte un sédiment de près de cinq pouces d'épaisseur, d'après la supputation de M. Girard (1); et le terrain y est composé de pareilles alluvions jusqu'à une profondeur qui nous est inconnue dans le milieu de la vallée.

La nature des atterrissements dépend de celle des substances qui constituent le sol des contrées traversées par les eaux qui les

(1) 0,126 metre, *Description de l'Egypte par une commission de savants français.* Schaw comptait un pied par siècle, et vingt pieds depuis Hérodote.

ont formées. Si ce sol est de granite, par exemple, le feldspath, en se décomposant, se réduira en une terre que les eaux transporteront à une grande distance, sous forme de *troubles* (1), et qu'elles déposeront dans les lieux ou la vitesse sera entièrement ralentie, où sera même nulle, comme dans une plaine couverte par l'inondation; le sédiment y formera une couche d'*argile* plus ou moins épaisse : le quartz, résistant à la décomposition, sera roulé par le courant; ses grains frottés contre le lit et les uns contre les autres, s'arrondiront, diminueront de volume, et seront portés et déposés d'autant plus loin qu'ils seront plus petits; ce qui formera une suite de graviers et de sables de plus en plus fins et qui finiront par se mêler avec les argiles : les lames de mica se briseront et produiront ces petites paillettes et ces points micacés que l'on trouve dans les sables et les glaises. Si le sol qui a fourni les atterrissements était de schiste, les sédiments seraient plus limoneux que sablonneux; et s'il contenait beaucoup de calcaire, les *détritus* de cette substance, se mêlant avec ceux des autres roches, donneraient lieu à la formation de marnes, etc.

Les eaux étant revenues à diverses reprises sur le même terrain, et ne charriant pas toujours les mêmes substances, ont souvent entassé les uns sur les autres des sédiments différents; de là cette alternative de bancs de galets, d'argiles, de sables, etc., que l'on trouve dans plusieurs terrains formés par les atterrissements des fleuves. Le sol de l'Egypte présente des couches ou veines de sable, au milieu du limon déposé par le Nil. De plus, lorsque les eaux reviennent sur un de leurs précédents dépôts, et qu'elles sont ani-

(1) C'est ainsi que l'on nomme les matières terreuses suspendues dans les eaux courantes et qui en altèrent la transparence.

mées d'une certaine vitesse, il leur arrive d'en reprendre une partie; et comme les particules les plus ténues sont celles dont elles s'emparent le plus aisément, elles n'y laissent quelquefois qu'un fond de sable.

Eaux stagnantes.

§ 51. Les fleuves charrient, jusque dans la mer, une partie des sables et des terres dont ils se sont chargés en traversant les continents. Arrivés au grand réservoir, leur vitesse se ralentit graduellement, et finit bientôt par s'anéantir; dès qu'elle diminue, les sables les plus gros se déposent principalement sur les bords du courant où le mouvement est moindre, et les parties les plus ténues sont emportées plus avant dans le fond de la mer.

Les atterrissements qui se forment ainsi, à l'embouchure des fleuves, des deux côtés du courant, sont quelquefois très-considérables. L'Elbe, le Rhône, le Danube, le Pô, etc., présentent des exemples frappants de ces formations : la marche moyenne des atterrissements qui se forment aux bouches de ce dernier fleuve, est d'environ 70 mètres par an, depuis deux siècles (1). Le Nil, l'Orénoque, et les autres grands fleuves d'Amérique, présentent des faits semblables. On a vu de grandes îles se former à l'embouchure du Mississipi, et, depuis moins de cent ans, les

---

(1) Prony, *Système hydraulique de l'Italie.*

terres qui sont devant cette embouchure se sont avancées de quinze lieues (1). Le docteur Barrow estime que le limon que le fleuve Jaune apporte dans la mer de Pékin, pourrait la combler en deux cent quarante siècles ; elle a vingt mille lieues carrées et trente-sept mètres de profondeur moyenne (2).

Les matières que les fleuves portent dans la mer, et qui s'y déposent à une grande profondeur et dans des lieux tranquilles, y sont vraisemblablement pour toujours. Mais il n'en est pas de même des sables qui restent près des côtes, sur un bas fond : tantôt ils sont repris et conduits par les courants littoraux, qui ne les abandonnent que dans les anses et dans les lieux où la mer est calme ; tantôt les vagues s'en chargent, les portent, et les abandonnent en partie sur le rivage. C'est ainsi que se forment les atterrissements ou alluvions qui, en allongeant certaines plages, font reculer la mer, et semblent en faire baisser le niveau. Tout le monde sait que la Méditerranée est actuellement à plus d'une lieue (5000 mètres) d'Aigues-Mortes en Provence, où Saint-Louis s'embarqua en 1269. Ravenne, qui, du tems d'Auguste, s'avançait dans la mer, en est maintenant à une lieue : et le sort de cette ville, dont l'ancienne position était pareille à celle que nous

(1) *Volney, la Rochefoucault.*
(2) *Voyage de lord Macartney en Chine.*

présente Venise, semble annoncer celui qui attend infailliblement cette dernière cité. Des observations faites sur les côtes de Languedoc, par les ingénieurs chargés d'y prévenir l'ensablement des ports, constatent d'une manière précise l'accroissement des alluvions sur ces côtes : il change peu-à-peu les lagunes en marais, et les marais en terres cultivables : une redoute faite à l'embouchure de l'Hérault, en 1609, était, en 1783, à 200 mètres du rivage, ce qui donne un accroissement moyen de 1,9 mètre par an ; une batterie élevée, en 1746, à 30 mètres de la mer, en était à 118 mètres, trente-sept ans après; et par conséquent, l'accroissement était de 2,1 mètres (1).

Les bords de l'Océan présentent des faits analogues : M. Fleuriau de Bellevue m'a assuré qu'il se déposait annuellement, sur une partie du golfe qui est au nord de la Rochelle, une bande de terrain d'alluvion ayant jusqu'à 40 mètres de large. Nous parlerons, dans la seconde partie de cet ouvrage, des atterrissements si remarquables qui ont lieu sur les côtes de la Hollande et de la basse Allemagne.

Il faut observer que les faits que nous venons de rapporter ne sont que locaux, et que sur plusieurs plages, les mers, au lieu d'y produire de nouvelles alluvions, semblent, au contraire, y détruire celles qui y étaient déjà.

(1) Mercadier, *Sur les ensablements du port de Cette.*

ACTION CHIMIQUE.

Sur les continents.

§ 52. Afin de mettre à même de juger des formations que l'eau peut opérer par son action chimique, c'est-à-dire par les substances minérales qu'elle tient en dissolution, nous allons rapporter quelques-unes de celles que nous lui voyons produire sur la surface des continents, et, en quelque sorte, sous nos yeux.

1° Toutes les grottes et cavernes dans les montagnes calcaires nous présentent des stalactites et autres concrétions que l'on voit naître et grossir peu-à-peu. L'eau qui s'infiltre dans la roche, au-dessus de la grotte, s'y charge de carbonate de chaux, vraisemblablement par suite de l'acide carbonique qu'elle contient. Lorsqu'une goutte de cette eau, conduite le plus souvent par quelque fissure, arrive à la voûte de la caverne, et qu'elle y reste suspendue quelque tems, l'acide gazeux s'évapore, les molécules abandonnées se portent sur les bords de la goutte, et lorsque celle-ci est entièrement évaporée, il reste sur la voûte comme un petit cercle formé par les molécules délaissées. Les gouttes subséquentes augmentent et allongent le premier précipité; et, au bout d'un certain tems, il se forme ainsi un cône plus ou moins considérable et suspendu par sa base à la voûte. Il est souvent percé dans son axe par suite du mode de formation indiqué; par suite du même mode, de nouvelles molécules vont s'appliquer contre les anciennes, en se disposant suivant les lois de la cristallisation, de manière à former des lames et masses d'un vrai spath calcaire. Si le cône, ou la *stalactite*, continue à croître, et que son sommet atteigne le sol, elle pourra former, par son grossissement, un de ces piliers ou colonnes mentionnées dans presque toutes les descriptions de grottes. Le grossissement peut même aller quelquefois jusqu'à obstruer et remplir entièrement la caverne. Si les gouttes d'eau, au lieu de rester suspendues à la voûte, et d'y déposer les molécules calcaires, étaient de suite tombées sur le sol, en y abandonnant ces molécules, elles auraient produit ces *stalagmites* et ces autres concrétions dont les formes sont souvent si extraordinaires.

Les sources qui tiennent en dissolution une quantité notable de carbonate calcaire, lorsqu'elles coulent en plein air, laissent échapper l'acide carbonique qui servait d'intermédiaire pour opérer la dissolution; elles abandonnent le carbonate sur leur lit et sur leurs bords, qu'elles revêtent ainsi d'une incrustation pierreuse dont le volume est quelquefois très-considérable, et s'élève même au-dessus de leur cours ordinaire. C'est ainsi que la fontaine de Saint-Allire, près de Clermont en Auvergne, dont les eaux sont claires et limpides, a formé un pont qui avait, en 1754, cent pas de long, huit à neuf pieds d'épaisseur à sa base, et vingt à vingt-quatre pouces dans sa partie supérieure (1). Les eaux chargées de carbonate, que l'on conduit dans des tuyaux, finiraient par les obstruer de leurs dépôts, si l'on n'avait le soin de les enlever de tems à autre : dans une mine d'Angleterre, un conduit, ayant environ huit pouces de large sur quatre de hauteur, fut bouché et rempli d'une sorte de marbre en moins de trois ans (2).

Si des eaux, ainsi chargées de carbonate calcaire, se répandent sur un terrain plat, elles pourront y former une couche de pierre, qui sera quelquefois propre à nos constructions : tel est le *travertino* des environs de Rome. Si ce terrain était couvert de plantes, d'herbes, etc., le sédiment envelopperait ces substances ; et si elles venaient ensuite à se décomposer et à se détruire, la masse pierreuse serait poreuse et comme cariée ; ce serait un *tuf calcaire.* Nous parlerons, dans la suite de cet ouvrage, de ces deux sortes de formations.

Les plantes et les figures d'animaux que l'on plonge dans des sources contenant beaucoup de carbonate, y sont bientôt recouvertes d'une incrustation qui leur donne l'aspect d'une plante ou d'un animal pétrifié. On a tiré partie de cette

---

(1) *Mémoires de l'Académie*, 1754.

(2) *Journal de physique*, tom. 13.

propriété dans quelques lieux, principalement aux bains de Saint-Philippe en Toscane : on y expose à l'action des eaux des moules de médailles, de bas reliefs, de vases, de statues, et au bout de quelques mois, ils sont remplis de l'albâtre calcaire le plus beau et la plus blanc (1).

Je citerai, comme un dernier exemple des concrétions calcaires, les *pisolithes* ou *dragées de Tivoli*, qui se forment naturellement dans les eaux de ces bains et de plusieurs autres endroits. Ces pisolithes sont, comme l'on sait, des masses formées de l'assemblage de petites boules de chaux carbonatée, à couches concentriques, ayant à leur centre un grain de sable ou un autre corps étranger. Werner, témoin de leur formation aux eaux de Carlsbad, en Bohême, rapporte que le bouillonnement de la source fait jouer, dans l'eau, les grains de sable; durant ce mouvement, ils se revêtent successivement de différentes couches calcaires, jusqu'à ce que, devenus trop pesants, ils restent au fond, s'agglutinent et forment des masses.

2° Le gypse, ou sulfate de chaux, est encore une des substances que nous voyons se former journellement sous nos yeux. Dans les tas de gangues et de minerais pauvres que l'on jette près de l'entrée des mines, j'ai souvent vu de

---

(1) *Journal de physique*, tom. 7.

petits cristaux de ce minéral : les parties pyriteuses qui étaient dans le tas, s'étaient décomposées ; il en était résulté de l'acide sulfurique, lequel se portant sur la chaux existant dans ce même tas, avait formé ces cristaux. Ceux que l'on trouve fréquemment dans les terrains de transport, n'ont pas une origine différente : j'en dirai autant du sulfate qui existe, en parties imperceptibles, dans un très-grand nombre de ces terrains, et qui donne la qualité séléniteuse aux eaux des puits qu'on y creuse.

3° Des minéraux même sur lesquels l'eau ne nous paraît avoir aucune action, ont été et sont encore formés par son intermédiaire : tel est entre autres le quartz. J'ai vu, sur des fragments d'un bois fossile peu altéré, brun noirâtre, de jolies rosettes de cristaux de quartz bien prononcées, ayant six à sept lignes de long, et dont la surface portait comme un enduit calcédonieux : voilà incontestablement une formation de quartz cristallin bien récente ; car, je le répète, les bois qui portaient les cristaux, étaient plutôt un bois demi-pouri, qu'un vrai lignite. Je citerai encore comme exemple des formations quartzeuses récentes, quelque extraordinaire qu'il me paraisse, celui d'un silex d'environ neuf pouces de long et quatre de large, trouvé en 1812, en bêchant un jardin, qui, étant cassé, présentait, dans une cavité cylindrique, une vingtaine de petites pièces d'argent, dont les plus anciennes n'étaient que du seizième siècle (1). Les eaux des Geysers en Islande (voy. § 17 et 71) produisent des concrétions siliceuses exactement semblables aux concrétions calcaires dont nous avons parlé.

4° Les globules de pyrites, à rayons divergents et terminés quelquefois en cristaux à leur extrémité, que l'on trouve fréquemment dans les tourbières, et dans des terrains aussi nouveaux, sont un témoin irrécusable des formations métalliques opérées de nos jours par l'action de l'eau.

5° Je ne parlerai pas ici des minerais de fer limoneux qui se produisent encore journellement dans plusieurs de nos marais ; ni des sels qui se trouvent et peut-être même qui se forment dans les steps de la Sibérie, dans les déserts de l'Arabie, etc. : nous traiterons de cet objet au chapitre des *terrains de transport*, dans la seconde partie.

Je n'ai voulu donner ici que des exemples de formations produites, pour ainsi dire, en notre présence, par les eaux. Car, d'ailleurs, personne ne doute que les pierres calcaires contenant des coquilles, les couches marneuses portant des empreintes de poissons, les couches de houille remplies de plantes aquatiques, etc., n'aient été formées dans leur sein (voyez note III).

Formations dans les mers.

§ 53. L'intérieur des mers étant entièrement

(1) *Journal des mines*, n° 23.

dérobé à nos observations, nous ne pouvons avoir aucune notion sur les formations qui s'y font ou qui peuvent s'y faire; rien même ne nous apprend positivement qu'il s'y en opère quelqu'une. Cependant quelques faits semblent nous indiquer que, dans certains lieux et dans des circonstances favorables, il peut se faire quelques produits analogues à celles de nos masses minérales. Par exemple, lorsque dans la mer du Sud on voit de petites îles formées de couches calcaires entrelacées de coraux absolument semblables à ceux qui vivent sous l'eau, à quelques mètres plus bas, il est bien difficile de ne pas croire que ces couches ont été produites par cette même mer au-dessus de laquelle elles s'élèvent aujourd'hui. Bien des analogies semblent indiquer que plusieurs de nos calcaires coquilliers ont été déposés dans des mers peu différentes des mers actuelles. Pour terminer par un fait positif, je citerai un grès que Saussure et Spallanzani ont, en quelque sorte, vu se produire sous leurs yeux. « J'ai vu, dit Saussure, au » bord de la mer, sur le phare de Messine, auprès » du gouffre de Carybde, des sables qui sont » mobiles dans le moment où les flots les amon» cèlent sur les bords; mais qui, par le moyen » du suc calcaire que la mer y infiltre, se durcis» sent graduellement au point de servir à des » pierres meulières : ce fait est connu à Messine; » on ne cesse de lever des pierres sur les bords,

» sans qu'elles s'épuisent, ni que le rivage s'a-
» baisse ; les vagues rejettent du sable dans les
» vides; et, en peu d'années, ce sable s'agglutine
» si bien, qu'on ne peut plus distinguer les pierres
» de formation nouvelle avec celles qui sont les
» plus anciennes (*Sauss.* § 305). »

Art. II. *Des agents intérieurs.*

Les agents que le globe recèle dans son sein, et dont l'existence s'est manifestée à sa surface, ne nous sont connus que par les phénomènes des *volcans* et des *tremblements de terre.* Nous allons traiter, dans cet article, de ces deux sortes de phénomènes, et nous nous permettrons ensuite quelques observations sur leurs causes. Nous examinerons, dans la seconde section de ce chapitre, les changements qu'ils opèrent ou qu'ils peuvent avoir opérés à la superficie de la terre.

a) Des volcans et des phénomènes volcaniques.

Les volcans, ainsi que l'on sait, sont des ouvertures dans l'écorce du globe, d'où il sort, de tems en tems des jets de substances embrasées et des courants de matières fondues qui portent le nom de *laves.* Ces ouvertures sont presque toujours sur le sommet de montagnes isolées; elles ont la forme d'un entonnoir, et prennent le nom de *cratère.*

Après avoir jeté un simple coup-d'œil sur les

volcans, principalement sous le rapport de leur position, nous passerons à l'examen de divers phénomènes qu ils présentent : ce sera en quelque sorte la *physique des volcans.* La nature et la composition minéralogique des terrains volcaniques seront l objet d un chapitre particulier dans la seconde partie de cet ouvrage.

Position des volcans. § 54. L'Europe ne nous présente que peu de *volcans brûlants.* Sur les côtes de la Sicile, nous voyons l *Etna* s élever comme un colosse jusqu'à une hauteur de 3400 mètres. En face, sur la côte d'Italie, nous avons le *Vésuve* qui n'atteint guère que le tiers de cette élévation : entre eux, dans les îles Lipari, nous trouvons le petit volcan de *Stromboli,* et les anciens volcans de *Vulcano* et *Vulcanello*, qui fument encore. Les îles de l'Archipel, à *Milo* et à *Santorin,* nous montrent également des montagnes que nos pères ont vues produire de terribles phénomènes ignés. Au nord, l'Islande, au milieu de ses neiges, nous présente l'*Hécla,* qui s'élève à environ 1200 mètres, et cinq autres volcans : il paraît qu'il en existe un, plus au nord encore, au milieu des glaces du Groënland.

Le continent de l'Asie ne nous en montrera qu'un bien petit nombre : à peine en compte-t-on trois ou quatre sur ses côtes méridionales ou sur les bords de la mer Caspienne ; il n en existe point dans sa partie septentrionale ; à l'orient, la presqu'île de Kamtschatka en renferme cinq ou six ; mais c'est dans les îles qui entourent ce continent que leur nombre est considérable ; il s'élève à plus de cent. Les îles qui bordent l'Afrique, telles que l'île Bourbon, Madagascar, les îles du cap Vert, les Canaries, les Acores, en renferment encore plusieurs.

En Amérique, abstraction faite de ceux des Antilles, nous les verrons en très-grande partie, dans une position bien remarquable, sur le dos de cette grande Cordilière qui, semblable à une immense digue ou terrasse très-élevée, borde la partie occidentale de ce nouveau continent. Ce ne sera pas seulement par leur position, mais encore par leur forme colossale, par la nature des masses qui les constituent, et par celle de leurs produits, que plusieurs d'entre eux seront vraiment remarquables ; il n'en sortira plus ou presque plus de torrents de feu, mais des fleuves d'eau et de boue. Le nombre total des volcans de l'Amérique est d'environ cinquante ; ils y sont comme par groupes ; le royaume de Guatimala en présente une vingtaine, parmi lesquels le *Guatimala* s'élève à 4600 mètres ; dans le Mexique, nous en verrons six, au nombre desquels est le fameux et moderne volcan de *Jorullo :* mais c'est dans le Pérou que sont les plus considérables, il y en a sept, parmi lesquels nous citerons le *Pichincha*, élevé de près de cinq mille mètres, le

Cotopaxi qui s'élève à 5750 mètres, et l'*Antisana* qui en atteint six mille.

En définitive, M. Ordinaire compte 205 volcans brûlants : 107 sont dans des îles, et les 98 autres sont sur les continents, mais le long des côtes. Les plus éloignés de la mer sont ceux de l'Amérique : au Pérou, ils en sont à une trentaine de lieues; et celui de *Popocatepec*, près de Mexico, qui d'ailleurs n'est plus qu'un volcan fumant, en est à 56.

Cette position de tous les volcans en activité au voisinage de la mer est un fait bien digne de remarque; il le devient encore davantage, lorsqu'on observe qu'il y a des *volcans sous-marins* brûlant dans le sein des eaux; les îlots et les phénomènes que nous leur avons vu produire à Santorin, sur les côtes de l'Islande, aux Açores, etc. (1), ne laissent aucun doute sur leur existence.

Indépendamment des volcans en activité, l'intérieur de nos continents renferme un grand nombre de *volcans éteints*, mais qui présentent encore leur forme primitive, ou des restes incontestables de cette forme. Peut-être aucun pays n'en présente plus que la France, et n'est plus intéressant sous ce rapport : il y en a plus de cent dans l'Auvergne, le Vivarais et les Cevennes : ce sont de petites montagnes coniques composées

(1) Voyez la note VIII.

de laves, de scories, de pierres volcaniques entassées les unes sur les autres ; plusieurs présentent un cratère plus ou moins bien conservé ; et quelquefois on voit comme sortir de leur pied des laves qui s'étendent à plusieurs milliers de mètres de distance, et qui ont parfaitement conservé la forme de courant : la matière qui les constitue est noire, fuligineuse, en partie scorifiée et en partie compacte (1).

Nous remarquerons encore que les volcans de ces diverses espèces ne sont jamais ou presque jamais isolés : ils sont réunis par groupes. Nous venons de voir qu'il en était ainsi de ceux de l'Amérique ; il en est de même de ceux de l'Asie et des divers archipels : l'Europe, en Islande, dans l'Italie méridionale et dans les îles de la Grèce, présente trois de ces groupes de la manière la plus distincte. Quelquefois les volcans, réunis à la suite les uns des autres, dans un même alignement, présentent comme une traînée : j'en ai signalé une bien remarquable parmi les volcans éteints des environs du Puy-de-Dôme. M. de Humboldt a observé une pareille disposition dans plusieurs de ceux de l'Amérique.

Idée générale des phénomènes volcaniques.

§ 55. Les volcans ne lancent pas des feux continuels; il n'en sort pas toujours des laves : ils restent

(1) Voyez la description que j'ai donnée de ceux de l'Auvergne, dans le *Journal de physique*, tom. 58.

des siècles entiers dans l'inaction et comme dans le sommeil. Le Vésuve était éteint depuis un tems immémorial, lorsque, sortant de sa longue léthargie, il se ralluma tout-à-coup, sous le règne de Titus, et ensevelit les villes de Pompéia, d'Herculanum et de Stabies sous les produits de ses déjections : il s'assoupit de nouveau à la fin du quinzième siècle ; et lorsqu'en 1630 il reprit son action, sa cime était habitée et couverte de grands bois. Les habitants de Catane regardaient comme des fables ce que l'histoire rapportait des éruptions de l'Etna, lorsque leur ville fut ravagée et en partie détruite par les feux de ce volcan.

Les mugissements et les bruits souterrains, l'apparition ou l'augmentation de la fumée qui sort du cratère, sont ordinairement les premiers symptômes des crises volcaniques. Bientôt le bruit devient plus fort, la terre tremble, elle éprouve des secousses, et tout annonce qu'elle est en travail ; la fumée redouble, elle s'épaissit, et se mélange de cendres ; lorsque l'air est tranquille, on la voit s'élever, sous la forme d'une immense colonne, jusqu'à une très-grande hauteur ; là, se trouvant dans un air plus rare, elle cesse de monter ; sa partie supérieure, en se dilatant, forme comme une cime touffue et épanouie, placée sur une tige élancée (1). D'autres fois, la fumée se

(1) *Cujus similitudinem et formam non alia magis arbor quàm*

disperse dans les airs ; elle y forme d'immenses et épais nuages qui obscurcissent le jour, et qui couvrent de ténèbres toute la contrée d'alentour. Ces colonnes et ces nuages sont souvent traversés par d'énormes jets de sables embrasés, semblables à des flammes, et qui s'élèvent à des hauteurs extraordinaires ; quelquefois ils sont sillonnés par les éclairs, et paraissent lancer la foudre de toutes parts. Bientôt arrivent des projections de pierres incandescentes et de masses en fusion : ce sont comme d'immenses gerbes d'artifice qui se succèdent les unes aux autres, à des intervalles plus ou moins distants ; elles sortent du volcan avec une explosion souvent très-forte ; elles s'élèvent dans l'air en s'épanouissant, et retombent tout à l'entour de la bouche volcanique sous forme d'une pluie de cendre et d'une grêle de scories ou de pierres.

Cependant les secousses et les tremblements continuent et redoublent ; au milieu de ces convulsions, et dans ces accès, la matière fondue qui remplissait les fournaises souterraines, déjà portée dans l'intérieur de la montagne, y est soulevée ; elle y monte jusque dans le cratère, elle le remplit, et débordant par-dessus la partie la moins élevée de cette énorme coupe, elle se répand

---

pinus expressit, dit Pline le jeune, témoin de la première éruption du Vésuve, éruption qui causa la mort de son oncle.

sur les flancs du volcan; elle y descend tantôt avec une vitesse extrême, tantôt, et plus souvent, comme un fleuve majestueux qui roule tranquillement ses paisibles ondes. Très-fréquemment, lorsque la lave s'élève, les parois qui la contiennent, ne pouvant résister à son immense pression ou à sa chaleur, cèdent et s'entr'ouvrent : elle jaillit et sort comme un torrent impétueux par cette nouvelle issue; des fleuves et des torrents de feu gagnent le pied de la montagne ; ils se répandent sur le sol voisin, en entraînant ou brûlant tout ce qui se trouve sur leur passage, en franchissant ou renversant tous les obstacles qui s'opposent à leur cours; ils ne semblent respecter que les lois du mouvement en vertu desquelles les fluides se portent successivement sur des niveaux de moins en moins élevés.

On dirait que, dans ces terribles moments, la nature a voulu montrer à l'homme et mettre en activité tous ses moyens de dévastation. Au milieu des torrents de feu, d'énormes courants d'eau et de boue sortiront quelquefois des volcans; et des déluges tombant de l'atmosphère, viendront augmenter le ravage, dévaster des champs que les laves avaient épargnés, et porter la désolation dans des lieux qui s'estimaient déjà heureux d'avoir échappé aux fléaux de l'éruption. Des gaz méphitiques, des exhalaisons malfaisantes se répandront quelquefois dans des lieux enfoncés ; ils y feront périr les animaux, ils y détruiront toute végétation, et ils y mettront le comble au malheur et à la misère.

Après l'émission des laves, la terre semble débarrassée du mal qui la tourmentait ; les tremblements cessent, les explosions et les déjections diminuent pendant quelque tems, et le volcan jouit d'un instant de repos : mais bientôt un nouvel accès vient reproduire, et souvent d'une manière plus terrible encore, les mêmes phénomènes ; et cet état de choses se continue pendant un tems plus ou moins considérable. Enfin la crise cesse, et le volcan reprend définitivement sa tranquillité primitive.

Examinons avec quelque détail ce que chacun des phénomènes que nous venons de signaler présente de plus remarquable. Nous traiterons successivement des produits des *déjections*, c'est-à-dire des matières lancées par les volcans dans l'atmosphère, et des produits des *éruptions* ou des laves qu'ils versent au dehors.

§ 56. Les énormes colonnes de fumée qu'on voit sortir du cratère, quelquefois avec une rapidité extraordinaire, sont principalement composées de vapeur aqueuse. Cette vapeur est habituellement chargée de quelques substances gazeuses, et particulièrement de gaz hydrogène, quelquefois aussi de gaz acide carbonique : sou- DÉJECTIONS. Fumée.

vent encore elle est acide ; ordinairement c'est de l'acide sulfureux, mais fréquemment aussi, et sur-tout au Vésuve, c'est de l'acide muriatique. Quelquefois la fumée des volcans est noire et fuligineuse : MM. de Humboldt, de Buch et Gay-Lussac, étant sur les bords du cratère du Vésuve, en 1805, furent frappés de l'odeur asphaltique des bouffées de fumée qui les enveloppaient de tems à autre (1) ; mais communément elle est blanchâtre et contient une très-grande quantité de cendres volcaniques.

Cendres. § 57. Ces cendres, qui ne paraissent être que la substance même des laves réduite à son terme extrême de division mécanique, sont formées de particules pulvérulentes de couleur grise, d'une finesse extraordinaire, et faisant pâte avec l'eau; elles sont toujours mêlées d'une plus ou moins grande quantité de sable, ce qui leur donne la couleur noirâtre qu'elles présentent quelquefois.

Les torrents de gaz et de vapeur qui sortent des cratères, les entraînent avec eux, les portent dans l'atmosphère, où elles forment d'immenses nuages, quelquefois assez épais pour dérober aux contrées voisines la lumière du jour. Dans l'éruption de l'Hécla, en 1766, de pareils nuages produisirent une telle obscurité, qu'à Glaumba, distant de plus de cinquante lieues de la

---

(1) *Bibliothèque britannique*, tom. 30.

montagne, on ne pouvait se conduire qu'à tâtons (1). Lors de l'éruption du Vésuve, en 1794, à Caserte, et par conséquent à quatre lieues, on ne pouvait marcher qu'à la lueur des flambeaux (2). Le 1er mai 1812, un nuage de cendres et de sables volcaniques, venant d'un volcan de l'île Saint-Vincent, couvrit toute la Barbade, et y répandit une obscurité si profonde qu'à midi, en plein air, on ne pouvait apercevoir les arbres et autres objets près desquels on était, pas même un mouchoir blanc placé à six pouces des yeux (3).

La distance à laquelle les matières qui forment ces sortes de nuages est portée par les vents et les courants de l'atmosphère est vraiment extraordinaire : il y a plus de vingt lieues de Saint-Vincent à la Barbade ; il y en a cinquante de l'Hécla à Glaumba. Procope rapporte qu'en 472 les cendres du Vésuve furent portées jusqu'à Constantinople, c'est-à-dire à deux cent cinquante lieues ; mais ce qui est plus positif, c'est qu'en 1794 elles enveloppèrent de nuages épais le fond de la Calabre, situé à cinquante lieues de distance : un grand nombre de relations portent à plus de cent lieues celles qui sont lancées par des volcans de l'Asie et de l'Amérique.

Ces pluies produisent, dans les pays où elles

---

(1) Olaffen's, *Reise durch Island.*

(2) Breislak, *Voyages dans la Campanie.*

(3) *Annales de physique et de chimie*, octobre 1818.

tombent, des couches terreuses souvent fort épaisses, qui, tassées et pénétrées par l'eau, forment les *tufs volcaniques* dont nous traiterons dans la seconde partie de cet ouvrage.

Sables volcaniques. § 58. Les sables volcaniques sont de très-petites portions de la matière des laves qui, lancées sous forme de gouttelettes dans l'air, s'y sont figées : ce ne sont que de très-petites scories, ou des fragments des scories ordinaires; ils sont, en outre, mêlés de beaucoup de petits cristaux d'augite et de feldspath, ou de fragments de ces cristaux.

La quantité que les volcans en rejettent est immense : ils forment la majeure partie des déjections et de la masse principale de plusieurs montagnes volcaniques, de l'Etna, par exemple, suivant Dolomieu. Les plus ténus se mêlent avec les cendres et font partie des nuages dont nous avons parlé dans le paragraphe précédent.

Scories. § 59. Les scories sont également des portions de la matière fondue dans les fournaises volcaniques et qui s'est élevée jusqu'au cratère : les gaz qui viennent de ces fournaises, traversant le bain de lave avec une vitesse et une force extraordinaires, en entraînent quelques parties, et les emportent avec eux dans l'atmosphère. Elles s'y divisent encore, par suite de la résistance que l'air leur fait éprouver; et, en s'y figeant, elles prennent l'aspect boursouflé et haché qu'ont si souvent les scories de nos forges, ou que présentent le plomb et l'étain qu'on a jetés fondus dans de l'eau. Quelquefois le bain de matière en fusion, qui est dans le cratère ou dans le volcan, s'était déjà figé à sa superficie, et il s'était recouvert d'une croûte plus ou moins épaisse; les gaz, en se dégageant, la rompent et lancent les fragments dans l'atmosphère; ils y portent également les scories et les cristaux qui pouvaient s'être déjà formés dans le bain.

Lorsque la matière des laves est lancée à l'état de mollesse, et c'est ce qui a lieu le plus souvent, il lui arrive quelquefois, en se figeant dans l'air, de prendre la forme de gouttes, de larmes et de sphéroïdes allongés, auxquels on a donné le nom de *bombes volcaniques;* les volcans éteints de l'Auvergne m'en ont présenté une très-grande quantité, leur surface était lisse et l'intérieur était poreux. Souvent les scories sont encore molles lorsqu'elles tombent sur les flancs de la montagne, et elles s'aplatissent par l'effet de leur chute : M. de Buch, étant sur le Vésuve en 1805, voyait des gerbes de matières embrasées sortir, par intervalles, d'une petite bouche; elles retombaient en larmes encore incandescentes, qu'on pouvait pétrir et mouler aisément.

Les scories sont accompagnées d'une grande quantité de cristaux, principalement d'augite.

Pierres non fondues.

§ 60. Les volcans lancent quelquefois des pierres dont plusieurs ne portent aucun indice de fusion : ce sont vraisemblablement des fragments des roches qui forment les parois des cavités intérieures ; ils auront été arrachés et projetés par quelque courant de fluides élastiques. C'est ainsi que sur le Vésuve on trouve un grand nombre de fragments de calcaire grenu et de roches micacées, rejetés par le volcan, et ne portant pas le moindre indice d'altération.

Force de projection des volcans.

§ 61. Quelle est donc l'intensité de cette force qui *projecte* une si grande quantité de matières à une si grande hauteur ? J'ai voulu la déterminer : à cet effet, j'ai cherché, dans les diverses relations d'éruptions volcaniques, les hauteurs ou les distances auxquelles pouvaient avoir été portées des masses d'une grandeur connue ; mais je n'ai rien trouvé d'assez précis à cet égard : il est d'ailleurs d'autres données nécessaires à la solution du problème, telles que le point d'où les masses ont été lancées, l'angle sous lequel elles l'ont été, etc., sur lesquelles il nous est impossible d'avoir des documents positifs. Cependant, en prenant les faits les plus précis que j'ai trouvés, en y ajoutant les suppositions qui, dans les limites de la vraisemblance, devaient donner la plus grande vitesse de projection, et en y appliquant les formules les plus exactes de la balistique, je n'ai pas trouvé que cette plus grande vitesse, pour le Vésuve et l'Etna, fût égale à celle qu'ont les boulets au sortir de nos canons, vitesse qui est de quatre à cinq cents mètres par seconde.

Les plus grands effets de la projection du Vésuve, sous le rapport de la vitesse, consistent, peut-être, en de grosses pierres lancées, dit-on, à une hauteur égale à la sienne, c'est-à-dire à 1200 mètres au-dessus du cratère. Le gigantesque Cotopaxi a porté à trois lieues de distance un quartier de roche d'environ cent mètres cubes (1).

Si le pic de Ténériffe, dont la hauteur au-dessus de l'Océan est de 3700 mètres, versait des laves par-dessus le cratère, la force qui souleverait la colonne, à partir du niveau de la mer, équivaudrait à mille fois la pression de l'atmosphère ; et si une ouverture s'opérait dans le volcan, à ce niveau, la lave, ainsi que les pierres et les corps qu'elle pousserait devant elle, en sortiraient avec une vitesse de 270 mètres par seconde.

DES ÉRUPTIONS OU DES LAVES.

Tous les phénomènes qui produisent et accompagnent la formation des laves, ainsi que leur élévation dans les montagnes volcaniques, étant entièrement dérobés à nos observations, nous aurons simplement à considérer les faits que les laves nous présentent sur les montagnes volcaniques et sur les terrains où elles se répandent.

De la lav dans la mon tagre volca nique.

§ 62. L'impossibilité de voir la lave lorsqu elle

(1) La Condamine, *Voyage à l'équateur.*

est rentrée dans les foyers volcaniques, et le danger d'approcher des cratères lorsqu'elle s'y élève au milieu des tourmentes, rendent extrêmement rares, et par conséquent extremement précieuses le peu d'observations faites sur leur matière en fusion, lorsqu'elle est encore dans l'intérieur de la montagne. Je cite quelques-unes de ces observations.

Dans l éruption du Vésuve de 1753, on vit dans la partie inférieure du cratère une matière liquide et incandescente, entièrement semblable à celle d'un métal fondu dans nos fourneaux: elle bouillonnait continuellement et avec violence, et présentait l'aspect d'un lac médiocrement agité. De moment en moment, il s'élançait, du milieu, de gros jets de cette même matière, qui s'élevaient jusqu'à trente ou quarante pieds, s'y épanouissaient et retombaient sous différents arcs.

Spallanzani étant monté, en 1788, à la cime de l'Etna, dans un moment où le volcan était entièrement tranquille, put entrer dans le cratère: au fond, il vit une ouverture d'une trentaine de pieds, d'où il s'élevait perpendiculairement une colonne de fumée très-blanche, qui pouvait avoir une vingtaine de pieds de diamètre dans sa partie inférieure. S'étant approché du bord, dans le tems où la colonne était poussée par le vent dans un sens opposé, il apercut, au fond de l'ouverture, une matière liquide, embrasée, qui avait un mouvement d'ébullition très-léger ; on la voyait descendre et monter presque jusqu'au point le plus bas du cratère : c'était de la lave. Les pierres qu'on y jetait faisaient entendre un bruit pareil à celui qu'elles auraient produit si elles étaient tombées sur une pâte.

Le même observateur, se trouvant sur le sommet de Stromboli, fut assez heureux pour y bien voir les mouvements de la lave qui remplissait alors le cratère. Elle ressemblait à du bronze fondu ; elle s'abaissait et s'élevait par des oscillations continuelles, dont les plus grandes n'étaient pas de vingt pieds. Lorsqu'elle arrivait à vingt-cinq ou trente pieds des bords supérieurs du cratère, sa surface se gonflait; il s'y formait de grosses bulles qui avaient souvent quelques pieds de diamètre, et qui, en éclatant, faisaient un bruit assez semblable à celui d'un coup de tonnerre qui ne se répéterait pas. Au moment de l'explosion, une masse de lave, divisée en mille morceaux, s'élançait avec une vitesse inexprimable, en jetant beaucoup de fumée et d'étincelles. De suite après, la lave baissait, puis elle remontait, et produisait une nouvelle explosion et un nouveau jet, ainsi continuellement. Elle descendait en silence ; mais lorsqu'elle remontait et qu'elle commençait à se tuméfier, elle faisait entendre un bruissement pareil à celui d'un liquide qui s'extravase par l'effet d'une forte ébullition (1). Cet intéressant détail fait évidemment voir que l'ascension de la lave, ses explosions et ses jets ne sont qu'un effet de la production et du dégagement de fluides élastiques.

Sortie et marche des laves.

§ 63. Quelque prodigieuse que soit la force de ces fluides, elle l'est rarement assez, dans les grands volcans, pour élever la lave jusqu'à leur cime, ou plutôt les flancs de la montagne n'offrent pas, à cette longue et pesante colonne de pierres fondues, une résistance suffisante pour la contenir ; elle presse ou fond les parois qui l'entourent, et elle se fait ainsi une ouverture par où elle sort avec une rapidité extraordinaire; sa surface est alors nette, incandescente, et pareille à celle d'un métal ou d'un verre fondu. A aucune des époques qui nous sont connues, le pic de Ténériffe et les grands volcans d'Amérique n'ont versé de lave par leur cratère ; et sur dix éruptions de l'Etna, neuf se font par le flanc de la montagne. Mais il n'en est pas de même du Vésuve et des volcans encore plus petits : habituellement, la lave en sort en débordant par-dessus le cratère, et couverte de scories qui nagent à sa surface; sa couleur est d'un rouge brun, et son mouvement se fait avec lenteur.

En descendant le long des flancs de la montagne, les courants se creusent un lit dans les

(1) Spallanzani, *Voyages dans les Deux-Siciles*, ch. VIII et X.

sables qu'ils traversent ; ils entraînent une partie des scories qui se trouvent sur leur passage. Arrivés au pied, leur vitesse se ralentit, ils s'étendent en largeur ou se divisent en plusieurs branches, suivant la nature et la pente du terrain sur lequel ils coulent.

D'après les observations de Dolomieu, leur mouvement progressif se fait de deux manières ; tantôt la matière qui les constitue se roule sur elle-même, ce qui est au-dessus passant successivement au-dessous ; tantôt elle coule, comme sous un pont, sous une surface déjà figée. Si, dans ce dernier cas, la source tarit, et que la lave fluide continue à descendre, l'espace recouvert par cette surface ou cette voûte présentera l'image d'une longue galerie : plus souvent encore, la matière, au lieu de tarir, augmente ; alors le courant s'enfle, il soulève la voûte, il la brise et en emporte les débris.

Quelquefois les courants cheminent tranquillement en conservant une surface unie, sur laquelle on ne voit que de la fumée et quelques jets de flammes ; mais le plus souvent ils bouillonnent en s'avançant et lancent des éclaboussures de tous côtés ; leur surface se tuméfie, se couvre de grandes et nombreuses boursouflures ; ailleurs, de petits tourbillons y produisent des dépressions en entonnoir : si elle vient à se figer, dans cet état, elle forme une de ces croûtes raboteuses, hérissées et scorifiées que présentent la plupart des courants. L'intérieur, éprouvant moins d'agitation et étant soumis à une plus forte compression, est moins boursouflé ; les pores y sont plus petits et en moindre quantité, et cela d'une manière d'autant plus sensible qu'on s'enfonce davantage au-dessous de la surface. Très-souvent, et par suite du mouvement progressif, ces pores, ou plutôt ces cavités bulleuses, sont allongés dans le sens du courant, et leurs parois, après le refroidissement, sont lisses et comme émaillées.

Vitesse des courants.

§ 64. La vitesse avec laquelle se meuvent les courants de lave, présente les plus grandes variations, en faisant même abstraction de celle en vertu de laquelle la lave jaillit par les ouvertures qu'elle se fait sur les flancs de la montagne. La vitesse dépend de la pente du terrain sur lequel se fait le mouvement, ainsi que de la quantité et de la viscosité de la matière. Au Vésuve, M. de la Torre a vu des courants parcourir 800 mètres dans une heure : Hamilton en a observé un qui faisait 1800 mètres dans le même tems; l'éruption de 1776 en présenta un autre qui fit un trajet de plus de deux mille mètres en quatorze minutes. M. de Buch, témoin de l'éruption de 1805, vit un torrent s'élancer de la cime avec une rapidité extraordinaire ; en trois heures de tems, il fut près des bords de la mer, à plus de sept mille mètres, en ligne droite, du point de départ. Cet auteur observe que l'histoire du Vésuve offre à peine un exemple d'une pareille rapidité (1). Au reste, ceux que nous venons de citer présentent des vitesses extraordinaires, car, en général, les laves se meuvent lentement: celles de l'Etna, coulant sur un terrain incliné, passent pour aller vite, lorsqu'elles parcourent quatre cents mètres en une heure. Dans des terrains plats, elles emploient quelquefois des journées entières pour s'avancer de quelques pas : Dolomieu en cite une qui a mis deux ans pour parcourir 3800 mètres.

§ 65. Ce peu de vitesse des laves provient principalement de leur viscosité. Quelquefois, à la sortie du volcan, leur fluidité paraît semblable à celle d'une eau jaillissant à travers une petite ouverture; mais bientôt elle se perd, et la matière devient d'une viscosité et d'une ténacité extraordinaires. De très-grosses pierres, lancées par Spallanzani sur une lave en mouvement, n'y produisaient presque aucune dépression : Hamilton avait de la peine à enfoncer un bâton dans la lave de 1765; et il a traversé un courant qui avait une vingtaine de pas de large, et qui coulait encore, lentement à la vérité. Viscosité des laves.

Au reste, il faut observer que, dans ces cas,

(1) *Bibliothèque britannique*, tom. 30.

le courant est réellement recouvert d'une croute de matière plus ou moins épaissie et plus ou moins figée : à travers ses crevasses, on voit couler dessous la lave fluide et incandescente, et elle sort en jets si on perce la croûte.

Cette qualité pâteuse des laves fait que leurs courants conservent souvent sur leurs bords une grande épaisseur ; il n'est pas rare qu'elle soit de huit et dix mètres ; elle était de trente sur quelques parties du grand courant qui ravagea une partie de l'Islande en 1783.

Lenteur du refroidissement.

§ 66. La lenteur avec laquelle les laves se refroidissent n'est pas moins remarquable que celle avec laquelle elles se meuvent. Si leur surface perd bientôt sa fluidité et sa haute température, il n'en est pas de même de leur intérieur : la chaleur s'y concentre et s'y conserve pendant des années entières. On cite des courants qui coulaient encore dix ans après leur sortie du cratère ; des laves fumaient encore sur l'Etna vingt-six ans après l'éruption. En traversant, sur cette montagne, une lave qui ne coulait plus depuis onze mois, Spallanzani vit, à travers les gerçures de sa surface, qu'elle était encore rouge : et un bâton qu il y enfonça prit feu. Des morceaux de bois jetés, par Hamilton, dans les fentes d'une lave du Vésuve, sortie depuis trois ans et demi et éloignée de deux lieues du cratère, s'enflammèrent de suite.

§ 67. Quelques naturalistes, frappés du peu de chaleur que les courants de lave répandent autour d'eux, et ayant trouvé, dans leur masse, des substances que le feu de nos foyers détruit ou dénature promptement, et qui y étaient presque intactes, ont révoqué en doute leur grande chaleur. Ils ont même cru qu'elles renfermaient quelque principe de fluidité autre que le calorique : tel serait le soufre, dans l'opinion de Dolomieu. Chaleur des laves.

Mais nous avons déjà remarqué que c'est la croûte dont se revêtent bientôt les courants de lave, qui en intercepte la chaleur : car, au sortir du cratère, lorsque leur surface est nette et incandescente, elle répand tout à l'entour une chaleur très-considérable, et qui ne permet pas d'en approcher, sur-tout lorsqu'on est sous le vent. Cette prompte interception de la chaleur, par une écorce figée, n'a rien d'extraordinaire ; elle se voit tous les jours dans nos fonderies de plomb e t de cuivre : bientôt après que la matière fondue est passée du fourneau dans le bassin de réception, elle s'y couvre d'une croûte de quelques lignes d'épaisseur, qui arrête la chaleur au point que l'on passe à côté sans s'apercevoir qu'on est près d'un bassin rempli de pierres, de soufre et de métal fondus : mais à l'instant où l'on enlève cette croûte, la matière qui est au-dessous présente une surface ardente dont la chaleur oblige de s'éloigner à une distance considérable.

Les témoignages que l'on peut tirer des corps enveloppés par les laves, bien loin de prouver leur peu de chaleur, me paraissent indiquer qu'elles en ont une considérable. Les pierres à fusil enveloppées par le courant de lave qui détruisit *Torre del Greco* en 1794, ont été trouvées fondues ou vitrifiées à leur superficie ; des morceaux de fer malléable, retirés de ce même courant, avaient triplé de volume, et étaient, dans l'intérieur, cristallisés en octaèdres ; dans des fragments de métal de cloche et de laiton, le cuivre, l'étain et le zinc s'étaient séparés, etc. (1). Si des morceaux de pierre calcaire empâtés par les laves ont conservé leur acide carbonique, les expériences de Hall expliquent ce fait, et on n'en saurait rien inférer sur l'intensité de la chaleur. Il en est de même de morceaux de bois trouvés dans les courants et qui y sont simplement plus ou moins charbonnés.

L'homogénéité des laves et leur cristallisation sont des preuves certaines de la parfaite fusion de toutes les substances qui sont entrées dans leur composition, et par conséquent de l'intensité du feu des volcans.

Grandeur des courants.

§ 68. L'on ne peut rien dire de général sur la grandeur des courants de lave. Dans le même volcan elle présente les plus grandes variations ; et

(1) Breislak. *Voyages dans la Campanie*, tom. I, pag. 279.

d'un volcan à l'autre, elle est, en quelque sorte, proportionnée à la grandeur du volcan.

Le plus grand courant sorti du Vésuve, au rapport d'Hamilton, a environ quatorze mille mètres de long; celui de l'éruption de 1805 en avait huit mille; celui de 1794 avait en longueur 4200, en largeur de cent à quatre cents, et en épaisseur de huit à dix : celui qui sortit de l'Etna en 1787, avait un volume quatre fois plus considérable; et Dolomieu rapporte que ce volcan en a fourni un de plus de dix lieues de long. Mais le plus considérable de ceux qui me sont connus, est celui qui a couvert, en Islande, en 1783, une étendue de vingt lieues de long sur quatre de large.

Les courants, en s'entassant les uns sur les autres, autour des bouches volcaniques, et en s'y entremêlant avec les produits de leurs déjections, y forment les montagnes, dont ils sont comme la charpente.

Eruptions aqueuses et boueuses.

§ 69. Les histoires des éruptions volcaniques font trop souvent mention des torrents d'eau et de boue vomis par les volcans, et ce phénomène est trop extraordinaire, pour ne pas fixer notre attention pendant quelques instants.

M. Breislak remarque, au sujet de ces torrents, et avec beaucoup de raison, que la plupart d'entre eux, et en particulier ceux qu'on dit être sortis du Vésuve ou de l'Etna, ne sont dus qu'aux grandes averses qui ont souvent lieu dans les crises volcaniques, et dont nous parlerons dans peu. Leur eau, en se mêlant avec les cendres et les sables, aura formé des courants plus ou moins chargés de terre, qui seront descendus sur les flancs de la montagne, se seront répandus à son pied, et l'on aura présumé qu'ils avaient été vomis par le volcan.

Cependant, on trouve quelques récits assez positifs qui semblent indiquer qu'effectivement il est sorti de pareils torrents des bouches volcaniques. En 1751, par exemple, les magistrats du pays, dressant un procès verbal d'une éruption de l'Etna, disent qu'il en sortit un grand courant d'eau brûlante et salée, qui coula pendant un demi-quart d'heure : il était si considérable qu'ils lui donnèrent le nom de *Nilo d'aqua* (1). Dolomieu et Hamilton ont observé, sur les flancs de la même montagne, les traces d'un *épouvantable courant d'eau chaude qui sortit du grand cratère:* ce sont les propres expressions de la traduction française des *Campi phlegræi* (p. 49). Spallanzani, cet excellent observateur et appréciateur des phénomènes volcaniques, est porté à croire qu'une partie de tufs de l'Italie méridionale doivent leur origine à des éruptions boueuses.

Les volcans de l'Islande, de l'Amérique, etc., dont la cime s'élève au-dessus de la région des

---

(1) *Mémoires des savants étrangers*, tom. IV.

neiges inférieures, répandent souvent au tour d'eux des torrents qui inondent le pays et qui y font des ravages extraordinaires : les historiens les ont souvent donnés comme vomis par les cratères ; mais, presque toujours, ils doivent leur origine aux grands amas de neiges qui couvrent les cimes volcaniques, et qui sont fondus brusquement par la forte chaleur que répand le volcan en reprenant son activité. Bouguer et la Condamine ont vu ces terribles torrents raviner tout un pays ; et le dernier de ces savants rapporte que six heures après une explosion du Cotopaxi, un village situé à trente lieues de distance en ligne droite, et peut-être à soixante, en suivant les sinuosités du terrain, fut entièrement emporté (1).

Souvent aussi les eaux filtrent dans la montagne, elles s'y rassemblent dans des réservoirs particuliers; et, à l'époque des explosions, ou lorsque la montagne vient à se fendre par suite de quelque secousse, elles sortent et couvrent les contrées voisines. Dans le tremblement de terre qui renversa Lima en 1746, quatre volcans s'ouvrirent à Lucanas et dans la montagne de la Conception, et ils occasionèrent une affreuse inondation (2).

Les volcans du royaume de Quito présentent

(1) *Voyage à l'équateur.*

(2) Antonio Ulloa, *Voyage en Amérique.*

souvent le même phénomène ; mais il y est accompagné de circonstances si extraordinaires, qu'il convient d'entrer dans quelques détails à ce sujet : nous allons le faire en prenant pour guide une note de M. de Humboldt, insérée dans les œuvres de Klaproth, et des renseignements particuliers que ce savant a bien voulu nous donner.

Les cônes énormes du Cotopaxi, du Pichincha, du Tungouragoua, etc., ne sont, en quelque sorte, que les cimes des volcans auxquelles ils appartiennent, et dont les flancs sont vraisemblablement encaissés dans la grande masse des Cordilières. De mémoire d'homme ils n'ont vomi de vraies laves ; cependant M. de Humboldt en a vu des courants sur le *Sangay* et même sur l'*Antisana :* on dirait que les agents volcaniques, qui ont rarement la force d'élever la colonne de lave jusqu'à la cime de l'Etna et du Pic de Ténériffe, l'auront encore moins dans des volcans d'une hauteur presque double : à l'Etna, à Ténériffe, etc., la lave peut se faire une ouverture à la partie inférieure de la montagne, et se répandre ainsi à l'extérieur ; mais il ne saurait plus en être de même dans des volcans dont les flancs sont renforcés, jusqu'à une hauteur de près de trois mille mètres, de toute l'épaisseur des Cordilières. Ces volcans se bornent à lancer des cendres, des scories et des ponces (1) : ils vomissent aussi d'im-

(1) Ils jettent encore des flammes ou matières embrasées qui

menses quantités d'eau et de boue, mais bien plus souvent par les ouvertures qui se font sur les côtés du cône que par le cratère. Ces eaux boueuses formaient comme de grands lacs ou de grandes mares dans les diverses cavités que ces énormes montagnes renferment dans leurs flancs : elles en sortent, ainsi que nous l'avons dit, lorsqu'un accident leur ouvre une communication avec le dehors : c'est ainsi qu'en 1698, le volcan de Carguarazo, voisin et peut-être partie du Chimboraço, s'écroula et couvrit de fange dix-huit lieues carrées de pays. De pareilles eaux bourbeuses sont encore renfermées dans des terrains de la même contrée, qui sont de nature volcanique, mais qui ne présentent plus aujourd'hui aucun indice de feu; et elles sont également vomies à la surface lors des grandes commotions du sol. Dans le Pérou et à Quito, ce n'est pas par le feu et par les courants de matières embrasées que les volcans exercent leurs ravages, c'est par l'eau et par d'énormes coulées de boue. Cette substance, d'une consistance d'abord semblable à celle de la bouillie, mais qui durcit bientôt, porte le nom de *moya* dans le pays : elle présente deux phénomènes bien extraordinaires. Quelquefois, comme dans le moya qui inonda la contrée de Péliléo et qui

---

présentent l'image des flammes. La Condamine en a vu sortir du Cotopaxi et s'élever à mille mètres au-dessus de sa cime.

détruisit le village de ce nom, lors du tremblement de terre de 1797, elle contient un principe combustible qui la rend noirâtre, tachante, et qui y est en si grande quantité que les habitants se servent de ce moya comme d'une terre tourbeuse pour leur chauffage : nous ferons connaître, dans la suite, la composition de cette singulière substance. Très-souvent les eaux boueuses sortant des cavernes souterraines, amènent avec elles une grande quantité de petits poissons : ce sont des espèces de pimelodes (*pimoledes cyclopum,* Humboldt), gluants, et dont les plus grands n'ont pas plus de quatre pouces : leur nombre est quelquefois si considérable, que leur putréfaction occasione des maladies dans le pays. Ils sont d'ailleurs les mêmes que ceux qui vivent dans les ruisseaux de la contrée. Qu'est-ce qui les a introduits dans les lacs volcaniques ? Il paraît qu'il y a quelques communications entre le niveau supérieur de ces lacs, et la superficie du sol extérieur. Mais qui a pu les élever du niveau de cette superficie à la cime des volcans, c'est-à-dire, à deux ou trois mille mètres de hauteur, car ils sortent quelquefois par le cratère, et ils en sortent très-peu endommagés ? Il est bien difficile de le concevoir.

D'après tout ce qui vient d'être dit dans ce paragraphe, il ne paraît pas que les eaux et les boues qui sortent des volcans, viennent de ces mêmes cavernes, enfoncées sous terre, où les feux volcaniques ont leur foyer et préparent la matière des laves : les éruptions aqueuses et boueuses ne seraient donc que des accessoires aux phénomènes volcaniques.

Petits volcans d'air et de boue.

§ 70. Les déjections de boue, d'eau et de gaz que la surface de la terre présente en quelques endroits, seront plus accessoires encore à ces phénomènes ; elles leur sont même étrangères. Cependant, comme elles sont un effet des agents qui exercent une action dans l'intérieur de la terre, nous allons en dire quelques mots.

Salses.

Dans quelques contrées, on voit sortir du sol des jets d'eau poussés par des gaz et chargés de terre, laquelle, en se déposant sous forme de boue, dans les environs, et principalement autour des ouvertures qui l'ont vomie, y forme des cônes qui rappellent, sur une échelle extrêmement petite il est vrai, l'idée des cônes volcaniques, et que l'on a en conséquence nommés *volcans d'air*.

Un des plus remarquables est celui de Macalouba, en Sicile, dont Dolomieu nous a donné la description. Il consiste en un monticule ou énorme tas de boue desséchée d'une cinquantaine de mètres de haut. Sa partie supérieure, qui a huit cents mètres de circuit, présente une multitude de petits cônes dont les plus grands n'ont pas un mètre ; ils ont un petit cratère plein d'une argile délayée, qui est, de moment en moment, traversée par de grosses bulles de gaz, lesquelles, crevant avec explosion, la rejettent de droite et de gauche. On a vu ces explosions porter des jets de boue jusqu'à une soixantaine de mètres de hauteur.

Les environs de Modène présentent un grand nombre de ces petits volcans de boue ; leur hauteur n'est que de quelques pieds ; ils portent le nom de *salses*, à cause de la salure de l'eau qu'ils répandent, salure qui a été reconnue aussi à Macalouba et dans la plupart des déjections boueuses des autres lieux. Ces salses ont été décrites dans le plus grand détail par Spallanzani qui les a soigneusement observées. Dans leurs grands paroxismes, elles lancent, à quelques mètres de distance, des pierres de plusieurs quintaux, et elles vomissent des courants de boue qui s'étendent jusqu'à mille mètres : ces fortes explosions produisent de petits tremblements de terre dans le voisinage. Le gaz qui les occasione est du gaz hydrogène chargé de pétrole et d'un peu d'acide carbonique (1).

Pallas a été à même d'observer de pareils volcans d'air en Crimée, notamment dans l'île Taman : en 1794, un d'eux se rouvrit avec un bruit semblable à celui du tonnerre; il en sortit de la fumée et des flammes qui s'élevèrent à plus de cent mètres; il lança, à de grandes distances, de gros blocs de limon desséché, et vomit des courants d'une vase bitumineuse dont un avait huit cents mètres. Il existe de pareils volcans boueux à Java, à la Trinité, etc. On les retrouve en Amérique, dans la province de Carthagène, au milieu d'une plaine élevée. M. de Humboldt a vu une vingtaine de petits cônes dont la hauteur était de sept à huit mètres; ils y portent le nom de *volcancitos ;* ils sont formés d'une argile bleuâtre, et leur sommité présente une ouverture remplie d'eau, à la surface de laquelle l'air vient crever avec explosion, en lançant souvent de la boue.

Les salses sont évidemment dues, d'après ce qui vient d'être dit, et d'après les observations de Spallanzani, à des dégagements de gaz hydrogène : tout pareil dégagement qui se formerait dans des lieux humides et qui traverserait une couche d'argile, produirait une salse : on connaît d'ailleurs l'affinité géologique qui existe entre cette terre et le sel commun. M. Menard de la Groye, qui a fait une étude particulière de ce phénomène, qui a remar-

---

(1) Spallanzani, *Voyages*, tom. V.

qué qu'il se présentait principalement dans les lieux où le pétrole abonde, et qui a observé de plus que le gaz est de l'hydrogène carbonné, pense qu'il est fourni par ce bitume minéral (1).

C'est encore à une même cause que sont dues les flammes que l'on voit sortir quelquefois de la surface de la terre, des eaux et même des roches, soit naturellement, soit à l'approche des corps enflammés. Ces *terrains ardents* et *fontaines ardentes* sont encore communs dans le Modenais, et ont été décrits par Spallanzani : on en voit aussi en Dauphiné, en Perse, etc. (2) : dans l'Amérique méridionale, près de Cumana, M. de Humboldt a vu sortir de deux cavernes, dans des montagnes calcaires, des flammes qui semblaient s'élever, dans quelques moments, à cent pieds.

Au reste, tous ces phénomènes, ainsi que nous l'avons remarqué, n'ont aucun rapport avec ceux des volcans proprement dits. On en dira autant de ceux que présentent les couches de houille en ignition, dont nous parlerons en traitant des terrains houillers, que Werner nomme *pseudo-volcans*, et auxquels Pallas attribue l'origine des salses.

§ 71. Mais il n'en sera pas de même de jets d'eau qu'on voit dans quelques pays volcanisés, et qui sont très-vraisemblablement un effet des feux volcaniques. Les fontaines des Geysers, en Islande, nous en présentent l'exemple le plus remarquable. Nous allons le faire connaître. A six lieues au nord de Skalhot, et à douze lieues de la côte, dans un pays plat, et au pied de collines peu élevées, on

Eaux jaillissantes. Geysers.

(1) *Journal de physique*, tom. 86.

(2) Voyez un mémoire de M. Ménard sur ces terrains, *Journal de physique*, tom. 85.

voit une multitude de petits monticules de terres diversement colorées, d'où il sort de fortes sources d'eaux chaudes chargées de beaucoup de silice. La plus considérable, qui porte le nom de *Geyser,* se trouve sur un monticule de deux à trois mètres de haut, et qui présente, à sa partie supérieure, un bassin presque circulaire semblable à une soucoupe, ayant environ quinze mètres de diamètre et un mètre de profondeur. Dans le milieu, il y a une ouverture, qui est l'extrémité supérieure d'un énorme tube cylindrique de trois mètres de diamètre et reconnu jusqu'à une profondeur de près de vingt mètres. Le bassin, tout comme le monticule, est de matière siliceuse; ses parois intérieures, ainsi que celles du tube, sont revêtues d'une incrustation assez lisse de cette même matière. Il est habituellement plein de l'eau la plus limpide, et d'une température presque égale à celle de l'eau bouillante. Elle se balance dans le bassin; tantôt elle s'enfonce dans le tube, tantôt elle s'élève et se verse par-dessus les bords : souvent l'ascension se fait avec une telle rapidité qu'il en résulte des jets qui atteignent une hauteur d'environ trente mètres, et même de cent, d'après d'anciens témoignages dont l'exactitude, il est vrai, semble pouvoir être contestée.

A 120 mètres de cette source, il s'en est ouvert, depuis quelque tems, une autre, qu'on nomme le *nouveau Geyser*, et qui ne lui cède en rien par la beauté et la durée de ses jets : un témoin oculaire en décrit un de la manière suivante : « Pendant une heure et demie, la colonne fut » lancée sans interruption à 150 pieds de hau» teur, sur dix-sept dans son plus grand diamètre: » elle jaillissait avec une telle force qu'elle con» servait jusque près du sommet les mêmes di» mensions et la même forme qu'à la base. Les » pierres que l'on jetait dans le gouffre mon» taient à l'instant avec la colonne d'eau, et » même plus haut, avec une vitesse surpre» nante (1). »

Un volcan de Madagascar lance, dit-on, une colonne d'eau assez forte et assez élevée pour être vue de vingt lieues en mer (2).

§ 72. Les moments de crise, durant lesquels les volcans présentent les phénomènes que nous venons d'indiquer, ne sont que passagers et de peu de durée ; ils sont suivis d'années et même de siècles de repos. M. de Humboldt remarque à ce sujet que la fréquence des éruptions semble être en raison inverse de la grandeur des volcans : le plus petit d'entre eux, Stromboli, lance continuellement ses girandoles de matières embrasées ; les éruptions du Vésuve sont fréquentes, on

Volcans dans l'état de calme.

(1) *Bibliothèque britannique*, tom. 57, et Makensie, *Travels in Iceland*, pag. 212 et suiv. Ce dernier ouvrage présente des plans et coupes des Geysers, ainsi qu'un essai sur leur théorie.

(2) Ebel, *Ueber den Bau der Erde*, etc., tom. II, p. 289.

en compte dix-huit depuis 1701 : celles de l'Etna sont bien plus rares ; celles du Pic de Ténériffe le sont encore davantage, et les cimes colossales du Cotopaxi et du Tungouragoua en offrent à peine une dans l'espace d'un siècle (1).

Aux moments de tourmente succède quelquefois un calme parfait : le cratère s'obstrue, il se couvre de forêts : ces ardentes fournaises, d'où il sortait des torrents de feu, deviennent même les froids réservoirs de quelques lacs souterrains dont les eaux paisibles se peuplent de poissons ; les flancs de la montagne, naguère sillonnés par des courants de pierres fondues, se couvrent de neiges et de glaces.

Mais le plus souvent le calme n'est pas absolu, le cratère reste ouvert, et il s'en exhale une quantité plus ou moins considérable de vapeurs qui attaquent les masses qui sont sur leur passage ; tantôt elles y produisent différentes substances salines, dont nous parlerons dans la seconde partie ; tantôt elles les recouvrent d'une incrustation sulfureuse ; quelquefois, en traversant des fentes, elles déposent des matières métalliques sur leurs parois.

Des terrains volcaniques, mais où depuis les tems historiques il ne s'est point opéré d'éruption, et où les traces des cônes volcaniques sont presque

(1) Humboldt, *Relation historique du voyage*, tom. I.

effacées, décèlent encore, par leurs exhalaisons et leurs vapeurs, le feu qui les a autrefois ravagés et qui n'est pas encore entièrement éteint. Tels sont les *champs phlégréens* (terrains brûlés), sur la côte de Pouzzol dans le royaume de Naples : on y voit un reste d'ancien volcan, ayant l'aspect d'une plaine, d'où il sort une multitude de fumeroles qui couvrent d'un enduit sulfureux tous les corps qu'elles atteignent ; ce lieu très-remarquable porte le nom de *Solfatare ;* nous y reviendrons dans la suite.

Phénomènes météorologiques liés aux éruptions.

§ 73. Après avoir fait connaître les divers phénomènes des volcans, jetons un coup-d'œil sur quelques circonstances météorologiques qui ont avec eux les plus grands rapports.

L'atmosphère participe peu à l'agitation des volcans et du sol environnant, elle reste habituellement calme. M. de Buch, observant à Naples toutes les circonstances d'une éruption du Vésuve, était étonné de voir le baromètre rester fixe au milieu du mouvement de tous les autres instruments météorologiques.

On pense bien que l'électromètre sur-tout devait être dans une grande agitation ; il indiquait une surabondance d'électricité négative dans l'air. L'immense quantité de vapeurs qui se forment et qui se condensent alternativement pendant les crises volcaniques, ne peut manquer de donner lieu à une grande absorption ou à un grand dégagement d'électricité. La foudre et les éclairs qui traversent les colonnes de vapeur sont une suite.

Il serait superflu de faire mention des indications du thermomètre ; on sent bien qu'un air au milieu duquel se répandent des nuages de sables embrasés, doit être souvent fort chaud : on sent bien encore qu'au voisinage des bouches volcaniques, le terrain doit acquérir une chaleur très-considérable : elle y occasionera, ainsi que nous l'avons dit, la fonte des neiges et des glaces qui peuvent les recouvrir : elle y sera peut-être encore la cause du tarissement des sources et puits dont il est fait mention dans presque toutes les relations d'éruptions volcaniques, et que M. de la Torre dit avoir vérifié à Torre-del-Greco, douze jours avant la terrible éruption de 1804 ; et il le donna dès lors, ajoute-t-il, comme un pronostic de la catastrophe qui allait avoir lieu (1).

L'immense quantité de vapeurs qui sortent des cratères, à l'époque des éruptions, se trouvant dans un milieu plus froid, dès qu'elles sont dans l'atmosphère, y forment bientôt d'énormes nuages qui se résolvent en eau et versent des déluges sur les contrées voisines (2).

---

(1) *Journ. de physique*, tom. 61.

(2) Voyez le mémoire de Ducarla *sur les pluies et les inondations volcaniques. Journ. de physique*, tom. 20.

La mer paraît aussi prendre part aux agitations des volcans voisins ; et on la voit quelquefois hausser et baisser alternativement. C'est peut-être à une pareille oscillation qu'il faut attribuer l'abaissement qu'elle éprouve, dit-on, dans le voisinage du volcan, aux époques des éruptions, et qui est regardé, par quelques naturalistes, comme dû à une très-grande quantité d'eau qui aurait pénétré dans les cavernes volcaniques.

b) *Des tremblements de terre.*

Différentes espèces de tremblements de terre.

§ 74. C'est au milieu des volcans ou dans leur voisinage, c'est dans les pays volcanisés que les tremblements de terre sont les plus nombreux ou les plus violents : le Pérou, le midi de l'Italie, l'Islande, les Canaries, les Antilles, etc., et les côtes qui en sont peu éloignées, nous en fournissent de continuels exemples. Nous avons vu que les éruptions volcaniques sont habituellement accompagnées de tremblements de terre. De nouveaux volcans se sont ouverts, de nouvelles montagnes volcaniques ont été produites au milieu des secousses des contrées voisines. De sorte qu'il y a un grand rapport et une étroite connexion entre les volcans et les tremblements de terre : ce sont très-vraisemblablement les effets d'une même cause, des agents ou feux souterrains.

Nous pouvons distinguer, avec Werner, deux sortes de tremblements de terre. Les uns paraissent tenir à un volcan particulier, et avoir leur foyer dans la même région que lui : ils ne se font guère ressentir qu'à quelques lieues ou dixaines de lieues de distance, et presque toujours leurs paroxismes sont liés avec ceux de ce volcan. Les autres, qui paraissent avoir leur foyer à une bien plus grande profondeur, et dont les effets sont beaucoup plus grands, se propagent à des distances immenses avec une célérité incroyable; ils se font ressentir presque en même tems sur des points éloignés de mille lieues.

Cependant quelques-uns de ceux-ci se rapprochent des premiers, et ils tiennent encore aux phénomènes volcaniques. C'est ainsi que lors du tremblement qui renversa Lima en 1746, et qui fut un des plus terribles que l'on ait vus, il s'ouvrit quatre volcans dans une nuit; et l'agitation de la terre cessa (1). On dirait que les fluides élastiques, qui, retenus et comprimés dans l'intérieur de la terre, y produisaient ces fortes secousses, s'étant ouvert une issue, se sont dégagés, et que la nature se trouve délivrée du mal qui la tourmentait. Buffon avait déjà fait cette remarque. « Dans les pays sujets aux tremblements de terre, dit-il, lorsqu'il se fait un nouveau volcan, les tremblements cessent ou ne se font sentir que dans les éruptions violentes, comme on l'a observé dans

(1) Ulloa, *Voyage en Amérique.*

l'île de Saint-Christophe » (1). Les volcans de *Monte-Nuovo* près de Naples, et de *Jorullo* dans le Mexique, vont nous fournir des exemples du même fait.

Volcans produits durant les tremblements de terre.

§ 75. Dans les terrains volcanisés et encore fumants du royaume de Naples, tout près de la Solfaltare de Pouzzol, en 1538, après deux ans de tremblements de terre presque continuels, le terrain se crevassa, et il en sortit du feu et des vapeurs; il s'y fit en outre une ouverture d'où il s'éleva, pendant sept jours, une si grande quantité de fragments de lave, de scories et de cendres, que ces matières, retombant tout autour, comblèrent presque entièrement le lac Lucrin, et produisirent, par leur entassement, le *Monte-Nuovo* ou *Monte di Cinere*, qui a environ 140 mètres de hauteur au-dessus de sa base, laquelle a 2600 mètres de circuit : sa sommité présente encore les restes du cratère qui a vomi ces matières (2).

D'une manière peut-être encore plus extraordinaire s'est élevé, en 1759, le volcan de *Jorullo* à cinquante lieues à l'est de Mexico, et à trente-six lieues de la mer. Au milieu d'une plaine couverte de riches plantations de cannes à sucre, et sur un terrain volcanique, des mugissements épouvantables, accompagnés de tremblements de

(1) *Histoire naturelle*, tom. I.

(2) Hamilton, *Campi phlegræi*. Breislak, *Institutions géologiques*, § 590.

terre, se succédèrent pendant plusieurs jours; la tranquillité paraissait rétablie, lorsqu'avec un horrible fracas, le sol se souleva, s'ouvrit, vomit des flammes, des pierres embrasées et des nuages de cendres; tout le pays en fut couvert et ruiné à plus d'une lieue à la ronde; des milliers de petits cônes de deux à trois mètres de hauteur sortirent de terre; six grandes buttes, placées dans la direction d'une crevasse, se formèrent de la même manière que nous avons vu se produire le *Monte-Nuovo*: la plus élevée est le *Jorullo*, dont la hauteur, sur les plaines voisines, est d'environ cinq cents mètres, d'après les mesures de M. de Humboldt. Pendant les années suivantes, le volcan a continué ses déjections; elles ont diminué peu-à-peu, et aujourd'hui il n'émet plus que de la fumée. Les petits cônes, appelés *hornitos*, exhalent, comme autant de *fumeroles*, des vapeurs épaisses qui s'élèvent à dix ou quinze mètres de hauteur. Les eaux qui sourdent de cette terre de désolation sont très-chaudes, et souvent chargées d'hydrogène sulfuré (1).

Lorsque de pareilles formations ont lieu dans le sein de la mer, ou lorsque les volcans sous-marins, par l'entassement des produits de leurs déjections et éruptions, élèvent leur cime au-dessus des eaux, il en résulte des écueils et même

---

(1) *Essai politique sur le royaume de la Nouvelle-Espagne*, liv. III, ch. VIII.

de nouvelles îles : ces faits ont principalement lieu au milieu des archipels volcaniques (1).

Phénomènes des tremblements de terre.

§ 76. Passons à l'examen des divers phénomènes que présentent les tremblements de terre en général.

Ils sont ordinairement précédés par des bruits sourds, des mugissements souterrains quelquefois très-forts et sans direction déterminée. De pareils bruits annoncèrent, en 1746, aux habitants de Lima, la catastrophe qui allait détruire leur ville, et ils les portèrent à abandonner à tems leurs habitations. Un bruit semblable à celui de plusieurs chars qui roulent sur un pont de pierre, dit Spallanzani, fut le prélude du tremblement qui renversa Messine. Cependant celui de Lisbonne, en 1755, arriva tout-à-coup : rien ne l'avait même fait pressentir.

On donne encore comme pronostics de ces grandes crises de la nature, la sortie des reptiles qui vivent habituellement sous terre ; l'agitation et les mouvements extraordinaires des oiseaux ; les hurlements de certains animaux ; le tarissement des sources et des puits, etc.

Les secousses se succèdent avec plus ou moins de rapidité et plus ou moins de force : il y en eut trois à Lisbonne, et ce fut la dernière qui fut la plus forte et qui causa le plus de ravages ; elle se

(1) Voyez quelques détails sur ce sujet aussi curieux qu'instructifs dans la note VII.

prolongea pendant quelques minutes ; ses mouvements paraissaient agir en sens opposés. Pareille remarque a été faite à Cumana, lors du tremblement de 1812 : une première secousse dura six secondes, une seconde fut double en durée ; puis un bruit souterrain très-fort se fit entendre, il fut suivi d'un mouvement perpendiculaire de trois à quatre secondes, et fut terminé par un mouvement d'ondulation plus long. Rien ne put résister, dit l'historien, à ces oscillations croisées, et la ville fut renversée de fond en comble (1). Souvent elles se reproduisent pendant plusieurs jours et même pendant des mois entiers. Lors du tremblement de terre de la Calabre, ce fut la première secousse, celle du 5 février, qui fit le plus de mal dans le bas pays ; celle du lendemain fut plus préjudiciable dans les montagnes, et celle du 28 mars fut la plus forte de toutes.

Nos édifices résistent rarement à ces secousses; cependant il faut remarquer que dans les plus grands tremblements de terre, ceux qui sont construits avec beaucoup de solidité, supportent souvent leurs commotions : à Lisbonne, la plupart des églises furent conservées ; il en fut de même à Messine, et dernièrement à Cumana, la cathédrale est restée debout.

Je ne vois pas que les historiens rapportent des

(1) Humboldt, *Relation historique du voyage*, liv. V, ch. Ier.

faits bien positifs concernant les effets que les tremblements de terre produisent sur les masses et les couches minérales : ils n'y occasionent guère que des fentes, quelquefois, il est vrai, considérables ; c'est ainsi qu'Ulloa rapporte que dans le Pérou, lors du tremblement de 1746, il s'en fit une qui avait une lieue de long et quatre ou cinq pieds de large. Après le tremblement de terre de la Calabre, on remarqua que le terrain voisin de la mer s'était fendu parallèlement au rivage, et qu'il en était de même dans les collines qui dominent Messine (1). Lors du tremblement de Lisbonne, deux montagnes, situées près de Mequinez en Afrique, se crevassèrent et vomirent des torrents d'une eau rougeâtre : de pareils faits ont souvent lieu en Amérique. Nous reviendrons, dans la suite de ce chapitre, sur ces effets.

La mer est presque toujours fortement agitée par les secousses des tremblements de terre. Elle le fut extraordinairement sur les côtes d'Espagne et de Portugal, lors du malheur de Lisbonne : elle monta plus haut dans le port de cette ville, qu'elle ne l'avait fait dans les plus fortes tempêtes ; à Cadix, les flots s'élevèrent, dit-on, jusqu'à vingt mètres ; ils passèrent sur la digue qui unit cette ville au continent, et ils y noyèrent un grand nombre d'habitants qui s'y étaient réfugiés ;

(1) Spallanzani, *Voyage dans les Deux-Siciles.*

ces mouvements de la mer se firent sentir jusque sur les côtes d'Angleterre et de Norwége. Lors du tremblement de terre du Pérou en 1746, au port de Callao, la mer, après s'être retirée avec véhémence, revint avec furie ; elle se précipita sur la ville et noya ses habitants ; de vingt-trois vaisseaux qui étaient dans le port, dix-neuf furent submergés, et les autres jetés dans l'intérieur des terres. Ulloa, qui rapporte ces faits, dit encore qu'étant en plein mer lors du tremblement de Lisbonne, il en ressentit les secousses ; elles furent pareilles à celles qu'on aurait éprouvées si le vaisseau eût touché terre (1).

Mais ce qui est bien remarquable, c'est que l'atmosphère ne participe nullement à l'agitation de la croûte du globe et des eaux qui la recouvrent. Le tems fut très-beau et très-serein les jours des tremblements de terre de Lisbonne, de Messine et de Cumana ; dans la première de ces villes, seulement, il régna un vent violent; mais à Cadix l'air était calme.

Nous venons de parler des grands tremblements de terre : heureusement ils sont rares ; car, d'ailleurs, des secousses moins fortes sont très-fréquentes dans toutes les parties du globe, et il se passe peu d'années qu'il n'y en ait plusieurs en Europe ; mais elles se bornent à de lé-

---

(1) *Voyage en Amérique.*

geres trépidations du sol : à peine ai-je ressenti celles qu'on a éprouvées en Piémont en 1808, et à Toulouse en 1815, quoique je fusse sur les lieux.

Observations sur la distance à laquelle se propagent les tremblements.

§ 77. Un des phénomènes les plus remarquables que présentent les grands tremblements de terre, est l'énorme distance à laquelle ils se propagent. Celui de Lisbonne a ébranlé, dans la même heure de tems, tout le Portugal et toute l'Andalousie ; il s'est fait ressentir le même jour, d'une part, en Afrique, où les villes de Maroc, de Fez et de Mequinez ont été presque détruites ; et, de l'autre, dans la majeure partie de l'Espagne, de la France, de la Suisse et de l'Allemagne (1). On a éprouvé son action jusqu'en Islande, et même jusqu'aux Antilles. Celui de Lima s'est également propagé jusqu'en Europe. Un violent tremblement qui a eu lieu, il y a quelques années, à Constantinople, où il renversa plusieurs maisons, a été ressenti à Pétersbourg. Le 8 septembre 1601, il y eut, entre une heure et deux heures après minuit, un tremblement de terre considérable dans presque toute l'Europe et l'Asie (2).

Si ces faits semblent indiquer de grandes communications souterraines entre les diverses parties de la croûte du globe, d'un autre côté, de très-fortes secousses, qui ne se font sentir qu'à

(1) Voyez les *Mémoires sur les tremblements de terre*, par Bertrand ; et la *Collection académique*, tom. VI.

(2) *Collection académique*.

de très-petites distances, paraissent déposer en faveur de l'opinion contraire. Le tremblement de terre de la Calabre, qui fut très-fort, ne se propagea pas au delà d'un espace de vingt-cinq lieues de long sur quinze de large. L'Etna, situé dans cette région, n'éprouva aucune agitation; ce qui prouve qu'il n'y avait point de communication entre le foyer du tremblement et celui du volcan. Nous savons également qu'il n'y en a point entre ce dernier et celui du Vésuve; et M. Breislak croit même pouvoir conclure de ses observations, qu'il n'en existe aucune entre le Vésuve et le Solfatare de Pouzzol, quoique la distance ne soit pas de six lieues (vingt-cinq mille mètres).

Il paraîtrait, d'après ces faits, que les communications entre deux ou plusieurs foyers souterrains, sont des circonstances absolument dépendantes de la localité, et qu'il serait possible qu'à de grandes profondeurs elles fussent plus multipliées. On a cru remarquer encore qu'elles étaient plutôt dirigées dans le sens des méridiens que dans celui des parallèles.

c) Observations sur les causes de phénomènes volcaniques.

Les laboratoires dans lesquels la nature prépare les phénomènes volcaniques sont inaccessibles pour nous, et l'observation ne pourra jamais nous faire connaître leurs causes; mais, en étudiant les effets qui se manifestent à l'extérieur, nous pouvons être conduits à des notions sur les agents qui produisent ou accompagnent ces phénomènes.

Le calorique est le principal agent.

§ 78. La plupart d'entre eux concourent à nous montrer que le feu est ici le principal agent. Les volcans lancent des matières embrasées, ils vomissent des torrents de pierres fondues, qui allument les corps inflammables, qui fondent les métaux, qui font bouillonner, pendant des jours entiers, les eaux dans lesquelles ils se plongent: ce sont des effets du feu qui ne permettent pas de méconnaître la présence et l'action de cet élément; seul, il suffit pour rendre raison de tous les phénomènes que nous voyons à l'extérieur des volcans.

Mais quel est, dans l'intérieur, le combustible qui lui sert d'aliment, la cause qui peut l'avoir allumé? Quelle est la substance qui, fondue par lui, fournit la matière des laves? Quelle est la force qui a poussé au-dehors cette matière fondue? Où sont enfin ses foyers? Ce sont autant de questions auxquelles il est impossible, dans l'état actuel de nos connaissances, de répondre d'une manière positive. Nous allons nous borner à résumer ce que l'observation nous indique de plus probable à leur sujet.

Combustible qui sert d'aliment au feu volcanique.

§ 79. Les houilles et les sulfures métalliques,

notamment le sulfure de fer, ou pyrite, sont les seuls combustibles que nous ayons observés jusqu'ici, en grandes masses, dans le sein de la terre. Leurs principes se retrouvent parmi les produits des volcans : c'est ainsi que la fumée qui sort du Vésuve est souvent imprégnée de bitume: que le pétrole dégoutte de quelques laves, et qu'il abonde dans quelques terrains volcaniques (1): c'est ainsi que le soufre se trouve en très-grande quantité dans la plupart des volcans, que le fer forme une partie constituante d'un ordre entier de laves. Ces faits paraissent autoriser la croyance de ceux qui regardent les bitumes minéraux et les pyrites comme les combustibles qui alimentent les feux souterrains.

Mais, d'un autre côté, on voit une grande quantité de volcans qui reposent sur les granites ou autres terrains primitifs : presque tous les volcans éteints de l'Auvergne et du Vivarais sont dans ce cas; ils ont, ou ils ont eu leur foyer dans ces terrains, et ils ne peuvent ainsi l'avoir dans les houilles ou bitumes minéraux, puisque ces substances sont d'une formation secondaire, et qu'elles reposent par conséquent sur les formations primitives. Observons de plus que nous connaissons, sur notre globe un grand nombre de couches de houilles et d'énormes couches en feu, ainsi que

(1) Breislak, *Institutions géologiques*, § 602 et suiv.

nous le verrons dans la seconde partie, et jamais nous ne leur avons vu produire aucun effet analogue à celui de nos volcans, aucun fait qui pût en rappeler même l'idée : torréfier, calciner et vitrifier les couches qui sont au-dessus, voilà les seuls effets qu'elles produirent.

Les pyrites sont, il est vrai, abondamment répandues dans toute espèce de terrain; mais elles n'y sont qu'en grains, ou en rognons, ou en petites couches; et, en somme, leur volume est extrêmement petit par rapport à l'étendue des masses qui les renferment. Quelles immenses couches de pyrites n'aurait-il pas fallu pour fondre les masses de l'Etna, du Cotopaxi, du Pichincha, etc. : jamais on n'a vu rien de pareil. Remarquons encore que plusieurs produits volcaniques ne contiennent pas la moindre trace de soufre ni même de fer.

D'après ces considérations, nous devons penser que les houilles et les pyrites ne sont pas, généralement parlant, les combustibles qui alimentent les feux des volcans, et nous ignorons quel est ce combustible, si toutefois il en existe un.

§ 80. Nous savons encore moins quelle est la cause qui peut avoir produit ou allumé les feux souterrains. Causes des incendies volcaniques.

Depuis un siècle, presque tous les naturalistes ont attribué ces feux et toutes les chaleurs souterraines à la décomposition et à l'inflammation des pyrites, en se fondant principalement sur le prétendu volcan artificiel de Lémery. Ce chimiste prit vingt-cinq livres de limaille de fer et de soufre pulvérisé ; il humecta le mélange, le mit dans un vase, le couvrit d'un linge, le plaça à un pied sous terre ; au bout de huit ou dix heures, la terre se crevassa, se gonfla, et il en sortit des vapeurs sulfureuses, et même quelques flammes (1). Cette expérience prouve bien que le soufre et le fer produisent de la chaleur et du feu, lorsqu'ils s'unissent pour former un sulfure : mais lorsque le sulfure existe, il n'y a plus d'action, il n'y a plus de chaleur.

Les grandes masses de pyrites qui se trouvent dans l'intérieur de la terre, y sont en bancs intercalés dans des couches de pierres ; elles ne sont en contact ni avec l'air ni avec l'eau, au moins sur une grande étendue. Jamais mineur n'a trouvé, dans ses ateliers souterrains, des pyrites en ignition, ou prêtes à prendre feu ; jamais il ne s'est rien présenté à lui qui pût même lui permettre de penser qu'un pareil effet pût avoir lieu. On en chercherait vainement un exemple dans les auteurs, même dans la grande *Pyritologie* de Henckel ; et c'est cependant ce métallurgiste qui, le premier, a établi le système des fermentations

(1) *Mémoires de l'Académie*, 1700.

souterraines (1), et qui l'a établi dans cet ouvrage. J'ai vu des mines de pyrites, et l'air n'y était pas plus chaud que dans les autres. Je sais cependant que les pyrites, dans certaines circonstances, mêlées avec certaines substances, se décomposent et produisent de la chaleur ; elles élèvent ainsi la température dans des galeries de mines ; elles produisent l'échauffement et même, avec le contact de l'air, l'inflammation de quelques houilles et de quelques schistes bitumineux : j'en ai souvent cité des exemples ; mais, je le répète, les pyrites en bancs ne m'ont présenté rien de semblable, et jamais on n'en a vu en feu (2).

La cause qui allume et entretient les feux volcaniques est très-vraisemblablement entièrement différente de celle qui produit nos feux et nos combustions ordinaires, et probablement elle est un effet de l'action chimique que des corps exercent les uns sur les autres dans les entrailles de la terre : le mélange d'acide sulfurique et d'eau, l'extinction de la chaux vive, etc., nous offrent des exemples d'une chaleur produite par une pareille action : des chimistes hollandais, et M. Berthollet, en combinant des métaux avec du soufre, ont obtenu, même sans le contact de l'air et de l'eau, la production d'une grande chaleur accompagnée de lumière (3).

§ 81. La chaleur souterraine, quelle qu'en soit Matières des laves.

(1) Voyez l'opinion de Werner sur ces fermentations : *Théorie des filons*, § 89.

(2) Dans quelques cas particuliers, les pyrites pourront être, par suite de ce que nous venons de dire, la cause directe ou indirecte de la chaleur des eaux thermales.

(3) *Statique chimique*, tom. I, pag. 255.

d'ailleurs la cause, attaque et fond les substances minérales qui sont dans sa sphère d'activité; elles restent, ainsi fondues, dans les cavités volcaniques, jusqu'à ce qu'un nouvel agent les pousse ou les porte dans une montagne volcanique, et les verse au dehors.

Mais il est bien possible que ces substances, ou plutôt leurs éléments, repris et remaniés par les agents volcaniques, forment de nouvelles combinaisons, et ne reparaissent à la surface du globe qu'en constituant des masses différentes de celles qui existaient primitivement. On est fondé à le croire en voyant la nature particulière de plusieurs produits volcaniques; à moins toutefois qu'on ne crût devoir aller chercher bien avant dans l'intérieur du globe des minéraux différents de ceux qui nous sont connus, dans lesquels les volcans auraient leur foyer, et où ils auraient pris la base de leurs produits. Ce fait est très-possible, mais il n'exclut pas la première opinion, qui a pour elle un grand degré de probabilité. Je dois cependant observer qu'en parlant de la nature particulière des produits volcaniques, je n'entends pas dire qu'elle soit entièrement différente de celle des autres masses minérales : le fond de ces deux sortes de substances est le même; la majeure partie des laves, tout comme la majeure partie des roches primitives, est de nature feldspathique

§ 82. Si nous ignorons presque entièrement quelle est la cause qui développe et qui alimente les feux souterrains, il n'en est pas de même de celle qui produit les déjections et les éruptions volcaniques : tout nous porte à l'attribuer à la réduction de l'eau en vapeurs et à la formation des fluides gazeux. Causes des éruptions.

Nous avons vu, § 54, que tous les volcans en activité étaient situés dans des îles ou sur les côtes à peu de distance de la mer. Ceux que nous trouvons dans l'intérieur des terres sont tous éteints. Ces observations portent bien naturellement à conclure que le voisinage de la mer est une condition essentielle à l'existence des volcans ; elles portent encore à penser que l'eau marine, pénétrant dans les cavités volcaniques, est une des causes des éruptions. On est confirmé dans cette opinion, lorsqu'on fait attention à la prodigieuse quantité de vapeurs aqueuses que les volcans exhalent ; aux torrents d'eau salée que Bergmann et d'autres auteurs disent en être sortis ; à la qualité très-souvent muriatique des vapeurs volcaniques; à la soude qui entre dans la composition de la plupart des produits des volcans ; et au muriate de soude qu'on a même trouvé dans quelques-uns d'eux. Quelques naturalistes, Ferber (1), M. Menard, etc., ont en outre

---

(1) *Briefe aus Welschland*, pag. 155.

vu des coquilles marines sur les cônes volcaniques.

Je ne parlerai pas des absorptions de la mer si souvent mentionnées : ce fait n'est pas constaté d'une manière assez positive; mais je remarquerai que la plupart des observateurs signalent les rapports qu'il a entre les crises des volcans et les circonstances qui peuvent porter de l'eau dans leurs gouffres. Dolomieu dit expressément : « L'agitation intérieure des volcans est augmentée par » les pluies et par toutes les circonstances qui » font arriver les eaux dans leurs foyers (1). » On a également remarqué que c'est ordinairement à la suite des saisons pluvieuses que les violents tremblements de terre ont lieu (2).

Mais comment l'eau pénètre-t-elle dans les cavités volcaniques ? Si elle y pénètre en grande quantité, et il semble qu'il n'en saurait être autrement de l'eau de la mer, ne concourrait-elle pas plutôt à éteindre le feu volcanique, qu'à redoubler son activité ? Ce sont certainement des questions dont la solution est difficile ; elle peut être très-compliquée, mais elle n'est pas impossible. Je n'entrerai pas dans des détails à ce sujet, et je me bornerai à rappeler que la présence de l'eau, et de l'eau en grande quantité, est incontestable au milieu des phénomènes volcaniques.

---

(1) Description des îles Ponces, pag. 298.

(2) Bertrand, *sur les tremblements de terre;* Dolomieu, *sur le tremblement de la Calabre.*

On connaît l'étonnante force de ce fluide réduit en vapeur ; mais nos machines à feu et nos machines de Papin peuvent à peine nous donner une idée de celle qu'il peut acquérir dans des cavernes dont les parois ont plusieurs milliers de mètres d'épaisseur, et qui supportent les montagnes de l'Etna et du Chimboraço ; la chaleur peut tendre son ressort à un point dont il est même difficile de nous faire une idée.

L'eau, à l'état de vapeur, n'est pas le seul fluide élastique qui exerce une action dans les foyers volcaniques ; il peut s'y trouver, et nos observations nous portent encore à croire qu'il s'y trouve du gaz hydrogène, du gaz acide carbonique, etc. Spallanzani a en outre fait observer, avec beaucoup de justesse, que la matière même des laves réduite en vapeurs par l'action du calorique, devait joindre ses effets à ceux des autres fluides aériformes.

Il serait superflu d'entrer dans les détails de la manière que les fluides élastiques, agissant dans l'intérieur des cavernes souterraines, peuvent produire les diverses circonstances de l'ascension et de l'éruption des laves, ainsi que celle des tremblements de terre : un peu de réflexion les fera aisément concevoir (1).

---

(1) Un événement arrivé en Angleterre, en 1801, et rapporté par M. Ordinaire, dans son *Histoire naturelle des volcans*, peut

Position des foyers volcaniques.

§ 83. Où donc le foyer de cette force qui développe les fluides élastiques, et qui produit de si grands phénomènes, est-il placé? A quelle profondeur se trouve-t-il? Encore ici, à peine aurons-nous assez de données pour hasarder une conjecture.

La très-grande distance à laquelle se propagent les tremblements de terre, porterait quelquefois à penser qu'il existe sous la croûte minérale du globe, et à une grande profondeur, d'immenses espaces vides offrant des moyens de communication en tous sens; ce qui semblerait donner quelque probabilité à l'opinion de Deluc et de Dolomieu. Ces savants regardaient notre globe comme creux, et rempli d'une sorte de vase ou fluide très-épais sur lequel reposent nos continents: lorsque cette matière, par suite de quelque fermentation, éprouve un mouvement d'intumescence, elle brise et perce la croûte solide, elle

---

donner une idée de l'effet produit par l'eau entrant dans un bassin rempli de matières embrasées. Un haut fourneau à fer, contenant environ soixante mètres cubes de métal et de pierres fondues ou en incandescense, fut entouré par une inondation: à l'instant où l'eau parvint dans le creuset, il s'éleva verticalement, à plus de cinquante metres de haut, et à trois reprises, des colonnes de feu de l'éclat le plus vif; c'étaient les matières en fusion. L'explosion les dispersa tellement, qu'on n'en trouva pas de vestiges auprès de la fonderie: au moment où elle se fit, tout ce qui était dans le voisinage fut fortement ébranlé; le fourneau fut ensuite trouvé vide, mais sans aucun dommage.

se répand au dehors, et prend feu dès qu'elle est en contact avec l'air. Mais cette hypothèse, en expliquant peut-être un fait, est en opposition avec tous les autres ; elle est d'ailleurs hors des limites de toute vraisemblance : ce n'est pas par nos petits cratères, mais bien par d'énormes fentes qu'un globe entier de matière fluide s'extravaserait ; ce n'est pas par l'émission de quelques petits courants de lave que l'équilibre serait rétabli, etc.

Tous les phénomènes d'un volcan, ou d'un système de volcans, indiquent que la cause qui les produit a un foyer local. Par conséquent, les cavernes volcaniques doivent se trouver dans la région même du système, mais elles y seront souvent à une bien grande profondeur ; et il faut bien qu'il en soit ainsi, afin que leurs voûtes aient assez d'épaisseur pour résister à la pression d'une force élastique qui élève et qui supporte une colonne de lave de plusieurs milliers de mètres de hauteur.

Cependant, quelques faits, tels que le défaut de communication souterraine, que nous avons vu exister entre des volcans peu éloignés, par exemple, entre l'Etna et le Vésuve, entre celui-ci et la Solfatare de Pouzzol, semblent devoir restreindre, sinon la profondeur, du moins l'étendue des cavernes volcaniques.

La disposition des volcans par groupes ou systèmes, que nous venons de rappeler, semblerait indiquer que le siége des agents volcaniques est comme déterminé par la matière qui sert d'aliment aux feux souterrains, abstraction faite des autres circonstances nécessaires à l'existence de ces feux; que cette matière se trouve inégalement répartie dans ou sous la croûte minérale du globe; que là où elle est en quantité suffisante, il se produit un système de volcans ; et que si elle est disposée comme le serait un immense filon, les montagnes volcaniques se forment sur sa direction et présentent ces sortes de traînées dont nous avons parlé § 54. En voyant, aux environs de Clermont, une soixantaine de volcans éteints rangés sur une même ligne droite, et entremêlés de montagnes volcaniques d'une époque encore antérieure, je ne pouvais m'empêcher de dire, en 1804 : « Peut-être y avait-il sous terre et dans cette direction comme un filon d'une matière qui aurait recélé le germe de l'incendie volcanique, ou qui aurait été propre à lui servir d'aliment : la cause subsistant toujours, son effet pourrait s'être renouvelé à diverses époques. »

SECTION II.

Des changements et dégradations opérés à la surface de la terre.

Avant d'examiner les changements que peuvent avoir produit, à la surface du globe, les agents dont nous venons de parler, voyons ce que pouvait être cette surface immédiatement après sa formation.

Surface de la terre après sa formation.

§ 84. Nous avons déjà conclu, dans l'introduction, d'une suite de faits incontestables, que les diverses couches minérales qui la constituent, étaient une suite de précipités et de sédiments successivement déposés les uns sur les autres. Mais le même précipité, le même sédiment ne s'est pas toujours déposé sur tout le fond du réservoir qui contenait le fluide, et en conservant partout la même épaisseur. Dans des endroits, il n'y aura point eu de précipitation, ou bien elle aura été moins considérable que dans d'autres : de là une première origine des inégalités que présente la surface du globe. Par exemple, si dans un parage, traversé par un courant, il s'est fait un dépôt, il est très-possible et même vraisemblable qu'il aura été nul ou presque nul dans le milieu ou dans le fort du courant, et qu'il se sera amoncelé sur ses bords, là où le fluide était en repos ; il se sera ainsi formé une espèce de vallée bordée de deux masses de terrain, allongées, parallèles, représentant les massifs de deux chaînes de montagnes ou de collines. De nouveaux précipités qui viendraient par la suite à se faire dans le même endroit, s'ils se faisaient par-tout également, se mouleraient sur ce premier sol, et recouvriraient ainsi de couches successives les deux chaînes, qui par conséquent augmenteraient en volume, mais en conservant leur forme et leur parallélisme à la vallée qui les sépare.

Les mouvements et l'agitation des eaux, après avoir été une première cause d'inégalité sur la surface de la terre en auront été quelquefois encore une seconde ; ils auront attaqué et dégradé les précipités qui venaient de se faire, ils en auront enlevé la matière dans un endroit, et l'auront entassée dans un autre. Buffon s'est certainement exagéré l'effet des courants, lorsqu'il a dit : « Les courants coulent dans la mer comme » les fleuves sur la terre, et ils y produisent des » effets semblables : ils forment leur lit, ils donnent aux éminences entre lesquelles ils coulent, une figure régulière et dont les angles sont » correspondants : ce sont, en un mot, ces courants qui ont creusé nos vallées, figuré nos » montagnes, et donné à la surface de notre terre, » lorsqu'elle était sous l'eau de la mer, la forme » qu'elle conserve encore aujourd'hui (1). » Mais il n'est pas moins vrai que ces immenses fleuves marins doivent avoir produit sur le sol qu'ils atteignent des effets proportionnés à leur masse et à leur vitesse; il n'est pas moins vrai que des courants qui déplacent des bancs de sable, qui sapent des roches et qui ouvrent des détroits (§ 44),

(1) Buffon, éd. in-4°, pag. 456.

peuvent transporter des matières qui viennent de se déposer sur le fond de la mer, peuvent sillonner un sol encore sans consistance, et y creuser une vallée sous-marine.

Ainsi, au sortir du sein des eaux, la surface de la terre était déjà couverte d'inégalités : elles étaient tantôt comme d'immenses ondulations, formant de longues bandes d'un terrain élevé et offrant deux pentes légèrement inclinées vers des mers opposées ; tantôt, semblables à de grandes rides rapprochées et parallèles, elles comprenaient entre elles de grandes *vallées primitives*.

Dès que cette surface se trouva à découvert, elle fut attaquée par les agents dont nous avons parlé, chap. II et V, et dont l'action se joignit à celle de la pesanteur, pour y produire de nouveaux changements et de nouvelles inégalités. La pesanteur fit tomber et crouler ce qui n'était pas assez soutenu ; l'action érosive des éléments atmosphériques corroda et sillonna le sol déjà existant ; les volcans le couvrirent de nouvelles éminences, les tremblements de terre l'ébranlèrent, le crevassèrent, et son aspect fut encore changé. Nous allons examiner les effets produits par chacun des agents que nous venons d'indiquer.

ART. Ier. *Effets de la pesanteur.*

Affaissements, fentes, éboulements.

§ 85. La pesanteur, cette force universelle qui agit sans cesse sur toutes les parties de la matière, et qui tend à les amener vers le centre de la terre, exerce une action continuelle sur les diverses parties de l'édifice du globe; et dès que les bases qui les soutiennent viennent à céder ou à manquer, elle occasione leur affaissement ou leur chute.

Ses effets ont dû se faire sentir dès les premiers moments de la formation de masses minérales, dans le sein même des eaux. Lorsque les précipités, en s'amoncelant, se furent élevés à une certaine hauteur, leur matière, encore molle ou sans cohérence, dut céder sous son poids et se tasser; mais n'étant point par-tout également dense, et se trouvant en plus grande quantité dans un lieu que dans un autre, le tassement ne put être partout égal, il dut être plus considérable dans un endroit que dans un autre: par conséquent, des portions de terrain durent se détacher du reste du sol, et pencher ou s'incliner vers le côté qui avait le plus cédé; il se produisit ainsi des fentes; des couches se plièrent ou se brisèrent, et leurs portions s'inclinèrent diversement; de là une partie des affaissements, inflexions et renversements de couches que l'on trouve à chaque pas dans la nature. Tous ceux qui ont observé l'intérieur de la terre, ou seulement visité quelques houillères, savent que très-souvent, lorsqu'on y rencontre une fente soit vide, soit remplie, et par conséquent transformée en *faille* ou *filon*, la partie des couches d'un des côtés de la fente est plus basse que la partie des mêmes couches placée de l'autre côté : cette différence de niveau est quelquefois de plusieurs mètres, et elle provient évidemment de ce qu'à l'époque de la formation de la fente, une des deux portions du terrain, cédant à l'action de la pesanteur, s'est affaissée.

Indépendamment des grands affaissements de terrain dus aux cavernes ou vides qui peuvent exister dans la croûte minérale du globe, et dont nous parlerons plus bas, la pesanteur a occasioné et occasione encore journellement de nombreux et continuels éboulements de rochers (§ 45) : le fond de la plupart des vallées est couvert de blocs provenant d'une pareille cause, et qui sont d'un volume souvent très-considérable. Dans la vallée de Locana, au-dessus de Novasca, dans les Alpes piémontaises, on chemine long-tems au milieu de quartiers de granite qui ont plus de mille mètres cubes : une des montagnes qui dominent cette partie du chemin, présente une énorme face taillée à pic, toute fendillée, montrant encore, dans toute sa fraîcheur, la place d'où ces quartiers se sont récemment détachés. De pareils faits se retrouvent dans un très-grand nombre de vallées ; ils y ont été remarqués par tous les géologistes : tous y ont entendu fréquemment des chutes de rochers, tous y ont vu, chaque année, de nouvelles avalanches de pierres.

Au reste, ces affaissements et eboulements doivent être actuellement bien moins nombreux et bien moins considérables que dans les premiers tems de la formation du globe : les diverses parties de l'édifice ont en quelque sorte pris l'assiette qui leur convient.

Art. II. *Effets dus aux éléments atmosphériques.*

L'action des agents atmosphériques, de l'air et de l'eau, sera encore aussi universelle que celle de la pesanteur ; elle sera même plus continue, au moins quant à ses effets. Nous avons déjà fait connaître en détail la nature de cette action (§§ 38–48) : quelque foibles et petits que paraissent les effets que nous avons cités comme exemples, si l'on considère que les agents qui les produisent travaillent sans interruption sur tous les points de la surface du globe, et cela depuis un laps de tems indéfini, on conclura qu'en somme ils ne peuvent manquer de produire des effets bien considérables ; et effectivement ils en ont produit de tels : ils ont abaissé le niveau des terrains élevés; ils ont morcelé les couches minérales, et ils ont excavée la plupart de nos vallées Examinons chacun de ces divers effets.

Abaissement du niveau des terrains élevés.

§ 86. L'action décomposante de l'atmosphère agit sur toutes les roches dont la superficie est à découvert; elle les pénètre, elle relâche et détruit l'agrégation de leurs molécules ; les eaux entraînent les parties ainsi désagrégées, et par suite d'une continuelle répétition de ces effets, les terrains doivent baisser de niveau, et baisser d'autant plus que la roche qui les constitue est plus sujette à la décomposition. Mais comme cet abaissement est toujours extrêmement petit, durant le laps de tems que peut embrasser la durée des observations du même homme; qu'il se fait le plus souvent d'une quantité égale ou du moins très-graduée sur tous les points d'une grande étendue de terrain, il sera imperceptible. Vainement la tradition nous apprendrait-elle que, dans un très-grand nombre de lieux, l'on aperçoit maintenant des cimes et des objets que l'on ne voyait pas autrefois, parce que des montagnes ou des coteaux interposés, qui en dérobaient la vue, ont perdu de leur hauteur : vainement Pallas nous dirait-il que la chaîne granitique de la Sibérie a beaucoup perdu de sa hauteur, à cause de la facilité avec laquelle sa roche se décompose (1); on pourrait encore contester ces abaissements, si la nature elle-même n'avait laissé, en plusieurs endroits, des termes de comparaison, et des *témoins* (2) de l'ancienne élévation du sol. Ces témoins sont les filons dont la partie supé-

(1) *Voyage dans les gouvernements méridionaux de la Russie*, tom. I, pag. 611.

(2) Les ouvriers employés au déblai des terres donnent le nom de *témoins* à des massifs de ces terres qu'ils laissent sub-

rieure s'élève au-dessus de la roche qui les entoure, les aiguilles et les pics qui s'élèvent au-dessus du sol qui les supporte, les montagnes isolées dans les plaines, les rochers et même les blocs de roche détachés qui couvrent le sol de quelques contrées.

Dans les îles Hébrides, et en divers lieux de l'Ecosse et de l'Irlande, on voit sortir d'un sol tantôt granitique ou porphyrique, tantôt schisteux, tantôt calcaire, un grand nombre de filons de basalte qui s'élèvent souvent à plusieurs pieds de hauteur ; ils sont absolument semblables à des murailles, et ils en font même l'office, car ils y servent habituellement de clôture aux champs, et c'est de là qu'ils ont tiré le nom de *dyke* qu'ils portent dans le pays. Personne, en les voyant, ne doutera que ces parties saillantes de filons, restes de coulées volcaniques, n'aient été originairement encaissées dans la roche, comme le sont encore les parties inférieures. Le terrain qui entourait celles qui sont actuellement en saillie a donc été détruit, et le sol a baissé naguere de toute la hauteur du *dyke* : je dis naguère, car ces filons ou murs de basalte n'ont que quelques pieds d'épaisseur, et la plupart ne sont composés que de prismes couchés les uns sur les

sister intacts, de distance en distance, pour constater la quantité du déblai.

autres sans ciment intermédiaire : de pareilles constructions ne sauraient braver les siècles. Aux environs de Schneeberg en Saxe, au milieu d'un terrain granitique, j'ai vu un filon de quartz s'élever à quelques mètres au-dessus du sol, et se prolonger comme un mur à une distance considérable : encore ici il servait de clôture. La conclusion à tirer de ce fait et de tous ceux du même genre, est évidente. Lorsque, dans le pays de Deux-Ponts, M. Schreiber voyait des masses ou filons presque verticaux de quartz, d'un ou plusieurs mètres d'épaisseur, s'élever jusqu'à dix mètres au-dessus de la surface du terrain, il ne pouvait s'empêcher de conclure que « ces masses » étaient restées debout et inaltérées, tandis que » le schiste qui les renfermait avait été détruit et » entraîné peu-à-peu par les eaux (1). » Les couches présentent le même fait que les filons : à une demi-lieue de Sorèze, sur la Montagne-Noire, j'ai remarqué une très-mince couche de schiste micacé plus quartzeuze que les autres, et qui s'élevait comme une crête à sept et huit pieds par-dessus le dos de la montagne.

Toutes ces pyramides aiguës qui, se détachant du corps des montagnes, s'élancent dans les airs, toutes ces aiguilles décharnées qui hérissent les Alpes, ne sont-elles pas des témoins éloquents

(1) *Journal des mines*, n° 11.

15.

de la destruction du terrain qui les entourait et dont elles faisaient partie? Saussure, en présence du Mont-Cervin, pyramide de plus de mille mètres de hauteur, placée sur le faîte le plus élevé des grandes Alpes, ne pouvait s'empêcher de dire : « Quelque partisan que je sois de la cristal-
» lisation, il me paraît impossible de croire qu'un
» pareil obélisque soit sorti, sous cette forme,
» des mains de la nature...... Tout ce qui lui
» manque a été rompu et balayé ; car on ne voit
» autour de lui que d'autres cimes qui sont elles-
» mêmes adhérentes au sol et dont les flancs
» également déchirés indiquent d'immenses dé-
» bris. » (*Sauss.*, § 2244.)

Tous les pics, tous les rochers qui se présentent en saillie sur la masse des montagnes, sont dans le même cas, et prouvent encore la destruction du sol environnant. A Greiffenstein en Saxe, sur un terrain de gneiss, on voit d'énormes colonnes, ou plutôt des masses prismatiques minces, et qui s'élèvent à plus de cent pieds de hauteur; elles sont divisées en couches ou plutôt en plaques par des fissures horizontales ; de sorte que chacune semble formée de grandes tables de granite empilées les unes sur les autres (1) : certainement, à la vue de ces masses et du sol qui les supporte, personne ne croira qu'elles aient été formées par

(1) Ce singulier spectacle est représenté dans le tom. VI de planches de l'*Encyclopédie*, format in-folio.

cristallisation, telles qu'on les voit, ou qu'elles aient été soulevées, ou que le terrain environnant se soit affaissé ; elles sont évidemment les restes d'un grand banc de granite qui se trouvait dans ce lieu, comme il s'en trouve dans plusieurs autres endroits du voisinage.

Les montagnes et buttes isolées dans les plaines sont également les derniers restes ou lambeaux d'un terrain dont elles faisaient partie. Je cite, pour seul exemple, le *Landscrone*, montagne placée au milieu des plaines de la Lusace, à deux lieues environ du pied de la chaîne qui borne ce pays au sud. Elle présente l'image d'un pain de sucre tronqué, dont la hauteur serait de près de trois cents mètres; elle est de granite, .ainsi que toute la contrée et la partie de la chaîne voisine ; mais sa sommité consiste en un plateau de basalte de soixante-dix à quatre-vingts mètres d'épaisseur dans toute son étendue. Ce plateau n'est que le restant d'une coulée de lave ; il n'a pu arriver dans sa position actuelle qu'en venant d'un point plus élevé ; et il est naturel d'aller chercher ce point, origine de la coulée, sur la chaîne, où se trouvent d'ailleurs beaucoup d'autres basaltes. Il faut donc admettre que l'espace intermédiaire était autrefois rempli, et par conséquent que le terrain, à deux lieues au moins de distance, a baissé de trois cents mètres, et cela dans un espace de tems assez court, puisqu'il ne remonte pas jusqu'à l'époque où nos volcans ont paru. La conséquence serait à-peu-près la même lorsque l'origine du courant basaltique eût été pris ailleurs que sur la chaîne.

La considération des montagnes isolées offre souvent au géologue bien des sujets de méditation sur les révolutions que la surface de notre globe a éprouvées, et sur l'abaissement considérable des terrains. Arrêtons un instant notre attention sur le Mont-Meisner, situé dans la Hesse, à six lieues au sud-est de Cassel. Il s'élève, comme un colosse, au-dessus des montagnes environnantes, dont il est d'ailleurs entièrement séparé. Sa sommité présente une plaine, ayant deux lieues de long sur une de large, située à plus de six cents mètres au-dessus de la rivière qui coule au bas, et à environ sept cents mètres au-dessus de la mer. Le corps de la montagne, ainsi que le terrain environnant, consiste en calcaire coquillier et en grès : au-dessus et sur une assise de sable, on a une couche de bois fossile, ayant jusqu'à trente mètres d'épaisseur en quelques points ; elle est recouverte par une énorme coulée de basalte de cent à cent cinquante mètres de hauteur, laquelle constitue le plateau supérieur. L'observateur, après avoir étudié la composition de cette montagne, et jeté les yeux sur les contrées voisines, ne pourra se dispenser de dire : L'énorme tas de bois qui repose sur cette cime y a été certainement charrié ; tous ces arbres n'ont pas crû sur le lieu même ; les eaux qui les ont amenés venaient de plus haut, et le sol sur lequel elles les ont déposés était ainsi un bas-fonds : le courant basaltique qui les a recouverts sortait d'un cratère placé à un niveau encore supérieur. La haute contrée d'où ils sont venus, et d'où la lave est sortie, n'existe plus ; la montagne domine aujourd'hui tout le pays d'alentour, à quinze lieues à la ronde ; et au delà, dans toute la basse Allemagne, il n'y a au-dessus d'elle qu'un petit nombre de cimes isolées. Tout le terrain contigu qui lui était supérieur, a donc disparu ; il a été détruit et emporté, et il ne peut l'avoir été par une cause violente et momentanée ; la main seule du tems, à l'aide des éléments atmosphériques, a pu tailler ainsi la montagne dans tout son pourtour, en faire une masse isolée et dégagée de tous côtés.

Les nombreux blocs de roche qu'on trouve assez souvent dans certains terrains, notamment dans ceux de granite, et que tout indique être encore dans le lieu où ils ont été produits, ou du moins à une bien petite distance, seront aussi un effet manifeste, et, par suite, une preuve de l'abaissement du sol. Par exemple, dans les environs de Huelgoat, en Bretagne, on voit des espaces plats recouverts de grosses boules ou masses sphéroïdales de granite de deux à trois mètres d'épaisseur : les circonstances locales, et la connaissance des effets de la décomposition sur les roches, ne m'ont pas permis de douter que ces boules et masses ne fussent les restes et comme les parties les plus dures de la masse granitique qui avait autrefois existé dans ce lieu. Tous les géologistes ont observé des faits semblables.

Plusieurs naturalistes regardent encore, sinon comme une preuve, du moins comme une suite de la destruction des anciens terrains, la position vraiment surprenante des blocs que l'on trouve quelquefois sur un sol auquel ils sont absolument étrangers, et où ils ont été évidemment transportés. C'est ainsi que dans les montagnes secondaires du Jura, sur le versant qui regarde les Alpes, lorsqu'une autre montagne n'est point interposée, on trouve, à une hauteur plus ou moins considérable, et qui s'élève jusqu'à huit cents mètres au-dessus du lac de Geneve, un grand nombre de fragments de roches primitives, dont quelques-uns ont mille mètres cubes : ils n'y sont nulle part en plus grande abondance et à une plus grande hauteur que vis-à-vis les grandes vallées des Alpines : ils viennent incontestablement de ces vallées, et leur nature permet presque d'indiquer les montagnes dont ils ont fait partie. Dolomieu pensait qu'ils étaient arrivés dans leur position actuelle, poussés par des torrents, en descendant sur un plan ou terrain incliné qui s'étendait originairement des Alpes jusqu'aux parties du Jura, où on les trouve : ce terrain, aujourd'hui détruit et emporté, remplissait l'espace maintenant occupé par la basse Suisse. De même, toutes les plaines du nord de l'Europe présentent, sur un terrain de transport, de gros blocs de roches primitives. MM. de Buch et Hausmann ont reconnu l'identité de nature entre ceux de la basse Allemagne et les masses qui constituent les montagnes de la Scandinavie, de l'autre côté de la mer Baltique. Peut-être encore ici ce sera en s'avançant peu-à-peu sur un terrain incliné, qui occupait autrefois une partie de la Baltique, que ces blocs seront descendus des montagnes dans les plaines (1).

Morcellement des couches.

§ 87. Lorsque l'abaissement du sol ne se fait que par parties, et que la masse, restant à sa primitive hauteur, est d'un volume plus considérable, alors le tout présente l'image d'un terrain morcelé, dont les diverses assises ou couches sont comme découpées, et des deux côtés de la dé-

(1) Voyez, sur ces faits bien extraordinaires et sur les hypothèses à l'aide desquelles on a cherché à les expliquer, Saussure, §§ 208—212 ; et l'extrait d'un intéressant Mémoire de M. de Buch, sur les blocs du Jura, suivi des judicieuses réflexions de M. Brochant, dans les *Annales de chimie et de physique*, tom. VII et X.

coupure, c'est-à-dire de l'intervalle qui sépare les massifs, on voit les parties des mêmes couches se correspondre parfaitement.

Je vais donner un exemple de ce fait, qui le mettra hors de tout doute, et qui montrera en même tems la manière dont il peut se produire. A Adersbach, en Bohême, et dans un terrain de grès, on voit une vallée dont le fond plat offre une grande et belle prairie ; de différents points de sa surface, il s'élève une multitude de masses colonnaires d'un grès blanc, ayant quelquefois jusqu'à cent mètres de hauteur, et qui présentent l'image d'énormes quilles dressées sur ce tapis de verdure. Lorsqu'on se promène entre ces colonnes, on voit que chacune est composée de couches qui diffèrent entre elles, soit par la grosseur du grain, soit par diverses nuances de couleur ; et on remarque que, dans les colonnes voisines, les couches de même nature se correspondent entièrement ; elles sont exactement à la même hauteur; et il est impossible de ne pas voir qu'elles ne sont que les portions d'une seule et même couche qui traversait originairement toutes les colonnes, et que les portions intermédiaires ont été enlevées. On n'en saurait plus douter, lorsqu'en approchant du coteau qui borne la prairie, on voit les colonnes se rapprocher les unes des autres, et bientôt ne former plus qu'une seule masse. Là, on a sous les yeux, et de la manière la plus évidente, tout le secret de cette singulière formation : la masse ou montagne est traversée par des fissures verticales, se coupant presque à angles droits, ainsi que cela a lieu dans un grand nombre de grès. Les agents atmosphériques, pénétrant dans ces fissures, en attaquent les parois; le ciment du grès se décompose, ses grains se détachent, tombent au fond des fissures ou fentes, et sont entraînés par les eaux qui y coulent en tems de pluie Peu-à-peu les fentes s'élargissent, les prismes de roche compris entre elles diminuent de volume, et ils finiront par disparaître entièrement.

Les nombreux monts isolés, recouverts par des plateaux basaltiques, qu'on voit à peu de distance les uns des autres près de Clermont en Auvergne, tels entre autres que le mont Gergovia, le Puy-Girou, le mont Rodeix, le mont Redon, le Puy-d'Araigne, la serre de Saint-Amand, etc., m'ont présenté un des exemples les plus frappants qu'on puisse voir du morcellement des couches minérales et des coulées volcaniques. M. de Montlosier avait déjà cité et fait ressortir cet exemple, et il avait déduit toutes les conséquences qu'on peut en tirer, relativement aux dégradations de l'ancien sol du pays et à l'abaissement de son niveau (1). Je ne répéterai pas les faits et les observations du

(1) Voyez l'excellent ouvrage de cet auteur, sur les volcans d'Auvergne.

meme genre que m'ont fournis les basaltes de la Saxe (1), et je terminerai par un exemple convaincant et à la portéé d'un bien grand nombre d'observateurs.

Qu'on se transporte sur la butte de Montmartre, et qu'on examine les coteaux qui bordent la vallée, au nord de Paris, jusque vers Ménilmontant. Par-tout où la roche est à nu, on verra des couches de gypse, entremêlées de couches d'argile ou de marne, s'étendre presque horizontalement, traverser tous ces coteaux en conservant la même épaisseur, et se raccorder avec celles de Montmartre. La mince couche d'argile, dans laquelle se trouve le ménilite, comprise entre deux bancs de gypse, et formant une bande bleuâtre au milieu de la masse blanche, par-tout où des coupes mettent à découvert la structure du terrain, frappera sur-tout l'observateur. Celui qui serait le moins porté à conclure, ne pourra s'empêcher de dire : Cette couche, comme chacune des autres, faisait autrefois un tout continu, qui s'étendait dans toute la contrée ; elle existait dans l'intervalle qui sépare les coteaux ; et si elle n'y est plus aujourd'hui, c'est qu'une cause, quelle qu'elle soit, l'en aura enlevée : elle ne peut s'être enfoncée, puisque le sol des intervalles est formé par le prolongement des bancs qui lui sont infé-

(1) *Mémoires sur les basaltes de la Saxe*, pag. 55 et suiv.

rieurs dans les endroits où elle existe encore. En cherchant ensuite quelle peut être cette cause qui aura enlevé ces portions intermédiaires qui manquent aujourd'hui, et qui en aura transporté ailleurs les débris, il n'en pourra pas même concevoir d'autre que les agents atmosphériques : eux seuls ont exercé une action sur cette partie de la surface du globe.

Mais d'où vient, demandera-t-on, que certaines couches ou portions de couche sont ainsi détruites, tandis que d'autres restent intactes? D'où vient que la décomposition fait baisser le niveau d'un terrain sur un point, et le laisse à son ancienne hauteur sur un autre? C'est que toutes les couches, et toutes les portions d'une même couche, ne sont pas également dures, également faciles à décomposer, et qu'elles ne sont pas également exposées à l'action érosive des éléments. Les granites et les basaltes, entre autres roches, présentent les plus grandes différences dans leur aptitude à la décomposition; quel est le minéralogiste qui, au milieu même des granites qui tombent réduits en gravier, dès leur contact avec l'atmosphère, n'a pas remarqué des noyaux et de gros quartiers du roc le plus dur. Fréquemment j'ai vu, à côté l'un de l'autre, deux basaltes, dont l'un noir, très-compacte, divisé en prismes, paraissait braver toute décomposition, tandis que l'autre y cédait facilement, sa partie extérieure etait déjà convertie en terre. Vraisemblablement les portions des coulées basaltiques de l'Auvergne, qui ont été détruites, étaient de cette dernière nature : le granite, placé au-dessous, se sera trouvé en proie à l'action destructive de l'atmosphère, et il aura baissé peu-à-peu de niveau ; les parties dures des mêmes coulées auront résisté, et elles seront restées à leur première hauteur, supportées et soutenues par la partie du terrain qui était au-dessous et qu'elles auront mise à l'abri de la décomposition.

Des circonstances particulières, dans la forme et les accidents d'un terrain, font souvent que quelques parties sont plus fortement attaquées que les autres : par exemple, les fissures qui traversent la montagne de grès d'Aderbach, ayant donné entrée et prise aux agents destructeurs, ils en ont attaqué les parois, ils ont élargi les fentes, ils ont ainsi morcelé la montagne, et ils l'ont comme découpée en ces masses colonnaires dont nous avons parlé pag. 233 : ici la décomposition s'est faite principalement dans le sens latéral.

FORMATION DES VALLÉES.

Circonstances de sa formation.

§ 88. La disposition du terrain, en dirigeant l'érosion dans une certaine direction, peut y occasioner la destruction et l'abaissement du sol ; et si les parties voisines de droite et de gauche restent intactes, il se formera une vallée.

Pour nous faire une idée exacte d'une pareille formation, représentons-nous un grand terrain assez fortement incliné, et que par un effet de sa configuration primitive, il offre, en un endroit, une légère dépression, par exemple, un creux d'une très-petite profondeur. Les eaux pluviales, soit celles qui tombent directement sur cette sorte de bassin, soit celles qui y arrivent sous forme de sources, s'y rassembleront, elles en sortiront par le point le plus bas du pourtour, et de là elles descendront sur le terrain incliné, en suivant la ligne droite ou sinueuse de plus grande pente. En coulant continuellement sur cette ligne, comme dans une rigole, elles en corroderont et approfondiront le sol (§ 42), et elles s'y creuseront un lit. Les parois de cette espèce de canal, exposées à l'action de l'atmosphère, éprouveront, comme toutes les roches, ses effets; les molécules que la décomposition en détachera tomberont par leur poids, ou seront entraînées par les pluies dans le courant, lequel les emportera plus loin. La pesanteur, favorisée par les diverses circonstances dont nous vous avons parlé (§§ 45 et 46), occasionera l'éboulement de quelques portions de ces mêmes parois; des blocs tomberont au fond du sillon, ils s'y décomposeront, et finiront par se résoudre en un gravier ou en une terre qui se sera en grande partie entraînée par les eaux. De cette manière, et par l'effet continuellement répété de mêmes agents, le canal s'approfondira, s'élargira, et il finira, avec le tems, par être une vallée.

Ce n'est que comme exemple d'un accident du terrain, que nous avons pris une dépression pour cause première de la formation d'une vallée, ou plutôt pour cause de l'existence d'une vallée sur un point et non sur un autre ; car d'ailleurs un grand nombre d'accidents divers, tels qu'une fente, un léger pli en forme de gouttière, la présence d'une roche plus tendre ou plus facile à corroder, peuvent avoir déterminé l'emplacement.

Quant au mode de formation que nous venons d'exposer et d'attribuer à l'érosion des eaux courantes, à l'action décomposante de l'atmosphère, et aux effets de la pesanteur, il n'y a pas un géognoste qui n'ait eu occasion de se convaincre de sa réalité. Il n'y en a pas un à qui il ne soit arrivé, en parcourant une chaîne de montagnes, d'entrer dans une vallée, d'abord large et profonde, se rétrécissant et diminuant ensuite de profondeur, à mesure qu'on avance vers son origine, et se terminant, quelquefois sur le milieu d'un versant, à un ravin portant encore toutes les marques de son peu d'ancienneté, et de la cause qui l'a produit. Vraisemblablement, après une forte pluie, les eaux se seront portées en abondance et avec force sur ce point, et le trouvant de nature à se laisser entamer, elles l'auront raviné. En tems ordinaire, on les voit souvent tomber dans le ravin, sous la forme d'un faible ruisseau ; au-dessus, il coule dans une légère sinuosité du terrain. Avec le tems et lorsque les circonstances convenables se reproduiront, le ravin, et, par suite, la vallée s'allongera en remontant la sinuosité, et elle s'élevera de plus en plus vers le faîte. Pendant ce tems, les agents destructeurs des roches continueront d'agir dans les parties inférieures de la vallée (celles voisines du pied de la chaîne); elles les élargiront, et elles les approfondiront jusqu'à ce que la pente ait pris une certaine inclinaison.

C'est principalement sur les grandes hauteurs que les eaux produisent des effets plus sensibles; courant avec plus de vitesse, elles ont plus de force. Il serait, en outre, bien possible, qu'originairement elles fussent plus abondantes qu'aujourd'hui, et que leur masse ajoutât ainsi à leur force. M. de Humboldt a souvent manifesté l'opinion que les rivières charriaient autrefois incomparablement plus d'eau, et il a remarqué des traces non équivoques de leur ancien rivage à des hauteurs qu'elles n'atteignent plus. Il pense que plusieurs d'entre elles occupaient ces grands lits au milieu desquels est creusé leur encaissement actuel, et que nous avons représentés comme les vallées des plaines (§ 32) : effectivement le sol de ces grands lits est formé le plus souvent par un terrain d'alluvion et de transport de même nature que celui que le fleuve actuel dépose ou pourrait déposer dans des crues extraordinaires.

§ 89. Mais un courant d'eau peut-il creuser et

Appréciation de la force des agents qui concourent à l'excavation des vallées.

approfondir le lit sur lequel il coule? Outre ce que nous avons dit des effets des eaux courantes sur les roches, je puis donner en preuve un exemple qui se rapporte directement à notre objet. Dans les granites du haut Vivarais, vers les sources de l'Ardèche, on a plusieurs vallées profondes; dans quelques-unes, dans celles de Montpezat, de Jaujac, d'Antraigues, etc., et à une *époque très-récente*, comparativement à celles indiquées par divers monuments de la nature dans ces mêmes montagnes, des volcans sont venus couvrir de leurs laves le fond de ces vallées (1) Les faibles ruisseaux, qui avaient été déplacés, sont revenus; ils se sont ouvert un nouveau lit entre la lave et le granite, et ils l'ont approfondi, en plusieurs endroits, de quelques pieds au-dessous de celui qui existait lors des éruptions volcaniques; car on voit distinctement leurs produits reposer sur des bancs de galets, lesquels indiquent le fond de l'ancien lit, et le nouveau est au-dessous. Voilà donc une portion de vallée approfondie de quelques pieds, depuis une époque peu éloignée dans la chronologie de la nature. Voilà, dirait M. Playfair, l'*élément différentiel* de l'excavation des vallées; le tems reste chargé de son *intégration*. Le tems, qui a des limites si étroites pour nous, n'en a plus pour

---

(1) Voyez l'ouvrage de M. Faujas, sur les volcans éteints du Vivarais, et *Histoire naturelle de cetté province*, par M. Soulavie.

la nature ; pour elle, il est aussi indéfini que l'espace : l'un et l'autre dépassent même ce que peut concevoir notre imagination (1).

Les faits prouvent tout aussi manifestement ce que peut la décomposition des roches pour l'élargissement des vallées. Combien de fois marchant sur les terrains granitiques de la Silésie, de l'Auvergne, des Cevennes, des Pyrénées orien-

---

(1) J'essaie la traduction du passage par lequel le mathématicien écossais termine son éloquent récit des dégradations de nos continents. « Tels sont les changements que l'action journalière des agents destructeurs produit à la superficie de la terre. Ses effets, peu considérables si on les prend un à un, deviennent immenses en conspirant tous vers une même fin, sans jamais se contrarier, et en agissant constamment dans une même direction, durant un laps de tems absolument indéfini. Tout descend et rien ne remonte; tous les corps durs se décomposent, et aucune masse molle, aucune terre meuble ne se consolide. Les forces qui tendent à conserver et celles qui tendent à changer l'état de la surface du globe ne sont jamais en équilibre; ces dernières sont les plus puissantes; elles sont des *forces vives ;* les autres sont comme des *forces mortes.* Cette loi de dégradation est une de celles qui n'admet point d'exceptions : les éléments de tous les corps étaient autrefois incohérents et séparés; ils retourneront tous dans le même état : tel est l'ordre immuable de la nature.

» On ne saurait objecter contre la réalité de cette marche, sa lenteur, qui la rend comme insensible aux yeux de l'homme. Ce que nos observations peuvent en constater, n'est qu'une quantité *évanescente* en comparaison du tout; ce n'est que *l'accroissement* instantané d'une immense *suite* qui n'a d'autres limites que celles de l'existence du monde. Le TEMS *intègre* cet *élément infiniment petit,* il *somme* les termes de cette *suite,* et la grandeur du résultat étonne notre imagination. » *Illustrations of the Huttonian theory*, §§ 114 et 115.

tales, etc., ne m'y enfonçai-je pas comme dans un tas de gravier. Il aura suffi d'une forte pluie d'orage pour enlever cette écorce ainsi décomposée jusqu'à un et deux pieds de profondeur, et pour l'entraîner dans le torrent, lequel l'emportera ensuite hors de la vallée. La décomposition pénétrera bientôt la roche mise à nu de nouveau; elle en détachera bientôt une nouvelle écorce; et peut-être, au bout de vingt, trente ou cinquante ans, un nouvel orage élargira encore la vallée d'un ou deux pieds. Remarquons que les effets de la décomposition doivent être, toutes choses égales d'ailleurs, bien plus grands sur les parois verticales ou fortement inclinées d'une vallée, que sur une surface horizontale : ici le poids des molécules désagrégées les retient en place; l'écorce qu'elles forment s'épaissit continuellement, et bientôt elle préserve de la destruction, en tout ou en partie, le roc qui est au-dessous : dans les parois des vallées, au contraire, le poids précipite les molécules du moment qu'elles sont désagrégées; et il se présente une surface continuellement renouvelée à l'action destructive de l'atmosphère. Sur une superficie horizontale, l'eau n'ayant presque pas de vitesse, entraînera difficilement les produits de la décomposition; et elle les entraîne avec facilité sur des faces inclinées.

On ne contestera pas aux courants qui sont

dans les vallées élevées, la force d'emporter les produits de la décomposition. En plusieurs endroits, on les voit couler sur le roc vif; et cependant on ne peut douter que les pluies et les averses qui tombent sur les terrains adjacents, ne leur apportent continuellement une grande quantité de pierres, de sable, de terre et de limon.

Celles de ces substances que le torrent n'entraîne point, ou plutôt celles qui ne tombent pas dans son lit, s'amoncèlent au bas des parois de la vallée, et s'y disposent naturellement en talus. Par l'effet de ce revêtement, la partie inférieure des parois est préservée, tant des effets de la décomposition, que de l'action des causes qui produisent les éboulements; de sorte que, toutes choses égales d'ailleurs, la vallée doit bien plus s'élargir dans le haut que dans le bas.

Qu'on ne nous dise plus qu'en attribuant à des filets d'eau l'excavation de vallées qui ont quelquefois plus de cent lieues de long, une lieue de large et près de mille mètres de profondeur, nous admettons une cause qui n'est en aucun rapport avec l'effet produit. Des filets d'eau ne sont pas le seul agent; et la cause que nous reconnaissons, est celle qui a baissé tout le sol d'une partie de la basse Allemagne, à quelques centaines de mètres au-dessous de la sommité du Mont-Meisner, qui a baissé le faîte des grandes Alpes de plus de mille mètres au-dessous de la cime du Mont-Cervin, etc. Quelque petit que paraisse d'abord un effet; étant répété une infinité de fois, il devient infiniment grand.

La disposition et la structure des vallées décèlent leur origine.

§ 90. La disposition des vallées, leur direction, leur forme, la stratification des montagnes qui les bordent, sont encore des indices de l'origine que nous leur attribuons.

Il n'y a pas de personne qui n'ait remarqué la manière dont les eaux, principalement après une pluie d'orage, ont sillonné et raviné les tertres et les terres présentant un talus considérable. Dans la disposition de ces petits ravins, par rapport au plan de pente sur lequel ils se trouvent, dans leurs sinuosités et dans les déviations de leur direction, dans leurs ramifications et embranchements, dans la forme des massifs de terre interposés entre eux, etc., il aura l'image la plus fidèle des faits du même genre que présentent les vallées et les montagnes. En examinant, dans nos cabinets, les modèles en relief des chaînes, on croit voir quelques-uns de ces tertres ainsi ravinés : la parfaite identité dans la découpure porte naturellement à admettre ici l'identité dans la cause. A l'aspect de cette singulière disposition et ramification des vallées, on ne peut s'empêcher de reconnaître, avec M. Playfair, que ce sont les coups souvent répétés du même instrument qui ont gravé si profondément ces traits sur la surface du globe; et cet instrument est sur-tout la force érosive et décomposante de l'eau Quant à moi, il m'est impossible d'en douter, lorsque, placé sur une chaîne de montagnes, je considère tous ces traits, c'est-à-dire les vallées des divers ordres, les gorges, et que je les vois toutes, jusque dans leurs dernières ramifications, dirigées suivant la ligne de plus grande pente des versants et surfaces qui les présentent (§ 24). Car enfin, *les eaux sont capables de produire un pareil effet; elles tendent à le produire, et tout est réellement comme si elles l'avaient produit.*

Les inflexions et les déviations que présentent les vallées dans leur cours et sur le plan de pente générale, ne sont point une objection contre l'origine que nous leur attribuons: elles tiennent à des circonstances particulières. Elles servent même à confirmer cette origine; car elles sont, en général, d'autant moins nombreuses et d'autant plus petites, que le plan de pente est plus incliné. Pour juger des causes qui peuvent produire les déviations, représentons-nous un terrain très-incliné, et offrant quelques légères sinuosités; les eaux qui tomberont dessus se rendront dans ces plis, et elles y couleront en descendant vers le bas, et en tendant à suivre directement la ligne de plus grande pente. Supposons qu'un d'eux, dirigé d'abord suivant cette ligne, vienne ensuite à en dévier : au point de déviation, la force descentionnelle de l'eau se décomposera en deux forces partielles; l'une dans le sens de la plus grande pente, et l'autre conduira l'eau dans le pli, au delà du coude : en vertu de la première, le fluide tendra à vaincre l'obstacle qui s'oppose à son chemin naturel; il le vaincra d'autant plus facilement, 1° que sa force sera plus considérable, c'est-à-dire que le terrain sera plus incliné; 2° que la somme des obstacles à vaincre sera moins grande, c'est-à-dire que la masse du terrain à corroder sera moins épaisse, ce qui dépendra principalement de la profondeur du pli déviant ; 3° que les obstacles seront de nature plus facile à vaincre, c'est-à-dire que la roche à corroder sera moins dure. Le cours très-tortueux de plusieurs fleuves qui coulent dans de grandes plaines est une conséquence de ces principes.

La forme des vallées, leur rétrécissement à mesure que la quantité d'eau qu'elles charrient ou qu'elles peuvent recevoir est moindre, leurs ramifications, notamment à l'extrémité supérieure, leur fréquente et insensible disparition vers le faîte, la correspondance remarquable entre les angles saillants et les angles rentrants, qu'elles présentent si fréquemment, sont encore autant d'indices de l'origine que nous leur avons assignée, et autant de faits qui sont en opposition avec tout autre mode de formation.

Il en est de même des circonstances de la stratification des montagnes qui les bordent. Presque toujours, lorsque ces montagnes sont très-rapprochées, leurs couches, si elles sont horizontales, se correspondent de part et d'autre ; si elles sont verticales, et qu'elles soient dans une direction transversale à la vallée, on voit la même couche se reproduire sur un des côtés, dans le prolongement de la partie qui est sur le côté opposé : cela est sur-tout frappant lorsqu'une de ces couches, plus dure que les autres, et ayant plus résisté à la décomposition est en saillie sur les flancs de la montagne. Enfin, si les couches sont inclinées, elles se présentent, avec la même direction et la même inclinaison, dans les deux montagnes opposées : en un mot, dans tous ces cas, la stratification est exactement la même que si le terrain avait autrefois formé un tout continu, et que la vallée ne fût que l'effet d'un déblai accidentel. Lorsque la vallée est fort large, les montagnes qui la bordent se trouvant éloignées, on ne peut plus tirer aucune induction de l'examen comparatif de leur stratification : on sait combien les couches sont sujettes à des variations dans leur allure, même à des distances peu éloignées.

Opinion de Deluc, etc., sur la formation des vallées.

§ 91 Comment, d'après des faits si notoires sur la stratification, M. Deluc a-t-il pu produire et soutenir, avec tant d'opiniâtreté, l'opinion que les couches de part et d'autre des vallées inclinaient vers le thalweg, et qu'elles étaient ainsi parallèles aux parois de ces vallées? Il les regarde comme ayant été originairement horizontales; de nombreux affaissements qui sont survenus ensuite, et qui ont donné naissance aux vallées, en ont occasioné la rupture et l'affaissement : la partie qui répondait immédiatement au-dessus du thalweg s'est abaissée, tandis que celle qui formait la crête des rameaux voisins, est restée à sa primitive hauteur, ou s'est même élevée au-dessus. Cette rupture et ce mouvement de bascule seraient pareils à ceux que présenterait une planche soutenue vers ses deux extrémités, et rompant sous le poids d'un corps placé sur elle. J'ai bien vu, dans les Alpes calcaires des environs de Genève, du Jura et de la Savoie, des couches inclinées effectivement vers le milieu de la vallée; c'est un fait particulier qui tient peut-être à la configuration qu'avait déjà le terrain à l'époque de la formation de ces couches secondaires; mais dès qu'on entre dans le centre des Alpes, et en général dans toutes les montagnes primitives, on ne voit plus rien de pareil. J'ai passé une partie de ma vie à observer ces montagnes, et je puis assurer que presque par-tout, en faisant abstraction des rapports de position entre la chaîne et le plan *général* des couches, la stratification y est absolument indépendante de la direction et de la forme des vallées; que ces vallées y sont comme de simples solutions de continuité, opérées après que les couches minérales avaient pris la forme et la position qu'elles ont aujourd'hui.

Je ne m'arrêterai pas à réfuter l'opinion de Deluc sur la formation des vallées. Par quel miracle, dans les Pyrénées, comme dans toute autre chaîne régulière, les affaissements qui ont produit les vallées transversales ont-ils été faits perpendiculairement au faîte, et en respectant ce faîte? Comment, ensuite, les affaissements pour les vallées secondaires ont-ils été faits perpendiculairement aux crêtes des rameaux, et en respectant ces crêtes? Comment des affaissements ont-ils produit toutes ces ramifications par lesquelles les vallées vont se perdre insensiblement sur les faîtes et sur les crêtes?

Ceux qui ont voulu que les montagnes fussent produites par des soulèvements, avaient-ils pris également en considération toutes ces mêmes circonstances de la structure des chaînes?

Ceux qui prétendent que les vallées ont été ouvertes par des courants, soit dans le fond des mers, soit lors de grandes débâcles, n'étaient-ils pas dans le même cas? Avaient-ils vu que toutes vallées, dans une chaîne, sont fermées par leur extrémité supérieure? Que, dans la même chaîne, si celles du premier ordre sont dans une même direction, celles du second leur sont perpendiculaires, et que par suite des déviations que celles de tous les ordres présentent si souvent, il y a, sur une même chaîne, des vallées dans toutes sortes de directions.

Ceux enfin qui n'ont vu dans nos montagnes que le redressement de diverses parties de la croûte de la terre, croûte fracassée par le choc d'une comète, se rappelaient-ils qu'il existe des montagnes sur tout le pourtour du globe, et que les plus grandes n'y sont pas même comme les petites aspérités sur la peau d'une orange?

Produit de la décomposition dans les plaines et les mers.

§ 92. Que sont devenus tous les débris provenant

de l'abaissement des terrains, du morcellement des couches et de l'excavation des vallées? Une petite partie est restée au fond des vallées, et elle y forme le revêtement de terre et de pierres qui couvre la partie inférieure des parois, et qui occupe leur fond : le reste a été entraîné par les eaux, déposé sur le sol des grandes plaines, ou emporté dans le sein des mers et étendu sur leur lit et sur leurs côtes.

Deluc fait une objection bien forte contre la destination que nous donnons ici au produit de la destruction des roches, et, par suite, contre cette destruction, notamment contre l'excavation des vallees. Qu'est devenue, dirait-il ; par exemple, cette immense quantité de matière minérale qui aurait rempli la grande vallée du Rhône et les vallées affluentes? A-t-elle été emportée par le fleuve et étendue sur les contrées qu'il traverse, ou a-t-elle été portée à la mer dans laquelle il se décharge? Cela est impossible : le lac de Genève intercepte toutes les pierres et presque toutes les terres que le Rhône peut emmener des Alpes; son onde sort toujours pure du lac : les débris auraient dû combler le bassin; avant qu'il le soit, aucun ou presque aucun ne peut aller au delà. De même, le Rhin ne peut rien ou presque rien charrier au delà du lac de Constance; ce n'est donc pas lui qui a amené et déposé le terrain de transport des plaines de l'Alsace, et encore moins celui des plaines de Cologne et de la Hollande. De même, le Tessin, qui ne sort des Alpes qu'en traversant le lac Majeur, ne peut avoir porté leurs débris dans les plaines de la Lombardie, etc. Cette objection, dont nous sommes loin de contester la force, prouve formellement que le Rhône, le Rhin, le Tessin, etc., ne portent aujourd'hui au delà des lacs qu'ils traversent aucun des produits de la décomposition des roches qui sont en amont. Mais l'état actuel des choses existait-il à l'époque où les vallées ont commencé à être creusées, et où les terrains de transport ont commencé à être étendues sur les parties basses du globe? Je ne le pense pas : les terrains des plaines de l'Alsace, de la Hollande, de la Lombardie, etc., n'ont pas été déposés par les fleuves actuels : tout indique qu'ils l'ont été dans le sein d'une eau tranquille ; et ce n'est que depuis la retraite de cette eau que date l'ordre actuel : la date est peu ancienne. Avant cette époque, la configuration du fond de ces mers ou lacs, c'est-à-dire le fond des grandes vallées, n'était peut-être pas la même qu'aujourd'hui. Quoique presque tous les fleuves qui entrent dans la Lombardie traversent de grands lacs, Saussure, qui connaissait d'ailleurs l'objection de Deluc, n'en pensait pas moins que l'énorme couche d'atterrissement qui forme le sol de cette partie de l'Italie venait des Alpes, et qu'elle était le produit de leur destruction et de leur décomposition. Il n'en croyait pas moins, car le fait est d'une évidence manifeste, que, depuis leur consolidation, ces montagnes avaient éprouvé de prodigieuses dégradations, que leurs couches avaient été morcelées, et que l'excavation de la plupart de leurs vallées était un effet de l'érosion des eaux pluviales, des torrents et des rivières. (*Sauss.*, § 920.)

Le redressement des couches lui paraissait être l'autre cause de l'existence des vallées, et particulièrement de celles qu'il nommait *longitudinales*, et dont la direction était, d'après lui, parallèle à la stratification des montagnes qui les bordent. De pareils redressements, incontestables dans de certaines localités, ne peuvent manquer en effet d'y avoir été la cause directe ou indirecte de la formation de plusieurs vallées.

Nous aurons donc, 1° des vallées primitives (§ 84), c'est-à-dire de même date que la surface de la terre; 2° des vallées dues en partie au redressement des couches; 3° des vallées occasionées par quelques fentes ou accidents postérieurs à la consolidation du terrain: 4° enfin des vallées produites par l'action de l'eau et de l'atmosphère. Si celles-ci ne sont pas toujours les plus considérables, elles seront bien certainement les plus nombreuses; et la cause qui les a creusées aura encore donné aux autres leur forme actuelle; elle aura produit la plupart de leurs vallées secondaires, de leurs gorges et de leurs ramifications.

Le redressement des couches est bien encore une des causes des inégalités de la surface du globe; mais, outre que le fait est presque d'origine première, qu'il a eu lieu immédiatement après la formation des couches, et qu'il ne se continue plus en aucune manière, les observations ne m'ont pu faire apercevoir aucun rapport entre la grandeur ou la disposition de ces inégalités et la situation actuelle des couches : le Mont-Rose qui domine toutes les Alpes, la cime du Mont-Blanc exceptée, est en couches presque horizontales; et le pied des Pyrenees occidentales est en couches presque verticales : ailleurs, on aura une disposition inverse. Nous traiterons, dans le chapitre suivant, du redressement et de l'inclinaison des couches.

ART. III. *Effets dus aux volcans et aux tremblements de terre.*

Effets des volcans.

§ 93. Des nuages de cendres et de sable, une grande quantité de scories sortent de la bouche des volcans et se déposent sur les contrées voisines, où elles forment des couches de tufs. Ces mêmes bouches vomissent des torrents de lave, qui, en se répandant sur le sol voisin, le couvrent d'une couche solide plus ou moins épaisse. Enfin ces courants et les produits des déjections, en s'amoncelant autour des bouches, forment des montagnes quelquefois d'une bien grande hauteur : c'est ici le plus grand effet des volcans sur la surface de la terre ; il a produit l'Etna, le pic de Ténériffe, le Cotopaxi, l'Antisana, etc., qui égalent presque en élévation les plus hautes montagnes du globe.

Comparons un instant, sous le rapport de la quantité, ces divers produits, qui constituent les terrains volcaniques, avec les autres espèces de terrains.

Remarquons d'abord que les produits des éruptions et des déjections des volcans ne se trouvent guère qu'à la surface du globe, et qu'ils n'entrent point dans sa charpente. Lors même que quelques-unes des assises de l'édifice seraient de nature analogue aux produits volcaniques, analogie qui n'est pas encore hors de tout doute, elles auraient un mode de formation différent de celui des laves actuelles, c'est-à-dire qu'elles ne seraient pas arrivées dans leur position actuelle, en sortant d'un cratère, et en coulant sous la forme de nos courants ignés. En un mot, il paraît que la formation des roches et de leurs couches était terminée ou presque terminée, lorsque nos volcans ont percé la surface du globe et s'y sont allumés. Plusieurs d'entre eux sont déjà éteints, et le nombre de ceux qui brûlent encore est d'environ deux cents (§ 54).

Quelque abondantes que soient leurs déjections pulvérulentes, à quelque grandes distances qu'elles soient portées, les terrains meubles qu'elles forment ne seront encore presque rien en comparaison des autres terrains de transport; le sol de la Campanie, peut-être la plus grande région de tufs volcaniques de l'Europe, n'est rien en comparaison des grandes plaines de sable de la Hollande et de la basse Allemagne. A quoi se réduisent les effets du Vésuve? A avoir élevé un cône de 1200 mètres de haut, et à avoir recouvert de ses laves et de ses scories, un espace qui n'a pas vingt lieues carrées : l'Europe en a près de cinq cent mille, et le Vésuve est le seul volcan de l'Europe continentale. L'espace que les volcans de l'Asie ont pu recouvrir de leurs produits, n'est qu'un infiniment petit en comparaison de l'étendue de ce vaste continent. L'Etna brûle de tems immémorial bien antérieurement aux époques historiques : c'est un des grands volcans qui existent, et ses laves n'ont guère recouvert plus de cent lieues carrées : ainsi, en le prenant pour terme moyen, on n'affaiblira pas la supputation, lorsqu'on dira que les deux cents volcans brûlants n'ont pas étendu leurs effets sur vingt mille lieues carrées, c'est-à-dire sur la douze centième partie de la surface du globe; et sur cette très-petite portion, ils y ont répandu une couche de lave et de scories, dont l'épaisseur moyenne n'est probablement pas de cent mètres; ils y ont élevé deux cents cônes volcaniques qui n'ont point, l'un dans l'autre, deux mille mètres de hauteur. Je ne pense pas, d'après les observations qui me sont connues, qu'on puisse admettre que les volcans éteints couvrent aujourd'hui de leurs produits un espace bien plus grand ; et que l'espace total, occupé par les déjections et les éruptions des volcans de toute espèce, soit la cinq centième partie de la surface du globe.

Les monts volcaniques, tant anciens que modernes, que nous voyons aujourd'hui, que sont-ils encore par rapport aux autres montagnes?

Qu'est le Vésuve par rapport aux Apennins? Qu'est l'Etna, avec tous ses monticules, par rapport à la masse des Alpes? Que sont le Mont-Dore et le Cantal par rapport à la chaîne des Pyrénées? Que sont le Cotopaxi, l'Antisana, le Chimboraço, en comparaison de l'immense Cordilière qui les supporte? Les Pyrénées, les Alpes, etc., font partie de l'écorce minérale du globe; ce ne sont que des excroissances de cette écorce; mais l'Etna, le Mont-Dore, etc., sont des corps hétérogènes qui lui sont seulement superposés.

Il est difficile de concevoir comment, d'après des différences aussi sensibles, quelques naturalistes, alléguant l'analogie, ont voulu croire que les montagnes, en général, avaient été produites par les volcans ou par les agents intérieurs. Ils ont cité, à l'appui de leur opinion, tout ce que l'histoire nous apprend sur les montagnes et les îles élevées par ces agents (1). Mais parce qu'en lançant une grande quantité de fragments de lave, de scories, de cendres, ils ont produit, par la chute et l'entassement de ces corps, un tas de matières incohérentes, un mont de cendres (*monte di cinere*) qui n'a pas 150 mètres de haut; parce que, dans le Mexique, ils ont formé, de la même manière, un monceau de pierres demi-fon-

(1) Voyez la note VII.

dues, agglutinées par un tuf salin; s'ensuit-il qu'ils ont aussi élevé la butte de Montmartre, composée de couches horizontales et bien réglées de gypse, de marne, d'argile, etc.? s'ensuit-il qu'ils ont aussi formé la chaîne des Pyrénées, espèce de digue de près de cent lieues de long, de plus de deux mille mètres de hauteur, composée de couches de granite, de marbre, de schiste, etc., qui se prolongent à de grandes distances, toujours dans la même direction, conservant la même épaisseur, et traversées par des filons métalliques? Parce que les volcans sous-marins, en accumulant les produits de leurs déjections, ont élevé leurs cimes au-dessus de la mer, et formé ainsi de petits îlots composés de ponces et de rochers brûlés, s'ensuit-il qu'ils ont élevé l'Angleterre, dont le sol est composé de granite massif, de couches calcaires, etc., formant un tout continu, et portant des signes non équivoques de leur ancienne jonction avec celles du continent? En raisonnant par analogie, on dirait : les feux volcaniques n'ont jamais rien produit de pareil, et ils ne sauraient le produire.

Je ne parlerai pas ici des bouleversements des couches minérales de la terre qu'on leur attribue, je ne sais sur quel fondement; je me bornerai seulement à remarquer que la base des Apennins se confond avec celle du Vésuve, et que, suivant le rapport des observateurs, on ne remarque, au point de réunion, « aucun désordre, aucun renversement des couches, et pas plus d'irrégularités qu'il n'y en a dans les autres monts calcaires très-éloignés des volcans (1). »

En résumant ce qui a été dit dans cet ouvrage sur les volcans actuels, nous dirons que leur effet, dans la constitution du globe, se borne à élever, dans quelques contrées, sous forme de montagnes coniques, de grands tas de scories, de fragments de lave et de pierres; à couvrir les alentours, jusqu'à dix et vingt lieues de distance, de courants de matières fondues, à porter un peu plus loin de minces couches de sables et de cendres; enfin à donner naissance, en mer, à quelques écueils ou îlots de même nature que les montagnes volcaniques; et nous conclurons, avec un des grands observateurs des volcans, bien porté d'ailleurs à étendre leur domaine, qu'ils ont pu quelquefois contribuer à changer l'état de quelque partie de la surface terrestre, mais qu'ils n'ont point exercé une influence générale sur l'état actuel du globe (2).

Effets des tremblements de terre.

§ 94. Les plus ordinaires et les mieux constatés des effets dûs aux tremblements de terre, sont les fentes qui se produisent dans les couches mi-

(1) Breislak, *Institutions géologiques*, §§ 610 et 619.

(2) *Ibidem*. Cette conclusion serait la même, lorsque l'on comprendrait les porphyres à base de trachyte parmi les terrains volcaniques.

nérales, lorsqu'elles éprouvent de fortes secousses: nous en avons cité des exemples (§ 74).

Mais le plus considérable de ces effets consiste dans l'affaissement de portions plus ou moins considérables du sol. Nous aurons à en distinguer diverses sortes : et d'abord ceux qui ont lieu dans les régions volcaniques ; ils sont aussi fréquents qu'incontestables.

L'énorme quantité de matière rejetée par les volcans doit nécessairement laisser, dans l'intérieur de la terre, des vides proportionnés à son volume. Toute la masse de l'Etna, de ses laves et de ses déjections, est sortie des régions situées sous terre, au-dessous et dans le voisinage : elle doit y avoir laissé un vide immense, et la montagne est comme suspendue sur un abîme ; il en sera de même du sol d'un grand nombre de contrées volcaniques, de celui de Quito par exemple, où M. de Humboldt est quelquefois tenté de ne voir qu'un seul et immense volcan dont le Cotopaxi, le Pichincha, etc., seraient les différentes bouches. Lorsque les secousses du tremblement sont assez fortes pour rompre les voûtes, soit primordiales, soit formées par l'enlacement des laves, ou pour briser les piliers encore existants, ces montagnes et ces terrains retombent dans les gouffres d'où ils étaient sortis. C'est ainsi que, dans le tremblement de terre arrivé à la Jamaïque en 1692, la plus haute montagne de l'île fut engloutie, et est remplacée par un lac (1) : qu'en Islande une montagne d'une hauteur considérable s'enfonça, en une nuit, par un tremblement de terre, et qu'un lac très-profond prit sa place (2) : que, le 11 août 1772, le volcan le plus considérable de Java, ayant plus de trois lieues (quarante milles, disent d'autres auteurs) de circuit, s'abîma tout-a-coup, après une courte et violente éruption, entraînant avec lui quarante villages et deux mille habitants (3) : qu'en 1638, le volcan du Pic, dans les Moluques, que l'on découvrait en mer à plus de trente milles, et qui tenait lieu de fanal, disparut en entier au milieu d'une éruption violente ; un lac le remplace aujourd'hui (4) : qu'en 1586 un éboulement analogue, arrivé dans la même île, coûta la vie à dix mille ames (5). Nous devons à M. de Humboldt la connaissance de divers faits du même genre, concernant les terrains volcaniques de l'Amérique : nous avons vu (§ 67) le *Carguairazo,* en 1698, s'écrouler et inonder de boue les contrées voisines : une ancienne tradition veut que le volcan de l'*Altar de los Collanes*, dans le Pérou, dont la hauteur surpassait, dit-on, celle du Chimboraço, après huit ans d'éruptions continuelles, s'affaissa:

---

(1) Bertrand, *Mémoire sur les tremblements de terre.*

(2) Buffon, *Suppl.*, in-4°, tom. Ier, pag. 387.

(3) *Ibidem*, pag. 389.

(4) Ordinaire, *Histoire naturelle des volcans*, ch. 22.

(5) Ebel, *Uber den Ban der Erde*, tom. II, pag. 282.

et ses pics inclinés ne présentent plus aujourd'hui que des traces de destruction. Dans les terrains occupés par les volcans éteints, on voit encore des indices d'affaissements, et particulièrement des lacs, que l'on présume être sur l'ancien emplacement des cratères, ou des montagnes volcaniques : tel est celui de Laach près l'abbaye de ce nom, à quelques lieues d'Andernach ; tel est encore le petit lac parfaitement circulaire de Paven en Auvergne.

Hors des terrains volcaniques, nous avons plusieurs sortes de montagnes, notamment celles de nature calcaire et gypseuse, qui renferment de grandes cavernes et cavités ; et il est très-naturel de penser que les secousses des tremblements de terre, lorsqu'elles sont fortes, peuvent occasioner la rupture et l'écroulement des masses qui sont au-dessus.

Indépendamment des affaissements provenant des cavernes connues, ou que tout indique exister dans la croûte minérale du globe, quelques auteurs systématiques en admettent de bien plus considérables, dus à d'immenses cavernes supposées être dans l'intérieur du globe, et auxquels on attribue la plupart des inégalités de la terre et la formation des vallées (§ 91). Mais de pareils affaissements, comme les cavernes qui les ont occasionés, nous sont inconnus ; ils n'ont point d'analogues parmi les faits que l'observation nous a fait connaître ; ils appartiennent, je pourrais dire, aux tems fabuleux de la géologie, à ceux qui ont précédé l'état des choses auquel l'observation et ses conséquences peuvent nous faire remonter.

En rapportant, au delà de cet état de choses, les grands affaissements que je viens d'indiquer, je n'en veux pas conclure qu'il n'y en a point eu ; et, quoique la forme et la disposition de la majeure partie des vallées ne permettent point de leur attribuer l'origine de ces grands sillons, cependant, lorsque je considère la disposition et l'aspect des montagnes qui entourent certains lacs ou mers méditerranées (§ 22), je suis quelquefois enclin à croire que plusieurs de ces lacs ou mers doivent leur origine a de tels affaissements ; et si le récit de Platon sur l'*Atlantide* ne portait pas tout le caractère d'une simple fiction, on pourrait le citer comme le plus considérable de ceux que nos livres font mention. « Sur les bords de la mer Atlantique, dit le philosophe grec, vis-à-vis le détroit des colonnes d'Hercule, il y avait une île plus étendue que la Libye et l'Asie (connue des anciens) ensemble ; il arriva des tremblements de terre et des inondations, et, dans l'espace d'un jour et d'une nuit, elle disparut dans la mer. »

Quant aux soulèvements produits par les agents intérieurs de la terre, je n'en connais aucun exemple : rien ne porte à les admettre ; je ne saurais même les concevoir ; et cependant on leur attribue quelquefois les plus grands effets, tels que la formation des montagnes et le redressement des couches : j'ai dit, dans le paragraphe précédent, combien peu on était fondé, relativement au premier de ces deux effets ; je parlerai dans la suite du second. Je remarque ici, qu'en disant que je ne connais aucun exemple de soulèvements, je ne parle point de ces petits soulèvements partiels qui ont lieu lorsque les feux souterrains se faisant jour à travers l'écorce minérale du globe, la brisent et la crevassent ; alors les fragments peuvent en être déplacés, et en partie soulevés : c'est dans ce sens que je prends le récit que M. de Humboldt nous fait du soulèvement qui eut lieu lors de la formation du volcan de *Jorullo* (§ 75) (1); il y en a peut-être eu de pareils au *Monte-Nuovo*, lorsqu'il s'est formé.

On regarde, en général, les tremblements de terre comme produisant à la surface du globe de bien plus grands changements qu'ils n'en opè-

---

(1) Je consigne ici ce récit : « Un terrain de trois à quatre milles » carrés, que l'on désigne sous le nom de *Malpays*, se souleva en » forme de vessie. On distingue encore aujourd'hui, dans les cou- » ches fracturées, les limites de ce soulèvement : le *Malpays*, vers » ses bords, n'a que douze mètres de hauteur au-dessus du niveau » ancien de la plaine appelée *las playas de Jorullo ;* mais la con- » vexité du terrain augmente progressivement vers le centre jus- » qu'à 160 mètres d'élévation. » (*Essai politique sur la Nouvelle-Espagne*, liv. III, ch. 8.) Je ferai observer à ceux qui voudraient voir ici le soulèvement d'un terrain dans son entier, pour en tirer des conséquences géologiques relatives aux autres terrains, qu'il ne s'agit que d'un phénomène volcanique, et que M. de Humboldt parle principalement des couches fracturées. Il ne dit point qu'il s'est assuré, par un nivellement ou de toute autre manière, que c'est l'ancien sol lui-même qui a pris la forme convexe; car il serait bien possible qu'elle ne fût due qu'au produit des déjections; lequel naturellement doit avoir plus d'épaisseur à mesure qu'on approche de la bouche volcanique. S'il y eût eu un soulèvement total et manifeste, il est vraisemblable que M. d'Elhuyard, minéralogiste distingué, qui réside au Mexique et qui a visité Jorullo trente ans après sa formation, en aurait dit quelques mots dans la notice qu'il a publiée à son sujet en 1789. (*Bergbaukunde*, tom. 2, p. 443.)

rent réellement. Celui de Lisbonne est un des plus forts dont l'histoire conserve le souvenir, et les trois quarts des églises de cette ville résistèrent à ses secousses, et subsistent encore. Les architectes et les physiciens croiront-ils que l'inclinaison, et une inclinaison par l'effet d'une brusque secousse, ait été réellement bien forte, lorsqu'elle n'a pas porté, hors de l'aplomb des fondations, le centre de gravité d'un mur élevé, et qu'elle n'en a pas occasioné la chute.

On cite souvent, en preuve des bouleversements que les tremblements de terre peuvent occasioner, ceux que la Calabre éprouva en 1783. Examinons les effets qui furent réellement produits par des secousses, que Dolomieu met au nombre des plus fortes que les tremblements de terre soient capables de faire éprouver. Nous suivrons la relation que ce géologue, témoin presque oculaire, a donné de ce malheureux événement (1). La Calabre ultérieure, où il eut lieu, est divisée en deux parties; l'une est une plaine qui longe la mer, en face de la Sicile, et qui a environ quinze lieues de long sur sept de large : c'est un dépôt de sable, de galets, d'argile et de débris de coquilles, qui est sans liaison ou consistance, et qui a une très-grande épaisseur; sur cette base meuble, est établie une couche de terre végétale argileuse d'environ trois

(1) *Mémoire sur le tremblement de terre de la Calabre.*

pieds d'épaisseur, très-forte, très-tenace, liée en outre par les racines des arbres qu'elle porte; les eaux y ont creusé un grand nombre de gorges, qui ont souvent jusqu'à deux cents mètres de profondeur, et dont les parois sont escarpées et presque verticales : l'autre partie, qui entoure la plaine, est montagneuse et granitique. A la première secousse, en moins de trois minutes, toute la plaine fut bouleversée; presque toutes ses villes et villages furent ruinés de fond en comble, et plus de vingt mille individus ensevelis sous des ruines : son effet fut de tasser le sable; il coula à la manière des laves, dit Dolomieu; il se répandit dans les vallées, il les remplit; il se fit des talus, par-tout où il y avait des escarpements : la couche de terre végétale, qui se trouvait sans soutien, principalement près des escarpements, et qui faisait corps, s'affaissa, se renversa, glissa jusqu'à des distances considérables, et produisit tous les singuliers et tristes effets décrits par M. Fleuriau de Bellevue (1). « Pendant que la plaine était dévouée à » une destruction totale, ajoute Dolomieu, les » lieux circonvoisins, bâtis sur des hauteurs, et » établis sur des bases solides, échappèrent à une » pareille destruction et souffrirent peu. L'explo» sion du 28 mars fut la plus forte, elle souleva » et ébranla le corps même des montagnes; ce-

(1) *Journal de physique*, tom. 62.

» pendant les édifices et même les masures y sont
» la plupart sur pied. La différence des effets ne
» peut avoir pour cause que la nature du terrain.
» Dans la plaine, le sol a manqué : dans les mon-
» tagnes au contraire, quoique l'agitation des sur-
» faces fût considérable, elle était moins destruc-
» tive : le sol, après chaque oscillation, reprenait
» sa position, et les édifices conservaient leur
» aplomb. » En définitive, je dirai que si ce terrible tremblement de terre n'a pas laissé pierre sur pierre dans les édifices que l'homme avait élevés sur le sable, il n'a pas dérangé une seule pierre dans l'édifice de la nature, dans les couches minérales ; ou du moins on n'en cite aucun exemple.

Que l'historien, témoin d'une de ces terribles catastrophes, tout ému du danger auquel il vient d'échapper, déplorant des pertes cruelles, rembrunisse et charge ses tableaux ; qu'il voie et qu'il représente la nature entière dans un bouleversement total ; on doit s'y attendre : mais si, sans prendre ses expressions à la lettre, le géologiste ne tient compte que des faits qui lui sont rapportés et prouvés, il ne verra guère dans les tremblements de terre que de simples ébranlements, de simples *trépidations* du sol : les masses minérales se présenteront à lui dans le même ordre, et avec la même solidité qu'auparavant : quelques fentes, quelques affaissements seront les seuls effets géologiques qui en résulteront.

Conclusion de ce chapitre.

§ 95. Tels sont les effets des agents qui concourent à modifier et à changer l'aspect que la surface de la terre avait au sortir des mers dans lesquelles ses dernières couches ont été formées. De ces agents, les uns, tels que les feux souterrains, sont locaux, et ne manifestent leur action que par intervalles ; les autres, comme les éléments atmosphériques et les eaux, agissent sur chaque point de cette surface, et ils y agissent sans interruption. De cette différence, il en doit résulter une bien grande dans leurs effets : les premiers, par la manière violente et rapide avec laquelle ils se développent, sont quelquefois terribles pour l'homme, il est vrai ; mais leur action sur l'écorce minérale du globe n'est que partielle, et, le plus souvent même, ce n'est qu'une crise passagère qui ne laisse point de suite : les autres, faibles en apparence, n'agissent que lentement et peu-à-peu ; mais, par l'universalité et la continuité de leur action, ils produisent des effets généraux qui se répètent par-tout, et qui deviennent immenses avec le tems : c'est un mal qui mine et ronge continuellement le corps qu'il attaque, et qui finit par en entraîner infailliblement la destruction.

Ce sont ces derniers agents qui, constamment aux prises avec la surface du globe terrestre, en abaissent les parties élevées, en comblent les parties basses, et tendent ainsi à la ramener à un même niveau ; ce sont eux qui, morcelant les masses et les couches minérales, multiplient et forment les inégalités qu'ils finiront ensuite par détruire ; ce sont eux qui, en creusant les vallées, les gorges et les ravins, ont taillé, en quelque sorte, les montagnes, et leur ont donné les formes qu'elles présentent aujourd'hui. Et si ce sont les mouvements du fluide dans lequel s'est formé la surface de la terre, ou, plus généralement, si ce sont les circonstances de la formation primitive qui ont esquissé les grands traits des inégalités de la surface terrestre, c'est ensuite l'action continue des agents atmosphériques qui en a dessiné presque tous les détails.

CHAPITRE V.

DE LA STRUCTURE ET DE LA SUPERPOSITION DES MASSES MINÉRALES (1).

Après avoir observé l'extérieur du globe terrestre, nous allons porter notre attention sur l'intérieur, et exposer ce que l'observation nous a appris concernant la disposition réciproque des masses qu'il renferme.

Différentes sortes de structures.

§ 96. Reportons-nous en idée aux premiers moments de la formation de la partie du globe qui nous est connue, c'est-à-dire de la mince écorce qui recouvre notre planète, et dont nous avons à développer ici la structure. A cette époque, la partie du globe déjà existante était comme un noyau entouré des principes élémentaires des minéraux, dont l'écorce est maintenant composée : nous pouvons nous représenter ces principes comme suspendus dans une vaste dissolution, quelle que fût d'ailleurs sa nature. En obéissant aux lois de l'affinité de composition, ils se sont réunis, ils se sont groupés diversement entre eux,

(1) La structure et la superposition des roches, couches et terrains, est peut-être l'objet le plus important de la géognosie : Werner l'a traité d'une manière aussi neuve que complète, et c'est principalement sa doctrine que je vais exposer dans ce chapitre, en suivant toutefois le mode qui me paraît le plus convenable.

et ils ont ainsi produit les molécules intégrantes des différents minéraux. De là un premier ordre de structure : c'est la *structure chimique*.

Des causes, qui nous sont inconnues, ayant occasioné la précipitation de ces molécules, elles se sont successivement déposées, en se réunissant d'après les lois de l'affinité d'agrégation ; et elles ont formé nos minéraux. De cette seconde espèce, qui est la *structure orictognostique* ou minéralogique proprement dite, dérivent les différentes particularités que les minéraux nous présentent dans leur texture et dans leur cassure.

Enfin, les minéraux ont formé, par leur assemblage, des masses ou *roches*, des *couches* et des *terrains*, dont l'ensemble constitue la croûte solide du globe. La disposition des minéraux dans les masses, celle des masses dans les couches, celle des couches dans les terrains, ou plutôt dans les *formations* qui les sous-divisent, et finalement celle des formations entre elles, constituent la *structure géognostique*. Les détails de sa détermination vont être l'objet de ce chapitre.

§ 97. Avant d'y procéder, fixons d'une manière précise, à l'aide de définitions, le sens de quelques dénominations, que nous emploîrons fréquemment dans cet ouvrage. Définitions.

Nous rappellerons, d'abord, qu'on entend par *minéral un corps naturel, inorganique, solide et homogène*, c'est-à-dire composé de molécules Minéral.

intégrantes de même espèce. Nous le considérons comme homogène, indépendamment de ce qu'il peut être en réalité, lorsqu'à l'aide de nos sens nous ne pouvons plus discerner en lui des molécules de différente espèce.

Roche. Par le mot *roche, nous désignons toute masse minérale d'un grand volume*, de manière à ce qu'elle puisse être regardée comme partie essentielle dans l'édifice du globe, soit qu'elle ne présente qu'un seul minéral, comme la pierre calcaire, soit qu'elle en présente plusieurs, comme le granite. On pourrait peut-être dire qu'une masse est essentielle dans l'édifice du globe, lorsque sa soustraction entraînerait le croulement de celles qui sont ou qui pourraient être placées au-dessus.

Couche. *Une couche est une masse minérale, étendue en longueur et en largeur, mais d'une petite épaisseur,* relativement aux deux autres dimensions, et qui, sous cette forme plate, fait une des assises d'une montagne, et, en général, d'une portion du globe, quelle que soit d'ailleurs son inclinaison par rapport à l'horizon.

Formation. *Une formation est un assemblage de couches ou masses minérales, liées entre elles de manière à ne faire qu'un tout ou un système*, sans interruption notable, tant dans la nature que dans l'époque de la production.

Terrain. *Un terrain comprend toutes les formations*

d'une même roche, ou plutôt toutes les formations dans lesquelles la même roche domine, et qui ont eu lieu dans la même des grandes époques ou classes des productions minérales : ainsi le terrain de *granite* comprend toutes les formations granitiques; et le terrain de *calcaire primitif* comprend toutes les formations calcaires antérieures à l'existence des êtres organisés.

§ 98. Lorsque nous examinons les diverses roches, nous n'en voyons que peu d'homogènes, c'est-à-dire, formées en entier du même minéral : la plupart sont composées de minéraux différents et diversement disposés les uns à l'égard des autres. De cette différence dans la disposition des minéraux composants, naît le premier degré de structure géognostique, que Werner nomme *structur des gebirgsgestein* (structure de la pierre de la roche), et que nous appelons simplement *structure de la roche*. **Différents ordres de structure géognostique.**

Une masse minérale, ou une couche, se montre à nos yeux, tantôt formant un tout continu, tantôt partagée en strates, tantôt divisée en prismes, en plaques ou en boules. De là la *structure des masses* ou *couches minérales* (*structur der gebirgsmasse*).

Les terrains, ou leurs diverses formations, sont quelquefois essentiellement composés de couches de nature différente; ainsi le terrain houiller, ou plutôt la grande formation houillère, est un assemblage de couches de grès, d'argile schisteuse et de houille alternant entre elles. D'autres terrains, dans lesquels on voit dominer les couches d'une même roche, renferment habituellement des couches d'une nature différente. De là les diverses *structures des terrains* ou *des formations* (*structur der gebirge*).

Enfin les différentes formations, par leur superposition et leur assemblage, constituent la partie du globe accessible à nos observations. Faire connaître l'ordre et les circonstances de cette superposition et de cet assemblage, c'est faire connaître la *structure de la terre* (*structure der erde*).

La structure du premier ordre, celle des roches, peut se déterminer sur des échantillons de cabinet; celle du second se détermine à l'aspect des couches et des masses; la troisième structure nécessite, pour sa détermination, l'examen des diverses parties et de l'ensemble de la formation que l'on considère; enfin la quatrième exige la connaissance entière de toute la contrée qu'on décrit; et, pour être complète, elle exigerait la connaissance des diverses parties de l'écorce terrestre.

Les considérations relatives à ces quatre ordres de structure fourniront la matière des quatre articles de ce chapitre.

ART. I. *Structure des roches.*

§ 99. Je fais connaître les différentes sortes de

structure des roches, ainsi que leurs rapports et leurs dépendances, d'après Werner, par le tableau suivant (1).

Différentes sortes de structure dans les roches.

I. *Structure* *simple;*

II. composée,

A. à parties agglutinées par un ciment de formation postér.,

fragmentaire;

B. à parties agrégées les unes aux autres,

1. régulièrement,

a) par agrégation simple,

α) à parties immédiatement agrégées,

granitique;

schisteuse;

β) à pâte contenant des parties hétérogènes,

aa) à pâte contemporaine,

porphyrique;

bb) à pâte antérieure,

amygdaloïde;

b) par agrégation double,

granitique et schisteuse,

granitique et porphyrique,

schisteuse et porphyrique,

porphyrique et amygdaloïde;

2) irrégulièrement,

irrégulière.

Ainsi, et définitivement, les différentes espèces

(1) M. Brongniart a établi une nouvelle division de la structure des roches, dans son *Essai d'une classification minéralogique des roches*, dont il donne en même tems une nouvelle nomenclature. C'est le travail le plus complet qui ait été fait sur cet

de structure des roches, indépendamment des structures *simple*, *double* et *irrégulière*, sont les structures *fragmentaire*, *granitique*, *schisteuse* composée, *porphyrique* et *amygdaloïde*. Les détails et les exemples que nous allons donner, éclairciront ce que le tableau ci-dessus n'a fait qu'indiquer.

Structure simple.

§ 100. Les roches à structure *simple*, n'étant composées que d'un seul minéral, et telles sont, en général, les calcaires, les gypses, les houilles, les phyllades, les quartz, etc., n'ont point, à proprement parler, de structure géognostique : la disposition réciproque de leurs parties, qui constitue leur texture, est du ressort de l'orictognosie; cependant, sous ce rapport, le géognoste peut encore les distinguer en *compactes, grenues*(1), et *schisteuses*.

Structure fragmentaire.

§ 101. Dans les roches à structure *fragmentaire*, (structure *clastique* de M. Brongniart), ou à *grains agglutinés par un ciment* interposé entre eux, les grains sont des fragments provenant

---

objet. Nous en profiterons lorsqu'il sera nécessaire d'apporter quelque changement à la nomenclature et à la division wernériennes, que nous continuerons d'ailleurs de suivre, parce qu'elles nous paraissent à-peu-près suffisantes dans l'état actuel de la science.

(1) *Koernig abgesonderte Stucke*, ou pièces séparées grenues de l'orictognosie allemande. Il est étonnant que notre minéralogie n'ait pas encore un nom poor désigner une circonstance si importante de la texture des minéraux ; le mot *grenu* n'est point ici assez précis.

de la destruction de roches *préexistantes*, lesquels ont été transportés ou charriés par une cause mécanique dans les lieux où on les voit aujourd'hui; ils y ont été ensuite agglutinés par un ciment, ordinairement d'une autre nature, et qui est ainsi de formation *postérieure* à celle des grains ou fragments.

Les roches, qui présentent cette structure, sont les grès, les brèches et les poudingues. Dans les grès, les grains sont fort petits; très-rarement atteignent-ils la grosseur d'un pois, et souvent ils sont d'une petitesse telle que nous avons de la peine à les discerner et à les distinguer les uns des autres, à la vue simple : ils sont tantôt arrondis, tantôt anguleux. Le ciment qui les réunit est habituellement en moindre quantité qu'eux. Lorsque les grains, en augmentant de grosseur, dépassent celle d'une noisette, par exemple, le grès devient une brèche ou un poudingue : une brèche, si les grains ou masses agglutinées sont des fragments anguleux et à bords aigus; un poudingue, si les grains ou masses sont arrondies. Nous donnerons l'histoire de chacune de ces roches, dans la seconde partie de cet ouvrage.

Dans les roches composées, *à parties agrégées les unes aux autres*, toutes les parties, c'est-à-dire les minéraux divers qui les composent, ont été formées dans le lieu même où on les trouve, et c'est en cela que ces roches diffèrent de celles dont il vient d'être question.

Structure granitique.

§ 102. Parmi les roches *agrégées*, il en est quelques-unes qui sont formées par l'agrégation immédiate de minéraux différents, lesquels sont intimement accolés les uns aux autres, et ont, en quelque sorte, crû en même tems : ils tiennent les uns aux autres, soit par l'effet de l'affinité de cohésion, soit par l'enlacement de leurs parties. Ils ont habituellement la forme de grains ou corps d'un petit volume, et peuvent être regardés comme des cristaux imparfaits, dénués du pourtour polyédrique, qu'ils eussent pris, s'ils n'eussent pas été gênés, les uns par les autres, dans leur croissance ou dans leur formation. Les roches de cette classe sont à *structure granitique :* tels sont le granite proprement dit, composé de grains de feldspath et de quartz avec des paillettes de mica; la diabase formée de grains de feldspath et d'amphibole, etc.

Structure schisteuse.

§ 103. La *structure schisteuse* des roches composées de minéraux de diverses espèces, ne diffère de la structure granitique, qu'en ce que les minéraux, plus étendus dans un sens que dans les autres, sont disposés de manière à former des feuillets distincts : on en a un exemple dans le schiste-micacé, lequel consiste en petites plaques de quartz, et en petits feuillets de mica placés les uns sur les autres. Ce dernier minéral paraît être ici, comme dans un grand nombre de roches, la cause de la structure schisteuse : ses paillettes forment, par leur réunion, des feuillets qui, étant interposés entre les autres minéraux, donnent au tout une texture feuilletée.

Les roches *à pâte contenant des parties hétérogènes* renferment, au milieu d'une masse principale, des minéraux isolés d'un petit volume, qui y sont disséminés et comme empâtés : selon qu'ils sont de formation *contemporaine* à celle de la masse, ou de formation postérieure, les roches sont à *structure porphyrique*, ou à *structure amygdaloïde*.

§ 104. Dans les premières, les minéraux disséminés dans la masse, sont des cristaux tantôt parfaits, tantôt plus ou moins imparfaits, c'est-à-dire plus ou moins oblitérés dans leur pourtour polyédrique ; pour le prendre, il ne leur a manqué que l'espace ou la facilité nécessaire. Ils ont été formés en même tems que la pâte, c'est-à-dire avant qu'elle fût entièrement consolidée ; et ils doivent leur existence à des rapprochements de molécules similaires qui se sont faits au milieu de la masse pendant qu'elle était encore molle ou fluide. Une expérience de Pelletier nous donne une idée exacte de la manière que peuvent s'effectuer de pareilles formations. Ce chimiste prit de la glaise, il la délaya dans une dis- Structure porphyrique.

solution d'alun, et il en fit une bouillie qu'il plaça dans un lieu tranquille; au bout de quelque tems, il y trouva des cristaux d'alun d'un volume assez considérable : l'affinité des molécules alumineuses avait été assez forte pour les rapprocher et les réunir en cristaux, malgré la résistance que la ténacité de la pâte opposait à cette réunion.

D'après ce mode de formation, ou peut déjà entrevoir que le plus souvent les cristaux des roches porphyriques ne seront qu'une réunion des molécules qui dominent dans la pâte, c'est-à-dire qu'ils seront de même nature qu'elle. Ils en seront habituellement la partie la plus pure; car les molécules qui, en cédant à la force de cristallisation, se seront séparées du reste de la masse, y auront abandonné, en très-grande partie, les impuretés dont elles étaient souillées.

Souvent les cristaux sont si imparfaits qu'ils ne paraissent que comme de simples taches au milieu de la pâte. D'autres fois la force d'affinité, qui réunit les molécules similaires, au lieu d'en former des corps polyédriques, n'a produit que des masses globuleuses plus ou moins grosses et plus ou moins détachées de la pâte environnante, comme dans les *variolites*. Nous verrons des exemples de ces divers cas en traitant des porphyres et des laves.

Structure amygdaloïde.

§ 105. Les roches à structure *amygdaloïde* ne

présentent plus, comme les porphyres ou les variolites, au milieu d'une masse principale, des cristaux plus ou moins parfaits, formés en même tems qu'elle ; mais seulement des noyaux, nœuds ou glandes, le plus souvent sphériques, mais souvent aussi allongés, contournés, quoique toujours arrondis à la surface. Ils se sont vraisemblablement formés, par suite d'infiltrations long-tems répétées, dans des cavités de même forme qui existaient au milieu de la roche après son passage à l'état solide : ils sont ainsi de formation *postérieure* à celle de la masse.

Voici comment on peut concevoir ce mode de formation. Pendant que la roche était encore molle ou fluide, soit que la fluidité fût aqueuse, soit qu'elle fût ignée, il s'y sera produit ou dégagé quelques gaz dont les bulles, retenues dans la masse par suite de sa viscosité, y auront formé des cavités tantôt sphériques, tantôt allongées ou sinueuses, et présentant toujours des parois arrondies et lisses. Les eaux qui pénètrent et filtrent à travers plusieurs masses minérales, auront aussi pénétré dans ces roches; elles s'y seront chargées de quelques-unes des substances qu'elles pouvaient dissoudre, soit directement, soit à l'aide de quelque intermédiaire, et elles les auront déposées, en tout ou en partie, sur les parois des cavités dans lesquelles elles passaient : de là un premier dépôt, une première incrustation sur ces parois ; des dépôts subséquents se seront placés sur les premiers, et très-souvent ils auront fini par remplir la cavité. La perméabilité des roches, notamment de celles à structure amygdaloïde, est prouvée par un grand nombre de faits, notamment par certaines agates sphéroïdales et creuses, dans l'intérieur desquelles on voit encore des gouttes d'eau ; elle est prouvée par l'eau qu'on trouve souvent dans les cavités bulleuses des basaltes, etc., ainsi que nous le verrons en traitant de ces roches.

Nous avons observé que les roches porphyriques renfermaient aussi quelquefois des noyaux globuleux. Il n'est pas toujours bien aisé de les distinguer de ceux des amygdaloïdes : en d'autres termes, lorsqu'on trouve de pareils noyaux dans une roche, il n'est pas toujours facile de décider s'ils sont de formation contemporaine ou postérieure, et par conséquent si la roche est à structure porphyrique ou amygdaloïde. Cependant, dans la plupart des cas, les circonstances accompagnantes pourront mettre à même de prononcer : ainsi, la roche sera une amygdaloïde lorsqu'elle présentera encore des cavités entièrement vides, ou même vides encore dans le milieu.

Les roches à structure amygdaloïde sont assez rares ; quelques géologistes même, les regardent comme étant exclusivement d'origine volcanique. Nous en donnerons divers exemples dans la seconde partie de cet ouvrage ; nous nous bornerons à citer ici celles d'Oberstein, dans le pays de Deux-Ponts, qui contiennent, au milieu d'une sorte de trap décomposé, de si belles géodes d'agate. Arrêtons-nous un instant sur leur structure et sur leur mode de formation.

Elles sont composées de couches successives de calcédoine, de cornaline, de jaspe, de quartz et d'améthiste. La première, qui est d'ordinaire calcédonieuse et la plus épaisse, en se disposant sur les parois de la cavité bulleuse, en a suivi exactement tous les contours ; il en est de même de diverses autres couches de cette même substance, qui se distinguent de la première, ainsi que de celles des autres minéraux que nous avons mentionnés, par diverses nuances de couleur et de translucidité. Le quartz et l'améthiste sont le plus souvent vers le centre; et lorsque la géode n'est pas remplie, les couches les plus intérieures appartiennent presque toujours à ces deux derniers minéraux; ils y sont en cristaux dont la pointe est tournée vers le centre, et dont la surface porte quelquefois des cristaux de chaux carbonatée, d'analcime, etc. La disposition des prismes et des pyramides qui forment les parois de la géode, ainsi que celle des couches qui la composent, indiquent que l'accroissement s'est fait de la circonférence au centre. La plupart de ces agates présentent à leur surface un espace ou point vers lequel toutes les couches, quittant leur courbure sphéroïdale, semblent se diriger : c'est, dit Werner, le *point d'infiltration*, comme si le fluide qui a successivement produit, par ses dépôts, toutes les couches, s'était infiltré par cette partie : on peut se convaincre du fait en examinant la nombreuse et belle collection d'agates d'Oberstein qui est au cabinet des mines à Paris. Au reste, quoique cette circonstance, ainsi que l'accroissement de la circonférence au centre, la perméabilité à l'eau des roches amygdaloïdes, etc., semblent déposer en faveur du mode d'origine que nous venons d'indiquer, nous n'en conviendrons pas moins qu'il laisse sans une explication bien satisfaisante, plusieurs circonstances de la formation des géodes, par exemple, l'introduction et la sortie du fluide qui a déposé la couche d'amethiste, ou les cristaux d'analcime, dans un espace circonscrit et fermé par une couche calcédonieuse d'un ou deux pouces d'épaisseur, et où l'on ne voit ni trou ni fente.

Structure double.

§ 106. La structure *double* ou surcomposée, que présentent certaines roches, provient uniquement de la réunion de deux sortes de structure dans une même masse.

Dans le gneiss, on a un exemple de la structure *granitique et schisteuse;* le feldspath et le quartz y sont en grains agrégés les uns aux autres, ce qui produit la structure granitique : ces agrégats forment habituellement comme de petites plaques, entre lesquelles sont interposés des feuillets de mica; de là, la structure schisteuse.

Les granites présentent quelquefois, au milieu de leur masse ordinaire, de gros cristaux de feldspath d'une forme bien prononcée, et tout-à-fait différents, dans leur volume et leur pourtour, des grains de la même substance, qui font partie de la masse. Ces roches ont ainsi tout-à-la-fois une structure *granitique et porphyrique.*

Quelques schistes-micacés, contenant de gros grenats, fourniront un exemple de la structure *schisteuse et porphyrique.*

Enfin, quelques roches, telles que les basaltes, contiennent tout-à-la-fois et des cristaux de feldspath, d'augite, etc., de formation contemporaine ; et des nœuds de quartz, de zéolithe, etc., de formation postérieure ; elles ont ainsi, en même tems, une structure *porphyrique et amygdaloïde.*

§ 107. La structure *irrégulière* est celle de certaines masses minérales composées de substances réunies et mélangées sans aucun ordre déterminé. Tel est le beau *verde-antico*, mélange absolument irrégulier de calcaire et d'une serpentine à pâte très-fine : tel est le marbre de Campan, mélange de calcaire et de schiste stéatiteux, diversement entrelacés : tels sont la plupart des marbres cipolins qui, dans un calcaire grenu blanc, contiennent des veines, taches et paillettes de talc d'un vert tendre.

Structure irrégulière.

§ 108. Nous remarquerons, en finissant cet article, que toutes les masses minérales homogènes qu'on trouve dans la nature reçoivent un nom propre, du moment qu'elles se présentent avec un caractère particulier, dans leur composition ou leur essence; de pareilles masses forment alors des minéraux distincts qui rentrent dans le domaine de l *orictognosie.* Mais il n'en est plus de même des masses composées : d'abord, pour qu'elles soient regardées comme des roches, il faut qu'elles se trouvent en masses d'un volume consi-

Roches auxquelles il convient de donner uu nom.

dérable (§ 97) ; mais cela ne suffit pas encore pour qu'elles reçoivent une dénomination spéciale, et pour qu'elles fussent inscrites parmi les *espèces de roches* (*Gebirgsarten*), si l'on pouvait employer ici cette expression: il faut encore qu'elles se présentent fréquemment au géognoste, et qu'elles portent un caractère particulier, dans leur composition et dans leur structure, qui puisse servir à les distinguer et à les faire reconnaître , en quelque lieu qu'on les trouve. Dans les cas contraires, la roche est désignée par l'indication de ses minéraux composants et de sa structure, ou par l'indication de ses différences avec des roches déjà dénommées et connues. Cette méthode me paraît plus convenable que celle par laquelle on surchargerait la science et la mémoire de nouveaux noms , sans une nécessité prouvée par l'expérience. C'est ici le cas de dire qu'un nom ne doit être employé que pour éviter une description ou une périphrase qui revient très-souvent dans le discours. Il y a vingt ans que j'écris sur la géognosie , et à peine y a-t-il quatre ou cinq nouveaux noms de roche, dont j'ai senti la nécessité: ceux que je puis avoir introduit ne font que remplacer, comme une simple traduction, quelques noms étrangers qui répugnaient au génie de notre langue , tels que *Grauwacke, Grauwackenscheifer* , *Thonscheifer*, *Klingstein*.

Je remarquerai que l'espèce d'une roche ne

saurait être convenablement déterminée sur un petit échantillon de cabinet : la considération des masses d'un grand volume est ici nécessaire ; sans cela, on courrait souvent risque de regarder comme une diabase, ou comme un gneiss, ce qui ne serait qu'un accident, pour ainsi dire, instantané dans un vrai granite.

ART. II. *Structure des masses et couches minérales.*

Différentes sortes de divisions dans la masse des roches.

§ 109. Nous entendons ici, par structure des masses minérales, les divisions que plusieurs d'entre elles présentent avec quelque caractère de régularité, lorsqu'on les considère sur une grande surface. Sous ce rapport, on a,

1° Des roches divisées, par des fissures parallèles et d'une grande étendue, en lits ou assises superposées les unes aux autres (*strata super strata*, dans le langage des anciens chimistes) ; ce sont les roches *stratifiées* (1) ;

2° Des roches traversées par des fissures, qui, ayant une direction constante et déterminée, paraissent dépendre de la nature et de la forma-

---

(1) Dans une acception plus étendue, on dit ordinairement qu'une grande masse de terrain, une montagne, par exemple, est stratifiée, lorsqu'elle est composée de couches de différentes espèces, et par conséquent de roches différentes. Mais, dans cet article, il ne s'agit que de la division d'une même roche par des fissures d'un ordre particulier.

tion de la roche, et qui la divisent en *masses prismatiques ;*

3° Des masses minérales qui présentent une division globuleuse plus ou moins parfaite.

a) *De la stratification.*

Définition. § 110. *La stratification*, d'après ce que nous venons de dire, *est la division d'une masse ou couche minérale, en lits ou couches d'un ordre inférieur, par des fissures parallèles, étendues, peu distantes, et qui sont une suite du mode de formation.* Ces fissures, ou joints, prennent le nom de *fissures de stratification ;* et les parties de la masse comprises entre elles portent celui de *strates* (1).

Détermination de la stratification. § 111. Dans la détermination de la stratification d'une roche, on a à observer : 1° la direction des strates; 2° leur inclinaison; 3° leur épaisseur ; 4° les variations dans leur allure, c'est-à-dire dans leur direction et leur inclinaison.

Les strates sont le plus souvent de forme plane ou presque plane : en les considérant comme

---

(1) Le mot *strate*, dérivé de *sternere* et *stratum*, est peu usité dans notre langue ; il est employé cependant dans quelques ouvrages modernes de géologie, et il devient ab olument indispensable lorsqu'on traite de la stratification. Les Anglais emploient le mot *stratum*, et les Allemands celui de *schichte.* Les strates ne sont pas des couches, mais seulement les parties d'une couche. La croûte du globe est ainsi composée de *formations ;* les formations sont composee de *couches*, les couches le sont de *strates*, et souvent les strates le sont de *feuillets.*

telles, leur direction est celle d'une ligne horizontale menée sur leur plan : assigner leur direction, c'est indiquer le point de l'horizon vers lequel cette ligne se dirige. L'indication se fait à l'aide d'une petite boussole montée dans une boîte carrée, ou garnie d'une monture équivalente, que l'on place contre la couche : l'aiguille aimantée, par suite d'une graduation convenablement disposée, montre le point de l'horizon cherché.

L'inclinaison est l'angle que la couche forme avec l'horizon ; on la détermine à l'aide d'un quart de cercle garni d'un fil à plomb : les boussoles des géognostes sont disposées de manière à remplir le même objet. En la prenant, outre la grandeur de l'angle, il faut encore noter le point de l'horizon vers lequel la couche plonge. Ce point est toujours éloigné d'un quart de circonférence du point de direction, de sorte qu'on peut conclure l'un de l'autre ; ou du moins on peut toujours conclure la direction de l'inclinaison qu'on aurait déjà observée.

L'épaisseur des strates, et par suite celle des couches, se prend, ainsi que l'on sait, perpendiculairement à leur surface, c'est-à-dire perpendiculairement aux fissures de stratification.

Les strates présentent souvent des sinuosités et des ondulations considérables ; de sorte qu'il faut se garder de prendre la *direction partielle* de quelqu'une de leurs parties pour leur *direction générale;* celle-ci ne peut être conclue que de l'ensemble des directions partielles, et lorsqu'elles ont été prises sur des points éloignés les uns des autres. Quelquefois une couche se plie et change définitivement de direction ; alors ses deux parties ont chacune une direction particulière. Quant aux couches, très-rares à la vérité, dont la forme est décidément courbe, elles n'ont plus de direction générale. Les mêmes observations doivent être faites relativement à l'inclinaison. L'épaisseur des strates est aussi sujette à beaucoup de variations ; elle présente fréquemment soit des diminutions considérables ou *étranglements*, soit des augmentations notables ou *renflements*. Ces diverses variations en direction, en inclinaison et en épaisseur, forment les diverses circonstances de l'*allure* des strates et des couches. Le géognoste doit tenir note de leur nature, de leur fréquence et de leur grandeur. Nous verrons plus bas les diverses conséquences qu'il peut en déduire.

Caractères pour reconnaître les fissures de stratification.

§ 112. C'est principalement sur les fissures de stratification, que se font les déterminations dont nous venons de parler : ainsi, il importe de les bien distinguer et de ne pas les confondre avec des fissures accidentelles qui traversent une roche, en affectant quelquefois un certain parallélisme entre elles. Nous observerons, à ce sujet, que celles qui dépendent de la stratification s'étendent à de grandes distances, en conservant le parallélisme dans toutes leurs inflexions ; et qu'elles sont en outre parallèles à la *surface de superposition*, c'est-à-dire à la surface qu'on imaginerait entre la masse stratifiée que l'on considère, et celle sur laquelle elle repose : ce dernier parallélisme est le caractère principal ; c'est même le caractère essentiel, lorsque les couches sont dans leur position originaire. Voici, en outre, quelques caractères qui pourront aider à reconnaître et à distinguer les vraies fissures de stratification.

1° Lorsqu'un terrain est composé de couches de différentes espèces, la stratification est parallèle aux joints de ces couches.

2° Lorsque quelqu'une des strates d'une couche contient des pétrifications ou des fragments particuliers de roche, ou qu'elle est entremêlée de quelque autre substance, la direction et l'inclinaison de l'ensemble de ces pétrifications, ou de ces fragments, ou de cette substance, indiquent le sens de la stratification.

3° Dans les roches à texture schisteuse, telles que les gneiss, les schistes-micacés, les phyllades, la direction des feuillets fera connaître celle de la stratification, ces deux directions étant parallèles. Cette remarque avait déjà été faite par Saussure : il la considérait comme une observation générale et de la plus grande importance. (*Sauss.*, §§ 642 et 2326.)

Il y a cependant quelques roches qui, se divisant quelquefois dans deux sens différents, peuvent jeter dans l'embarras, lorsqu'il s'agit d'en conclure le sens de la stratification. Le phyllade (*Thonschiefer*) présente quelquefois ce double feuilletage, principalement dans les variétés qui se divisent et soudivisent plutôt en longues esquilles qu'en feuillets : j'en ai vu un exemple dans les phyllades de la Saxe ; M. Hausmann en a observé dans ceux de la Norwége. Ce savant a encore remarqué une triple division dans un schiste amphibolique, près de Kongsberg ; et il est porté à croire qu'elle est une suite de la tendance qu'a l'amphibole à se former en prismes.

Dans les gneiss et les schistes micacés, la seule position des paillettes de mica suffit souvent pour faire connaître celle de la stratification ; car ces paillettes sont posées sur leur plat parallèlement aux feuillets, et par conséquent à la stratification.

4° Dans quelques roches à structure porphyrique, on a cru remarquer que les cristaux prismatiques y étaient aussi couchés parallèlement à la stratification : cela a, en général, lieu pour les prismes d'amphibole, de tourmaline, de macle, etc., que l'on trouve dans les roches schisteuses ; mais dans une très-grande quantité de blocs de granite porphyrique, que j'ai observés avec soin, dans l'intention de vérifier ce fait, j'ai vu les cristaux de feldspath affecter indistinctement toutes sortes de directions.

§ 113. Il est remarquable de voir certaines espèces de roches se présenter à nous continuellement stratifiées, tandis que d'autres ne le sont jamais ou presque jamais. Jetons un coup d'œil sur les diverses roches considérées sous ce rapport. Des roches stratiuées.

Toutes celles qui composent les terrains secondaires, les calcaires, les grès, les houilles, etc., sont très-distinctement stratifiées. Dans les plus modernes, les couches et leurs strates sont horizontales, minces, et s'étendent à une grande distance, en conservant à-peu-près la même épaisseur. Dans les terrains de cette même classe, mais plus anciens, par exemple dans certaines formations calcaires, les couches sont plus épaisses et ne présentent pas des signes aussi distincts de stratification; quelques masses gypseuses n'en présentent même point : la position des couches n'est plus aussi plane et aussi horizontale. Ensuite, dans le terrain houiller, on trouve une stratification très-distincte, il est vrai, mais les couches y sont souvent plissées et contournées; fréquemment encore elles prennent une position très-inclinée ; cependant, encore ici, on remarque quelques rapports entre la forme des couches et la superficie du sol, ou au moins entre cette forme et la surface des couches plus anciennes sur lesquelles elles reposent.

Si nous passons dans les terrains intermédiaires et primitifs, nous trouverons un ordre de choses entièrement différent de ce que nous ont présenté les formations secondaires récentes. Les roches y sont de deux classes, les unes, telles que le gneiss, le schiste-micacé, le phyllade, etc., sont très-distinctement stratifiées; elles le sont jusque dans leurs derniers éléments, ainsi que nous l'avons déjà remarqué; mais les autres, telles que les granites, les porphyres, les diabases, les calcaires purs, les gypses, les serpentines, les quartz, etc., ne portent point ou presque point d'indices de stratification. Les couches et les strates n'ont plus, dans les terrains primitifs, la même suite et la même uniformité que dans les secondaires; elles passent aisément des unes aux autres, en changeant graduellement de nature; et leur position, qui est sujette d'ailleurs à de grandes variations, se rapproche plus souvent de la verticale que de l'horizontale, tant dans les plaines que dans les montagnes. Cette position, comme la forme, devient tout-à-fait indépendante de la forme du sol et de ses inégalités.

Ce que je viens d'exposer dans ce paragraphe est plutôt le résultat de mes observations que la doctrine de Werner; car ce savant, ainsi que Saussure et un grand nombre de naturalistes, admet la stratification sensible ou faiblement sensible du granite et de la plupart des roches que nous avons rangées dans la classe des non-stratifiées, en observant que la grande épaisseur des strates empêche souvent de les distinguer.

Les géologistes ont été très-divisés d'opinions sur la stratification de diverses roches, et particulièrement sur celle du granite : nous donnerons quelques détails à ce sujet dans la seconde partie. On attachait une grande importance à cette question, à cause des conséquences qu'on voulait en déduire sur l'origine de cette roche, qui était alors regardée comme servant exclusivement de base et de support à la mince écorce stratifiée composée des autres roches ; la forme par strates ou couches rappelant toujours l'idée de sédiments, ou de précipités, opérés dans un fluide aqueux. Mais, dans l'état actuel de nos connaissances, cette question est sans intérêt, au moins sous le même rapport : le granite alterne, par couches, avec d'autres roches, et il a incontestablement la même origine qu'elles. Quoique je n'aie pas vû de grande masse d'un vrai granite réellement stratifiée, c'est-à-dire soudivisée en strates, je n'en ai pas moins vu, par exemple entre Rosswein et Meissen en Saxe, une couche horizontale d'un beau granite rouge, d'un à deux pieds d'épaisseur, placée entre des couches de schiste phylladique (*Thonschiefer* ou *Grünsteinschiefer*).

Observations sur les causes de la stratification.

§ 114. Quelle est donc la cause de la stratification des roches, et des diverses circonstances qu'elle présente ? Je ne crois pas que nous soyons encore en état de répondre à cette question d'une manière générale et positive.

Lorsque nous examinons la coupe d'un de nos derniers terrains secondaires, tels sont ceux des environs de Paris ; que nous les voyons composés de couches de calcaire, de gypse, de marne et d'argile, alternant diversement entre elles, de forme généralement plane, s'étendre horizontalement à de grandes distances en conservant à-peu-près la même épaisseur, il est impossible de ne pas voir que toutes ces couches sont des dépôts placés successivement les uns sur les autres; et rien de plus naturel et de plus facile à expliquer que les joints ou fissures qui séparent ces diverses couches. Lorsque nous voyons également, dans un terrain houiller, les couches de houille, de grès et d'argile schisteuse, suivre toutes les inégalités et tous les contours du bassin qui les renferme, baisser et se relever selon que le fond de ce bassin baisse ou se relève, il est impossible de ne pas reconnaître en elles des dépôts successifs qui se sont formés et moulés les uns sur les autres Rien n'est plus aisé à concevoir et à expliquer que la stratification en grand de ces terrains, et les circonstances qu'elle présente. Si nous passons à la stratification proprement dite, à celle des couches elles-mêmes, en examinant une couche d'argile, par exemple, divisée en strates qui diffèrent entre elles ou par une nuance de couleur, ou par une différence dans la dureté due quelquefois à une petite quantité de silice; en examinant une couche de grès divisée en strates différentes par la grosseur du grain; en voyant une couche de houille divisée en deux ou trois strates par des *nerfs* ou masses pierreuses, encore ici toutes ces strates paraîtront évidemment des dépôts successifs : on sera porté à penser que, lorsqu'ils se sont faits, il s'est écoulé un intervalle de tems notable entre chacun d'eux ; que l'un était déjà plus ou moins consolidé, lorsque l'autre s'est déposé ; et qu'ainsi les joints qui les séparent, c'est-à-dire les fissures de la stratification, doivent être bien distincts.

Mais si nous allons plus avant, que nous voyions une couche d'argile ou de houille, en se divisant toujours dans le même sens, finir par ne plus donner que des feuillets, nous ne pourrons plus regarder chacun d'eux comme un dépôt successif, et leurs joints comme l'effet d'un laps de tems écoulé entre leur formation : cette division tiendra principalement à la nature de la roche ; et cependant elle a de grands rapports avec la stratification ; elle paraît y faire suite, car il est souvent bien difficile de tracer une démarcation entre les joints des strates et ceux des feuillets.

Passons aux terrains primitifs. Lorsque nous verrons, dans une montagne de schiste-micacé, une couche d'un beau calcaire blanc, ayant quelques mètres d'épaisseur, se prolonger à plus de mille mètres de distance, recouverte par une couche de schiste-chlorite, contenant du fer oxidulé, ainsi que je l'ai vu à Planaval, dans le pays d'Aoste, il sera encore évident que ces couches sont des dépôts ou des précipités successifs. Mais d'où vient que la couche calcaire n'est point stratifiée, comme celle de schiste-chlorite ? L'une n'est-elle qu'un seul dépôt ou un précipité opéré tout-à-la-fois?

et l'autre est-elle une suite de dépôts formés par la précipitation successive des molécules chloritiques ? Ce n'est pas vraisemblable, et l'on est obligé de reconnaître dans la stratification du schiste, un effet dépendant de sa nature. Les feuillets des schistes ne sont pas dus à des précipités successifs ; cela est évident : lorsque, dans une couche de gneiss, on voit un gros cristal de tourmaline détourner plusieurs feuillets et peut-être même les couper, et lorsque, dans un schiste-micacé, on voit un gros nœud de quartz autour duquel se plient les feuillets de mica, il est clair que ce cristal et ce nœud ne se sont pas formés, de la même manière qu'un octaèdre d'alun, dans un cristallisoir, par une addition successive de molécules qui se précipitent de la dissolution contenue dans le vase ; iis se sont évidemment formés de la même manière que nous avons dit que se produisaient les cristaux dans les roches porphyriques (§ 104). D'où l'on conclut que la masse ou couche a été déposée, à l'état de mollesse, dans un même tems, au moins sur un assez grand volume, et qu'en passant, par cristallisation, à l'état solide, elle a pris la texture schisteuse, et par suite la forme stratifiée, qui est dans une étroite connexité avec cette texture.

Si la force de cristallisation avait beaucoup d'intensité, comme dans les roches éminemment cristallines, il serait alors très-possible qu'elle mît, jusqu'à un certain point, obstacle à la séparation des feuillets, et, par conséquent, à l'apparence stratifiée, ainsi que le remarquent MM. de Buch et de Humboldt.

Ce serait donc par suite de leur essence et des circonstances de leur cristallisation, que le calcaire grenu pur, le granite, etc., ne se présenteraient pas divisés en strates, tandis que les schistes, les gneiss, etc., se montrent tels.

J'observerai, à ce sujet, que la présence du mica, dans les roches, paraît avoir une grande influence dans leur stratification, comme dans leur texture schisteuse. Le granite, en se chargeant de mica, passe au gneiss et devient stratifié. Lorsque ce minéral se mêle, en petite quantité, dans les couches calcaires ou dans celles de quartz, il leur donne une tendance à la stratification, et il les rend même stratifiées s'il s'y trouve en quantité notable. J'ai souvent vu des masses de ces roches qui ne présentaient aucun indice de division dans les parties où elles étaient pures, mais qui se divisaient en plaques dans celles où l'on voyait un peu de mica : il y était en paillettes couchées à plat dans les joints des feuillets, et quelquefois il s'y trouvait en si petite quantité, que les paillettes, loin de former un tout continu, étaient assez distantes les unes des autres : leur direction dans une même rangée n'en indiquait pas moins celle des strates.

D'après ce que nous venons de dire, la stratification, au moins dans un grand nombre de roches, ne serait qu'un effet dépendant de leur nature, et ne proviendrait point de la manière que la roche a pu être formée ou déposée : le granite a été bien certainement formé et déposé comme le gneiss qui lui est adjacent, et auquel il passe. Ici nous différerions d'opinion avec Werner, qui ne voyait dans la stratification qu'un effet de la succession de dépôts distincts; chaque strate était à ses yeux un dépôt particulier.

b) Division prismatique.

Des fissures, autres que celles de la stratification, en traversant les roches dans une direction constante, parallèlement à différents plans, la divisent en polyèdres presque toujours prismatiques, le plus souvent de forme à-peu-près *rectangulaire*, quelquefois en *prismes* ordinaires; leur hauteur est, dans certains cas, si petite, qu'il en résulte de simples *plaques*.

Division en rectangles.

§ 115. La division en masses rectangulaires, ou, pour parler un langage plus exact, en parallélipipèdes rectangles, est assez commune dans les roches secondaires à couches horizontales; elle est produite par des fissures dans deux sens perpendiculaires entre eux, et perpendiculaires en même tems aux fissures de la stratification.

Elle se remarque principalement dans les

grès ; elle y donne lieu à des masses rectangulaires de toutes les dimensions ; j'en ai vu dans les belles vallées de Pirna et de Schandau, en Saxe, qui avaient jusqu'à quarante mètres de côté : elles étaient quelquefois un peu arrondies sur les arêtes, ce qui rendait les fissures encore plus distinctes ; et les montagnes présentaient, en grand, l'image de ces tas de gros ballots rectangulaires que l'on voit quelquefois dans les magasins des villes de commerce. Saussure a observé cette même division dans un grand nombre de grès des Alpes ; auprès du Chapiu, dans la Tarentaise, il en a vu qui étaient si régulièrement divisés qu'on les employait comme pierres de taille dans la construction des chalets voisins ; elles étaient d'une forme très-régulière, et la nature avait fait tous les frais de la taille, dit Saussure. M. Ramond a observé également au pied méridional du Mont-Perdu, des grès divisés, par des fissures verticales, en masses dont la forme approchait plus ou moins de celle de parallélipipède rectangle.

Quelques calcaires, les houilles, et quelques autres roches qui tendent naturellement à se diviser en fragments cubiques, présentent en petit un fait du même genre.

Saussure indique deux causes de cette division, ou plutôt de la formation des fissures qui la produisent : 1° l'affaissement successif des couches, opéré par quelque mouvement ou par quelque manque dans la base qui leur sert de soutien; 2° une retraite, qui a eu lieu lors du dessèchement ou de la consolidation de la roche. C'est principalement à la première qu'il attribue la division en très-grandes masses observée dans les grès. Mais il semble, d'un autre côté, que c'est à une retraite générale de la matière, opérée avant son entière consolidation, combinée peut-être avec une attraction moléculaire, que l'on doit attribuer la division, ou plutôt la tendance à se déliter en cubes, qu'on remarque dans quelques substances, et qui, par ses subdivisions, semble descendre jusqu'à l'infiniment petit. Le retrait doit produire, dans une masse qui l'éprouve, des fentes ou fissures; et, par suite de la ténacité de la matière, ces fissures, une fois commencées, doivent se propager en ligne droite jusqu'à une certaine distance : d'après cela, et en considérant que la contraction tend à raccourcir les trois dimensions, on concevra comment elle doit produire une division qui approche plus du cube que de toute autre figure.

Division prismatique.

§ 116. La division en prismes, que présentent certaines roches, sera encore un effet du retrait de leur substance.

Le basalte est de toutes les masses minérales celle qui la montre de la manière la plus caractérisée. Ses prismes sont indistinctement à trois, quatre, cinq, six, sept, huit, etc., pans. J'ai cependant observé que plus leur pâte est fine et compacte, plus ils approchent du prisme hexagone régulier. Leur base supérieure est assez généralement perpendiculaire à l'axe, et ils tiennent souvent, par leur partie inférieure, à une masse basaltique faisant un tout continu. Leur hauteur va quelquefois à plus de cent et deux cents mètres, mais d'autres fois elle n'est que de quelques pouces. En général, on dit qu'ils sont grands lorsqu'ils ont une dixaine de mètres de long, et un demi-mètre d'épaisseur.

Leur position la plus ordinaire est verticale; et un assemblage de prismes ainsi posés présente l'aspect de colonnes prismatiques dressées les unes contre les autres. C'est dans cet état qu'ils forment les fameuses colonnades basaltiques que l'on voit en plusieurs endroits du Vivarais, de l'Auvergne, de la Saxe, de l'Irlande, etc.; une de celles de ce dernier pays est particulièrement célèbre sous le nom de *Chaussée des géants* (1). Quelquefois les prismes sont horizontaux, placés et empilés les uns sur les autres comme des bûches dans un chantier. D'autres fois ils vont en divergeant, comme autant de rayons autour d'un centre; ils forment ainsi

(1) Voyez les dessins d'un grand nombre de ces colonnades dans les ouvrages de M. Faujas, et dans l'atlas des *Institutions geologiques*, par M. Breislak.

une portion de sphère, et quelquefois même une sphère entière. Ailleurs, je les ai vus courbés, disposés et pliés, de part et d'autre d'une ligne verticale, exactement comme les feuilles le sont dans une branche de palmier.

Ils sont très-souvent traversés par des fissures perpendiculaires à leur axe, et qui les divisent en tronçons, et même en dalles, lorsqu'elles sont très-rapprochées. Quelquefois ces fissures sont convexes, et alors une extrémité d'un des tronçons offre une convexité qui s'emboîte dans la concavité de l'extrémité adjacente du tronçon voisin : il en résulte des *prismes articulés*.

Les laves à base de phonolite, et même de trachyte, présentent souvent aussi des divisions prismatiques. Quelques naturalistes, les voyant si fréquemment dans les produits des volcans, ont voulu les regarder comme un de leurs attributs particuliers. Mais on les retrouve encore dans les autres classes de roches : MM. de Humboldt, Jameson, Reuss, etc., ont vu des granites divisés en prismes ; j'ai remarqué une pareille division dans des porphyres euritiques que la Saxe renferme au milieu de ses gneiss : elle se montre, d'une manière frappante, dans quelques carrières de gypse à Montmartre, près de Paris. Aux mines de Northwich, en Angleterre, des masses de sel gemme la présentent avec une telle perfection, qu'en marchant sur le sol, dans un endroit où il est formé par la tête des masses prismatiques, M. Pictet croyait être sur un pavé à carreaux hexagones, comme on croit y être lorsqu'on marche sur la chaussée des Géants d'Irlande (1).

Les fissures qui produisent la division prismatique, ne s'étendent pas toujours à une grande distance, et elles n'existent souvent que dans une partie de la masse basaltique ou porphyrique ; de sorte que cette masse est ainsi divisée en prismes dans une portion de son étendue, et qu'elle forme un tout continu dans l'autre. Souvent encore, elles ont, dans une partie du même bloc, une direction autre que dans la partie voisine ; alors le bloc présente différents groupes de prismes ; et, dans chaque groupe, les prismes ont une direction différente. Quelquefois enfin une des fissures, cause de la division prismatique, se dérange de la direction première, et les prismes qu'elle concourt à produire après sa déviation n'ont plus la même régularité qu'avant.

La cause qui a occasioné ces diverses fissures, ainsi que nous l'avons dit, est, sans aucun doute, le retrait qu'a éprouvé la masse basaltique, ou porphyrique, ou gypseuse, etc., soit en se refroidissant, soit en se desséchant. Ce phénomène a quelque analogie avec les retraits et les gerçures que nous voyons journellement se produire dans

---

(1) *Bibliothèque britannique et universelle.*

les glaises et dans les limons qui se dessèchent. Mais quelle est la cause qui a déterminé les fissures à se faire dans des directions telles qu'il en résulte une division en prismes réguliers? car, je le répète, c'est autour de l'hexagone régulier que se font les oscillations. Il serait difficile de le dire positivement; et je me bornerai à observer que, si, dans les houilles et dans certaines roches stratifiées, la retraite devait occasioner de préférence la forme cubique (§ 115), dans celles qui ne le sont pas, ou qu'une cause empêche de se diviser aisément dans le sens horizontal, elle doit produire la forme prismatique hexagone : de tous les polygones réguliers qu'on peut adapter les uns contre les autres, en forme de carrellement, sans qu'il reste de vide, l'hexagone régulier est celui qui, sous le même périmètre, présente la plus grande surface. Je remarquerai encore qu'ici, comme dans les houilles et les roches qui se brisent en cubes, la division se continue de fragment en fragment, c'est-à-dire qu'on a des prismes qui se divisent et soudivisent, par la cassure, en prismes de même forme.

Division en plaques.

§ 117. La division en plaques n'est qu'un cas particulier de la division prismatique : c'est le plus simple et celui qui se présente le plus généralement. Les fissures qui l'ont produite sont toutes parallèles à un même plan, au lieu de l'être à plusieurs. Elles sont ordinairement de peu d'étendue ; quelquefois elles changent brusquement de direction, et elles divisent alors la masse en plusieurs groupes ou systèmes de plaques diversement dirigées dans chacun d'eux. Quoique le peu de longueur, le brusque changement de direction, la forme entièrement plane et non ondulée, ainsi que les caractères que nous avons signalés au § 112, servent à distinguer ces fissures de celles de la stratification, je crains que, dans quelques cas, elles n'aient été prises les unes pour les autres, et qu'on n'ait donné comme stratifiés quelques granites, par exemple, qui n'étaient que divisés en plaques.

Le basalte montre quelquefois aussi cette division; et Werner remarque que dans quelques échantillons de cette roche, on trouve tous les modes de structure réunis et renfermés les uns dans les autres : ces basaltes se divisent en prismes, les prismes en boules, les boules en couches concentriques, les couches concentriques en *pièces séparées grenues*. Nous allons voir ce qu'est en réalité cette structure du basalte en boules à couches concentriques.

c). *Division en masses globuleuses.*

Le règne minéral présente un grand nombre de corps de forme globuleuse : quelquefois ce sont des sphères parfaites, plus souvent des sphéroïdes plus ou moins irréguliers, et, plus souvent encore, des corps comme composés de portions ou segments de ces sphéroïdes, et se présentant sous forme de masses tuberculeuses.

L'étude de la structure des uns et des autres est d'un bien grand intérêt, en géologie, par les lumières qu'elle répand sur diverses circonstances de la formation des minéraux.

Structure globuleuse dans les roches cristallines.

§ 118. Examinons, d'abord, cette structure dans les masses qui nous la présentent de la manière la mieux caractérisée ; et, en premier lieu, dans la plus belle comme la plus instructive des roches, la diabase globulaire, communément dite granite globuleux de Corse (1) : nous y verrons ce que peut la force d'affinité pour rapprocher et écarter, suivant de certaines lois, les différentes molécules minérales, les porter exactement sur une même ligne, ou à une même distance, de manière à produire des corps d'une régularité, ou d'une symétrie vraiment remarquable. Cette roche est composée d'amphibole d'un vert foncé, de feldspath blanc, mêlé de quelques petits grains de quartz. Sa masse est parsemée de sphéroïdes, dont la grandeur est quelquefois de moins d'un pouce, mais d'autres fois de trois pouces; ils sont formés de couches concentriques de feldspath et d'amphibole : tantôt ils se touchent immédiatement, tantôt ils sont à quelques pouces les uns des autres. Dans les mêmes parties du rocher, ils observent, d'une manière remarquable,

(1) Voyez sur le gissement de cette substance, qui ne forme d'ailleurs qu'un grand rocher, une notice de M. Gillet-Laumond dans le *Journal des mines*, tom. 34.

la même grosseur, la même structure et la même distance ; mais, d'une partie à l'autre, il y a des différences à cet égard, ce qui donne lieu aux diverses variétés qu'on en voit dans les cabinets. J'en décris une. — Les globules s'y touchent immédiatement ; ils semblent se comprimer, ce qui leur donne une forme un peu allongée ; ils ont de un à deux pouces de large, sur deux ou trois de long. Le milieu, dans chacun, sur un diamètre de sept à huit lignes, est formé de grains d'amphibole et de feldspath, à-peu-près comme dans les roches granitiques, mais montrant cependant une tendance à se disposer en couches concentriques ; autour de ce noyau, on a successivement les couches suivantes : 1° une couche de deux lignes d'épaisseur, de feldspath blanc, tantôt compacte, tantôt à lames, ou, plutôt, à languettes convergeant vers le centre ; 2° une couche amphibolique, extrêmement mince, et dont la coupe se présente comme une ligne très-déliée ; 3° une nouvelle couche de feldspath, pareille à celle sus-mentionnée, mais d'une ligne d'épaisseur seulement ; 4° une couche amphibolique, d'un vert grisâtre, ayant l'aspect d'un assemblage de très-petites paillettes de chlorite, et ayant une ligne d'épaisseur ; 5° enfin, une couche feldspathique pareille aux précédentes, épaisse de trois lignes, quelquefois divisée en deux par une couche amphibolique semblable à celle du n° 2 :

entre les languettes de feldspath, on a parfois quelques rayons d'amphibole dirigés vers le centre. Tous les globules, dans une étendue de roche assez considérable, sont exactement composés des mêmes couches, placées dans le même ordre, et sans différence sensible dans leur épaisseur respective. — En voyant la surface de la couche extrême bien nettement terminée, ainsi que sa forme quelquefois un peu anguleuse, on serait tenté de penser que, lors de la formation du globule, c'est elle qui s'est décidée et consolidée la première, et que l'arrangement des autres couches s'est fait ensuite ; mais, ce qui est positif, c'est que la couche extérieure est celle dont la structure est la plus régulière, et que le centre est ce qu'il y a de plus confus. M. Beudant, qui a fait une étude particulière des circonstances qui produisent et accompagnent les cristallisations, remarque qu'il serait bien possible que la formation des globules se fût opérée presque instantanément ; et il observe qu'il suffit quelquefois d'imprimer une légère secousse à une solution saline très-concentrée, pour que le sel se prenne de suite en une masse confusément cristallisée, dans laquelle on voit de petites boules composées de cristaux qui se réunissent à un centre. — La masse qui est entre les globules de notre roche, consiste en amphibole, d'un vert noirâtre, à gros grains bien lamelleux, et entremêlés de grains moins gros de feldspath : on y voit aussi quelques points pyriteux.

La Corse nous fournit un porphyre qui est encore remarquable par la structure des globules qu'il renferme. Sa masse est homogène, euritique, d'un rouge brun, et présente comme des taches d'une couleur plus foncée, qui se groupent principalement autour des globules. Ceux-ci sont en général sphériques; tantôt ils n'ont que quelques lignes de diamètre, tantôt ils ont trois ou quatre pouces : ils sont formés de petits fuseaux ou parties lenticulaires de feldspath, placés dans la direction du centre à la circonférence, et séparés par de minces cloisons de quartz : ils contiennent encore quelques petits noyaux radiés du même minéral : le tout est entouré d'une couche de feldspath, entremêlée de points quartzeux. Quelques globules même ne sont composés que de pareilles couches (1). Cette roche est une sorte de variolite (§ 104), qui ne diffère des variolites ordinaires, qu'en ce que dans celles-ci le globule n'est formé que par un seul minéral ; dans celles de la Durance, il l'est par du feldspath, lequel s'y trouve encore disposé en rayons convergents vers le centre.

Les roches, qui ne sont composées que d'un seul

(1) Voyez, *Journal des mines*, tom 35, une description très-circonstanciée de cette roche, par M. Monteiro, qui l'a nommée *Pyromérids globulaire*, d'après M. Haüy.

minéral, telles que les calcaires, présentent aussi quelquefois une structure globuleuse pareille à celles dont nous venons de parler. Le plus exact et le plus judicieux des observateurs en a consigné, dans ses ouvrages, un exemple extrêmement remarquable, pris des environs d'Hières, en Provence; c'est un grand rocher, et même *une montagne entière* composée de boules de spath calcaire. « En montant à sa cime, dit Saussure (1), je re» marquai, dans le roc calcaire, un hémisphère » de quinze à dix-huit pouces de diamètre, com» posé en entier de spath calcaire disposé par » couches concentriques, et chacune de ces cou» ches formée par un assemblage d'aiguilles con» vergentes vers le centre de la masse. Je crus » d'abord que cela était accidentel; mais, en » continuant de monter, je vis, avec bien de la » surprise, que toute la montagne, jusqu'à sa » cime, est composée de boules de spath dont » la structure est à-peu-près la même. Leur » volume diffère; les plus grandes ont deux ou » trois pieds de diamètre; les plus petites, » deux à trois pouces. On en voit ainsi d'une » forme allongée; mais toujours les couches » sont concentriques, et composées de par-

(1) § 1478. Ma prédilection pour Saussure, comme observateur, logicien et écrivain, me portera souvent à citer textuellement plusieurs passages de ses ouvrages : on ne saurait mieux voir, mieux raisonner, et écrire avec plus de clarté.

» ties convergentes au centre, ou à l'axe de la
» masse. Quelquefois aussi, ces couches, quoi-
» que concentriques, sont ondoyantes ou feston-
» nées. Souvent, ces boules, grandes et petites,
» s'entremêlent et se groupent sous des formes
» bizarres ; et cependant, l'ensemble de ces
» boules est disposé par couches assez régulières
» et peu inclinées. La substance du spath qui
» forme les boules, est jaune de miel, ou blanc
» jaunâtre, translucide, et son grain est très-
» brillant. Les interstices des boules sont rem-
» plis d'une matière moins dure, souvent caver-
» neuse, et d'un tissu plus grossier, mais dont
» la nature est essentiellement la même. » Voilà, sur la plus grande échelle qui me soit connue, toutes les circonstances des formations globuleuses que nous présentent si souvent plusieurs substances minérales homogènes.

Nous pouvons nous faire une idée de la manière dont ces formations peuvent se produire, en jetant les yeux sur des faits qui se passent journellement dans nos laboratoires, ainsi que dans ceux où la nature produit encore. Lorsque, dans les verreries, on laisse refroidir lentement la masse vitreuse en fusion, elle se forme souvent en groupes de globules, à rayons divergents coupés par des couches concentriques, et qui se pénètrent les uns les autres : ce sont les *cristallites* observées par M. Fleuriau de Bellevue. MM. Hall et Watt, dans leurs belles expériences sur les masses minérales fondues, ont vu se former, au milieu d'elles, dans certaines circonstances de leur passage à l'état solide, des boules striées du centre à la circonférence; quelques laves, dans leur refroidissement, présentent des faits semblables, ainsi que nous le verrons dans la seconde partie de cet ouvrage. La voie humide produit aussi des formes pareilles, ainsi qu'on le voit dans un grand nombre de concrétions calcaires.

Remarquons ici que dans les productions de l'art, comme dans celles de la nature, lorsque les globules se trouvent isolés dan une masse, ils sont assez exactement sphériques, et composés de couches concentriques à rayons convergents; mais, lorsque des globules voisins viennent à se joindre et à se pénétrer, ils forment des masses tuberculeuses, vrais assemblages de parties sphéroïdales. Chacune d'elles conservant sa structure, la masse se trouve divisée en couches parallèles à sa superficie, et radiées perpendiculairement à leurs surfaces : ce qui constitue la structure *testacée* : les hématites, les malachites, etc., sans avoir exactement le mode de formation des roches dont nous venons de parler, en offrent des exemples.

Werner ne traite d'autres divisions globuleuses, que de la division en boules que présentent quelquefois les granites, les basaltes, etc. Il pense qu'elle est la suite d'un mode de formation à-peu-près pareil à celui dont nous venons de parler. Il dira, par exemple, que, lors de la formation ou de la consolidation de certains granites, il s'est établi, dans la masse granitique, divers centres d'action, autour desquels la matière s'est disposée en couches concentriques, qui vont en diminuant de dureté et de solidité à mesure qu'elles s'éloignent du centre, lequel est ainsi la partie la plus dure et la plus solide; et que l'intervalle entre les boules est rempli par un granite d'un tissu très-lâche. M. de Charpentier manifeste la même opinion, lorsqu'il cite un granite qu'il a observé dans les Pyrénées, sur le sommet d'une montagne, et qui consiste en masses irrégulièrement sphéroïdales, ayant jusqu'à deux pieds d'épaisseur; les espaces compris entre elles, dit-il, sont remplis d'un granite moins solide et plus prompt à se décomposer : ce mode de formation, ajoute cet habile minéralogiste, me paraît assez analogue à celui du porphyre globuleux de Corse (1). Quant à moi, je suis très-enclin à croire que la forme de ces boules de granite observées à la superficie d'une montagne, n'est qu'un simple effet de l'action décomposante de l'atmosphère (2). Cette action aura pénétré dans la masse granitique, elle en aura relâché ou détruit le tissu; des portions plus dures et d'un volume quelquefois assez considérable, y auront plus résisté : elles auront cependant ressenti son influence; leurs angles et leurs arêtes, offrant plus de prise, auront été abattus, et ces portions dures se seront arrondies. De plus, la décomposition, agissant sur leur surface, en aura aussi relâché le tissu, et l'aura ainsi détaché du reste de la boule; de la, une première couche concentrique : pénétrant ensuite plus avant, et comme par degrés, elle donnera naissance à une seconde, a une troisieme, etc., couche; en un

(1) *Journal des mines*, tom. 33.

(2) M. Mac Culloch concilie les deux opinions, et tout en insistant sur les effets de la décomposition, il pense que la forme des boules et des blocs arrondis de granite est aussi une suite de la formation originaire. *On the granite Tors of Cornwall.*

mot, elle produira sur la boule une écorce altérée à couches concentriques, dont le tissu sera naturellement d'autant plus lâche qu'elles seront plus pres de la superficie. Quant à l'intérieur, par-tout où la décomposition n'aura point pénétré, il n'y aura qu'une masse solide, continue et sans la moindre apparence de division en couches : j'ai eu occasion de m'en convaincre un grand nombre de fois. En traitant des granites, des diabases, des basaltes, des grès, je donnerai plusieurs exemples de cette division en boules, et l'on y verra combien l'action décomposante de l'atmosphère peut se faire sentir bien avant dans l'intérieur des masses minérales, sans détruire et même sans altérer considérablement leur superficie.

Structure globuleuse dans les roches compactes.

§ 119. Les formations globuleuses, d'origine primitive, se retrouvent encore dans les roches et les minéraux qui ne se présentent plus sous l'aspect cristallin, et dont la cassure est compacte.

Les oolithes, qui existent en si grande abondance dans quelques terrains secondaires, en sont un exemple : tous les minéralogistes connaissent celles qui, semblables à des grains de chanvre, sont, dans les marnes, subordonnées au grès (bigarré) de la Thuringe. Ces petits globules se seront produits autour d'autant de centres d'attraction, par la réunion et le groupement des molécules calcaires contenues dans la masse marneuse; elles y auront laissé les parties hétérogènes, et formeront au milieu d'elles des grains plus purs Quelquefois toutes les molécules d une couche calcaire se grouperont ainsi en globules; et la couche ne paraîtra plus que comme un composé de petits grains ronds, sans ciment intermédiaire, et presque sans adhérence les uns aux autres. J'ai vu un exemple de ce fait près de Mortagne : une couche de près d'un pied d'épaisseur y présentait l'aspect d'un de ces grands tas de grains d'anis qu'on voit dans les magasins des confiseurs. Saussure en a observé de pareilles sur le Salève, sur la Dôle, etc. Les grains oolithiques sont ordinairement compactes; mais souvent aussi on y découvre des indices de couches concentriques, et même de rayons dirigés vers le centre. Quelquefois le centre est occupé par un fragment de coquillage ; c'est autour de ce corps étranger que la cristallisation, ou plutôt le groupement des molécules s'est opéré. Ce fait se voit assez fréquemment dans le Jura, où les grains ont jusqu'à un pouce et plus de diamètre. (*Sauss* , 359.)

Souvent les masses globuleuses sont d'une nature entièrement différente de celle de la roche au milieu de laquelle elles se trouvent. C'est ainsi que, dans des calcaires de la Bavière, on voit des boules parfaitement sphériques, et à couches concentriques de silex-corné (*hornstein* concoïde de Werner) : elles sont très-vraisemblablement dues à la réunion des molécules siliceuses qui étaient disséminées dans la masse calcaire encore molle ou fluide ; cédant à leur force attractive, elles se seront groupées, et comme pelotonnées autour d'un centre. Si le groupement n'avait pu se faire d'une manière aussi parfaite, ou qu'il s'en fût opéré plusieurs et autour de différents centres voisins, il en serait résulté des masses tuberculeuses et non des boules. Telle est probablement l'origine de la plupart des tubercules et rognons de silex-pyromaque que l'on trouve en si grande abondance dans les craies et dans quelques terrains calcaires.

Enfin, nous aurons un exemple des formations globuleuses, jusque dans les dernières époques des productions minérales, dans le *fer hydrate en grains* des terrains tertiaires et de transport. Il s'y trouve, soit en grains isolés comme des pois, des lentilles, etc., soit en masses ou bancs composés de grains sphériques à couches concentriques, tantôt parfaits, tantôt ne présentant qu'une première ébauche, et quelquefois même dans une petite partie de leur pourtour seulement. Mais ce que ces grains, évidemment formés au milieu de la masse ferrugineuse, par suite d'un mouvement intestin, présentent de plus remarquable, c'est que les couches sont d'autant plus compactes qu'elles sont plus éloignées du centre, et que l'intérieur n'est très-souvent rempli que d'une petite quantité d'ocre, ou même qu'il est entièrement vide. Les géodes de la même substance, qu'on trouve isolées dans les mêmes terrains, et qui ont quelquefois jusqu'à un pied de diamètre, présentent ce même fait d'une manière encore plus surprenante, et dont l'explication me paraît bien difficile. On ne peut admettre ici une formation pareille à celle des géodes ou noyaux des roches amygdaloïdes, formées dans des cavités préexistantes : on a bien vu des cristaux commencer à se produire par leurs arêtes et leurs faces extérieures, mais on ne saurait rien concevoir de semblable dans les géodes dont il s'agit. Les vases ferrugineuses qu'on retire des lacs de la Suède, et que l'on exploite comme minerais de fer, montrent, dit-on, en se desséchant, une tendance à se former en globules à couches concentriques. MM. Deluc et Kidd ont remarqué le même fait sur des argiles (1).

§ 120. Les différents corps globuleux dont nous venons de parler, s'étant évidemment formés lorsque les roches qui les présentent sont passées, en entier ou par parties d'un assez grand volume, de l'état fluide à l état solide, nous apprennent que ces roches ont été déposées dans le lieu où elles sont aujourd'hui, en entier ou par grosses parties, et non successivement et comme molécule par molécule. Lorsqu'auprès d Hières une montagne calcaire s'est formée en grosses boules, lorsqu au milieu des sables des Landes une couche de fer hydraté s'est toute divisée en grains, et que cette formation ou division s'est produite

Conséquences et remarques.

---

(1) Kidd's Geological essay, pag. 29.

parce qu'il s'est établi dans la masse, en même tems, plusieurs centres autour desquels les molécules sont allées se ranger conformément aux lois de cristallisation ou d'attraction qui les sollicitaient, il a bien fallu que, dans ce moment, la montagne ou la couche se soit trouvée, en entier ou par grosses parties, molle ou fluide sur l'emplacement actuel.

Toutes les diverses formations globuleuses sont un effet de la force d'affinité qui porte les molécules de même espèce à se rapprocher et à se réunir suivant des lois déterminées. Mais que les effets ont été différents, selon les époques et les circonstances !

Dans les premiers tems des formations minérales, l'affinité, agissant avec toute son énergie, et dans les circonstances les plus favorables, disposait en cristaux toute la matière minérale ; elle produisait ceux de feldspath, de quartz, de mica, d'amphibole, etc., dont l'assemblage constitue les roches granitiques ; elle produisait les grains lamellaires ou cristallins des marbres saccharoïdes ; elle formait les globules entièrement cristallins du granite de Corse, etc. Dans d'autres circonstances, elle produisait les cristaux polyédriques des porphyres. Dans des moments moins favorables, elle donnait naissance aux globules rayonnés et à couches concentriques des variolites, aux grains des dolomies, etc.

Aux époques postérieures, ses effets seront tous différents : ce ne seront plus que des cristallisations confuses, de simples *pelotonnements* de molécules, et encore ne se verront-ils que de loin à loin. A la place des grains lamellaires des marbres, nous aurons des *pièces séparées grenues*, et des oolithes ternes et compactes ; à la place des beaux globules du granite et du porphyre de Corse, ce ne seront plus que des boules et des tubercules de silex, etc. ; enfin nous aurons des grains ou géodes de fer hydraté. Au reste, quoique la force de cristallisation paraisse presque éteinte dans ces derniers terrains, elle y reparaît cependant encore quelquefois; c'est elle qui a produit quelques quartz semi-cristallins, dans les terrains des environs de Paris.

Les produits volcaniques nous présentent des formations analogues : l'attraction moléculaire, suivant les diverses circonstances du passage de l'état fluide à l'état solide, formera entièrement quelques laves en cristaux, et en fera des masses à structure granitique ; dans presque toutes, elle produira des cristaux comme dans les porphyres; dans quelques-unes, elle formera des boules d'obsidienne perlée ; elle divisera les *pechstein* en *pièces séparées grenues* portant quelques indices de texture à couches concentriques; enfin, elle produira les *pièces séparées grenues* ternes et compactes de plusieurs basaltes.

Art. III. *Structure et étendue des formations.*

Fixation de l'acceptation du mot formation.

§ 121. Les différents terrains, c'est-à-dire les divers assemblages de roches dans lesquels une même espèce de roche domine notablement, ont été divisés, par Werner, en assemblages particuliers, ou systèmes de couches minérales, qu'il a appelés *formations* (§ 97.)

Cette division est principalement basée sur la différence entre les époques où les divers systèmes de couches ont été formés. Deux de ces systèmes qui seraient d'une date très-différente, quand bien même ils appartiendraient au même terrain, c'est-à-dire, quand bien même la même roche dominerait dans leur composition, doivent nécessairement présenter quelques différences, soit dans la nature ou la texture des masses qui les composent, soit dans leur disposition réciproque, soit dans les circonstances de leur superposition. Ce sont ces différences qui distinguent les diverses formations, et qui indiquent la différence d'époque. Si l'on trouve, par exemple, dans une contrée, un système de couches de gypse fibreux, entremêlées de couches calcaires contenant des ammonites, et de couches de glaise contenant du sel gemme, et qu'il soit placé sous plusieurs sortes de terrain; qu'ailleurs, ou dans la même contrée, on trouve un autre système de couches de gypse compacte ou lamelleux, entremêlé de couches de marne contenant des ossements de quadrupèdes, et superposé aux terrains sous lequel est le système précédent ; il est évident que, quoiqu ils appartiennent l'un et l'autre au *terrain de gypse secondaire,* ils n'en ont pas moins été formés à des époques différentes, et ils n'en sont pas moins distincts. Ce sont ces diverses parties, ou sections, d'un même terrain que Werner nomme *formations.* Les formations sont ainsi comme les *unités* de la composition géognostique du globe, et leur détermination est le grand objet de la géognosie.

Nous verrons, dans la seconde partie, l'état peu avancé de nos connaissances à ce sujet.

a) Structure ou composition des formations.

§ 122. Lorsque nous examinons les diverses couches qui forment la croûte du globe, nous en voyons quelques-unes qui se trouvent toujours ensemble ; elles alternent entre elles, et constituent des formes ou systèmes bien distincts : par exemple, nous ne trouvons jamais les couches de la vraie houille qu'avec et dans des couches d un grès et d'une argile schisteuse particuliers ; elles constituent, par leur ensemble, la grande formation houillère ; elles en sont les couches *essentielles.*

Ailleurs, on voit assez souvent, au milieu des couches d'une même roche, des couches d une autre nature ; et celles-ci ne se trouvent presque jamais qu'avec les premières : par exemple, les couches de schiste-alumineux et de schiste-siliceux ne se voient qu'au milieu des phyllades (*Thonschiefer*) : elles ne sont pas parties essentielles de la formation, puisqu'une grande partie des phyllades n'en contient point; mais, comme elles ne se trouvent pas ailleurs, on peut les regarder comme étant une de leurs dépendances, comme leur étant *subordonnées*, selon l'expression de Werner.

Quelques autres couches, sans appartenir exclusivement à une formation, s'y trouvent assez fréquemment et même plus fréquemment qu'ailleurs; elles y sont comme *habituelles :* tel serait le calcaire grenu par rapport au schiste-micacé.

Enfin, il en est qui ne se trouvent pas ordinairement dans une formation, et qui n'y sont qu'*accidentelles.*

Le nombre de couches de différente espèce qui entrent dans la constitution d'une formation, varie extrêmement; dans celle du calcaire alpin, le plus ancien des calcaires secondaires, on compte des couches de grès blanc, de schiste-marno-bitumineux, de calcaire marneux, de marne, de calcaire fétide, de gypse et peut-être quelques autres encore. Tandis que les formations ou les terrains de porphyre et de la plupart des masses minérales non stratifiées, ne présentent guère qu'une seule espèce de roche.

Dans une même formation, les couches sont toujours placées parallèlement les unes sur les autres : toutes ont, par conséquent, une même direction, une même inclinaison, et présentent les mêmes inflexions et sinuosités. Celle qui en supporte une autre en est le *mur*, et celle qui la recouvre en est le *toit*. Le joint, entre une couche et celle qui lui sert de mur, que nous avons déjà appelé *fissure de superposition*, est ordinairement net et bien distinct : quelquefois cependant, la matière d'une couche se mêle, dans le contact, avec celle qui est au-dessus ; elles se fondent, en quelque sorte, l'une dans l'autre, de manière que la fissure n'est plus visible et ne peut être indiquée avec précision.

Nous ferons connaître, dans la seconde partie, les diverses couches qui composent chaque formation, ou chaque terrain, ainsi que les détails relatifs à chacun d'eux. Nous nous bornerons ici aux deux observations générales qui suivent.

Un terrain se divise souvent en plusieurs formations différentes ; c'est ainsi que l'on en compte au moins quatre dans celui du *calcaire secondaire*. Le terrain houiller proprement dit, n'en présente qu'une : et peut-être quelques géognostes n'en verraient encore qu'une seule dans l'ensemble même des terrains primitifs, tant toutes les parties paraissent s'engrener les unes dans les autres, et avoir été produites par une opération de la nature, graduée, il est vrai, mais jamais interrompue ou entièrement changée.

Ces formations qui passent ainsi progressivement et insensiblement les unes dans les autres, sont ce que Werner nomme *suite de formations.* Il donne aussi le même nom à la série que présentent les diverses formations d'une substance, depuis le premier jusqu'au dernier moment de la production des matières minérales. Nous reviendrons sur ces suites dans le chapitre suivant.

b) *Etendue des formations.*

Dans l'examen des formations, nous aurons à distinguer leur *étendue primitive* et leur *étendue actuelle.* Sous le rapport de l'étendue primitive, les formations sent *générales* ou *partielles.*

ÉTENDUE PRIMITIVE.

Formations générales.

§ 123. Les premières ont été produites par une cause générale : on peut se les représenter comme les précipités d'une dissolution universelle, c'est-à-dire qui recouvrait tout le globe terrestre.

Mais de ce que la dissolution était générale, il ne s'ensuit pas qu'il en ait été de même de chaque précipité, et que chacun d'eux ait formé originairement une couche, ou un assemblage de couches, qui aurait enveloppé tout le globe, ainsi que Werner paraissait l'admettre. Pendant que la dissolution déposait une substance, ou une roche, dans un lieu, il a très-bien pu se faire qu'elle ne produisit point de précipité de même espèce dans une autre contrée ; soit que les principes composants de la roche ne se trouvassent pas en quantité suffisante dans cette partie de la dissolution, soit que les causes de la précipitation n'y aient point exercé leur action, soit enfin que d'autres causes y aient mis obstacle. Là il se déposait du granite, et un peu plus loin du schiste-micacé, les éléments du mica étant, peut-être, en plus grande quantité dans la partie de la dissolution qui couvrait ce dernier lieu.

Les granites, les gneiss, les phyllades, et vraisemblablement tous les terrains primitifs, ainsi qu'une grande partie des terrains secondaires, sont de formation générale. L'identité dans la nature, la structure et le gissement des diverses portions de chacun d'eux que nous trouvons dans les différentes parties de la terre, nous portent à le conclure. Par exemple, lorsque dans toutes les contrées de l'Europe, de l'Asie, de l'Amérique, où les observateurs ont pénétré, on trouve le même granite, par-tout composé de grains de feldspath, de quartz et de mica, à-peu-près dans les mêmes proportions, présentant par-tout le même aspect ; lorsque l'on y trouve le même schiste-micacé, également composé de quartz et de mica, ayant par-tout la même structure, contenant par-tout des grenats, présentant les mêmes circonstances de gissement ; et que rien n'indique que ces divers granites et schistes-micacés soient, en ces différents lieux, le produit de causes locales, il est bien naturel de penser qu'ils sont tous les produits d'une même cause, les parties d'un même tout.

Formations partielles.

§ 124. Les formations partielles sont celles qu'on ne trouve que dans certains endroits, et qui ne paraissent y devoir leur existence qu'à des causes particulières et locales; par exemple, à des dépôts opérés dans quelques méditerranées ou dans quelques grands lacs.

Werner en cite un exemple pris de la Lusace sa patrie : c'était une petite formation consistant en un assemblage de minces couches de calcaire, de grès et de fer argileux; elle reposait sur un terrain d'alluvion.

Lamanon regardait la formation gypseuse des environs de Paris, comme un dépôt fait dans un ancien lac qui occupait autrefois le lieu où elle se trouve, et qui ayant rompu ses digues du côté de Mantes, s'était écoulé dans la mer. Les belles observations de MM. Cuvier et Brongniart sur cette intéressante formation, ne contredisent point cette opinion.

ÉTENDUE ACTUELLE.

§ 125. Les formations n'ont plus aujourd'hui l'étendue qu'elles avaient originairement. Diverses causes ont attaqué les masses et les couches qui les composaient; elles les ont morcelées et détruites en plus ou moins grande partie : et, si quelques-unes présentent des masses continues d'une grandeur encore considérable, il en est plusieurs dont il ne reste, pour ainsi dire, que quelques lambeaux épars. Ils se trouvent, dit Werner, ou sur les sommités, sous forme de plateaux et de *cimes;* ou en *adossements*, contre les flancs de quelques vallées; ou comme *remplissages*, dans des bas-fonds.

Les vestiges des couches qui occupent ce dernier gissement sont les plus considérables: placés dans des enfoncements, étant par conséquent moins en prise à l'action des agents destructeurs, ayant été bientôt recouverts et abrités par les débris éboulés des roches supérieures, ils ont dû s'y conserver plus long-tems. Telle est, en partie, la cause de l'existence des nombreux dépôts de houille qu'on trouve dans les fonds des vallées. Au reste, il est probable que ce fait est encore une suite de l'origine de la formation houilleuse: certainement, c'est une formation générale, car elle se représente par-tout avec les mêmes caractères, et ces caractères sont bien tranchés; mais elle pourrait bien n'avoir été produite que dans des lieux peu élevés, et à l'aide des débris des montagnes environnantes; on serait du moins tenté de le penser, en voyant les brèches et les grès qui en font toujours partie. M. de Bonnard donne nom de formations *circonscrites*, à celles qui se trouvent dans ce cas.

Art. IV. *De l'assemblage ou de la superposition des formations.*

(*Parallélisme, forme et position des couches.*)

Les considérations relatives aux circonstances de l'assemblage des formations, assemblage d'où résulte la croûte minérale du globe terrestre, se réduisent à la détermination des rapports de position d'une formation quelconque avec celle qui est immédiatement au-dessous, et qui lui sert ainsi de support.

Circonstances de la superposition des couches.

§ 126. Pour montrer en quoi consistent ces rapports et pour en donner une idée exacte, suivons, d'après les principes de Werner, les principales circonstances de la production, ou plutôt du dépôt, des formations et de leurs couches.

Lorsque les formations qui nous sont connues ont commencé à se déposer, la partie du globe déjà existante, et qui était entourée de la dissolution d'où elles se sont précipitées, présentait très-vraisemblablement, à sa surface, des inégalités, des élévations et des bas-fonds. Chaque précipité qui se déposait, était une strate, ou une couche, qui, en se moulant sur le sol déjà existant, et en suivant toutes ses sinuosités, en enveloppait indistinctement les éminences et les enfoncements, et qui présentait ainsi une *alternative de convexités, de plans et de concavités* : toutes ces couches et strates, abstraction faite des renflements ou étranglements qu'elles pouvaient présenter dans quelques parties, étant ainsi placées les unes sur les autres, les *fissures de la stratification étaient parallèles*, et la superficie de la couche ou strate supérieure était également parallèle à la stratification. Admettons maintenant que la dissolution vienne à changer de nature :

il se produira une nouvelle formation ; la *surface de sa superposition* sera la superficie de la couche dernièrement formée, et, par conséquent, la *surface de superposition de la nouvelle formation sera parallèle à la stratification de la formation qui est immédiatement au-dessous.* De plus, chaque strate ou couche, pouvant être supposée envelopper tout le globe, n'aura point de *tranche* ou de bord.

Supposons actuellement que la dissolution ait baissé de niveau jusqu'à ce qu'une cime de montagne se soit sensiblement trouvée au-dessus. Dès ce moment, les strates et les couches qui continueront à se former, n'envelopperont plus le globe entier : chacune aura une tranche qui entourera, au niveau de la dissolution, la cime qui s'élève au-dessus; et elle sera disposée *comme un manteau* autour de la montagne, laquelle semblera, par la suite, avoir percé les couches pour porter sa tête au-dessus. Si la dissolution continue de baisser graduellement, en formant toujours des précipités, on aura, les unes sur les autres, plusieurs couches disposées comme la première; mais *leur tranche baissera successivement de niveau à mesure qu'elles seront de formation plus nouvelle.*

Supposons de plus que, lorsque la dissolution est descendue jusqu'à un certain niveau, la précipitation soit suspendue; que les formations déjà produites, éprouvent une grande dégradation, et que cette dégradation soit plus forte sur un point que sur un autre, ainsi que cela doit presque toujours arriver, dès lors la *superficie de la dernière formation perdra son parallélisme à sa propre stratification;* et s'il vient à se déposer, sur cette superficie, une nouvelle formation, *sa stratification étant toujours parallèle à la superficie de l'ancienne formation, ne sera point parallèle à la stratification de celle-ci.*

Telle est, en résumé, toute la théorie de Werner sur la stratification et la superposition des couches. Nous allons voir jusqu'à quel point elle rend raison des faits, tels que nous les présente la nature. J'observerai ici que, n'ayant plus aujourd'hui aucun moyen de nous assurer que la tranche actuelle des couches que nous voyons est la tranche originaire, toute recherche sur le niveau respectif des tranches serait à-peu-près sans objet. La détermination des rapports de position d'une formation, à l'égard de la formation qui est au-dessous, se bornera donc à l'examen comparatif du parallélisme de leur stratification respective, et à l'examen de la forme et de la position des couches de celle qui est au-dessus, par rapport à la forme et à la position de la surface sur laquelle elle repose. Nous allons traiter de ces deux objets et des conséquences qu'on en peut déduire.

a) Du parallélisme entre la stratification de deux formations consécutives.

Détermination du parallélisme.

§ 127. Nous venons de voir que, dans une même formation, les joints entre ses différentes couches, ainsi que les fissures de la stratification de chacune d'elles, étaient parallèles, et, par suite, qu'ils l'étaient à la surface de superposition de la formation. J'ai vu de nombreux exemples de ce parallélisme, et je n'ai remarqué aucun fait qui fût contraire : ce serait le cas, si une masse minérale avait une stratification perpendiculaire ou oblique à la surface sur laquelle elle repose, étant toutefois encore dans sa position originaire. Si de pareils faits existent, ils ne sont pas encore venus à ma connaissance, avec des détails propres à les mettre hors de doute. En conséquence, lorsqu'on voudra déterminer si la stratification d'une formation est parallèle à celle de la formation placée au-dessous, il suffira de constater si cette dernière est parallèle, ou non, à la surface qui sépare les deux formations.

Une pareille détermination, qui est en général assez difficile, doit être faite avec beaucoup de soin et de discernement. Il ne suffit pas de voir en face un joint ou une fissure, il faut encore l'observer en profil: ce n'est que par l'observation de deux lignes qui se croisent sur un plan que l'on peut en déterminer la position. De plus, à cause des renflements et des étranglements que présentent très-souvent les couches, le parallélisme, entre des fissures de stratification et de superposition, ne peut être jugé que dans son ensemble et non dans ses détails. Il faut donc un grand nombre d'observations, et sur des points notablement éloignés les uns des autres, pour parvenir à une conclusion positive.

Conséquences relativement à la différence ou à l'identité des formations.

§ 128. Lorsque la stratification des deux formations n'est pas parallèle, c'est une preuve (§ 126) que la formation inférieure avait déjà éprouvé des dégradations ou des bouleversements, lorsque celle de dessus s'est déposée; par suite, qu'il s'est écoulé un laps de tems notable entre les deux dépôts, et qu'ainsi les deux formations sont bien distinctes. Par exemple, lorsqu'en Flandre, entre Mons et Valenciennes, on voit les couches de la grande formation houillère, pliées et repliées sous forme d'un immense N, et que par-dessus on trouve un système de couches calcaires et argileuses étendues bien horizontalement, on conclut, sans hésitation, que les dernières couches constituent une formation toute particulière, et que la première était entièrement déposée et bouleversée lorsque la seconde s'est produite.

De même, lorsque nous trouverons un défaut de parallélisme bien marqué, entre la stratification de deux couches consécutives, nous conclurons, avec assurance, qu elles appartiennent à deux formations essentiellement distinctes.

Par une raison contraire, lorsque deux formations, placées l'une sur l'autre, présenteront une stratification parallèle, nous en induirons qu'il n'y a eu ni dégradation ni bouleversement notable entre les deux époques, lesquelles se seront souvent succédées sans interruption sensible. Les deux formations pourront être alors le produit d'une même dissolution, ou d'une même cause, qui aura seulement changé peu-à-peu de nature: dans ce cas, il sera quelquefois difficile de tracer la ligne de démarcation entre elles; et quelques géologues les regarderont comme appartenant à une seule et même formation: c est ce qui a effectivement lieu pour les formations successives de granite, de gneiss, de schiste-micacé et de phyllade.

Relativement à la dégradation du sol.

§ 129. D'après les mêmes principes, lorsque, dans une contrée, nous verrons que la superficie du sol n'est en aucun rapport de parallélisme avec la stratification, nous pourrons en conclure qu'elle a éprouvé de grandes dégradations, ou de grands changements, depuis la formation du sol. Par une raison contraire, lorsque la stratification sera à-peu-près parallèle à cette superficie, on pourra présumer que le sol a maintenant à-peu-près la même configuration que lors de sa formation originaire : les bassins houillers présentent assez souvent des exemples de ce cas, en faisant toutefois abstraction du terrain d'alluvion qui peut recouvrir les couches solides.

Relativement à l'âge des couches.

§ 130. La considération du parallélisme, et en général celle de la direction des couches, nous conduit fréquemment à la détermination de leur âge relatif : on part du principe, ou plutôt de l'axiome, que *toute couche minérale, qui est dans sa position originaire, est toujours de formation moins ancienne que la couche à laquelle elle est superposée.*

Age relatif des cimes de moutagnes.

Nous allons essayer de déterminer, à l'aide de ce principe, l'ancienneté des cimes par rapport aux roches qui forment le corps de la même montagne, ou plutôt qui se trouvent sur ses flancs.

Les cimes, qui sont d'une nature minéralogique différente de celle de la montagne, peuvent être de formation ou postérieure, ou antérieure, ou contemporaine.

La cime sera de formation postérieure, lorsque sa stratification ne sera pas parallèle à celle du corps de la montagne, et, par suite, lorsque la surface de superposition coupera cette dernière stratification et reposera sur la tranche des strates. Voyez *fig.* 1re.

Werner distingue, à l'égard d'une pareille superposition, deux cas : 1° lorsque la tranche ou bord supérieur des couches ou strates, baisse de niveau à mesure qu'elles sont plus nouvelles (*abweichende Lagerung mit abfallendem niveau*; expression que M. de Bonnard rend par *gissement différent à niveau décroissant*) ; 2° lorsque les bords haussent de niveau, à mesure que les couches sont plus nouvelles (*über greiffende Lagerung*, ou, avec M. de Bonnard, *gissement transgressif*). Nous avons donné la raison (§ 126) pour laquelle nous ne prenions pas en considération les différences de niveau des bords; et, pour exprimer qu'une formation repose sur une autre, avec un gissement *différent* (non parallèle), nous dirons simplement qu'elle repose *sur la tranche des couches* de la formation qui est au-dessous.

Une cime serait de formation antérieure, si, sur chacun des versants opposés de la montagne, la stratification y était dirigée dans le sens de leur pente ; vers le nord, sur le versant septentrional; vers le sud, sur le versant méridional, etc. *Fig.* 2.

Enfin, il pourra arriver qu'une cime soit de formation contemporaine, ou, pour parler plus exactement, qu'elle soit plus ancienne que les couches d'un versant, et plus nouvelle que celles de l'autre. Ce cas se présente souvent dans la nature : par exemple, dans une montagne de schiste-micacé à couches fortement inclinées, et qui renfermerait un grand banc de quartz, lequel, ayant plus résisté que le schiste aux agens destructeurs des roches, resterait en saillie ; il serait plus nouveau que les couches ou les strates qui lui servent de mur, et plus ancien que celles qui sont à son toit. *Fig.* 3. Il faut bien s'assurer, dans une détermination de ce dernier genre, que la cime appartient à une couche de la montagne, et non à un filon que cette montagne renfermerait. *Fig.* 4.

Remarquons que, dans le dernier cas dont nous venons de parler, la stratification de la montagne est parallèle à un seul plan; et que, dans le second, elle converge de toutes parts vers la cime. Remarquons encore que, lorsqu'on monte sur une montagne, on trouve des couches de plus en plus anciennes, si la stratification est dans le sens du versant sur lequel on s'élève ; et de plus en plus nouvelles, si la stratification plonge vers l'intérieur de la montagne : un simple coup-d'œil sur la *fig.* 5, suffira pour en convaincre.

Il est presque superflu de rappeler que, dans tout ce que nous venons de dire, nous avons supposé que les couches étaient dans leur situation originaire : et l'observateur doit toujours s'assurer qu'il en est réellement ainsi, avant de procéder à une détermination sur l'âge relatif des couches.

b) De la forme et de la position des couches.

Doctrine de Werner.

§ 131. Une couche, en se déposant sur un sol déjà consolidé, s'est moulée sur lui; elle en a recouvert et les élévations et les enfoncements; de là, d'après Werner, les différentes circonstances de sa forme et de sa position.

Jetons un coup-d'œil sur les diverses formes des couches, et sur les dénominations par lesquelles ce professeur les désigne. 1° En recouvrant entièrement une montagne préexistante, une couche s'y sera déposée en forme de *bosse* ou de *voûte* (*buckelfœrmig gelagert*). 2° Si, par l'effet de la formation première, ou par celui de quelque érosion postérieure, la cime de la montagne s'élève au-dessus, la couche sera comme un *manteau* qui en recouvrira le corps (*mantelfœrmig gelagert*), *fig.* 6. 3° Si le terrain présente une arête saillante, un long dos d'âne, la forme de la couche sera celle d'une longue *selle* (*sattelfœrmig*). 4° Ce sera celle d'une *jatte* ou *fond de bateau* (*muldenfœrmig*), *fig.* 7, si le terrain sur lequel le dépôt s'est fait était un bassin ou une vallée; quelquefois il ne présentera que la moitié de cette forme (*halbmuldenfœrmig*), *fig.* 9.

5° Enfin, en se faisant sur une surface fortement inclinée, il peut prendre la même position; et une de ses parties qui y resterait après la destruction des parties voisines, y serait comme un *bouclier* (*schildfœrmig gelagert*), *fig*. 9.

Werner, voulant ensuite rendre raison, d'après ses principes, des circonstances de la position des couches dans une chaîne de montagnes, dirait, par exemple : Là où elle existe, il y avait peut-être originairement une de ces longues arêtes ou protubérances granitiques dont nous venons de parler; elle aura été recouverte successivement, et à diverses époques, de couches de gneiss, de phyllade, de calcaire, de grès, etc., qui en auront pris la forme; des causes postérieures pourront ensuite avoir détruit une portion de ces couches dans quelques régions, elles y auront mis à découvert les couches anciennes; et finalement il en sera résulté une chaîne, telles que sont la plupart de celles que nous voyons aujourd'hui.

Cette manière de se figurer la formation des chaînes de montagnes, rend effectivement raison de plusieurs des circonstances qu'elles présentent; par exemple, de la disposition symétrique des formations minérales sur chacun des versants, que l'on a observée, ou qu'on croit avoir observée dans quelques contrées; du parallélisme que l'on a remarqué entre la direction des couches et celle des chaînes ; de celui qui existe quelquefois entre la pente des strates et celle des versants, etc. Mais plusieurs de ces faits ne sont que des cas particuliers et assez rares ; et l'ensemble des observations sur la forme et la position des couches, ne permet pas de généraliser cette manière d'en expliquer les diverses circonstances.

Examinons ce qu'elles sont dans toute leur réalité. La position des couches se composant de leur direction et de leur inclinaison, nous aurons à traiter ici de la forme, de la direction et de l'inclinaison des couches.

Forme oucouches. § 132. Dans les derniers des terrains secondaires, les couches sont généralement planes et dans une situation horizontale, ou qui en diffère peu. Elles ne présentent d'ailleurs aucun fait dont on ne rende aisément raison, en l'attribuant à la forme qu'avait déjà le terrain sur lequel elles se sont déposées.

Dans les terrains primitifs, elles sont encore le plus souvent de forme assez plane, quoique quelques-unes, notamment dans les schistes-micacés, soient d'ailleurs bien torturées. Elles sont fortement inclinées : cette inclinaison sera l'objet de considérations ultérieures.

Entre ces deux extrêmes, et, par conséquent, dans les plus anciens des terrains secondaires, dans les formations du calcaire alpin, du calcaire du Jura, de la houille, du grès ancien, etc., elles se montrent souvent plissées et retroussées d'un grand nombre de manières. Par exemple, dans des montagnes calcaires, on trouve, sur des strates horizontales, des couches arquées ou pliées en forme de C : quelquefois elles ne présentent, dans leur courbure, aucune solution de continuité ; mais, d'autres fois, elles sont brisées dans le pli ; souvent encore, on voit, derrière la convexité, un vide laissé par la partie supérieure des strates les plus éloignées du centre de courbure ; cette partie, en se repliant, s'est brisée et détachée de la partie inférieure : les descriptions minéralogiques des contrées calcaires renferment un grand nombre d'exemples de ces faits. Ailleurs, on a des couches doublement arquées et pliées en forme de S : Saussure en a mesuré, au *Nant-d'Arpenaz*, dans le Faucigny, un groupe qui avait près de trois cents mètres de hauteur. Dans d'autres montagnes calcaires, dans celle de Musculdi, par exemple, en basse Navarre, je les ai vues pliées en forme de chevron. Celles des terrains houillers présentent des plis encore plus extraordinaires, tant par leur forme que par leur fréquence et leur grande étendue : on en voit plusieurs exemples dans les planches de l'atlas de la *Richesse minérale*. J'ai donné une description détaillée de ceux qu'on trouve dans les mines d'Anzin, près de Valenciennes (1) : je me bornerai à rappeler que d'énormes assemblages de couches de houille, de grès et d'argile schisteuse, y sont plissés en forme de Z, qui ont souvent plus de cinq cents mètres de long, qui se répètent et se prolongent à une distance de plus de dix lieues, et sur une profondeur inconnue.

Certainement ces formes contournées ne sont point dues à la figure du sol sur lequel le dépôt s'est fait ; elles sont évidemment l'effet d'une cause mécanique, telle qu'une forte compression ou un refoulement qui aura eu lieu postérieurement au dépôt, mais immédiatement après et avant que la matière fût entièrement consolidée : car, ayant observé les couches dans le pli, je les y ai vues souvent bien arrondies et sans brisure ; or, une couche de houille ne peut avoir été ainsi pliée, que dans le tems où elle était encore molle.

Direction des couches.

§ 133. La forme torturée des couches doit nécessairement produire des variations dans leur direction ; mais ce n'est guère que dans les détails ; car, d'ailleurs, leur direction générale, même dans les terrains houillers dont nous venons de parler, est d'une régularité bien digne de remarque. Les observations des géognostes sont à-peu-près unanimes à cet égard.

La première, tant par sa date que par son

(1) *Journal des mines*, tom. 18.

étendue et par la manière circonstanciée dont elle a été faite et publiée, est celle par laquelle M. Palassou nous a appris que, dans les Pyrénées, toutes les couches, malgré la différence dans leur nature et dans leur inclinaison, se dirigeaient de l'ouest-nord-ouest à l'est-sud-est, direction qui est celle de la chaîne (1). Dietrich, la Peyrouse, Ramond, Charpentier, ont reconnu l'exactitude de ce fait; et depuis huit ans que je parcours ces montagnes, j'en suis journellement frappé. Dans les Alpes de la Suisse, Saussure, Escher, Gruner, Ebel, ont tous trouvé que le plan général des couches y était dirigé de l'ouest-sud-ouest à l'est-nord-est, et qu'il était ainsi parallèle à la direction de la chaîne : alors même que Saussure, tombé dans un scepticisme presque complet, ne voyait plus rien de constant dans les Alpes que leur variété, il terminait son ouvrage en disant : « On observera cependant, qu'en général, les plans des couches suivent la direction des dos prolongés des montagnes. » (*Sauss.*, § 2302.) J'ai constaté ce même fait, par une multitude d'observations de détail, dans la lisière méridionale des grandes Alpes, au nord du Piémont. Au reste, il faut bien se rappeler qu'il ne s'agit que de la direction générale, car d'ailleurs, dans un grand nombre d'endroits, il se présente des directions partielles qui en dé-

(1) *Essai sur la minéralogie des Monts-Pyrénées*, 1781.

vient plus ou moins ; c'est ainsi que, dans les Alpes piémontaises, à la mine d'Ussel, les couches se dirigent vers l'est, et à celle de Planaval vers le nord-nord-est. Dans la petite chaîne des *montagnes d'Arré*, en Bretagne, j'ai remarqué le même parallélisme entre la direction des couches et celle de la chaîne ; l'une et l'autre sont vers l'est-nord-est. Dans l'*Erzgebirge* et dans le *Riesengebirge*, MM. de Buch, Raumer, Stroem (1), etc., ont observé le même fait et la même direction. Dans le Jura, la direction des couches, comme celle de la chaîne, est vers le nord-nord-est. Il paraît que dans les montagnes de la Norwége elle est vers le nord, etc. En un mot, tous ces faits ont fait presque établir en principe que *la direction des couches est parallèle à celle des chaînes.*

Mais n'y aurait-il pas ici quelque règle plus générale encore, notamment pour les roches primitives? Des observations faites dans les Alpes, dans les environs de Gènes, dans le Fichtelberg, dans la Cordilière de Venezuela, etc., portèrent M. de Humboldt, il y a plusieurs années, à regarder comme un fait assez général, que la direction générale de la stratification faisait un angle d'environ 52° avec le méridien. Quoiqu'il se présente des exceptions, telle serait celle que M. de Humboldt lui-même a constatée au Mexique, où la direction gé-

(1) Leonhard's, *Taschenbuch*, etc., 1814.

nérale est de l'ouest-nord-ouest à l'est-sud-est, comme dans les Pyrénées, il n'en est pas moins vrai que ce fait mérite l'attention des naturalistes; et qu'en examinant l'ensemble des observations faites en France, en Suisse et en Allemagne, sur les terrains primitifs, on est bien enclin à admettre une direction assez générale de l'ouest-sud-ouest à l'est-nord-est. Cette direction est encore celle de la grande bande houillère qui est au nord de la France et qui s'étend en Belgique. Ces considérations nous portent bien naturellement à attribuer la direction des couches à une cause générale, qui tient à leur formation même, et qui est indépendante, jusqu'à un certain point, des inégalités de la surface du globe, au moins quant aux détails de ces inégalités.

§ 134. Les considérations sur l'inclinaison des couches nous conduiront au même résultat. Inclinaisons des couches.

Dans les terrains secondaires, même anciens, cette inclinaison pourrait bien être en quelque rapport avec la forme du sol. C'est ainsi que Saussure, résumant l'ensemble de ses observations sur le Jura, y voyait les couches monter sur un versant, se courber vers le faîte et descendre en suivant à-peu-près la pente de l'autre versant. Les couches de houille, d'après M. Duhamel, suivent les lois de l'inclinaison que leur prescrit le sol primitif sur lequel elles se sont moulées.

Mais il n'en est plus de même dans les terrains

primitifs : quoique les couches y présentent toutes sortes de variations, et qu'on les voie assez souvent horizontales ou presque horizontales, bien plus souvent encore elles se rapprochent de la position verticale : mes observations, dans les Alpes, portent l'inclinaison moyenne entre 50 et 70°.

Cette forte pente n'est pas seulement propre aux pays de montagnes, elle se retrouve dans les régions basses, et je pourrais dire jusque dans les plaines. On peut s'en convaincre en examinant les terrains primitifs qui bordent la mer, et en marchant sur le terrain traumatique (*Grauwacken-schiefer*) qui s'étend du Hartz aux Ardennes.

La direction générale des couches étant de l'est à l'ouest (de l'E. N. E. à l'O. S. O.), l'inclinaison sera vers le nord ou vers le sud (N. N. O. ou S. S. E.). On a remarqué en Europe, et particulièrement dans les Alpes, qu'en général elle était plus fréquemment vers ce dernier point de l'horizon, mais sans aucun parallélisme avec la pente des versants; elle serait même plutôt en sens inverse de cette pente : c'est ainsi que M. de Buch, longeant les côtes de la Norwége, y voyait les couches plonger continuellement vers le continent et les hautes montagnes : c'est ainsi que, sur le versant septentrional des Alpes suisses, presque toujours les couches plongent vers le midi. Sur l'autre versant, elles plongent quelquefois vers le nord; et il arrive assez souvent que le passage d'une de ces pentes à l'autre se fait graduellement, de manière que leur ensemble présente la forme d'un éventail ouvert, dont les côtes se relèvent graduellement, de part et d'autre, jusqu'à devenir verticales vers le faîte de la montagne : telle serait la coupe transversale de la chaîne au sud de la vallée de Chamouni, d'après Saussure; celle des Grandes-Alpes au Saint-Gothard, d'après M. Escher (1); celle du Mont-Perdu, dans les Pyrénées, d'après M. Ramond (2), etc. Voy. *fig.* 10.

Observations sur la cause de l'inclinaison des couches.

§ 135. Quelle est donc la cause qui a pu donner aux couches des roches cette grande inclinaison? Ont-elles été formées ainsi par un effet de la pente de la base sur laquelle elles se sont déposées, ainsi que le pensaient Werner, Palassou, etc.? ou bien ont-elles pris cette position par suite de quelque bouleversement survenu après leur consolidation? Ce sont des questions qui divisent les géologistes, et sur lesquelles nous allons nous arrêter un instant.

Formation de couches inclinées.

Que des couches de nature cristalline, et qui ne sont point de simples sédiments, ne puissent se former dans une position très-inclinée et même verticale, c'est incontestable. Tout le

(1) *Alpina*, tom. 1.

(2) *Journal des mines*, tom. 14.

monde sait qu'une substance saline se précipite tout aussi indistinctement sur les parois que sur le fond d'un cristallisoir et que les cristaux, qui se déposent sur des barreaux placés verticalement dans la dissolution, sont même les plus beaux. Mais, pour prendre nos exemples dans la nature, nous rappellerons que, dans des filons entièrement verticaux, on voit les deux parois revêtues de couches de quartz, de plomb sulfuré, etc., tandis que le milieu reste vide. Les géodes des roches amygdaloïdes dont nous avons parlé (§ 105), et qui sont composées de couches sphéroïdales de calcédoine, de quartz, etc., d'égale épaisseur, prouvent l'indifférence avec laquelle une précipitation se fait sur une surface inclinée et sur une surface horizontale : elle se fait même tout aussi bien de bas en haut, que de haut en bas; la force de cristallisation étant infiniment supérieure à la gravité, et n'étant nullement influencée par elle. J'ai vu un exemple frappant de ce fait, dans des tuyaux de conduite retirés des fondations du palais du Luxembourg, à Paris : l'eau, chargée de carbonate calcaire, les avait revêtus d'une incrustation d'une épaisseur égale, et d'environ un pouce, dans tout le pourtour. Non-seulement Saussure admettait la possibilité de ce mode de formation pour les couches éminemment cristallines des roches primitives, mais encore pour des couches produites par une cristallisation confuse, telle que celles du Jura. Les rochers, disait-il, étant produits par une cristallisation, on ne doit nullement s'étonner de voir leurs couches perpendiculaires à l'horizon. (*Sauss.*, §§ 239, 340.)

Mais les couches ont-elles été réellement formées dans la position inclinée qu'elles ont aujourd'hui, et par suite de l'inclinaison de leur base? Si l'on n'avait que quelques couches de gneiss, par exemple, reposant sur un granite très-incliné, on l'admettrait sans hésitation. Mais lorsque, sur une grande étendue de terrain, on les trouve presque verticales; lorsque, dans un espace de cinquante lieues, depuis le Hanovre jusqu'aux Ardennes, on marche presque toujours sur la tranche des couches du schiste-traumate (*grauwackenschiefer*), il est bien difficile d'admettre cette même cause. Lorsqu'au milieu de ce schiste on trouve des fragments de phyllade de forme plate, ayant leur plan parallèle à celui de la strate qui les contient, et étant par conséquent posés de champ, puisque la strate est presque verticale, et j'ai vu le fait; il est alors évident que cette strate et celles entre lesquelles elle est comprise ont été formées horizontalement, et qu'une cause étrangère les a portées dans leur position actuelle. Saussure a été contraint à la même conséquence, à la vue des poudingues de Vallorsine, devenus depuis si célèbres

Redressement ou renversement des couches.

parmi les géognostes : ils consistent en un schiste également traumatique (*grauwuckenschiefer*), à strates presque verticales, contenant des fragments de gneiss et de schiste-micacé ayant six à sept pouces. A cet aspect, Saussure ne put s'empecher de dire, « que des particules de la plus » extrême ténuité, suspendues dans un fluide, » puissent s'agglutiner entre elles, et former des » couches verticales, c'est ce que nous conce- » vons très-bien.... Mais qu'une pierre toute for- » mée, de la grosseur de la tête, se soit arretée » au milieu d une paroi verticale, et ait attendu » là que les petites particules de la pierre vinssent » l'envelopper, la souder et la fixer dans cette » place, c est une supposition absurde et im- » possible. Il faut donc regarder comme une » chose démontrée, que ces poudingues ont été » formés dans une position horizontale, ou à- » peu-près telle, et redressés ensuite après leur » endurcissement. » De pareilles preuves de relèvements ou de renversements sont très-communes dans les terrains houillers.

Quelle est la cause qui les a produits, et qui a relevé une si grande partie des couches des Alpes, des Pyrénées, et peut-être de nos continents? Ce ne seront pas les mouvements de bascule, imaginés par Deluc, lesquels, à l'époque de grands affaissements, auraient soulevé une extrémité des couches en abaissant l'autre (§ 91):

on ne saurait concevoir comment des couches de schiste, de granite, etc., matières si friables, en pivotant ainsi sur un point d'appui, auraient porté un de leurs bords à mille mètres au-dessus de ce point. Ce ne seront pas les feux souterrains, ou des fluides élastiques dégagés de l'intérieur du globe : de pareils agents peuvent bien déplacer et rompre des couches (§ 94); mais ils ne les souleveront jamais de manière à ce qu'elles se représentent formant encore des masses continues, à plans parallèles, se prolongeant dans la même direction à plusieurs lieues de distance, et souvent avec une uniformité étonnante. Qu'on ne s'y méprenne pas : le désordre que présentent les montagnes primitives, au premier aspect, n'est souvent qu'apparent; et la régularité de leur structure, dans les Pyrénées, les Alpes, etc., a excité l'admiration des observateurs (1). Le simple poids des couches, lors de leur formation et de leur accumulation, donnant lieu à des tassements, à des affaissements partiels, à des glissements sur les bases, à des refoulements, etc., peut avoir produit une partie de leurs relèvements et de leurs tortions.

Au reste, je me garde bien de donner ce poids comme la cause générale qui a mis toutes les couches dans leur position actuelle. La nature de

(1) Ebel et Escher, pour les Alpes. *Alpina*, tom. IV, p. 304.

cette cause et la manière dont elle a agi sont très-vraisemblablement dérobées pour toujours à notre connaissance : il ne se produit plus aujourd'hui aucun effet de même espèce, c'est-à-dire aucun changement dans la position des couches ; et nous ne pouvons juger de rien que par comparaison. Nous nous bornerons à remarquer que le redressement, quelles qu'en soient les causes, est presque contemporain de la formation des couches, et qu'il est antérieur au dépôt des masses qu'on voit si souvent sur leur tranche.

Avant de nous occuper à déterminer ces causes, tâchons de bien connaître leurs effets : toutes les circonstances de la division des masses minérales en couches et en strates, ainsi que celles de la position de ces couches et strates, tant dans leur état primitif que dans leur état actuel, sont encore loin de nous être connues : et nous sommes contraints de dire, en terminant cette matière, que la détermination de la stratification, de ses circonstances et de ses lois, est encore un problème à résoudre ; et c'est peut-être le plus important de la géognosie.

CHAPITRE VI.

DES CHANGEMENTS SURVENUS PROGRESSIVEMENT DANS LA FORMATION DES MASSES MINÉRALES.

§ 136. Il ne nous resterait plus maintenant qu'à traiter du mode de formation des masses et couches minérales, des circonstances qui l'ont accompagné, et des modifications qu'il a subies d'âge en âge; en un mot, il ne nous resterait plus qu'à faire l'histoire des révolutions qui ont eu lieu sur le globe terrestre, durant la formation de sa croûte minérale. Objet de ce chapitre.

Mais ces révolutions sont d'un ordre qui n'a plus rien d'analogue dans les effets que nous voyons produire à la nature. Le fil de l'induction est coupé, il ne saurait plus nous conduire : essayer d'aller en avant, sans ce secours, ce serait vouloir se perdre dans de pures hypothèses, et ce traité ne doit contenir qu'une exposition méthodique et raisonnée des faits (1).

(1) Les trois ou quatre paragraphes suivants, ainsi que les §§ 84, 126 et 131, sont à-peu-près les seuls, dans cet ouvrage, qui portent une teinte de système géogénique; c'est Werner qui y parle : et encore les conclusions de ces paragraphes portent-elles sur des faits positifs, à-peu-près indépendants de la cause alléguée. C'est le désir de n'insérer, dans le corps de ce traité, que ce qui était absolument nécessaire à l'intelligence des faits, qui m'a porté à

Cependant, afin de remplir, autant qu'il nous est permis, cette lacune, et pour faire connaître ce que l'observation paraît indiquer de plus vraisemblable et de plus simple, je vais exposer très-succinctement, la manière dont Werner représente les changements survenus progressivement dans la formation des couches minérales. Je ne considère cet exposé que comme une manière de voir, et je m'attacherai plus à l'indication des faits qu'à la discussion ou au développement d'une cause qui est d'ailleurs presque entièrement hors de notre portée. J'ajouterai, aux divers points de la doctrine de Werner, quelques réflexions que vingt années d'observations m'ont suggérées.

Dissolution qui a produit les couches minérales.

Son abaissement successif.

§ 137. Toutes les observations faites sur les masses minérales, la figure du globe qu'elles composent, leur structure cristalline, les débris de corps organiques notamment de corps marins qu'elles renferment, la manière dont ces débris y sont placés, les pierres roulées qui forment la partie principale de quelques-unes d'elles; leur disposition, par couches, les unes sur les autres, etc.; toutes ces circonstances nous indiquent que ces masses ont été primitivement flui-

renvoyer aux notes le développement de l'opinion générale des geologistes sur la nature de la fluidité des masses et couches minérales, malgré l'intérêt du sujet, et le très-grand degré de probabilité de cette opinion. Voy. note III.

des, ou que leurs parties ont été suspendues dans un fluide; qu'elles se sont formées dans son sein, et qu'elles sont une suite de précipités déposés successivement les uns sur les autres.

D'où il suit, dirait Werner, qu'autrefois une vaste dissolution a recouvert tout le globe, et qu'elle a dépassé, en élévation, les plus hautes montagnes : ce vaste océan, cet *océan chaotique*, bien différent de nos mers actuelles, contenait les éléments des terrains primitifs.

Le plus ancien de ses produits, continuerait Werner, c'est-à-dire les roches sur lesquelles reposent toutes les autres, sont, en même tems, celles qui constituent les cimes les plus élevées : ce sont elles qui forment la majeure partie des points les plus saillans du globe, abstraction faite des monts volcaniques. Par-dessus, et autour de leurs sommités, nous trouvons les masses minérales qui se sont déposées immédiatement après; elles recouvrent les premières sous forme de couches d'une très-grande étendue, et elles sont recouvertes successivement, à leur tour, par d'autres couches. A mesure qu'elles sont plus nouvelles, leur extrémité ou bord supérieur se trouve à un niveau plus bas.

Ainsi, au-dessus d'une certaine hauteur, on ne trouve que des granites; un peu plus bas, on a le gneis; plus bas encore, on voit successivement paraître le schiste-micacé, le phyllade et les autres terrains primitifs. Ceux de formation subséquente vont continuellement en baissant de niveau : les plus anciens d'entre eux se trouvent cependant encore à des hauteurs considérables; mais les plus nouveaux, tels que les craies et les dernières formations de gypse, n'occupent que les parties basses de la surface du globe. Enfin, les grands terrains meubles n'existent plus que dans les plaines, ou à une petite élévation au-dessus du niveau de la mer. Ces faits nous conduisent à conclure que la dissolution dans le sein de laquelle se sont formés les divers terrains, a successivement baissé de niveau; et que, d'une élévation supérieure à celle de nos plus hautes montagnes, une diminution graduelle l'a réduite à n'être plus que nos mers actuelles.

Werner développe avec détail cet abaissement successif des anciennes mers, ou plutôt celui de leurs produits, et il l'appuie par quelques exemples : c'est peut-être le point de sa doctrine qu'il expose de la manière la plus séduisante; mais c'est peut-être le moins fondé. Ce n'est pas qu'en prenant les grandes masses minérales dans leur ensemble, on ne trouve effectivement des gradations dans leur abaissement respectif; l'ensemble des observations montre bien les roches granitiques à un niveau plus élevé que les schistes-phyllades : ceux-ci ont une plus grande hauteur que les calcaires secondaires, lesquels sont eux-memes plus élevés que les grès. Mais les coquilles qu'on trouve faisant, en quelque sorte, partie constituante de la roche qui forme la cime la plus élevée des Pyrénées; mais le calcaire coquillier qui constitue les plus hautes sommités des Alpes rhétiennes; mais les débris d'animaux marins trouvés, dans le Pérou, à 4300 mètres de hauteur; mais les poudingues à gros galets, qui forment dans les Alpes de hautes montagnes, et qui ont été observés à trois mille mètres d'élévation : tous ces faits viennent bien modifier, sinon renverser, la théorie d'où Werner concluait l'abaissement de la dissolution, au sein de laquelle les masses minérales ont été formées, de la diminution progressive dans le niveau de ces masses. Au reste, la considération du niveau auquel on les trouve n'en doit pas moins être un objet de recherche pour le géognoste : M. de Humboldt y a donné ses soins particuliers; et, lorsque les observations seront multipliées, on pourra vraisemblablement en inférer quelque conséquence : ce sera encore à Werner qu'on aura l'obligation d'avoir porté notre attention sur cet objet. Au reste, ce savant admettait, ainsi qu'on le dira ensuite, des retours et rehaussements subits des mers, suivis de retraites soudaines : et dans les ouvrages de géognosie dernièrement publiés, en Allemagne, d'après ses principes, on regarde les diverses formations minérales comme le produit de quatre grandes mers successives. (*Wasserbedekungen*). *Leohnard's Propœdentik der mineralogie*, 1817.

Changement dans la nature de la dissolution.

§ 138. La dissolution a changé successivement de nature. Ses premiers précipités sont différents de ceux qui les ont suivis, et ceux-ci diffèrent encore des derniers. Au commencement, c'était principalement des granites; dans le moyen âge de la formation des terrains, les schistes abondent; et dans les derniers tems, ce sont les calcaires qui dominent. Le changement dans la nature du précipité, a été quelquefois brusque, mais le plus souvent il s'est fait d'une manière successive et graduelle : c'est ainsi que, dans les premières formations, les principes du feldspath étaient les plus abondans ; ils ont ensuite diminué graduellement, ceux du mica ont augmenté dans le rapport inverse ; et, par un effet de ce changement successif, l'on a eu les gneis, les schistes-micacés, les phyllades, etc. Le calcaire, rare dans les premiers tems, se trouve ensuite en plus grande quantité, et il forme la matière principale des dernières formations. La magnésie se remarque principalement vers le milieu des premières époques : un peu après, le carbone commence à paraître ; et on le trouve ensuite en quantité considérable dans le moyen âge.

Formations de moins en moins cristallines.

§ 139. Lorsque la dissolution recouvrait et enveloppait tout le globe, qu'elle avait une grande profondeur, elle était pure et tranquille. Aussi, tous ses premiers produits sont-ils entièrement cristallins ; et lorsque nous considérons un fragment de granite, que nous voyons les grains ou cristaux de feldspath, etc., qui le composent, bien distincts, la séparation et la disposition de leurs molécules intégrantes nous indiquent une formation faite lentement et avec tranquillité.

A mesure que le niveau du fluide baissait, l'agitation paraît avoir augmenté de plus en plus. La cristallisation est devenue confuse ; les molécules n'ont plus eu le tems et la facilité de se séparer aussi complétement que dans les premiers tems, ou de former d'aussi gros cristaux : de là ces granites, à grains indiscernables à la vue, qui forment la pâte des porphyres, ces schistes-micacés dans lesquels les grains de quartz et les paillettes de mica ont perdu leur forme et se distinguent difficilement. Ensuite la séparation ne s'est plus opérée, l'aspect cristallin a disparu, et il ne s'est produit que des masses compactes, dont le tissu se relâchait toujours de plus en plus, et dont la translucidité allait toujours en diminuant: les serpentines, les schistes, et même le calcaire, offrent des exemples de ces dégradations. Enfin, le trouble ayant encore augmenté, et la précipitation s'étant faite avec rapidité, ses produits n'ont plus été que des masses terreuses opaques, peu dures; en un mot, ce n'était plus que de simples sédiments.

Les précipités mécaniques augmentent.

§ 140. Dans les commencements, lorsque les courants et les mouvements des mers étaient faibles, ou qu'ils n'atteignaient pas le sol que ces eaux recouvraient, le fond du réservoir, c'est-à-dire les roches déjà formées n'éprouvaient que peu de dégradations : ainsi, leurs fragments et leurs débris n'étant qu'en très-petite quantité ne pouvaient pas altérer, par leur mélange, les formations qui se faisaient, et encore moins en produire de particulières. Aussi, dans tous les premiers terrains, les précipités sont purs, homogènes et cristallins; on n'y voit point ou presque point de brèches; il ne saurait y exister de grès, de poudingues et autres précipités mécaniques. Mais lorsque la mer eut baissé, que la terre ferme se montra au-dessus de son niveau, dès lors, les courants se trouvant rapprochés du fond, y exercèrent une action plus forte; ils détruisirent des masses minérales au sein même du milieu dans lequel elles s'étaient formées; ils en charrièrent et triturèrent, en quelque sorte, les débris qui, se mêlant aux nouvelles formations, en altérèrent la pureté. D'un autre côté, les éléments atmosphériques attaquèrent la terre ferme, qui s'élevait au-dessus des eaux; ils en corrodèrent la surface; ils portèrent, dans le sein de la dissolution, les molécules qu'ils en avaient détachées. De plus, des masses de terrain, perdant leur appui, s'affaissèrent et s'éboulèrent; leurs débris devinrent encore la proie des éléments atmosphériques qui les décomposèrent, et les eaux pluviales les charrièrent dans le sein de la dissolution. Ces matières souillèrent de plus en plus les précipités chimiques, et finirent par en former d'entièrement mécaniques.

Des causes qui nous sont inconnues produisirent quelquefois de violents mouvements dans les mers; à ces tems d'agitation, succédèrent des tems de calme : de là, l'alternative des précipités chimiques et mécaniques, que l'on remarque depuis l'apparition de ces derniers.

Les assertions de Werner sur le changement progressif dans

la nature de la dissolution, sur la nature de moins en moins cristalline et de plus en plus mécanique des précipités, à mesure qu'on avançait en âge, sont vraies en général : il faut seulement admettre des oscillations continuelles dans cette gradation de formations, et Werner les admettait. Avant de passer du granite à gros grains cristallins aux schistes presque sédimentaires, la nature est souvent revenue sur ses pas, pour quelques instants; elle avait déjà formé les schistes-micacés et même des schistes-phyllades, lorsqu'elle a reproduit quelques granites; et ce n'est qu'après de pareilles hésitations qu'elle est décidément passée aux grandes masses schisteuses. Elle les a ensuite entremêlées de brèches, de poudingues et de grès; et lorsqu'elle ne paraissait plus occupée qu'à accumuler ces roches *fragmentaires*, on l'a encore vu reproduire quelques porphyres. Jusque dans les dernières époques, on remarque ses retours vers l'ancien état de choses; c'est ainsi qu'elle a placé des masses quartzeuses ayant quelque apparence cristalline sur des couches de craie ou de marne, et des assises de pierre calcaire sur des bancs de sable ou de cailloux roulés. Cette marche pourrait être comparée à celle d'un pendule qui oscillerait continuellement, et par des oscillations tantôt plus, tantôt moins grandes, pendant que le point de suspension avancerait d'un lieu vers un autre.

Cependant, l'époque que nous venons de mentionner, et où l'on voit se produire une si grande quantité de brèches, de grès, de houilles, etc., diffère tellement de ce qui l'a précédée et de ce qui l'a suivie, qu'on serait tenté d'y voir un vrai changement dans la marche de la nature, plutôt qu'une simple oscillation. Elle nous prouve un tems de destruction; elle nous indique une action violente et presque subite, entre la formation paisible des roches primitives et la formation généralement tranquille des grands terrains calcaires; elle nous apprend qu'une portion considerable de la terre avait déjà été mise à découvert, avait été peuplée de végétaux, qui ont été ensuite ensevelis dans nos houillères et recouverts d'une mer nouvelle.

Apparition successive des êtres organisés.

§ 141. Une grande partie des couches minérales était déjà déposée et consolidée, lorsque les êtres organisés commencèrent à paraître, et que leurs débris ou vestiges se mêlèrent aux formations postérieures. Les premiers, qui se montrent, appartiennent à des plantes aquatiques monocotylédones, à de grands roseaux différents des nôtres, tant dans leur taille que dans leur espèce. Quelque tems après, on voit paraître les plus simples des animaux, ces polypes coralligènes, qui, fixés au sol, n'y font, en quelque sorte, que végéter, qui sont un intermédiaire entre les plantes et les animaux, et que l'on a, en conséquence, nommés *zoophytes :* tels sont, entre autres, les madrépores, les coraux, les encrines, etc. Nous trouvons ensuite, dans les couches minérales, les vestiges de mollusques, animaux d'une structure encore fort simple : leurs premiers vestiges, tels que les orthocératites, les ammonites, etc., se rapportent à des êtres qui n'ont aucun rapport avec ceux que nous connaissons. Vers la fin du moyen âge des formations minérales, quelques poissons commencent à paraitre : les plantes se multiplient ; ce sont comme d'énormes bambous, des fougères, etc., mais encore d'une espèce autre que celles actuellement existantes. Immédiatement après, les coquilles deviennent plus nombreuses ; et encore la plupart d'entre elles ne ressemblent nullement à celles qui vivent aujourd'hui dans les mers ; ce sont des numismales, des belemnites, des espèces particulières d'oursins, de gryphites, de térébratules, etc. Les poissons se retrouvent avec quelques premiers amphibies, ou quadrupèdes ovipares, tels que des crocodiles, des tortues, et quelques reptiles : vraisemblablement il existait, ou il avait existé alors des terres à découvert; mais ces animaux sont très-rares, et ce n'est, pendant longtems encore, que des coquilles que nous trouvons dans les roches ; elles s'y multiplient quelquefois au point d'en former la masse principale. A mesure que les roches sont plus récentes, elles se rapprochent plus, du moins quant au genre, de celles qui vivent actuellement. Vers la fin des formations pierreuses, on voit des débris de lamantins, de phoques, et autres cétacées ou mammifères marins, et quelques vestiges d'oiseaux. Dans les dernières de ces formations, nous trouvons enfin des ossements de quadrupèdes terrestres; mais encore ces premiers quadrupèdes ne sont point les nôtres : ce sont les *palæotherium*, les *anaplotherium*, etc., des gypses de Paris. Ce n'est que dans les couches terreuses ou meubles que l'on a trouvé des animaux moins étrangers : ce sont des éléphants, des rhinocéros, etc., mais qui présentent encore des différences spécifiques avec les éléphants et les rhinocéros vivants, et qui, même quant au genre, n'ont plus d'analogue que dans une seule partie du globe, la zone torride. Ce n'est que dans les couches absolument superficielles, dans les dernières de celles que la nature a déposées sur les continents, que l'on trouve des débris de chevaux, de bœufs, etc., et autres animaux d'espèce décidément pareille aux chevaux, aux bœufs, etc., actuels. L'homme n'a pas encore laissé ses dépouilles dans ces couches; il n'existait donc pas lors de leur formation : il est le dernier produit, comme il est le chef-d'œuvre de la création.

Cette esquisse de la succession des vestiges des êtres organisés, que recèle le règne minéral, est principalement faite d'après les travaux de M. Cuvier : nous donnerons, dans la seconde partie, tous les résultats auxquels ce savant illustre est parvenu, et nous exposerons les détails relatifs à ces divers fossiles.

Division des terrains en classes.

§ 142. Les faits que nous venons de rapporter nous conduisent à distinguer deux grandes époques dans la formation de ces terrains : la première antérieure, et la seconde postérieure à l'existence des êtres organisés.

Les terrains de la première seront les *primitifs ;* ils ne contiennent aucuns débris ou vestiges de ces êtres; ils sont placés au-dessous des autres; ils sont formés de précipités le plus souvent cristallins et toujours chimiques. Les terrains postérieurs à l'existence des êtres organisés sont les *secondaires*. Plusieurs d'entre eux ressemblent aux terrains primitifs, tant par la nature que par la structure des roches qui les composent ; on les avait, en conséquence, placés parmi ces derniers ; mais ensuite on y a trouvé quelques débris et empreintes d'êtres organiques, et Werner en a fait alors une classe *intermédiaire :* s'ils tiennent aux terrains primitifs par la constitution minéralogique de quelques-uns d'eux, ils n'en sont pas moins secondaires, strictement parlant, puisqu'ils portent des indices d'une formation postérieure à l'apparition des êtres organisés. Les grès et autres roches fragmentaires commencent à s'y mêler, et lorsqu'elles dominent et que les couches premières, avec lesquelles elles semblaient liées, ont disparu, on passe aux terrains *secondaires* proprement dits, à ceux qui sont comme le grand dépôt des végétaux et animaux fossiles, et qui sont composés d'une alternative de précipités chimiques et de précipités mécaniques. Enfin, nous arrivons aux *terrains de transport,* qui ne consistent plus qu'en bancs de matières incohérentes, de galets, de sables ou terres, produits mécaniques qui ne sont pas recouverts par des couches pierreuses, et qui n'ont pu l'être. Encore, ici, entre cette classe et la précédente, l'on en établira très-convenablement une intermédiaire, formée par un mélange de toutes les deux, c'est-à-dire, composée de couches pierreuses horizontales alternant avec des bancs de galets, avec des sables et des argiles : ce seront les terrains *tertiaires*, ils renfermeront les premiers vestiges de quadrupèdes. Les terrains secondaires se diviseront ainsi en *intermédiaires*, *secondaires* proprement dits, et *tertiaires*. Peut-être pourront-ils se subdiviser encore, et la présence de différentes sortes d'êtres organisés permettra-t-elle d'y introduire un jour de nouvelles distinctions d'époques : M. Brongniart, qui a déjà donné une première esquisse de ces divisions, s'occupe des moyens de les établir et de les caractériser d'une manière positive, si toutefois cela est possible.

A la suite des cinq classes que nous venons de mentionner, nous en placerons une sixième qui comprendra les *terrains volcaniques*, et en général les terrains d'origine manifestement ignée ; ils sont entièrement, ou presque entièrement postérieurs à la formation des terrains secondaires proprement dits.

Chacune de ces six classes se divisera ensuite en autant de terrains particuliers qu'elle comprendra d'espèces de roches constituant, soit seules, soit avec celles qui leur sont subordonnées, des contrées d'une grande étendue : et chaque terrain se soudivisera, à son tour, en autant de formations que sa roche caractéristique se représentera de fois, dans le règne minéral, en portant, tant dans son gissement que dans les circonstances de sa nature et de son association, des caractères d'un âge différent. Voyez ce qui a été dit aux §§ 97 et 121.

Je dois prévenir ici que ces diverses divisions ont principalement pour objet de faciliter l'étude de la science, et de venir au secours de notre faible intelligence. Car, d'ailleurs, c'est bien ici le cas de dire que tout se lie et s'enchaîne dans la nature. Les terrains primitifs passent aux terrains secondaires d'une manière insensible : la formation du schiste-phyllade gît moitié parmi les premiers, moitié parmi les seconds, c'est-à-dire qu'elle n'était pas entièrement terminée lorsque les premiers végétaux et animaux ont paru. La formation du grès ancien paraît être également moitié dans les terrains intermédiaires, moitié dans les secondaires ; et les terrains tertiaires, que nous venons de signaler, sont un vrai mélange de ces derniers et des terrains de transport. Ne séparons pas d'une manière positive et tranchée ce que la nature n'a fait que nuancer, et ne soyons pas plus exacts qu'elle, si nous voulons la faire connaître telle qu'elle est réellement. Luttons même contre cette tendance qui nous porte à simplifier les objets pour nous les représenter dans un ordre facile à saisir ; on satisfait bien de cette manière notre esprit, mais on s'éloigne trop souvent de la réalité. Après avoir entendu, pour la première fois, les leçons de Werner sur la géognosie, j'en élaguai naturellement tout ce qui me paraissait vague ; et je me fis, sur tous les points de la science, des idées où tout était, en apparence, net, exact, précis ; mais lorsque j'allai observer la nature, je ne trouvai plus rien qui y répondît ; et bientôt je vis que Werner, bien loin d'avoir été trop vague, ne l'avait peut-être pas été assez. Je crains d'encourir le même reproche, à l'occasion de cet ouvrage ; et cependant je serai accusé d'y avoir mis moins de précision qu'on n'en trouve dans les autres traités de géognosie. Historiens de la nature, c'est son histoire, et non celle de nos conceptions que nous avons à écrire.

Formations particulières.

§ 143. Il semblerait, d'après ce qui vient d'être dit, que Werner regarde toutes les formations minérales comme produites par une seule et même dissolution qui a seulement varié assez progressivement de hauteur et de nature. Mais il était trop bon naturaliste, pour ne pas voir que ce mode d'explication ne pouvait rendre raison de tous les faits : par exemple, si toute roche ou couche doit se trouver à un niveau d'autant plus bas qu'elle est plus ancienne, pourquoi voit-on des masses porphyriques, ayant beaucoup de rapports avec elles, qui existent dans les terrains primitifs, posées sur des grès et même sur des poudingues, et qui s'élèvent à de grandes hauteurs : un simple mouvement oscillatoire, une simple modification rétrograde dans la nature de la dissolution, pareil à celle qui a produit un granite sur du gneis et même sur du phyllade, ne saurait rendre raison de ce fait. Il faut, d'après les principes de Werner, qu'une autre dissolution soit venue recouvrir, par de nouvelles formations, un terrain déjà abandonné par une dissolution plus ancienne. Ce savant admettait, au moins implicitement, ces nouvelles inondations ou cataclysmes, et il leur attribuait quelques *formations particulières*, telles que celle des traps secondaires, celle de certains porphyres et de quelques autres roches.

J'ai fait connaître en détail, dans mon Mémoire sur les *basaltes de la Saxe* (pag. 149 et suiv.), la manière dont on devait concevoir, d'après Werner, les circonstances de la première de ces formations: je ne reviendrai pas sur ce sujet. Ce savant s'est encore expliqué moins positivement sur ce qui concerne les autres formations de ce genre : même pour celle des traps secondaires, il n'a pas formellement dit qu'elle fût l'effet d'une grande inondation particulière, quoique ce soit une conséquence nécessaire de sa manière de la présenter. J'observerai ici que Werner était très-circonspect lorsqu'il s'agissait des cataclysmes et des révolutions de la nature; il ne se prononçait jamais d'une manière positive, vraisemblablement parce qu'il n'avait pas encore une opinion définitivement arrêtée sur ces matières; peut-être aussi son respect pour les livres sacrés lui faisait craindre que les assertions qu'il aurait émises ne fussent mal interprétées.

Je remarquerai encore que les formations particulières que nous venons de citer, sont aujourd'hui regardées comme des produits volcaniques par beaucoup de minéralogistes. Je crois qu'il en est ainsi pour la formation des traps secondaires, et je suis dans le doute sur un grand nombre de porphyres : seraient-ils des rameaux par lesquels les productions volcaniques s'enlaceraient avec les autres roches jusque dans le voisinage des terrains primitifs? Nous examinerons cette question dans la seconde partie.

Lorsque la dissolution qui a produit les diverses formations n'a varié, dans sa nature, que d'une manière entièrement graduelle, les productions des diverses époques, c'est-à-dire les formations, passent les unes aux autres d'une manière insensible, et elles présentent une *suite* continue : sa division en différents termes est presque arbitraire, et il n'y a pas de limite positive entre eux. Mais, lorsque les variations n'ont plus été aussi nuancées, que la dissolution a produit et reproduit, à diverses reprises, et au milieu de couches différentes, la même espèce de roche, ces divers dépôts présentent encore une autre *suite de formations;* mais ici les termes sont bien distincts par leur gissement. Parmi les divers exemples de chacune de ces sortes de suites que donne Werner, je vais citer les deux suivants.

Suite des schistes.

§ 144. Dans la première classe, nous aurons la suite que Werner a nommée provisoirement *suite des schistes:* c'est la plus étendue et la plus remarquable de toutes. Au milieu de la série est le schiste-phyllade : d'un côté, on remonte jusqu'au granite ; de l'autre, on descend jusqu'au terrain houiller. Les plus anciens phyllades, observés avec soin, paraissent n'être qu'un assemblage de paillettes de mica extrêmement fines, entremêlées de points quartzeux : dans l'époque immédiatement antérieure, les paillettes et les points augmentent de grandeur, et l'on a des feuillets de mica entremêlés de lames et grains de quartz ; c'est le schiste-micacé : en remontant encore vers les tems les plus anciens, on voit le feldspath se joindre à ce mélange, le mica diminuer en quantité, et l'on a du gneis ; enfin, le mica continuant à diminuer et le feldspath à augmenter, on arrive au granite, dont la texture devient de plus en plus grenue, et le grain de plus en plus cristallin. Dans la partie inférieure de la série, on voit le phyllade perdre l'éclat qu'il tenait du mica; ses feuillets deviennent plus épais et leur tissu plus terreux : bientôt après, on le voit noircir ou s'imprégner de carbone; il présente quelques empreintes de végétaux, et il est, par conséquent, déjà dans les terrains secondaires: il y alterne avec le premier précipité mécanique que l'on trouve en suivant l'âge des formations, le traumate (*grauwacke*), et ces deux roches en se mélangeant forment le schiste-traumate (*grauwackenschiefer*). De là, à la formation houillère, il n'y a plus qu'un pas; quelques minéralogistes même, frappés de la ressemblance entre les terrains traumatiques et les terrains houillers, les regardent comme constituant une seule et même formation : il n'y a aucune différence minéralogique entre certains grès de houillères et certains traumates.

Quelque diversité qu'il y ait entre les extrêmes de cette suite, entre le granite et le terrain houiller, on ne peut cependant méconnaitre la progression d intermédiaires qui les lie, et qui indique évidemment qu'ils sont tous les produits d'une même dissolution qui a graduellement et peu-à-peu changé de nature, et dont les précipités ont passé insensiblement de l'état cristallin à l'état mécanique le plus grossier.

§ 145. Le calcaire va nous offrir l'exemple le mieux caractérisé des suites de la seconde espèce. Nous trouvons cette roche jusque dans les gneis

Suite des calcaires.

et dans les granites : elle existe en grande quantité dans les schistes-micacés et dans les phyllades ; elle abonde dans les terrains intermédiaires , et elle constitue la majeure partie des secondaires ; enfin on la retrouve encore formant des tufs grossiers au milieu des derniers terrains de transport.

Dans ces divers gissements, elle porte l'empreinte de l'époque à laquelle elle a été formée. Le calcaire que nous voyons dans les granites, les gneis et les schistes-micacés, est en général à grains lamellaires , translucides et d'une belle blancheur ; en un mot, il porte tous les indices d'une formation bien pure et bien cristalline. Dans les schistes subséquents , il prend un grain plus fin , il est moins translucide , moins blanc , et se laisse colorer par des substances étrangères , et principalement par celle des schistes avec laquelle il se mélange assez souvent. Ces mélanges augmentent encore dans les terrains intermédiaires ; sa cassure prend plus de compacité , on y trouve pour la première fois des débris de mollusques ; sa couleur devient bigarrée et il forme nos marbres colorés. Dans les terrains secondaires, il est habituellement compacte , à cassure conchoïde ou écailleuse, faiblement translucide sur les bords. Il est assez ordinairement mêlé de plus ou moins de terre ou de sable ; il contient une grande quantité de débris d'êtres organiques ; enfin, dans les dernières époques de ces formations, dans les craies et les calcaires grossiers, sa cassure devient terreuse et opaque; il se charge fréquemment d'une grande quantité d'argile, et il forme ainsi des marnes, où l'argile devient, à son tour, le principe dominant. Quelle différence entre les termes extrêmes de cette suite, entre le beau marbre de Paros ou de Carrare, et la craie ou le tuf calcaire! c'est cependant la même substance, le carbonate de chaux; et chaque terme n'est différencié que par le caractère de l'époque à laquelle il appartient.

FIN DE LA PREMIÈRE PARTIE.

NOTES.

NOTE Ire.

Définition de la géognosie par Werner, et du rang de la géognosie dans les sciences naturelles.

Quoique la définition que Werner donne de la géognosie, en allemand, ne soit guère susceptible d'une exacte traduction francaise, j'en hasarderai cependant la traduction presque littérale en disant:

La géognosie est la partie de la minéralogie qui nous fait connaître, dans un ordre méthodique, le globe terrestre en général; et sur-tout qui nous fait connaître, d'une manière particulière, les GÎTES DE MINÉRAUX *qui le composent: elle expose leurs rapports, leur manière d'être, ainsi que celle des minéraux qui les constituent, et finalement elle peut nous conduire à des notions sur leur formation.*

« Les gîtes de minéraux (que nous avons appelés *systèmes de masses minérales*, dans notre traité), continue Werner, sont les espaces souterrains dans lesquels les minéraux ont été formés et dans lesquels ils se trouvent. Ils sont *généraux* ou *particuliers* : les premiers sont ces grandes masses minérales d'une étendue indéfinie, et dont l'ensemble forme la partie solide du globe terrestre; les seconds sont ou des parties des premiers, ou ils sont renfermés dans leur masse. » Tâchons de donner une idée nette de ce que Werner entend par gîtes généraux et particuliers. Qu'on se représente le globe formé de grandes couches ou assises concentriques de matière minérale, mais chaque assise de nature différente: chacune sera un *gîte général*, soit qu'elle enveloppe entièrement tout le globe, soit qu'elle n'en embrasse qu'une partie : les terrains de granite, de schiste-phyllade, de houille, etc., seront ainsi des *gîtes généraux* (*allgemeine Lagerstæte*). Ils sont ordinairement divisés en couches ou assises plus minces, parmi lesquelles il y en a souvent qui sont d'une matière différente de celle des autres ; ce sont des *gîtes particuliers* (*besondere Lagerstæte*) faisant partie du gîte général : d'autrefois, celui-ci contient des assemblages particuliers de substances minérales, qui, au lieu de former des assises intercalées dans les autres couches, les coupent ; tels sont les *filons ;* ce sont encore des *gîtes particuliers.* Lorsque, parlant d'un échantillon de minerai d'étain, par exemple, on dit qu'il vient de tel filon renfermé dans du granite, ce filon représente ici le *gîte particulier* de cet échantillon, et le granite en est le *gîte général.* Le mot *gîte de minéraux* est trop peu usité dans la minéralogie française, pour que nous ayons cru devoir l'employer dans notre ouvrage pour les *gîtes généraux*, que nous désignons d'ailleurs d'une manière très-convenable sous le nom de *formations* ou de terrains. Quant aux *gîtes particuliers*, sur-tout en ce qui concerne les *gîtes de minerais*, nous en avons conservé la dénomination, et la seconde section de la seconde partie de ce traité leur est consacrée.

Ainsi, d'après le plan de Werner, et c'est celui que nous avons suivi, un traité de géognosie doit-être *l'exposé de nos connaissances sur le globe en général*, et *principalement sur les gîtes de minéraux ;* cette dernière partie concerne la *constitution minérale* du globe, et nous avons compris ce qui était relatif à la première sous le nom de *constitution physique.* Il est superflu de rappeler que, dans un ouvrage de la nature de celui-ci, lorsqu'on parle de nos connaissances sur le globe, il ne s'agit que de connaissances générales : ce qui tient à chaque localité est l'objet de la géographie (physique et minéralogique).

Jetons, avec Werner, un coup-d'œil sur la place qu'occupe la géognosie dans les sciences naturelles.

La science de la nature, dit ce savant, se divise en deux grandes sections : celle qui a pour objet la connaissance des corps considérés en eux-mêmes, c'est *l'histoire naturelle;* et celle qui traite des propriétés des corps en général, abstraction faite des corps qui les présentent, c'est la *science des propriétés*, ou la *physique*, en prenant ce mot dans son acception la plus étendue.

Peut-être caractériserai-je mieux la *physique*, en disant qu'elle traite de l'action des corps les uns sur les autres, des effets ou phénomènes qui résultent de cette action, et des lois que la nature suit dans la production de ces phénomènes. Lorsque, par suite de l'action réciproque des corps, l'agrégation entre leurs principes composants est détruite, on a la branche de la physique connue sous le nom de *chimie.*

Les corps terrestres, objet de l'histoire naturelle, sont *organiques* ou *inorganiques ;* les premiers se distinguent en *animaux* et *végétaux*, et les seconds en *minéraux* et corps *atmosphériques ;* ces derniers, à l'état fluide ou gazeux, enveloppent la masse solide du globe, et les minéraux constituent cette masse. De là les quatre sections de l'histoire naturelle, le *règne animal*, le *règne végétal*, le *règne minéral* et le *règne atmosphérique.* Bergmann avait déjà senti la nécessité de séparer ce dernier règne du règne minéral; et son opinion à cet égard, adoptée par Werner et par quelques autres savants, me paraît devoir être admise.

La minéralogie est donc la partie de l'histoire naturelle qui a pour objet la connaissance complète des minéraux. Elle peut considérer en eux, 1° les propriétés ou caractères par lesquels ils frappent nos sens, et à l'aide desquels nous les distinguons les uns des autres; 2° ce qui constitue l'essence de chacun d'eux, c'est-à-dire sa composition chimique; 3° les circonstances de leur gissement, et le rôle qu'ils jouent dans la constitution du globe : de là les trois branches essentielles de la minéralogie, auxquelles Werner donne le nom d'*oriclognosie*, de *minéralogie chimique* et de *géognosie*. On peut encore rechercher dans les minéraux, les lieux dans lesquels on les trouve, ou les parties de la terre qu'ils constituent, et les usages auxquels l'homme les emploie, avec les moyens de les y adapter : de là la *minéralogie géographique* et la *minéralogie économique* ou *technologique*. Werner complète enfin toutes les connaissances à acquérir dans le règne minéral, par l'*histoire littéraire de la minéralogie et des divers minéraux*, et par *l'art de choisir les échantillons de minéraux, et de les disposer en collections*.

NOTE II.

De l'épaisseur de la croûte du globe connue aux minéralogistes.

Si les couches minérales qui forment le globe terrestre étaient toujours horizontales, on aurait l'épaisseur de la partie qui nous en est connue, par la différence de niveau entre le point le plus profond auquel on soit parvenu dans l'intérieur de la terre, et le point le plus élevé que l'on ait atteint sur les montagnes.

Voyons quelles sont ces profondeurs et ces élévations.

Agricola rapporte, dans son *Bermanus*, que les puits de mine les plus profonds sont à Kuttenberg en Bohême, et qu'ils ont cinq cents *lachter* (environ mille mètres) : on ignore la position de ces puits et la hauteur de leur orifice au-dessus de la mer, et par conséquent la différence de niveau entre leur extrémité inférieure et la mer. A *Kitzpühl*, en Tyrol, l'exploitation descendait également jusqu'à mille mètres : Oppel, directeur des mines de Freyberg, dit, dans sa *Géométrie souterraine* (§ 558), qu'un voyageur lui a assuré qu'il existait des puits encore plus profonds aux mines de cuivre de Rohrhübel en Tyrol; mais il ne donne aucun détail à ce sujet; et ces puits, situés dans un pays élevé, ne devaient pas descendre beaucoup au-dessous du niveau de la mer, si toutefois ils l'atteignaient. Delius dit qu'en Hongrie on a des puits de six cents mètres (§ 52); c'est également la plus grande profondeur qu'aient jamais atteinte les travaux aux mines de Freyberg (1); ceux qui y sont maintenant ouverts ne vont qu'à 414 mètres, et leur fond ne descend pas à plus de 30 mètres au-dessous du niveau des mers. C'est encore à six cents mètres (312 *lachter*) que sont descendus les travaux les plus profonds au Hartz; aujourd'hui, tant à Clausthal qu à Andreasberg, ils ne vont qu'à 500 mètres, et ils sont tous au-dessus du niveau de l'Océan. Ce sera ainsi dans les parages peu éloignés des côtes, dans les houillères de l'Angleterre et de la Flaudre, que nous trouverons de plus grandes profondeurs réelles. A Whitehaven, dans le Cumberland, on a des travaux qui s'avancent à mille mètres sous la mer et qui sont à plus de deux cents mètres au-dessous de son lit. Aux mines d'Anzin, près de Valenciennes, je suis descendu à 350 mètres de profondeur, et je me trouvais alors à plus de 300 au-dessous de la surface de l'Océan; j'y étais peut-être à la plus grande profondeur absolue que les hommes aient atteinte. Quelques auteurs, il est vrai (1), disent que les travaux des mines de Namur sont descendus à 700 mètres : mais ce fait n'est pas positif, et rien n'indique que nous nous soyons enfoncés sous terre à quatre cents metres au-dessous du niveau des mers.

Les hauteurs que nous avons atteintes, au-dessus du même niveau, sont bien plus considérables. Saussure, sur la cime du Mont-Blanc, la plus haute montagne de l Europe, était à 4775 mètres d'élévation. M. de Humboldt est monté sur le

---

(1) *Mineralogische Geographie der Chur sæchishen Lænde.*

Chimboraço dans le Pérou, jusqu'à 5900 mètres, et personne, du moins encore, n'a été plus haut : le sommet de cette montagne, le plus haut point du nouveau continent, était encore à 600 mètres au-dessus de lui. Le centre de l'Asie, sur le faîte de la chaîne qui sépare l'Inde de la Tartarie, présente bien des montagnes qui s'élèvent jusqu'à 7821 ou à 8187 mètres; mais personne n'en a atteint les sommités.

Ainsi la plus grande différence de niveau parcourue par l'homme sur la terre sera 6300 mètres (5900 + 400) : c'est la millième partie du rayon terrestre, lequel est de 6366700 mètres.

Mais il faut observer que le Chimboraço est un produit volcanique superposé à la masse du globe postérieurement à sa formation, et que la cime du Mont-Blanc est le point le plus élevé de cette masse, que nous ayons encore reconnu. De plus, les couches qui composent la croûte du globe étant habituellement inclinées, la hauteur verticale à laquelle on s'élève ne représente pas l'épaisseur de l'ensemble des couches du terrain correspondant à l'élévation, cette épaisseur devant être prise perpendiculairement aux couches. Nous pouvons donc pleinement affirmer que l'épaisseur de la partie du globe reconnue par les minéralogistes n'est pas la millième partie du rayon terrestre.

NOTE III.

Nature de la fluidité des masses minérales.

Vidi ego. . . . . tellus
Esse fretum. Vidi factas ex æquore terras;
Et procul à pelago conchæ jacuere marinæ.
OVIDE.

Les diverses masses et couches qui composent l'écorce minérale du globe terrestre ont été fluides : le fait n'est pas contesté.

et il est incontestable; ainsi nous ne nous arrêterons pas sur ce point, et nous ne répéterons pas ce que nous avons dit ailleurs.

Mais la fluidité peut avoir été de deux sortes: ou toute cette écorce, pénétrée par le calorique, a été fluide en même tems, comme un métal fondu, et elle s'est ensuite consolidée par le refroidissement; c'est la *fluidité ignée* : ou bien les molécules minérales ont été dissoutes ou suspendues dans une dissolution dont elles se sont précipitées successivement, et ont ainsi formé les diverses couches; c'est ce qu'on nomme la *fluidité aqueuse* : quelle que soit d'ailleurs la nature du fluide, le cas d'une fluidité gazeuze pourrait rentrer dans ce dernier. Voyons maintenant si l'examen des couches minérales ne pourrait pas nous donner quelques lumières sur la nature de leur fluidité primitive. Commençons par les terrains les plus nouveaux.

Il est inutile de faire mention des terrains volcaniques; ce n'est point d'eux qu'il s'agit ici: leur seule dénomination indique le mode de formation.

Nous ne parlerons pas non plus des terrains d'alluvion ou de transport; leur nom seul désigne encore leur origine : ce sont de simples débris de roches préexistantes charriés et étendus par les eaux sur les lieux où on les trouve.

Les terrains secondaires, proprement dits, sont principalement composés de couches de calcaire, de gypse, de grès et poudingues, de sables, d'argiles et de houille, lesquelles alternent diversement entre elles.

Les couches calcaires contiennent presque toutes des vestiges d'animaux vivants dans le sein des eaux, et particulièrement des coquilles. Si quelques-uns n'en présentent que très-peu, d'autres en sont presque entièrement composées. Ces coquilles s'y trouvent quelquefois brisées et entassées pêle-mêle; mais le plus souvent elles sont disposées dans un certain ordre : chaque couche, et même chaque strate, a ses familles et ses espèces particulières; elles y sont étendues par lits, ordinairement couchées sur leur plat, parfaitement conservées, présentant leurs dentelures, leurs aiguillons absolument intacts, et ayant quelquefois l'éclat nacré qu'elles présenteraient si on venait de les sortir de la mer. A cet aspect, il est impossible de ne pas conclure, que les êtres qui habitaientces coquilles vivaient dans le lieu même où nous trouvons leurs vestiges, qu'ils y ont été surpris et enveloppés par la matière calcaire, laquelle est venue, non sous la forme d'un courant, car elle aurait alors brisé ces écailles si délicates, mais en se déposant tranquillement sur le fond des mers. Elle sera devenue dure et lithoïde, à-peu-près comme le deviennent, au fond des dissolutions, dans nos usines, certains *magma* ou masses salines très-confusément cristallisées. La consolidation de ces couches ne saurait être l'effet d'une fusion suivie du refroidissement; car les coquilles, également calcaires, se seraient fondues et mêlées dans la masse, et elles n'auraient pas repris, par le refroidissement, leurs aiguilles pointues, leurs stries déliées, et jusqu à leur éclat nacré.

Les couches gypseuses, contenant quelquefois des ossements de quadrupèdes intacts et bien conservés, nous indiqueront encore une formation, ou un dépôt fait tranquillement dans le sein des eaux.

La seule présence des couches de sable et d'argile dans un terrain suffit pour caractériser le mode de sa formation. L'observation de tous les jours nous fait connaître la manière dont elles se forment et dont elles peuvent se former.

Il en sera exactement de même des couches de grès et de poudingues, qui ne sont, dans le fait, que des bancs de sables et de galets apportés et étendus par les eaux, et agglutinés ensuite par un ciment, lequel s'est infiltré dans les interstices : il s'y sera déposé et consolidé comme le fait celui qui agglutine, près de Messine, les sables de la mer actuelle, assez fortement pour en faire des pierres meulières (§ 53).

C'est au milieu des grès que se présentent les houilles et les argiles schisteuses qui les accompagnent ; et non-seulement par leur gissement, mais encore par leurs propres caractères, elles viennent déposer en faveur de la formation aqueuse. Presque tous les géologistes regardent les houilles comme un produit de la décomposition des végétaux, et principalement de végétaux aquatiques. Ils ont laissé une multitude d'empreintes de leurs branches, et sur-tout de leurs feuilles, sur l'argile qui avoisine la houille. Ces feuilles, ainsi que de nombreuses fougères, y sont presque toujours étendues à plat ; et leur position, ainsi que leur forme, montre qu'elles n'ont été ni brisées, ni froissées : le plus souvent, elles paraissent avoir nagé dans le fluide, et s'être ensuite tranquillement déposées au fond, avec la terre et le sable qui les renferment.

La disposition des couches des terrains secondaires, indépendamment de toute autre considération, suffirait seule pour décéler leur mode de formation. Qu'on arrête un instant son attention sur un terrain composé de couches de calcaire, de marne, d'argile, de gypse, de sable, etc., minces, très-étendues en longueur et largeur, horizontales ou presque horizontales, alternant entre elles diversement et à plusieurs reprises, ainsi que cela a lieu aux environs de Paris ; on ne pourra s'empêcher de voir en elles autant de sédiments formés au sein d'une grande masse d'eau par des molécules qui se déposaient sur le fond. Ces dépôts seront évidemment successifs, et quelquefois la différence dans leur nature, ou dans les coquilles qu'ils contiennent, portera à penser qu'il s'est écoulé un tems notable entre eux. En voyant ensuite plusieurs de ces coquilles avoir de grands rapports avec celles qui vivent maintenant dans l'Océan, il sera permis de croire que les mers dans lesquelles se sont formées les couches qui les renferment, étaient, quant à la nature de leurs eaux, et à de certaines époques, peu différentes des mers actuelles.

Mais, sans nous arrêter sur ces dernières considérations, concluons de ce qu'on vient de dire, que, dans l'histoire naturelle, *il y a peu de faits établis sur d'aussi fortes preuves que la fluidité aqueuse des terrains secondaires* proprement dits.

Passons aux terrains secondaires d'une époque plus ancienne, à ceux que nous avons nommés intermédiaires (§ 142).

Nous y retrouverons des couches calcaires renfermant encore des vestiges d'êtres marins, mais en moindre quantité, et ayant moins de rapport avec les êtres actuellement existants : l'état des choses, la nature des mers, etc., ont éprouvé des changements. Nous aurons encore ici une grande quantité de grès, et ils nous fourniront les mêmes conséquences. Au milieu d'eux nous trouverons un grand nombre de brèches à fragments anguleux, dont l'examen ne nous permettra point d'admettre d'autre mode de consolidation que la cristallisation ou le desséchement : toute idée de l'action du feu est ici éloignée. Quel est le géognoste qui n'a pas vu, dans les terrains traumatiques (*grauwacke*), comme dans les houillères, des couches d'un grès à grain fin et très-quartzeux, contenant une grande quantité de fragments de schiste, minces, anguleux et comme de simples feuillets. Leur forme et leur nature montrent évidemment que la roche qui les contient n'a jamais éprouvé de fusion ou de demi-fusion : si elle en eût éprouvé une assez forte pour agglutiner ses grains quartzeux, les fragments ne présenteraient plus des bords aigus et inaltérés; ils seraient fondus; le schiste est fusible, tandis que le grès est réfractaire au point d'être employé de préférence à toute autre pierre, pour la construction du creuset des haut-fourneaux à fondre les minerais de fer.

Les couches de traumate (*grauwacke*), contenant quelquefois même des débris d'animaux marins, alternent avec des phyllades portant souvent des impressions de plantes, et qui alternent à leur tour, dans la même contrée, soit immédiatement soit médiatement, avec des couches de schiste-micacé, de gneis, de quartz, de feldspath, de diabase, de siénite, et peut-être même de vrai granite. Des montagnes, ainsi composées, renferment souvent de riches filons métalliques, en Bretagne, par exemple. Enfin, on voit en Norwége, sur des calcaires coquilliers et sur des grès, la plus belle et la plus cristalline des roches granitiques, la siénite zirconnienne, et elle y est accompagnée de granite ordinaire: ce fait a été constaté par deux des plus habiles minéralogistes, MM. de Buch et Hausmann, lesquels regardent ces deux roches comme appartenant aux terrains intermédiaires.

Nous voilà déjà, sans quitter nos grès et poudingues, nos calcaires coquilliers et nos schistes à impressions, au milieu des schistes-micacés, des gneis, des feldspaths, des siénites. des granites, etc., en un mot, nous voilà presque au milieu des terrains primitifs. Ceux-ci ne seront plus que le prolongement des autres : seulement il n'y aura plus, dans ce prolongement, de débris d'êtres organiques, il y aura à peine quelques fragments de roche, et la structure y sera, en général, plus cristalline; car, d'ailleurs, il y a continuité parfaite (§§ 142 et 144) : dans la nombreuse série des formations minérales, on ne saurait prendre une roche qui ne se retrouve, elle ou une de celles qui la précèdent, dans les formations postérieures. Dans cet enchaînement intime, il est impossible de trouver une séparation réelle: le mode de formation des couches minérales a été modifié de proche en proche, et avec de fréquents mouvements oscillatoires (§ 140); mais nulle part il n'a été brusquement changé.

Nous avons vu les couches calcaires former une suite non interrompue, depuis les premiers jusqu'aux derniers tems des formations minérales (§ 145). Dans les dernières époques, nous les trouvons remplies de coquilles : à mesure qu'on remonte suivant l'ordre des âges, il y en a de moins en moins, et finalement il n'y en a plus. Où s'arrêter, pour couper la suite, et pour dire : Ce qui est avant a été formé par l'eau, et ce qui est après, l'a été par le feu? il est évident que le mode de formation est le même pour tous les termes de la série. Non-seulement le calcaire alterne avec les autres roches primitives, mais encore il se mêle et s'enlace avec elles : le marbre vert de campan n'est qu'un mélange de calcaire et de schiste-talqueux; le beau *verde antico* n'est qu'un mélange de calcaire et de serpentine; le pic du Midi de Tarbes n'est qu'une masse de calcaire et de schiste-micacé comme pétris l'un avec l'autre : ici, le schiste-talqueux, la serpentine, le schiste-micacé et le calcaire ont incontestablement un seul et même mode de formation.

Les terrains primitifs ne renferment pas une roche que nous n'ayons retrouvée dans les terrains secondaires : nous y avons vu les schistes et même le granite : nous y retrouvons les substances métalliques, même dans ceux formés le plus évidemment au sein des mers : à Tarnowits en Silésie, nous avons une couche de plomb sulfuré au milieu d'un calcaire coquillier; dans le Mansfeld, on exploite une couche cuivreuse qui n'a qu'un ou deux pieds d'épaisseur, il est vrai, mais qui s'étend sur plus de mille lieues carrées, qui présente une multitude d'empreintes de poissons, qui repose sur un poudingue (le *Todt-liegendes*), et qui est recouverte par une assise calcaire, pleine, dans quelques endroits, de gryphites armés de leurs aiguillons. Si aujourd'hui les mers ne forment plus ni feldspath, ni plomb, ni cuivre, c'est qu'elles ne contiennent plus les éléments de ces corps, et qu'elles les ont déjà déposés depuis long-tems : elles ont changé de nature (§ 138), et par un changement progressif, elles sont venues à un point qui nous laisse concevoir comment elles ont pu produire nos dernières couches.

Quoique la stratification des terrains primitifs, ne présentant pas une suite de couches horizontales bien distinctes, ne prouve pas aussi évidemment que dans les derniers terrains secondaires une formation par dépôts successifs, elle n'en ramène pas moins à la même idée. Remarquons d'abord que ce n'est pas tout-à-coup que les couches ont pris, dans les anciennes formations, la position fortement inclinée qu'on y voit si souvent. Déjà, dans le terrain houiller, l'on a une stratification très-tourmentée et souvent verticale : mais, presque toujours, nous y trouvons des preuves évidentes que les couches y ont été formées horizontalement, et que c'est à un relèvement ou à un renversement qu'elles doivent leur position actuelle. Les fragments des roches traumatiques prouvent souvent le même fait, pour les terrains intermédiaires (§ 135) ; et, par induction, nous pouvons dire qu'il en sera quelquefois de même dans les terrains primitifs, qui ont d'ailleurs tant d'analogies avec ces derniers. Ainsi, la position inclinée des couches ne saurait fournir un argument contre la formation par dépôt ou par précipité. — Lorsque, dans la haute région des Pyrénées on voit une suite et une alternative de couches de granite, de gneis, de phyllade, de calcaire, peu épaisses, se prolonger à de grandes distances, dans une même direction, en conservant leur même épaisseur et leur même disposition ; lorsqu'à Ehrenfriedersdorff, en Saxe, au milieu du schiste-micacé, on voit une couche de fer oxidulé bien prononcée dans sa forme, etc., il me paraît que de pareilles dispositions de roches ne peuvent guère se concevoir, qu'en se représentant une suite de dépôts, dont l'un s'est placé sur l'autre, lorsque celui-ci était consolidé en tout ou en partie. Si toutes ces roches eussent été fluides en même tems, par exemple, si toute la croûte minérale eût été en fusion, la matière ne se serait pas ainsi formée par couches bien distinctes, et souvent elles le sont ; l'ordre des pesanteurs spécifiques n'eût pas été interverti au point de placer une couche de fer oxidulé sur du schiste-micacé.

Jugeons par comparaison. Si nous jetons un coup-d'œil sur les produits du feu, sur les terrains volcaniques, nous y trouverons d'énormes courants, ou masses entassées les unes sur les autres, ou se fondant les unes dans les autres ; mais nulle part on n'y verra cette structure par couches, de différente espèce, minces, étendues et alternant à diverses reprises entre elles ; jamais on n'y verra cette variété, et je dirai même ce contraste qu'on voit à chaque pas dans les terrains primitifs : on n'y apercevra jamais une couche de calcaire saccaroïde dans du gneis, ou une couche de quartz bien blanc dans un schiste amphibolique bien noir, etc. Poussons la comparaison plus loin, et examinons la nature des masses qui composent les deux sortes de terrains : dans ceux d'origine volcanique, nous aurons quelques laves, il est vrai, telles que les phonolites, qui ressemblent extrêmement à certains porphyres euritiques : nous en verrons quelques autres qui auront bien quelque ressemblance avec des roches granitiques, quoique la différence soit encore bien sensible : mais, d'un autre côté, nous n'y trouverons rien qui ait le moindre rapport avec les gneis, les phyllades, etc., et encore moins avec les couches de calcaire, de gypse, de quartz, etc. La différence est telle, entre les deux classes de produits, que d'habiles minéralogistes, M. Cordier entre autres, pensent avoir trouvé des caractères précis qui ne permettent pas de les confondre.

Mais, dira t on, on peut supposer à la croûte minérale du globe terrestre un mode de fluidité ignée différent de celui des laves de nos volcans actuels, tel serait une fusion générale. Tout ce que nous venons de dire sur les couches, sur leur nature, sur leur forme et sur leur disposition, éloigne absolument cette idée. Si les choses n'étaient point telles qu'elles sont réellement ; si, par exemple, les terrains primitifs étaient complétement distincts et séparés des terrains secondaires, et qu'ils ne consistassent qu'en une seule masse de granite, on pourrait admettre cette fusion générale ; et alors M. de Humboldt dirait qu'elle est due à la combustion ou oxigénation du *silicium*, de l'*aluminium*, etc., et autres métaux dont nos pierres paraissent n'être que les oxides, et qui constituent peut-être l'intérieur du globe; la combustion de sa surface serait un effet du contact avec l'oxigène de l'atmosphère (1).

En concluant, nous dirons :

1° *Qu'il est hors de tout doute que les masses minérales qui composent la croûte du globe ont été fluides;*

2° *Qu'il n'est pas moins certain que la fluidité des terrains secondaires a été aqueuse, et que ces terrains ont été formés dans le sein des mers par une suite de sédiments qui se sont successivement déposés les uns sur les autres ;*

3° *Que le passage insensible et incontestable des terrains secondaires aux terrains primitifs, tant dans la nature que dans la disposition des masses, ainsi que l'existence des couches de même espèce dans les uns et dans les autres, indiquent pour tous un mode de formation analogue.*

Quel était donc, demandera-t-on, ce fluide aqueux qui a tenu en dissolution les principes du feldspath, de la serpentine, du calcaire, du cuivre, etc., en un mot, de tous les minéraux et métaux connus? Qu'est donc devenue la prodigieuse quantité de ce fluide qui a tenu en dissolution la matière de tous les terrains primitifs et secondaires?

Si ce n'est que des faits qui se passent maintenant sous nos yeux que l'on doit conclure ce qui s'est fait autrefois, j'en conviens, on ne saurait faire une réponse satisfaisante à ces questions. Mais, parce que j'ignore la nature du fluide aqueux

(1) Cette pensée de M. de Humboldt est consignée dans un ouvrage particulier que cet illustre voyageur a bien voulu me communiquer. Dans un grand nombre de circonstances, il m'a fait de pareilles communications, et il a mis à ma disposition des pages entières de ses précieux manuscrits. Au reste, cela n'étonnera point ceux qui ont l'avantage de le connaître personnellement : ils savent que la générosité et la noblesse de son caractère égalent son esprit et ses connaissances.

qui a tenu le cuivre en dissolution, il n'en est pas moins vrai que la grande couche cuivreuse du Mansfeldt, contenant des milliers d'empreintes de poissons, reposant sur un immense banc de galets, et recouverte par un calcaire plein de gryphites, s'est déposée dans un pareil fluide. Parce que je ne sais pas ce qu'est devenue cette mer qui a jadis recouvert les montagnes les plus élevées, il n'en est pas moins vrai que la plus haute cime des Pyrénées, pétrie de coquilles, s'est formée dans leur sein; il n'en est pas moins positif que cette énorme masse de calcaire alpin, remplie de débris d'animaux marins, ayant plus de quatre mille mètres de hauteur, n'a pu être formée que dans un vaste océan. Voilà les faits; ils existent, ils sont devant nos yeux, et l'ignorance où nous sommes et où nous ne pouvons qu'être de leur cause, ou plutôt de la manière qu'elle a agi dans leur production, ne saurait nous empêcher de les admettre avec toutes leurs conséquences.

Je n'ai pas besoin de rappeler que ces conséquences, telles que nous venons de les exposer, sont admises par Deluc, Saussure, Dolomieu, Werner, en un mot par tous les naturalistes qui ont fait une étude particulière des masses minérales: ils peuvent différer ensuite dans les détails; mais ils sont unanimes sur ces points fondamentaux. Je sais bien que des savants d'un mérite très-distingué, MM. Hutton, Playfair et Breislak ont dernièrement attaqué ce mode de formation, et ont essayé de lui en substituer un autre; mais, s'il m'est permis d'employer la comparaison dont je me suis servi en représentant la marche de la nature dans la formation des couches minérales, je ne verrai dans ces théories anomales que de simples oscillations que les progrès de nos connaissances géologiques éprouvent, en s'avançant néanmoins d'une manière positive vers la vérité (1).

(1) Voyez, note VIII, quelques observations sur la diminution des mers; et, note IX, l'exposé des principaux systèmes géogeniques

NOTE IV.

Des mouvements de la terre, et de ses rapports avec les autres corps du système planétaire.

La terre tourne autour de son axe et fait une révolution en $23^h 56' 4{,}1''$: ce qui donne, sous le parallèle de Paris, une vitesse de 306 mètres par seconde ; celle d'un boulet, au sortir du canon, est de 450 mètres.

La terre décrit, en outre, autour du soleil une ellipse presque circulaire, au foyer de laquelle se trouve cet astre. L'excentricité de la courbe est la 0,016814^e^ partie du demi-grand axe : de sorte que les deux axes sont entre eux comme 1 à 0,99986. Le rayon moyen, ou distance moyenne de la terre au soleil est au moins de 23577 rayons terrestres ou 15010230 myriamètres : on l'estime ordinairement à 15340000. L'orbite est parcouru en $365^j\ 5^h\ 48'\ 51''$: c'est *l'année tropique.* Mais comme l'orbite rétrograde de $50'',1$ par an, la terre est obligée de parcourir encore cet arc pour se retrouver au même point du ciel ; elle y emploie $20'\ 20''$, et par conséquent *l'année sydérale* est de $365^j\ 6^h\ 9'\ 11''$; ce qui donne une vitesse d'environ 9722 mètres par seconde. Ce mouvement rétrograde de l'orbite terrestre, ou de ses nœuds, est le phénomène connu sous le nom de la *précession des équinoxes.*

Quant aux rapports du globe terrestre avec les principaux corps du système planétaire, je me bornerai à les indiquer dans le tableau suivant, que j'ai dressé d'après les résultats consignés dans les ouvrages de M. Laplace, et dans l'astronomie de M. Delambre.

CORPS PLANÉTAIRES.	DIAMÈTRE.	DENSITÉ.	MASSE.	DISTANCE AU SOLEIL.	EXCENTRICITÉ DE L'ORBITE.	INCLINAISON DE L'ORBITE.	TEMS de la révolution SYDÉRALE.	VITESSE.
Soleil...	111,74	0,24	339630	0	0	0	0	0
Mercure.	0,38	2,88	0,171	0,39	0,206	7° 0	0,24	1,61
Vénus...	0,96	1,05	0,92	0,72	0,007	3 23	0,65	1,17
Terre...	0,	1,	1,	1,	0,017	0 0	1,	1,
Mars....	0,52	0,93	0,13	1,52	0,093	1 51	1,88	0,81
Vesta...	. . . .	. . . .	. . . .	2,36	0,183	7 7	3,66	0,65
Junon...	. . . .	. . . .	. . . .	2,67	0,254	13 4	4,36	0,61
Cérès...	0,31	. . . .	. . . .	2,77	0,078	10 38	4,60	0,60
Pallas...	0,15	. . . .	. . . .	2,77	0,245	34 37	4,60	0,60
Jupiter..	10,86	0,24	309,	5,26	0,048	1 19	11,86	0,44
Saturne.	9,98	0,096	93,	9,54	0,056	2 30	29,46	0,32
Herschell	4,33	0,021	1,69	19,18	0,047	0 46	84,02	0,22
Lune...	0,273	0,072	0,0146	1,		5	0,075	0,034

NOTE V.

Des Météorites.

Peu de faits sont aussi intéressants, pour le naturaliste et pour le physicien, que la chute des pierres appelées *météorites* ou *aérolithes*, et désignées autrefois sous le nom de *pierres du tonnerre* ou *pierres tombées du ciel.* L'incrédulité a usé tous ses arguments contre un fait dont l'histoire fait souvent mention, il est vrai, mais que les savants avaient relégué, jusque dans ces derniers tems, avec les pluies de sang, de crapauds, etc., au rang des fables populaires, effets de l'illusion d'un esprit superstitieux aveuglé par le préjugé ou frappé par la terreur.

Tite-Live, Pline, et un très-grand nombre d'historiens des divers âges, avaient parlé des pluies de pierres tombées en différents tems, et avaient attesté le fait de la manière la plus positive. On avait souvent entretenu l'académie des sciences de pareils objets; mais ils y avaient été écoutés avec peu de faveur; et, en 1772, Lavoisier, chargé avec deux autres commissaires, de faire l'examen d'une pierre qu'on assurait être tombee près du Mans, et avoir été ramassée encore toute chaude, immédiatement après sa chute, ne voulut voir en elle qu'un grès pyriteux, qui avait été frappé par la foudre: les vrais physiciens, disait-il, ont toujours regardé comme fort douteuse l'existence de ces pierres prétendues tombées du ciel. Cependant, en 1796, il en tomba une grande quantité à Bénarès dans l'Inde; des échantillons furent envoyés à Londres; ils furent examinés soigneusement, sous leurs rapports minéralogiques et chimiques, par MM. de Bournon et Howard: ces savants rassemblèrent plusieurs autres météorites, et frappés de l identité de leurs caractères et de leur composition, ils invitèrent les physiciens à porter leur attention sur ces corps, et à rechercher si effectivement ils n'auraient pas une origine météorique. Quelques années après, M. Vauquelin, s'étant procuré quelques fragments de ces pierres, y ayant trouvé les mêmes principes que M. Howard, et ayant examiné les documents qui constataient leur chute, se prononça formellement sur leur origine, en plein Institut: Ce sont, disait-il, des masses tombées de l'atmosphère sur la surface de la terre; il en est tombé en France, en Angleterre, dans les Indes, etc., et toutes se ressemblent par leurs caractères physiques et par leur composition chimique. J'étais présent à la lecture de ce mémoire, et, malgré les preuves et les faits rapportés, la majorité des auditeurs doutait encore.

Quelques naturalistes vinrent à cette époque entretenir l'Institut de ces chutes de pierres: quelques mathématiciens cherchèrent à montrer comment ces corps, très-probablement étrangers à notre planète, pouvaient parvenir à sa surface; et, au milieu des discussions et des doutes qui s'élevaient à ce sujet (en 1803), on reçut la nouvelle qu'à trente lieues de Paris même, près de l'Aigle en Normandie, il venait de tomber une très-grande quantité de météorites. Un commissaire fut envoyé sur les lieux; il constata le fait de la manière la plus authentique, et il le circonstancia d'une manière si précise, que l'incrédulité se vit forcée dans son dernier retranchement.

La chute des météorites est donc un fait incontestable : nous allons faire connaître les phénomènes qui l'accompagnent, exposer les caractères de ces pierres, et indiquer les principales opinions émises sur leur origine. Envoyé moi-même, avec MM. de Saget, Carney et Marqué-Victor, en 1812, aux environs de Grenade, à sept lieues au nord-nord-ouest de Toulouse, pour y constater une pareille chute, je ferai fréquemment usage des documents que nous avons recueillis sur les lieux.

Les météorites arrivent, dans notre atmosphère, sous forme d'une masse, ou *bolide*, d'un volume en général peu considérable ; il s'enflamme brusquement, et paraît alors comme un globe lumineux qui se meut avec une extrême rapidité, et dont la grandeur apparente est souvent comparée à celle de la lune ; tantôt elle est plus petite, tantôt elle va jusqu'à deux et trois pieds. Dans son mouvement, il lance souvent comme des étincelles, et laisse derrière lui une queue brillante qui paraît être de la flamme retenue en arrière par la résistance de l'air. La très-vive clarté qu'il répand se soutient pendant quelques instants, et même pendant une ou deux minutes : en disparaissant, elle laisse habituellement un petit nuage blanchâtre qui ressemble à de la fumée, et qui se dissipe au bout de quelque tems. Après l'extinction de la lumière, on entend une ou plusieurs fortes détonations pareilles à celles d'un canon de gros calibre ; elles sont suivies d'un roulement très-fort, semblable à celui de plusieurs tambours, ou de plusieurs voitures roulant sur un pavé ; il se prolonge pendant quelques minutes, et suit la direction qu'avait le bolide. Là où il passe, et immédiatement après son passage, on entend dans l'air des sifflements et un bruit occasionés par la chute de pierres qui tombent avec rapidité, et qui frappent avec force la terre, dans laquelle elles s'enfoncent plus ou moins. Ces pierres, dont le nombre et la grosseur varient considérablement, sont chaudes, comme brûlées, et répandent une odeur de soufre au moment de leur chute.

Il est très-remarquable que toutes les relations authentiques que nous avons de ces phénomènes présentent exactement toutes ces mêmes circonstances; il n'y a de variation que du plus au moins. A Grenade, le bolide ne fut pas aperçu, le ciel étant presque entièrement couvert; mais la lueur qu'il répandit fut très-vive, elle dura au moins quinze secondes, et plus d'une minute au dire de quelques personnes; les détonations furent au nombre de trois; on les entendit à plus de vingt lieues de distance; le roulement se prolongea pendant quelques minutes, en se dirigeant du nord-ouest au sud-est; l'espace dans lequel tombèrent les pierres est une langue étroite, affectant la même direction, et ayant environ 4000 mètres de long et 400 de large : ces pierres étaient certainement au nombre de plus de cent; on n'en a ramassé qu'une vingtaine, la plus grosse pesait deux livres. A l'Aigle, le météore parut comme un globe enflammé et très-brillant; le terrain sur lequel tombèrent les pierres, avait deux lieues et demie de long et une de large; on a estimé leur nombre à plus de trois mille, une d'elles a pesé 17 livres. En 1492, il en tomba une à Einsisheim en Alsace, pesant 260 livres : on en a un fragment de vingt livres au Muséum d'histoire naturelle à Paris.

On sent qu'il est impossible de rien dire de précis sur la hauteur, la vitesse et la grandeur réelles des bolides. M. Bowditsch, recueillant des observations, d'ailleurs assez vagues, sur celui vu à Weston dans le Connecticut, en 1807, conclut que sa hauteur était de près de 30 mille mètres (six à sept lieues); sa vitesse de 4834 mètres par seconde, c'est-à-dire dix fois plus grande que celle d'un boulet de canon, et moitié de celle avec laquelle la terre est emportée autour du soleil; quant à son moindre diamètre, il le porte à 160 mètres. Toutes ces quantités me paraissent bien considérables : et lorsqu'à Grenade j'ai vu le peu de largeur de la bande de terrain sur lequel les météorites étaient tombés ; lorsque j'ai entendu des détonations dont la force indiquait qu'elles avaient lieu dans un milieu assez dense, et par conséquent dans la partie inférieure de notre atmosphère ; lorsque j'ai ouï dire à un grand nombre de témoins qu'ils avaient entendu le très-fort bruissement de la masse passant sur leurs têtes dans une direction bien précise, j'ai été tenté de conclure que le bolide était à une petite hauteur, au moment qu'il a éclaté et lancé les météorites, tout en poursuivant sa route.

Si l'accord entre les diverses circonstances qui accompagnent l'arrivée du bolide, sa détonation et sa dispersion en pierres, est très-remarquable, celui que présentent ces pierres dans tous leurs caractères physiques et chimiques est vraiment étonnant : tous les échantillons des divers météorites que j'ai vus, paraissent n'être que des fragments de la même masse ; et il en est à-peu-près de même de tous ceux cités par les auteurs.

Ils consistent en une pâte pierreuse, homogène, grisâtre et granuleuse, renfermant une plus ou moins grande quantité de grains d'un fer à l'état métallique et très-malléable. J'établis leurs caractères minéralogiques ainsi qu'il suit :

La forme est entièrement indéterminée et irrégulière.

La surface offre de toutes parts des angles, ou arêtes, arrondis et émoussés, à-peu-près comme celle d'un corps qui aurait éprouvé un commencement de fusion. C'est une croûte très-mince, le plus souvent semblable à un simple enduit superficiel, mais qui a quelquefois plus d'une ligne d'épaisseur. Elle est fréquemment vitrifiée par parties.

Elle est d'un *noir brunâtre*. L'intérieur est d'un *gris cendré* plus ou moins foncé, et il se couvre de taches de rouille par l'exposition à l'air.

La cassure est *matte*, *terreuse*, *à gros grains* (à grain grossier), ou plutôt *granuleuse*, comme celle de certains grès: elle présente souvent des *pièces séparées grenues*. Elle est rude au toucher.

Les météorites sont faciles à casser; quelquefois même ils sont friables; ils s'égrènent ou se pulvérisent aisément.

Ils sont assez durs pour rayer le verre; mais la croûte seulement donne quelques étincelles au briquet.

Leur pesanteur spécifique varie suivant la quantité de fer contenue: on l'a vue aller de 3,3 à 4,3; dans ceux de Grenade, elle a été de 3,66 à 3,71.

De minces fragments, exposés à l'action du chalumeau, se sont noircis, frittés et couverts de globules noirs en quelques points. Dans ce nouvel état, ils étaient parfaitement semblables à la croûte.

Le fer que contiennent ces pierres est en général en très-petits grains, souvent imperceptibles à la vue simple; d'autres fois il est en petites paillettes, et quelquefois en petits lingots. Dans les météorites de Grenade, celui que nous en avons séparé par la division mécanique, a fait, dans quelques échantillons, plus du tiers de leur poids: il y était en si grande quantité, et il y était si malléable, que même, dans les endroits où il ne se distinguait pas à la vue simple, la rayure d'une pointe d'acier laissait sur la pierre une trace métallique et exactement pareille à celle qu'elle eût laissé sur une masse de plomb.

La plupart des météorites renferment encore des points pyriteux, quelquefois même des pyrites bien distinctes.

La description générale que nous venons de donner, comprend tous les météorites qui me sont connus, sauf ceux tombés près d'Alais, en 1806; ils sont noirs, charbonneux et légers (pesant. spéc. 1,9), presque friables, quoiqu'ils aient d'ailleurs la même composition essentielle que les autres météorites.

Parmi les différences que présentent quelques-uns de ceux

qui sont connus, nous citerons la texture sensiblement schisteuse de celui d'Einsisheim; la texture sensiblement cristalline de celui tombé à Chassigny, près de Langres, en 1815 : il paraît composé de petites lames d'un reflet vif et nacré, comme certains spaths perlés, au milieu des lames M. Gillet a trouvé un cristal qui lui a paru avoir quelque analogie avec ceux de l'augite : ce météorite n'agit point sur le barreau aimanté, quoiqu'il contienne près d'un tiers de son poids d'oxide de fer.

L'identité de composition est indiquée par le tableau suivant:

	PAR VAUQUELIN.				PAR KLAPROTH.	
	EINSISHEIM.	BÉNARÈS.	L'AIGLE.	ALLAIS.	LISSA.	EISCHTÆDT.
Silice.	56	48	53	30	43	37
Magnésie.	12	13	9	11	22	21,5
Alumine.	»	»	»	»	1,5	»
Chaux.	1,4	»	1	»	0,5	»
Fer.	30	38	36	40	29,0	35,5
Nickel.	2,4	3	3	»	0,5	1,5
Chrome.	»	»	»	1	»	»
Soufre.	3,5	»	2	0,1	»	»
Carbone.	»	»	»	2,5	»	»
Excès ou perte. . .	+5.3	+2	+4	—3 4	—3,5	—4,5

Toutes les autres analyses de météorites faites par divers chimistes, offrent des résultats à-peu-près pareils : je dois cependant en exempter celle de la pierre tombée, en 1808, à Stannern en Moravie, et dans laquelle M. Vauquelin a trouvé 9 d'alumine, 12 de chaux, et point de magnésie. La partie pierreuse des autres, composée de silice et de magnésie dans le rapport d'environ 3 à 1, ne ressemblerait à aucune de celles de nos pierres; et elle tiendrait le milieu, par sa composition, entre le pléonaste et l'olivine, deux substances volcaniques, produits de la voie ignée. Quoique le fer qu on retire des météorites n'y soit, en très-grande partie, que mécaniquement mêlé, il n'en est pas moins extraordinaire de l'y voir constamment dans le rapport de 30 à 40 pour cent. Mais ce qui est bien plus extraordinaire encore, c'est de l'y voir habituellement à l'état métallique, et plus encore de l'y voir d'une malléabilité que n'a point le fer ordinaire : celui des météorites de Grenade était doux comme du plomb : doit-il cette qualité au nickel avec lequel il est habituellement mêlé ? la doit-il à une combinaison particulière avec le soufre ? La présence du carbone dans quelques météorites n'est pas moins remarquable : ceux d'Alais en contiennent une quantité notable, et l'aspect fuligineux de l'écorce semble le déceler dans la plupart d'entre eux. En résultat, quoique tous ces principes constituants se retrouvent dans nos minéraux, il n'en est pas moins vrai que les météorites ne ressemblent à aucun des corps que nous connaissons sur notre globe, tant sous le rapport de leur composition, que sous celui des caractères minéralogiques.

La quantité de fer qu'ils contiennent augmente quelquefois au point de devenir la partie dominante, et même la seule partie, et l'on a alors des masses de fer plus ou moins pur : vraisemblablement la ténacité de leurs molécules, s'opposant à leur brisement et à leur dispersion en petites portions, fait qu'ils tombent en plus grandes masses que les météorites pierreux. Au reste, les naturalistes ne citent d'autres masses de fer qu'on ait réellement vu tomber, que celles d'Agram en Croatie : l'une pèse 71 livres, et l'autre 16; leur chute, qui eut lieu en 1751, fut accompagnée des mêmes circonstances que l'est celle des météorites : analysées par Klaproth, elles ont donné 96 de fer et 4 de nickel. On rapporte aux fers météoriques un grand nombre de masses de ce métal qu'on trouve à la surface du globe, et dont l'origine avait jusqu'ici été très-problématique : telles sont, entre autres, 1° celle que Pallas a vu en Sibérie sur la cime d'une haute montagne, dont le poids est d'environ 16 quintaux, et que les habitants du pays regardent comme tombée du ciel : sous une croûte rude et ferrugineuse, elle présente un fer doux, blanc, plein de trous comme une éponge grossière, et qui sont remplis d'une matière vitreuse, brunâtre ou verdâtre, translucide, ayant beaucoup de rapports avec l'olivine : ce fer contient un peu de nickel et de soufre. 2° Une énorme masse de fer malléable, observée par M. de Humboldt au milieu des plaines de la Nouvelle-Biscaye, en Amérique, et dont le poids est estimé à près de quatre cents quintaux : Klaproth en a retiré 3 pour cent de nickel.

C'est encore aux météorites, et à l'extrême division qu'ils peuvent avoir éprouvée dans leurs détonations, qu'on attribue aujourd'hui la chute de diverses poussières grises, rouges ou noires, qui, mêlées quelquefois avec l'eau de la pluie, auront donné lieu aux fables de pluies de sang et autres mentionnées dans quelques historiens.

Mais quelle est l'origine de ces corps si extraordinaires ? d'où nous viennent-ils ?

En 1799, Werner, montrant, dans ses cours, des fragments des météorites d'Eischstædt en Bavière, disait qu'il serait bien possible que ce fussent des corps lancés sur la terre par les volcans de la lune ; et que c'était l'opinion de plusieurs savants distingués. Les mathématiciens français ont examiné depuis cette question, et M. Poisson a trouvé qu'une force de projection, donnant une vitesse de 2147 mètres par seconde, suffirait pour porter un corps de la surface de la lune à celle de la terre (1) : pareille vitesse serait cinq fois plus grande que celle d'un boulet de canon, et au moins autant de fois plus considérable que celle qu'on peut raisonnablement attribuer aux corps lancés par les volcans terrestres (§ 61). Dans cette hypothèse, tous les météorites seraient des fragments de la masse lunaire ; et cette masse serait donc composée d'une seule et même matière : il

(1) *Bulletin de la Société Philomatique.*

n'en est pas de même de la terre. Les considérerait-on comme des produits des volcans de la lune, de la même manière que les basaltes, les trachytes, l'olivine, l'augite, le fer titané, etc., sont des produits des volcans terrestres ?

M. Cladni et la plupart des astronomes les regardent comme des corps célestes errants dans l'espace, qui, en se mouvant dans leurs orbites, ont été portés dans la sphère d'attraction de la terre, et se sont précipités à sa surface. Tous ces corps célestes, ces petites planètes ou comètes, seraient donc de même nature; mais de nature entièrement différente de celle de la terre ; car les météorites se ressemblent tous, et ne ressemblent à aucun corps terrestre ?

La Grange et d'autres mathématiciens les ont regardés comme les fragments de quelque planète brisée. Il serait donc tombé des fragments de cette planète en Grèce, 1478 ans avant notre ère, et à Langres 3293 ans ensuite ? Si l'on admettait que les météorites appartiennent à des planètes différentes, il faudrait encore en conclure que toutes sont de même nature, celle qui, en 1492, jeta un de ses fragments à Einsisheim, et celle qui, en 1812, a lancé les siens près de Toulouse.

Cette identité de nature si remarquable porterait à admettre une identité d'origine ou de formation ; et l'espèce de composition, ainsi que son analogie avec celle de quelques produits de nos volcans, semblerait indiquer une origine ignée; mais en concluant par induction, et d'après les faits connus, nous ne pouvons même concevoir aucune formation pareille dans notre atmosphère : la silice, la magnésie, le fer, etc., se seraient-ils élevés, sous forme de gaz, dans les plus hautes régions de l'air? Comment s'y seraient-ils réunis instantanément en masses pesant souvent plusieurs quintaux ? D'ailleurs, la vitesse oblique que les bolides ont, par rapport à la direction de la pesanteur, indique positivement qu'ils sont arrivés dans notre atmosphère, en vertu d'une force de projection déjà reçue : et cette force de projection ne peut être qu'étrangère à notre planète : ces corps y sont donc aussi étrangers.

Au reste, il serait hors de notre plan, de nous arrêter plus long tems sur ces diverses hypothèses ; et, nous bornant aux faits les plus positifs, nous dirons que les météorites sont des corps étrangers à notre planète ; qu'ils arrivent dans notre atmosphère animés d une très-grande vitesse ; que vraisemblablement, par l'effet de cette vélocité et du frottement qui en résulte contre les molécules de l'air, leur superficie s'enflamme, et leur masse s'échauffe ; que, par suite de cet échauffement, ils détonent, se brisent, et lancent leurs fragments sur la terre ; que, dans leur trajet, ces fragments éprouvent encore, à leur surface, une chaleur capable de la brûler et de la fondre : car ils tombent tous avec une écorce brûlée, qui paraît seulement plus épaisse dans les parties qui ont été à la superficie de la grande masse météorique avant sa rupture.

Nous renvoyons pour les détails sur les divers météorites tombés, sur leurs caractères et sur les phénomènes qui ont accompagné leur chute, à la *Lithologie atmosphérique* de M. Izarn, aux *Mémoires* de M. Bigot de Morogues, et particulièrement à ceux de M. Cladni : ce savant et laborieux physicien s'est occupé d'une manière très-spéciale de cette matière ; et déjà, en 1794, il avait publié sur les bolides un traité que l'on doit regarder comme le premier ouvrage réellement scientifique qui ait été publié sur les corps météoriques.

NOTE VI.

Des Sources.

Il tombe annuellement sur la surface de la terre une couche d'eau d'environ un mètre d'épaisseur (§ 15); la majeure partie en est reportée par l'évaporation dans l'atmosphère, mais l'autre portion s infiltre dans le terrain et vient ensuite sortir à sa surface, sous forme de *sources.* Notre objet n'est point de développer et de prouver l'origine que nous attribuons aux sources, en les regardant comme un produit des eaux pluviales; cette matière a été épuisée par les supputations et par les dissertations de Perrault, Mariotte, Halley, etc. Nous allons seulement jeter un coup-d'œil sur quelques circonstances de leur formation, sur les causes qui les rendent plus abondantes dans des pays que dans d'autres, dans les montagnes que dans les plaines.

Lorsque les eaux pluviales tombent sur un terrain de transport, elles s'insinuent entre les molécules de sable et de terre qui les composent; elles se frayent un passage en vertu de leur poids, et elles y descendent jusqu'à ce qu'elles rencontrent une couche imperméable : c'est ordinairement une argile plus ou moins pure. Ne pouvant aller plus profondément, elles glissent en quelque sorte dessus; elles en suivent les plis et vont reparaître au jour à l'intersection de la surface de la couche avec la superficie du sol.

Quelquefois les couches qui retiennent les eaux, ayant une forme concave, présentent de grands enfoncements dans lesquels les filtrations se rassemblent : elles y restent, et y forment comme des marais ou réservoirs souterrains, dans lesquels plonge encore la partie de terrain perméable qui est au-dessus. Le niveau de ces eaux stagnantes, s'élevant par l'effet des filtrations toujours affluentes, finit par trouver quelque issue qui conduit au jour, quelquefois à une distance considérable, le trop plein du réservoir, et il se produit ainsi une source. C'est dans ces réservoirs ou lacs souterrains qu'aboutissent nos puits.

Il arrive quelquefois encore, dans de certaines localités, où des couches inclinées d'argile sont séparées par une masse de terre meuble, que les eaux pénètrent dans cette masse, s'y élèvent, et y sont contenues par les couches d'argile, comme par les parois d'un vase. Ce fait a lieu en plusieurs endroits de la Flandre; et, lorsqu'on veut s'y procurer une fontaine, on perce, à l'aide d'une sonde, les couches d'argile; l'eau sort par le trou, et vient quelquefois jaillir à la surface. Au fort Saint-François, près d'Aire, on a obtenu, de cette manière, une source, en allant percer une couche de glaise à plus de cinquante mètres au-dessous de la superficie du sol (1).

Les sources ne sont quelquefois qu'un produit indirect de la filtration des eaux pluviales: telles sont, par exemple, celles du Loiret, près d'Orléans; elles jaillissent au milieu d'un terrain entièrement plat, et ne proviennent que de la filtration des eaux de la Loire, qui coule à une lieue de distance; la plus considérable d'entre elles fournit encore 33 mètres cubes d'eau par minute, dans les tems de moindre abondance (2).

Si les eaux pluviales tombent sur une roche, soit directement, soit indirectement, après avoir traversé un terrain de transport, elles s'y enfoncent, en suivant les fissures et les fentes, jusqu'à ce que le roc devienne entièrement compact. A sa rencontre, toutes celles qui sont descendues par des fissures en communication, se réunissent et suivent la plus inférieure des fentes qui peuvent les conduire au jour; d'où il suit que dans les roches peu fendillées, ou dont les fentes ne pénètrent qu'à une petite profondeur, les sources seront en grande quantité, mais peu abondantes : tel est le cas de presque tous les terrains primitifs, et principalement des terrains granitiques; les eaux y sourdent de tous côtés, elles y sont pures et limpides.

Mais si les roches sont comme perméables à l'eau et présentent des fissures qui s'enfoncent à de grandes profondeurs, telles sont sur-tout les calcaires secondaires, alors les eaux pluviales y descendront très-souvent bien au-dessous du niveau

---

(1) *Encyclopédie*, article *Sonde*.

(2) Paganiol de la Force, Hericart de Thury, etc.

des vallées voisines ; elles s'y rassembleront et y formeront de ces grands réservoirs souterrains que nous avons déjà mentionnés. Les énormes grottes et cavernes que ces roches contiennent leur fourniront un emplacement convenable ; ce sera la plus basse des fissures aboutissant à ces cavités, qui conduira au dehors le trop plein du réservoir, et qui donnera lieu à une source, dont la force sera en quelque sorte proportionnelle à l'étendue superficielle du réservoir, ou plutôt à celle de l'espace qui y envoie ses eaux. D'après cela, les sources seront peu nombreuses dans de pareils terrains ; des vallées entières ou des espaces de plusieurs lieues carrées en seront dépourvus ; mais celles qu'on y trouvera seront souvent remarquables par leur grosseur. C'est des montagnes calcaires que sortent celles qui sont célèbres par leur grand volume : telles sont, en France, la fontaine de Vaucluse, que l'on a remontée en bateau jusque dans la caverne d'où elle sort (1) ; la Loue, dans le Jura, qui met en mouvement quatre usines dès sa sortie de terre (2), etc.

La diverse disposition des grottes et de leurs communications, dans ces mêmes montagnes, donne lieu aux phénomènes des *fontaines intermittentes* que l'on trouve décrites dans les ouvrages de physique (3). Si le canal par lequel l'eau sort du réservoir souterrain, est courbé en forme de siphon, et qu'il puisse verser plus d'eau qu'il n'en entre dans le bassin, après qu'il aura vidé toute celle qui serait entre le niveau de sa convexité et le point où il aboutit dans le réservoir, l'écoulement cessera, et il ne reprendra que lorsque l'eau, recevant continuellement le produit des filtrations, sera de nouveau parvenue à la hauteur de la convexité du siphon. Tel est le cas de la fontaine

---

(1) Lamartinière, *Dictionnaire de géographie.*

(2) André de Gy, *Théorie de la terre.*

(3) Brisson, *Dictionn. de Phys.*, art. *Fontaines.*

de Fontestorbe, près de Bellesta, dans les Pyrénées : dans les saisons sèches, son intermittence est bien marquée; alors l'eau coule pendant environ une demi-heure, de manière à faire aller un moulin, et puis l'écoulement cesse pendant une autre demi-heure : à l'époque où je l'ai observée, elle employait environ 10' à augmenter de niveau, 30' à couler plein, et 35' à baisser de niveau; à peine avait-elle atteint le plus grand abaissement qu'elle augmentait de nouveau : elle roulait environ dix fois plus d'eau dans sa plus grande crue que dans sa plus grande baisse : vraisemblablement la distance entre le point où l'eau sort du siphon et celui où elle aboutit au jour, ainsi que le mélange des eaux provenant de réservoirs particuliers, étaient la cause des différences entre ses intermittences et celles qui ont lieu lorsqu'une eau se verse, sous nos yeux, par un siphon.

Les sources sont en général, et toutes choses égales d'ailleurs, plus abondantes dans les montagnes que dans les plaines. Les principales raisons de cette différence peuvent provenir :

1° De ce qu il pleut davantage sur les pays montagneux (§ 15). Les montagnes exercent une action sur les nuages : lorsque l'atmosphère commence à se troubler, c'est ordinairement autour de leurs cimes que se forment les premières nuées; c'est près d'elles qu'elles se tiennent et s'accumulent le plus souvent (1).

---

(1) Quelle est la nature de cette action que les montagnes exercent sur les nuages? Ce n'est point un effet de leur force attractive, ainsi qu'on le dit communément : si cette force portait contre une montagne, contre un nuage éloigné, du moment qu'il serait en contact, elle agirait avec plus d'énergie sur des molécules qui sont absolument indépendantes les unes des autres, elle les précipiterait contre les flancs de la montagne et ferait disparaître ainsi le nuage. La mer rejette or inairement près des côtes les corps flott s : il en est vraisemblablement de même de l'océan aérien, par rapport aux vapeurs dont il est chargé.

2° Il se fait vraisemblablement, sur les sommets des montagnes, une plus grande quantité de précipitation invisible de vapeurs; en d'autres termes, les rosées y sont plus abondantes, au moins dans de certaines circonstances. Bergmann rapporte, d'après Mercator, qu'il ne pleut jamais dans l'île de *San-Thome;* mais que dans le milieu il y a une grande montagne couverte de forêts, qui est continuellement entourée de nuages, et d'où il découle des ruisseaux qui fertilisent tous le pays (1). On a observé, dans des dunes, des sources qui tarissaient lorsque la saison était sèche, et qui recommençaient à couler dès que le tems devenait humide : si des dunes, dit Bergmann, attirent l'humidité de l'air et la résolvent en eau, que ne feront pas à cet égard les hautes montagnes?

Les arbres, les plantes, les mousses qui sont sur les montagnes ne peuvent manquer de contribuer à y favoriser la formation des sources. Outre leur action sur la condensation des vapeurs suspendues dans l'air, la fraîcheur qu'ils répandent autour d'eux, et l'obstacle qu'ils opposent aux rayons du soleil, lesquels ne peuvent atteindre le sol qu'ils recouvrent, empêchent ou du moins diminuent considérablement l'évaporation des eaux tombées sur ce sol : ils les contraignent, en quelque sorte, à s'y enfoncer, et à y produire des sources. C'est à la destruction des forêts, opérée au milieu des troubles de la révolution, dans quelques-unes de nos provinces, que l'on y attribue la diminution des eaux courantes.

3° Les glaces et les neiges qui recouvrent les sommités des hautes montagnes fournissent un aliment continuel à un grand nombre de sources qui sortent de leur pied, même durant les plus grandes sécheresses : et c'est précisément dans ces tems, à l'époque des plus grandes chaleurs, lorsque les autres sources diminuent, que celles-ci augmentent, et contribuent ainsi a

---

(1) *Physicalische Beschreibung der Erdkugel,* § 70.

maintenir l'existence et la force des grands courants d'eau qui coulent à la surface de la terre.

La forme des montagnes, leur élévation au-dessus du sol environnant, leur moins de perméabilité à l'eau que le terrain des plaines en général, etc., contribuent à faire bientôt reparaître au jour les eaux pluviales, et, par conséquent, à y rendre les sources plus nombreuses que dans les régions basses.

NOTE VII.

Des îles produites par les volcans.

Les écrivains de l'antiquité parlent souvent des îles que l'on a vu sortir du sein des mers de la Grèce. « Les célèbres îles de » Délos et de Rhodes, dit Pline le naturaliste, sont, d'après » ce qu'on rapporte, nées dans les flots : ensuite, on en a » vu paraître de plus petites, telles qu'*Anaphé*, au delà de » Mélos; *Nea*, entre Lemnos et l'Hellespont; *Alone*, entre » Lébédos et Théos; *Thera* et *Therasia*, au milieu des Cy» clades, la 4e année de la 135e olympiade; *Hiera* ou *Auto*» *mate*, situee entre les deux précédentes, et formée 130 ans » après. De notre tems, 110 ans après, sous le consulat de » M. Junius Silanus et L. Balbus, le 8 avant les ides de juillet » (l'an 19 de notre ère), a paru *Thia*. » (Liv. II, ch. 88 et 89.) Nous observerons au sujet de ce passage, que Pline ne donne que comme une simple tradition ce qu'il dit de l'origine de Délos et de Rhodes; origine qui, comme on sait, était liée avec les fables de la Mythologie des anciens; qu'il règne la même incertitude au sujet d'*Anaphé* (aujourd hui *Namphio*); que ce que nous avons vu arriver, dans les mêmes parages, au commencement du siècle dernier, rend très-croyable l'origine attribuée à *Therasia*, *Hiera* et *Thia*; que *Thera* (aujourd'hui *Santorin*), d'après les remarques du P. Hardouin, existait déjà, au moins en partie à l'époque ci-dessus assignée à sa formation; et cette partie existante est calcaire.

Strabon dit positivement qu'Hiera fut produite au milieu des flammes (1). Plutarque et Justin rapportent que sa formation fut accompagnée de beaucoup de feu et d'une grande ébullition dans la mer. Sénèque nous a conservé les détails exacts de la formation de ces îles au milieu de l'Archipel; il nous apprend qu'elles étaient produites par l'entassement des pierres que les agents volcaniques lançaient en l'air, tantôt sans les avoir considérablement changées, tantôt après les avoir réduites à l'état de ponces, et qu'enfin la sommité de ce tas paraissait au-dessus des eaux (2). D'après ces témoignages, il est évident que toutes ces îles de la mer de la Grèce, que les anciens disent avoir vu sortir du sein des flots, ne sont que des cimes de montagnes volcaniques (3).

---

(1) *Medio inter Theram et Therasiam loco, è mari flammæ. emicuerunt per dies quatuor, adeò ut totum ferveret mare, eòque paulatìm elatam veluti instrumentis insulam è massis compositam ediderunt, ambitu XII stadiorum.*

(2) Voici les expressions de Sénèque : *Majorum nostrorum memoriâ, ut Possidonius tradit, cum insula in Ægeo mari surgeret, spumabat interdiù mare et fumus ex alto ferebatur. Nam demùm producebat ignem, non continuum sed ex intervallis emicantem, fulminum more, quotiens ardor inferiùs jacentis superum pondus eviceral. Deindè saxa revoluta, rupesque partìm illæsæ, quas spiritus, antequàm verteretur, expulerat, partìm exesæ et in levitatem pumicis versæ : novissimè cacumen montis emicuit. Posteà altitudini adjectum et saxum illud in magnitudinem insulæ crevit. Idem, nostrâ memoriâ Valerio Asiatico cons.* (l'an 47) *iterùm accidit.....* (*Quæst. nat.* II, c. 26.)

(3) Voyez de plus grands détails sur ces îles dans la savante dissertation de M. Raspe, intitulée : *Specimen historiæ naturalis Globi terraquei, præcipuè de novis è mari natis insulis;* et dans la *Chorographie de la Grèce*, par M. Malte-Brun, au tom. X de sa *Géographie universelle.*

De pareilles formations se sont renouvelées depuis et à diverses époques dans ces mêmes parages. Il paraît qu'en 726, l'île d'Hiera reçut un nouvel accroissement, et qu'en 1457 (ou en 1575), toujours dans le golfe de Thera et au milieu des convulsions volcaniques, il se forma un nouvel îlot, à-peu-près dans le même emplacement où avait paru *Thia* sous le consulat de Silanus, et qui s'était ensuite engloutie dans les flots. Enfin, au commencement du dernier siècle, il s'est produit encore une nouvelle île au milieu de celles qui existaient déjà. Comme nous avons des relations authentiques de ce singulier phénomène, et qu'elles peuvent mettre à même d'apprécier ceux du même genre, je vais exposer, en abrégé, les circonstances principales de cette formation.

Le 23 mai 1707, au lever du soleil, on vit en mer, à une lieue des côtes de l'île de Santorin, un rocher flottant. Des matelots le prirent pour un bâtiment qui allait se briser, et ils se dirigèrent vers lui dans l'intention de le piller : arrivés auprès, et ayant vu ce que c'était, ils eurent le courage d'y descendre, et ils en rapportèrent de la pierre ponce et quelques huîtres qui y étaient adhérentes. Le rocher n'était vraisemblablement qu'une grande masse de ponces que le tremblement de terre, qui avait eu lieu deux jours auparavant, avait détaché du fond de la mer. Au bout de quelques jours, il se fixa et forma ainsi une petite île, dont la grandeur augmenta de jour en jour. Le 14 juin, elle avait 800 mètres de circuit, et 7 à 8 de haut : elle était ronde et formée d'une terre blanche et légère (ponces et *peperino*). A cette époque, la mer commença à s'agiter; et il se fit sentir dans l'île une chaleur qui en empêcha l'accès, une forte odeur de soufre se répandit tout à l'entour. Le 16 juillet, on vit paraître, tout près, 17 à 18 rochers noirs; le 18, il en sortit, pour la première fois, une fumée épaisse, et on entendit des mugissements souterrains; le 19, le feu commenca à paraître, et son intensité augmenta graduellement. Dans les nuits, l'île semblait n'être qu'un assemblage de fourneaux qui vomissaient des flammes : son volume s'accroissait, et l'infection devint insupportable à Santorin. La mer bouillonnait fortement, et jetait sur les côtes des poissons morts; les bruits souterrains étaient semblables à de fortes décharges d'artillerie; le feu faisait de nouvelles ouvertures, d'où il sortait des pluies de cendres et de pierres enflammées, qui retombaient quelquefois à plus de deux lieues de distance (1). Cet état de choses dura pendant un an.

Le 15 juillet 1708, le P. Gorré, jésuite, s'approcha de l'île, et voici le compte qu'il rendit de son voyage : « Nous eûmes » soin de nous fournir d'un caïque bien calfaté.... Nous fîmes » tirer droit à l'île par un endroit où la mer ne bouillonnait » pas, mais où elle fumait beaucoup. A peine fûmes-nous en- » trés dans la fumée, que nous sentîmes une chaleur étouf- » fante. Nous mîmes la main dans l'eau, et nous la trouvâmes » brûlante : nous étions pourtant encore à 500 pas de l'île. » N'y ayant pas d'apparence de pousser plus loin par-là, nous » tournâmes vers la pointe la plus éloignée de la grande » bouche. Les feux qui y étaient encore, et la mer qui jetait » de gros bouillons, nous obligèrent de faire un long circuit, » et encore sentions-nous bien de la chaleur.... Nous allâmes » descendre à la *grande Camœni* (Hiera), et nous eûmes la » commodité d'examiner, sans beaucoup de danger, la nouvelle » île : elle pouvait bien avoir 200 pieds de haut, un mille dans » sa plus grande largeur, et environ cinq milles de tour.... En » abordant à Santorin, nos mariniers nous firent remarquer que » la grande chaleur de l'eau avait emporté presque toute la poix » de notre caïque, qui commençait à s'ouvrir de tous côtés. »

M. de Choiseul, qui visita les lieux en 1776, dit que, pendant dix ans après sa formation, le volcan de la nouvelle île eut

(1) *Histoire de l'Académie*, 1708.

plusieurs éruptions, et qu'actuellement il est entièrement dans l'inaction. « L'eau n'est plus chaude en aucun endroit, dit-il ; » on n'y remarque même aucune exhalaison : on voit seule- » ment sortir par ses côtés une grande quantité de bitume et » de soufre qui nagent sur les eaux sans s'y mêler. »

L'île de Santorin, dont la surface est d'environ huit lieues carrées, présente un vaste golfe, demi-circulaire, qui a quatre lieues de diamètre, et dont la sonde n'a pu atteindre le fond. Le cercle tracé en entier passerait par l'île *Therasia* (aujourd'hui *Aspronysi*), qui en suit la courbure; dans le milieu se trouvent trois petites îles dont nous avons parlé; on les nomme *Camœni*, c'est-à-dire brûlées. Les rochers qui bordent le golfe sont noirs, calcinés, vitreux, et de la nature de l'obsidienne : ils s'élèvent à plus de 200 mètres au-dessus du niveau de l'eau ; le reste de l'île est calcaire. Il paraît, d'après cela, que ce golfe est un ancien cratère, immense à la vérité, et dont une partie s'est éboulée dans la mer ; que *Therasia* est un vestige de ses bords; que le volcan auquel il appartient brûle encore sous le fond de la mer, et que, dans ses grandes éruptions, il a produit les trois petites îles du milieu. Quant à Santorin, il paraît que, bien loin de devoir son origine aux feux souterrains, ainsi qu'on pourrait l'inférer du passage cité de Pline, il a été déchiré et presque anéanti par eux (1).

L'archipel des Açores a quelquefois présenté les mêmes phénomènes que celui de la Grèce. En 1638, il y parut une île peu éloignée de Saint-Michel. En 1720, à la suite d'un grand tremblement de terre, il s'en forma une nouvelle entre Tercère et Saint-Michel : elle jetait beaucoup de fumée; le fond de la mer voisine fut trouvé très-chaud; la hauteur de l'île, qui était d'abord assez considérable pour qu'on pût l'apercevoir à six

---

(1) Voyez les plans de ces îles et du golfe, dans le magnifique *Voyage pittoresque de la Grèce*, par M. de Choiseul.

lieues en mer, baissa bientôt au point qu'en 1722 elle était déjà à fleur d'eau (1).

En 1783, on vit une grande fumée sur la côte sud-ouest de l'Islande : la mer se couvrit de ponces jusqu'à une distance de plusieurs lieues; il sortit, à un petit éloignement de la terre, une petite île qui vomissait une quantité prodigieuse de flammes et de ponces. Sa longitude et sa latitude furent déterminées; le roi de Danemarck lui donna un nom; mais, l'année suivante, lorsqu'on alla pour la reconnaître de nouveau, d'après un ordre exprès du gouvernement, on ne la retr ouva plus : elle avait disparu.

Une nouvelle île s'est encore produite, il y a quelques années, sur la côte du Kamtschatka. Le 10 mai 1814, vers deux heures après midi, par un tems calme et serein, on entendit tout-à-coup un bruit considérable, et on vit s'élever, à environ quatre cents mètres du rivage, des flammes et d'épais nuages de vapeurs, au milieu d'explosions dont le bruit était pareil à celui du canon; d'énormes masses de terre et de grosses pierres étaient lancées en l'air avec force. Cet état de choses dura jusqu'au soir, alors on vit paraître un petit îlot qui vomissait du bitume par plusieurs bouches. Dix jours après on chercha à y pénétrer; on éprouva d'abord quelques difficultés à cause du bitume endurci qui l'entourait; le sol s'élevait à trois mètres au-dessus de la mer, et il était entièrement recouvert d'une masse blanchâtre et pierreuse (2).

Tels sont les faits principaux que l'histoire nous a transmis relativement à la formati on des îles par les feux souterrains : on voit que ce ne sont que des tas de pierres ponces, de scories, que les agents volcaniques ont amoncelées les unes sur les autres, et que souvent l'éboulement de ces matières incohérentes a ramené sous les eaux ces îles peu de tems après qu'elles en étaient sorties.

---

(1) *Histoire de l'Académie*, 1722.

(2) *Annals of philosophy*, 1814.

NOTE VIII (1).

De la diminution des eaux de la mer.

La mer a couvert autrefois nos plus hautes montagnes : le fait est si positif et si extraordinaire que l'on présume bien que son explication a été l'objet des méditations des savants.

Les uns, avec Deluc, ont supposé qu'il y avait dans l'intérieur de la terre de grandes cavernes, et que leurs voûtes s'étant enfoncées, elles avaient englouti une partie des eaux de l'Océan, lesquelles avaient ainsi baissé de niveau. Mais l'existence de ces immenses cavernes, quoique possible d'ailleurs, n'est indiquée par aucun fait ni même par aucune analogie. Au contraire, les observations ayant appris que le globe est plus dense dans son intérieur qu'à sa surface, et que sa densité moyenne est environ cinq fois plus grande que celle de l'eau, nous porteraient à retirer de cet intérieur, plutôt qu'à y porter, de grandes parties de la mer.

Si les eaux ne se sont pas enfoncées dans l'intérieur du globe, il faut, de toute nécessité que, se réduisant en vapeurs, elles aient abandonné notre planète et soient passées dans d'autres parties de l'univers. Demaillet, peut-être à l'insinuation de l'ingénieux Fontenelle, avait déjà émis cette opinion. Quelque extraordinaire qu'elle paraisse, et quoiqu'elle ne soit, en aucune manière, une consequence soit directe soit indirecte des faits connus, elle ne présente rien d'impossible, et elle a eu même quelque apparence de probabilité aux yeux du premier des météorologistes, géologue d'ailleurs aussi réservé que judicieux : Saussure, dans ses excellents *Essais sur l'hygromé-*

(1) C'est par erreur que la page 162 porte un renvoi à la note VIII, il concerne la note VII.

trie (§ 273), après avoir remarqué que le froid des hautes régions de notre atmosphère retient et emprisonne sur notre globe et autour de lui toute l'eau qui est à sa surface; que sans ce lien, après s'être réduite en vapeurs, traversant les régions où l'air est extrêmement rare, elle se serait répandue dans le vide immense qui sépare les corps célestes et aurait laissé notre terre aride et déserte, ajoute: « Cependant il n'est pas » impossible que, malgré ce lien, il ne s'en échappe encore » quelques portions qui se mêlent avec l'éther et qui abandonnent ainsi notre planète: ces pertes, accumulées pendant une » longue suite de siècles, pourraient même produire enfin, ou » avoir déjà produit, une diminution sensible dans les eaux de » notre globe. »

Werner, qui inclinait pour cette opinion, observe que peut-être un de ces corps célestes qui s'approchent quelquefois d'assez près de la terre, aurait pu, dans son passage, lui enlever une portion de son atmosphère, et, par suite, de ses eaux.

Les montagnes ont été formées dans le sein des eaux; c'est incontestable: mais s'ensuit-il que la masse générale des mers ait éprouvé une diminution? Cela n'est plus aussi positif; et peut-être, ont dit quelques auteurs, des causes particulières, telles qu'un changement de position dans l'axe de la terre, auront simplement déplacé les mers, et mis à découvert ce qui était autrefois dans leur sein. Mais, d'abord, ce que nous avons dit sur la figure de la terre, suffit pour montrer que, depuis la formation ou la consolidation de son écorce minérale, il n'y a pas eu de changement notable dans la position de l'axe de rotation: et, en second lieu, ce changement ne ramènerait jamais sous les eaux un grand nombre des montagnes coquillères qui y ont été formées. Par exemple, nous avons, presque sous l'équateur, à Guancavelica, des couches calcaires remplies de coquilles, et qui sont maintenant à 4300 mètres au-dessus de l'Océan; tout changement dans la position de l'axe terrestre ne pourrait qu'abaisser encore davantage les eaux au-dessous de ces couches, ou du moins il ne saurait les hausser.

Huttou, Playfair, etc., allant plus loin encore, diront: Les montagnes, il est vrai, ont été formées dans le sein des mers c'est positif; mais, si elles n'y sont plus aujourd'hui, ce n'est pas une raison pour que les eaux aient été autrefois à la hauteur de leur sommet actuel: après leur formation, elles et nos continents peuvent avoir été soulevés au-dessus du niveau de l'ancien océan et mis dans leur position actuelle. Il me semble que, pour nous sortir d'un embarras, on nous jette dans un bien plus grand; parce que nous sommes en peine de faire baisser le niveau, pour ainsi dire, mobile des mers, on nous propose de hausser le niveau solide de la terre ferme! Au moins, il n'y avait point d'impossibilité dans les moyens indiqués pour l'abaissement du premier; quelques considérations pouvaient même permettre de s'y arrêter quelques instants: mais un soulèvement général des continents répugne à toutes nos connaissances sur la configuration de la surface du globe et sur la disposition des masses minérales qui la composent, et ainsi qu'à toutes les idées que ces connaissances peuvent suggérer. Les phénomènes du redressement des couches, de l'exhaussement de quelques petites portions de terrain qui ont été portées un peu au-dessus du niveau des portions adjacentes, lors de l'affaissement de celles-ci, par une sorte de refoulement, ainsi qu'on le voit dans les houillères; les phénomènes de la production des monts volcaniques (§ 75 et 93), etc., sont des faits d'un tout autre genre; et on ne peut comparer des objets de différente espèce, c'est un des premiers principes des sciences naturelles.

Au reste, si l'on avait, par suite d'observations positives, des preuves de la diminution réelle des eaux des mers actuelles, on pourrait s'abstenir de toute hypothèse à ce sujet: encore ici, comme dans un grand nombre de cas géognostiques, on admettrait le fait avec ses conséquences immédiates, sans s'inquiéter de la cause.

Plusieurs savants ont, en conséquence, cherché à constater cette diminution des mers actuelles. Des académiciens d'Upsal, Linné et Celsius, entre autres, se sont spécialement occupés de cet objet. Ils firent faire, en 1731, une entaille à fleur d'eau sur une roche qui baignait la mer Baltique, au nord de *Loesgrund* : treize ans après, la mer se trouva de six pouces suédois (0,18 mètre) plus basse, et l'abaissement continue encore, d'après les observations faites en dernier lieu (1). Une autre marque tracée sur un rocher, dans le port de Vasa, indiqua, au bout de vingt-cinq ans, un abaissement de cinq pouces (0,15 mètre). Plusieurs autres observations, sur la diminution de profondeur dans les ports, sur la réunion de bras de terre autrefois séparés par les eaux, indiquèrent encore un abaissement de niveau dans la Baltique. Quelques-unes des preuves alléguées trouvèrent des contradicteurs, dans le sein même de l'académie : Brovalius et quelques autres s'élevèrent sur-tout contre l'extension que l'on voulait donner à une conséquence qui ne concernait qu'une localité. Bergmann, témoin de toute cette discussion, la résume, en disant : que les preuves données en faveur de la diminution des eaux de la mer, la rendent extrêmement probable ; que cependant, elles ne sont pas à l'abri de toute objection ; mais que celles qu'on a faites ne lui paraissent point prouver que la diminution n'a pas lieu (2).

On a fait encore, en Italie, un grand nombre d'observations sur l'élévation respective du niveau de la mer et de celui des côtes ; et leur ensemble semblerait même prouver un exhaussement, plutôt qu'un abaissement du premier. Par exemple, l'ancien pavé de la cathédrale de Ravenne serait aujourd'hui à un demi-pied au-dessous du niveau des eaux : et on ne peut supposer qu'il ait été établi dans une position si désavantageuse.

---

(1) M. de Buch *Voyage en Norwége*, tom. 2, p. 279.

(2) *Physicalische Beschreibung der Erdkugel*, § 152.

M. Breislak remarque que, dans l'île de Caprée, quelques pavés d'un des palais de Tibère sont maintenant couverts par les eaux : au reste, des affaissements du sol peuvent avoir aussi produit ces changements de position respective. M. Breislak lui-même observe que les phénomènes du temple de Jupiter Sérapis, près de Pouzzol, présentent tout-à-la-fois des indices d'abaissement et d'élévation : si le pavé en est maintenant un peu au-dessous de la mer, d'un autre côté, trois colonnes de marbre qui sont debout, et qui présentent, à une hauteur de dix pieds, sur une zone de six pieds de large, une multitude de traces de vers marins, sembleraient indiquer que, depuis que les colonnes sont en place, la mer a été de seize pieds plus élevée qu'aujourd'hui (1). Au reste, nous nous garderons bien de tirer la moindre conséquence de ces faits isolés et contradictoires : nous ne les rapportons ici que parce qu'il en est souvent question dans les discussions géologiques. Nous nous bornerons à observer que les descriptions des géographes anciens indiquent que nos côtes avaient, il y a près de vingt siècles, leur forme actuelle : et que les observations des savants français, en Egypte, sur la position de quelques monuments placés près du niveau de la mer, ne dénotent aucun changement sensible dans son élévation, depuis l'érection de ces monuments.

On a cherché encore, dans les monuments de la nature, des preuves de l'abaissement des mers. M. Playfair pense que les côtes de l'Angleterre en présentent de manifestes : Cook et d'autres navigateurs en ont vu encore dans les régions équatoriales et dans la mer du Sud : les professeurs Donat et Pini ont observé, sur des rochers peu élevés au-dessus de la Méditerranée, des trous et des vestiges de pholades absolument

(1) M. de Gimbernat a fait voir, d'une manière aussi ingénieuse que probable, comment ce fait extraordinaire pouvait résulter d'une cause locale. *Bibliothèque universelle*, 1819.

semblables à ceux qu'on voit maintenant sous les eaux, dans ces mêmes parages. Mais encore ces faits ne me paraissent pas assez concluants; ils semblent dépendre uniquement des localités.

Je dois ici remarquer que l'augmentation de la différence de niveau entre la surface des eaux et quelques points observés sur la terre ferme, qui était, pour les savants suédois, une preuve de l'abaissement de cette surface, n'est aux yeux de M. Playfair qu'une preuve de l'exhaussement des points observés: car, dit-il, on ne saurait admettre l'abaissement du niveau des mers en un point, sans l'admettre aussi sur toute la surface de l'Océan : or, les observations faites dans nos ports, prouvent que cet abaissement général n'a pas lieu. MM. de Buch et Breislak partagent cette opinion sur le soulèvement des terres; mais il me semble qu'on ne saurait admettre une conséquence aussi extraordinaire, avant que les faits dont on veut la déduire n'aient été constatés dans tous leurs détails.

Werner remarque que, s'il était bien prouvé que le niveau des mers se maintient exactement à la même hauteur, on pourrait en conclure la diminution des eaux; car les graviers, sables et limons que les fleuves portent dans leur sein, et qui en exhaussent nécessairement le fond, devraient aussi en élever le niveau, si la quantité d'eau restait la même. Manfredi, après avoir prouvé directement l'exhaussement du fond de l'Adriatique, conclut, d'une suite de longs calculs, que le niveau général des mers devrait s'élever de six pouces en 348 ans, par l'effet des matières charriées par les fleuves.

En résumé, soit que la mer ait été autrefois à un niveau bien plus élevé, ainsi que cela paraît incontestable aux yeux de presque tous les naturalistes; soit même qu'elle ait été à un niveau inférieur au niveau actuel, ainsi que la forme de quelques vallées et parties de la terre ferme, là où elles s'enfoncent sous les eaux, pourrait porter à le croire, nous pouvons conclure que l'ensemble de nos observations indique qu'il n'y a point eu de changement sensible dans le niveau général des mers depuis les tems historiques.

Les eaux sont-elles arrivées à leur niveau actuel par l'effet d'un abaissement ou mouvement subit, d'une révolution sur le globe, d'ou daterait l'ordre actuel des choses, ainsi que le pensent MM. Deluc, Cuvier, etc., ou bien par l'effet d'une diminution graduelle, dans un ordre de choses dont le nôtre serait une continuation non interrompue, comme le croyaient Linné, Bergmann, Werner, etc.? Je n'oserais prononcer ; quoique d'ailleurs l'examen des parties basses de nos continents et de nos terrains de transport donne une plus grande probabilité à la première de ces deux opinions.

NOTE IX.

Des principaux systèmes de géogénie.

L'examen des divers modes dont le globe terrestre a pu être formé, c'est-à-dire des divers systèmes de géogénie, est étranger à ce traité ; on peut voir l'exposition et la réfutation d'une cinquantaine de ces systèmes dans la *Théorie de la Terre* par Lametherie. Cependant, afin de ne pas renvoyer à un autre ouvrage la connaissance de ceux qui fixent, à cette époque, l'attention des minéralogistes, et dont la discussion se mêle continuellement aux dissertations géognostiques, je vais donner une idée très-succincte de ceux de Buffon, Deluc, Hutton, Laplace et Herschell.

Système de Buffon.

Buffon a supposé qu'une comète, passant avec rapidité près le soleil, globe de matière embrasée et bouillonnante, avait choqué une portion de sa surface, l'avait détachée et lancée dans l'espace; et que cette portion, en se réunissant autour de divers centres, avait produit les différentes parties du système planétaire, et par suite la terre. Celle-ci était donc dans l'origine une masse en fusion (de nature vitreuse ou quartzeuse). Elle se refroidit et se consolida d'abord à sa surface; une partie des vapeurs qui constituaient l'immense atmosphère de ce globe de feu, se condensa, se réduisit en eau et forma les mers. Celles-ci attaquèrent la croûte consolidée, la délayèrent, en prirent les éléments en dissolution, les remanièrent, et, les laissant ensuite tomber sous forme de précipités, elles donnèrent naissance aux masses et couches minérales. Ces mêmes mers, par leurs mouvements et par leurs courants, sillonnèrent l'écorce qu'elles venaient de former, et produisirent de cette manière nos montagnes et nos vallées. L'exposition de ce système a procuré à notre littérature deux de ses chefs-d'œuvre, le *Discours sur la théorie de la terre*, et les *Époques de la nature* : quel que soit le jugement que l'on porte sur le fond du système, on n'en trouve pas moins, à chaque page de ces écrits, cette grandeur dans les vues et cette élévation dans le style, qui ont si justement fait dire de ce digne historien de la nature, *majestati naturæ par ingenium*.

Système de Deluc.

Deluc, commentateur de la version de Moïse sur la formation de la terre, a combattu, pendant trente ans, avec une ardeur et une constance infatigables pour la défense d'un système que je vais faire connaître, en me tenant aussi près que possible des expressions de l'auteur. Le premier coordonnateur de cet univers a primitivement formé nos globes dans les lieux où ils sont. Originairement ils étaient composés de *pulvicules* ou éléments secs et incohérents : la lumière fut créée et le soleil devint lumineux : ses rayons, arrivant sur la terre, y développèrent la cause de la chaleur ; les pulvicules de l'eau devinrent liquides jusqu'à une certaine profondeur ; l'eau prit alors en dissolution une partie des pulvicules des autres corps ; une autre partie d'entre eux, descendant au milieu d'elle, par son poids, alla se déposer au fond de cette mer, c'est-à-dire sur la partie non fondue encore par la chaleur ; elle y forma une *vase* (§ 83) : les pulvicules en dissolution se réunirent, d'après les diverses lois de l'affinité, ils cristallisèrent et formèrent, sur la vase, une croûte solide; ce sont les terrains primitifs. La résolution de l'eau pulviculaire en liquide continuant, il se fit des vides sous la croûte; elle se brisa, et ses parties s'affaissèrent. Les eaux extérieures, pénétrant dans ces cavernes, diminuèrent à la surface; de nouveaux pulvicules vinrent se mêler dans la dissolution, et il se forma de nouvelles couches. A une certaine époque, les piliers qui soutenaient une grande portion de la croûte, manquèrent; elle s'affaissa tout-à-coup, les eaux extérieures éprouvèrent une grande diminution, et les continents de l'ancien monde furent mis à sec: ils se peuplèrent d'animaux terrestres et de végétaux; la mer se peupla aussi. Des affaissements partiels continuèrent encore à avoir lieu, et de nouvelles couches à se former. Enfin les masses de pulvicules, ou piliers, qui soutenaient les continents devenant liquides, ces terres s'affaissèrent; « la mer, se versant sur les parties affaissées (c'est le déluge » universel), abandonna son ancien lit, qui est devenu nos conti» nents actuels. C'est ici l'époque qui a conduit notre globe à » son état actuel, car les effets des causes agissantes furent » épuisés: depuis, le niveau de la mer n'a pas changé, et il ne » s'est plus formé de couches minérales: les dernières pre» cipitations étaient de pur sable; » c'étaient des pulvicules simplement concrétionnés. Lors des affaissements, des portions de terrain éprouvèrent un mouvement de bascule, qui, en précipitant dans des gouffres profonds une des branches de la bascule, souleva l'autre à de grandes hauteurs; telle est l'origine des vallées et des montagnes (§ 91).

Système de Hutton.

Un des derniers combats de Deluc est contre un système très-accrédité en Angleterre, dont Hutton est l'auteur, et qui doit ses succès aux talents et à l'éloquence de son commentateur, M. Playfair. En voici le court exposé. Les continents sont en proie à l'action destructive de l'atmosphère et de l'eau; leur masse se décompose et s'éboule, les débris en sont portés et étendus au fond des mers. La chaleur souterraine, favorisée par la compression de la grande masse d'eau qui repose sur ces lits, exerce son action sur eux : elle ne fait que pénétrer, amollir, e consolider les supérieurs, qui deviennent nos couches stratifiées; mais elle fond entièrement ceux qui sont au-dessous et qui forment nos granites, nos diabases, nos *whin*. La chaleur, par sa force expansive, a souvent poussé et injecté cette matière fluide dans les couches; de là les veines et filons granitiques qu'on y trouve quelquefois. Enfin, par suite de cette même force expansive, elle a soulevé ces couches et ces masses; elle les a élevées au-dessus du niveau des eaux et les a mises dans leur position actuelle, et elle a ainsi formé de nouveaux continents. A leur tour, ils sont attaqués par les agents de destruction; leurs débris sont étendus sur la superficie des anciens continents, au-dessus desquels la mer s'est retirée : il s'y forme de nouvelles couches qui seront également soulevées et deviendront de nouveaux continents. Cette succession continuelle de destructions et de formations durera jusqu'à ce qu'il plaise à Dieu d'y mettre une fin. A-t-il jamais plu à Dieu qu'un pareil ordre de choses eût un commencement? J'en doute (1).

Système de M. Laplace.

M. Laplace, après avoir pris en considération toutes les parties de notre système planétaire, et tous leurs divers mouvements, en déduit une hypothèse qui n'est en opposition avec aucun des faits astronomiques observés, et qui en explique une grande partie. « La considération des mouvements planétaires nous conduit à penser, dit-il, qu'en vertu d'une chaleur excessive, l'atmosphère du soleil s'est primitivement étendue au-delà des orbes de toutes les planètes, et qu'elle s'est resserrée

(1) Voyez le développement et la défense de ce système dans les *Illustrations of the huttonian theory*, par M. Playfair, 1802. Cet ouvrage a été traduit en francais, ainsi que la réfutation que M. Murray a fait du même système.

successivement jusqu'à ses limites actuelles; ce qui peut avoir eu lieu par des causes semblables à celle qui fit briller du plus vif éclat, pendant plusieurs mois, la fameuse étoile que l'on vit tout-à-coup, en 1572, dans la constellation de Cassiopée.... On peut conjecturer que les planètes ont été formées aux limites successives de cette atmosphère, par la condensation des gaz qu'elle a dû abandonner dans le plan de son équateur, en se refroidissant et en se condensant à la surface de cet astre. Les zones de vapeurs ont dû former, par leur refroidissement, des anneaux liquides ou solides autour du corps central; mais ce cas extraordinaire ne paraît avoir eu lieu dans le système solaire que relativement à Saturne. Elles se sont généralement réunies en plusieurs globes, et quand l'un d'eux a été assez puissant pour attirer à lui tous les autres, leur réunion a formé une planète considérable... On peut conjecturer encore que les satellites ont été formés d'une manière semblable par les atmosphères des planètes. » D'après cette hypothèse sur l'origine du monde, que M. Laplace présente, dit-il, avec la défiance que doit inspirer tout ce qui n'est point un résultat de l'observation ou du calcul, la terre serait comme une concrétion de matière originairement gazeuse.

Idées d'Herschell.

Les dernières observations d'Herschell, sur le système du monde, semblent donner un nouveau poids à cette opinion. Cet habile observateur, dans ses remarques sur la matière nébuleuse qui est disséminée dans l'espace, pense que cette matière éthérée a pu produire, par sa condensation, les étoiles et les planètes. Il croit avoir encore remarqué que le noyau de quelques comètes diminue de volume, dans le voisinage du périhélie, et qu'il augmente ensuite lorsque l'astre s'éloigne de ce point. Vraisemblablement, dans le premier cas, la chaleur du soleil réduit à l'état de vapeur une partie de la masse du noyau, et cette vapeur redevient solide lorsque la chaleur diminue.

Un pareil mode de formation concernerait l'intérieur ou le

noyau du globe; car d'ailleurs, dans ces hypothèses, comme dans celle de Buffon, l'écorce de la terre, objet des observations du géologiste, pourrait toujours avoir été produite dans le sein d'une vaste mer, résultant de la condensation de cette prodigieuse quantité de vapeurs aqueuses (ou de nature analogue), qui entouraient nécessairement ces globes ignés, et qui étaient mêlées avec les vapeurs ou les gaz qui ont produit les corps solides.

NOTE X.

De la température de la terre (1).

Lorsque l'on considère les phénomènes de température que présente la surface de la terre, et qu'on les voit en un rapport intime avec l'action du soleil, on est porté à regarder cet astre comme l'unique source de la chaleur de notre planète; et il semble que son action seule peut rendre raison de tous ces phénomènes. En effet, le soleil envoie continuellement, tout autour de lui, des rayons calorifiques; ceux qui rencontrent la surface de la terre y sont en partie absorbés, et en partie réfléchis dans l'espace; par l'effet de ces absorptions successives et continuelles, la température du globe aurait augmenté, jusqu'à ce qu'il se fût établi un équilibre entre les causes qui tendent à accroître cette température, celles qui tendent à la diminuer, et l'affinité des couches terrestres pour la chaleur solaire. S'il en était ainsi, il paraît que cet état d'équilibre serait établi depuis long-tems, et que l'écorce superficielle du globe aurait acquis le degré de saturation de chaleur dépendant des trois causes que nous venons d'indiquer: de sorte qu'aujourd'hui, elle perdrait d'un côté ce qu'elle gagne de l'autre; car nous n'apercevons plus, dans le

---

(1) Un extrait de cette note avait déjà été publié, en 1806, dans le *Journal de physique*, tom. 62.

même lieu, et avec les moyens qui sont à notre disposition, aucune augmentation ou diminution sensible dans la température. Celle qu'aurait ainsi acquis l'écorce se serait communiquée de proche en proche aux couches inférieures ; et il aurait pu arriver, par suite d'une accumulation très-long-tems répétée, que la partie du globe accessible à nos observations, et peut-être sa masse entière, eût pris une température uniforme. Cette quantité constante, se joignant aux quantités variables de chaleur que le soleil produit immédiatement et journellement à la surface, donnerait lieu aux différences de température que l'on remarque.

Mais si l'on porte son attention sur l'intérieur de la terre, sur les phénomènes des volcans, sur ceux des eaux thermales, sur la chaleur qu'on éprouve dans les souterrains, notamment dans les mines, sur son augmentation à mesure qu'on s'enfonce, il sera bien difficile de ne pas attribuer au globe terrestre des causes de chaleur qui lui sont entièrement propres. Leur effet, se combinant avec l'action du soleil, donnera lieu aux divers phénomènes de la température de la terre, c'est-à-dire aux diverses variations de cette température.

L'exposé méthodique de ces variations, en se bornant aux faits que l'observation nous a mis à même de bien constater, va être l'objet de cette note. Nous la diviserons en trois articles : le premier comprendra les variations observées à la surface de la terre ; le second celles qui ont lieu lorsqu'on s'élève au-dessus de cette surface ; et le troisième, celles que l'on observe en s'enfonçant au-dessous.

ART. Ier. *Température à la surface de la terre.*

La température de la surface de la terre, celle que nous y éprouvons habituellement, varie, comme l'on sait, d'un lieu à un autre, selon la latitude, l'élévation du sol, son exposition, et autres circonstances locales. Avant de nous livrer à l'examen des effets de ces différentes causes, voyons comment nous déterminerons la température d'un point de cette surface.

A la rigueur, cette température serait donnée par l moyenne des observations thermométriques faites à ce point, aux différents moments de la journée pendant plusieurs années. Mais ce mode de détermination serait aussi long que compliqué, et peut-être n'existe-t-il pas un point du globe pour lequel il ait été convenablement exécuté. Nous allons lui en substituer un bien plus simple, et aussi propre à notre objet (la détermination de la température de la couche superficielle du globe). A mesure qu'on s'enfonce dans la terre, les variations horaires, diurnes et mensuelles, en température, diminuent graduellement, et finissent bientôt par être nulles; les premières ne sont plus sensibles à un mètre de profondeur, et les dernières à une quinzaine de mètres. A dix mètres sous terre, Saussure n'a observé, dans l'espace de trois ans, qu'un degré et demi de variation (1): un thermomètre tenu, à Genève, au fond d'un puits de onze mètres, pendant une longue suite d'années, n'y a varié que de 1 à 2°, tandis que la variation à la surface a été de plus de 60° : de sorte qu'il est très-vraisemblable qu'à quelques mètres plus bas, la variation eût été nulle. D'où nous pouvons conclure qu'une expérience faite à la profondeur de 15 ou 20 mètres, ou, tout au plus, la moyenne entre deux expériences faites aux deux solstices de l'année, donnera une quantité constante qui représentera la vraie température du lieu que l'on considère : un puits, une source, une caverne, employés avec discernement, suffiront pour cette détermination. Je dois cependant observer que la température ainsi conclue, tendant vers une moyenne générale, donne, dans les climats septentrionaux ou froids, des résultats un peu plus forts, et dans la zone torride des résultats un peu plus faibles que ceux

---

(1) *Voyage dans les Alpes*, §§ 1418 et suiv.

indiqués par les observations faites dans l'atmosphère (1); mais, je le répète, ce mode de détermination est peut-être encore plus convenable à notre objet.

Cherchons d'abord à apprécier le seul effet de la latitude; et voyons, en conséquence, la température des lieux peu éloignés de la mer, et peu élevés au-dessus de son niveau L'observation la plus remarquable et la plus concluante à cet égard, est celle qu'on a faite à l'observatoire de Paris : depuis 1680, on y observe un thermomètre placé dans une galerie souterraine, ou plutôt, dans une portion de galerie dont les communications, tant avec les souterrains environnants qu'avec l'air extérieur, sont interceptées : l'instrument y est à 28 mètres sous terre, et à 45 mètres, environ, au-dessus du niveau de l'Océan : il se tient constamment à la même hauteur; ses variations n'excèdent pas deux ou trois centièmes de degré; les observations faites avec un soin particulier, ces dernières années, ont donné 12°,09 pour *maximum*, et 12°,06 pour *minimum*. Ainsi, la moyenne serait 12°,075, ou plutôt 11°,7, à cause d'une erreur de 0,038 dans la graduation reconnue en 1817 par M. Arago (2). Les savants français qui étaient en Égypte en 1799, ont trouvé que dans le puits Joseph, creusé au milieu de la citadelle du Caire, un thermomètre placé à 65 mètres de profondeur, s'y

(1) Ainsi, en Laponie, près du cercle polaire, la température de l'intérieur de la terre, celle des puits, est de 2 à 3° plus grande que celle de l'air. Par suite de la même cause, MM. de Buch et Wahlenberg ont trouvé, au Saint-Gothard, où la température est zéro, des sources dont la chaleur est de 3°. A Cumanacoa, là où la température de l'air est de 25 à 26°, M. de Humboldt a vu les sources à 22° 5 : à Cuba, il a trouvé la température des grottes de 22 à 23°, tandis que celle de l'air était de 25°,6 du thermomètre centigrade. Ce thermomètre est le seul employé dans cet ouvrage.

(2) *Annales de chimie et de physique*, décembre, 1817.

tenait à 22°,5. Hamilton a fait, en 1788, une suite d'observations sur la température de la terre, en Irlande, dans des puits couverts et profonds, ainsi que dans de fortes sources ; nous donnons, dans le tableau suivant, celles qu'il a faites à Dublin, Cork, Eniscoo et Bellycastle, c'est-à-dire toutes celles qu'il a faites à peu de distance de la mer, et à une petite élévation (1). Hellant, académicien suédois, a fait, dans le nord de l'Europe, des observations de même nature : après s'être assuré, par l'expérience, que la chaleur des puits bien fermés donnait la chaleur du terrain adjacent, il a trouvé 7° $\frac{1}{2}$ pour la température de Stockholm, de 2 à 4° pour celle de Torneo, et de 2° à 2,5 pour celle de Wadsoë, près Wardhus, en Laponie : la première de ces deux dernières quantités a été trouvée en juillet 1748, et la seconde au mois de décembre, dans un puits de 6 mètres de profondeur (2).

Ces faits les plus positifs, je dirai même les seuls parvenus à ma connaissance, indiquent un accroissement de température, en allant vers l'équateur, proportionnel au cosinus de la latitude élevé à la puissance 2 $\frac{1}{4}$; d'après cela, et en partant de l'observation faite à Paris, les températures observées seraient à très-peu près représentées par 30° coss. $^{2\frac{1}{4}}$ latitude, ainsi que le montre le tableau suivant, dans la colonne A (3).

---

(1) *Bibliothèque britannique*, tom. 8.

(2) *Mémoires de l'académie de Stockholm*, 1753.

(3) Dans le Mémoire imprimé en 1806, l'accord entre les résultats du calcul et de l'observation était plus parfait. Je basais mes formules sur le fait généralement admis, que la température des caves de l'observatoire de Paris était de 12° (9,6 Réaumur) : j'avais alors 31° coss. $^{2\frac{1}{4}}$ lat. et 28° coss. ^{2} lat. : encore aujourd'hui je penche pour cette dernière formule.

LIEU DE L'OBSERVATION.	LATITUDE.		TEMPÉRATURE		
			OBSERVÉE.	CALCULÉE.	
				A.	B.
Le Caire.	30°	2	22°5	21,7	20,3
Paris.	48	50	11,7	11,7	11,7
Londres.	51	29	10,8	10,3	10,5
Cork.	51	54	10,6	10,0	10,3
Dublin.	53	20	9,6	9,3	9,6
Eniscoo.	54	48	9,3	8,6	9,0
Bellycastle.	55	12	8,9	8,5	8,8
Stockholm.	59	20	7,5	6,7	7,1
Tornéo.	65	51	3,0	3,9	4,5
Wadsoë.	70	20	2,2	2,5	3,0

Nous pouvons, sans erreur notable, admettre que, dans nos latitudes moyennes, la température thermométrique suit le rapport du carré du cosinus de la latitude, et qu'elle est donnée par

$$27^{\circ} \cos.^{2} \text{latitude (1)},$$

ainsi qu'on le voit dans la colonne B du tableau. Cette colonne montre, il est vrai, par les parties extrêmes, que le dé-

---

(1) Le cé èbre astronome Tobie Mayer avait admis que la diminution de température était proportionnelle au carré du sinus de la latitude, et qu'ainsi la température d'un lieu dont la latitude est l, était représentée par

$$E - m \sin.^{2} l,$$

E étant la température à l'équateur, et m un coefficient constant à déterminer par l'expérience. D'après les observations de M. de Humboldt, $E = 27^{\circ},5$, le coefficient constant, déterminé par cette observation et par celle de l'observatoire de Paris, serait 27,9; ainsi la formule de Mayer donnerait, pour l'expression de la température d'un lieu,

$$27^{\circ},5 - 27,9 \sin.^{2} l.$$

Le travail de Mayer m'était entièrement inconnu lorsque je

croissement réel est un peu plus rapide que celui indiqué par le calcul. Il paraîtrait plus rapide encore si nous comparions les résultats de ce calcul, avec ceux des observations thermométriques faites dans la couche inférieure de l'atmosphère, comme on le voit par le tableau suivant.

LIEU.	LATITUDE.	TEMPERATURE.		DIFFERENCE.
		OBSERVÉE.	CALCULÉE.	
Cumana. . . .	10° 27′	27,7	26,1	— 1,6
Naples.	40 50	17,4	15,4	— 2,0
Rome.	41 53	15,7	15,0	— 0,7
Toulouse. . . .	43 36	14,5	14,7	+ 0,02
Bordeaux. . . .	44 50	13,6	13,6	
Paris.	48 50	11,0	11,7	+ 0,7
Londres. . . .	52 30	10,3	10,5	+ 0,2
Copenhague. .	55 41	7,7	8,6	+ 0,9
Stockholm . .	59 20	5,7	7,0	+ 1,3
Cap-Nord . .	71 30	0,1	2,7	+ 2,6

Au reste, je dois rappeler qu'il règne un degré d'incertitude sur la plupart des résultats des observations thermométriques qui ont pour objet la connaissance de la température moyenne. En nous tenant à celles faites dans la couche superficielle de la terre, et en observant que celles à la couche supérieure de la mer donnent un résultat à peu près pareil, nous conclurons que, dans nos latitudes moyennes, la température d'un point de la surface est donné par le carré du cosinus de la latitude, multiplié par 27°, ou, ce qui revient sensiblement au même, que, du 30ᵉ au 60ᵉ degré de latitude, *la variation en température d'un lieu à un autre, par le seul effet de la latitude, et abstraction faite de toute autre circonstance locale*, est

---

fis le mien. Le résultat de sa formule, telle que nous venons de l'établir, diffère très-peu du nôtre, puisque

$$27{,}5 - 27{,}5 \sin.^2 l = 27{,}5 \cos.^2 l.$$

de près d'un demi-degré du thermomètre centigrade, par chaque degré de latitude.

L'élément qui, après la latitude, influe le plus sur la température d'un point de la surface du globe, est l'élévation de ce point au-dessus de la mer.

Nous verrons, dans l'article suivant, que, lorsqu'on s'élève dans l'atmosphère, la chaleur y décroît d'environ un degré par 160 mètres d'élévation. Mais celle des terres qui sont au-dessus du niveau de la mer, participant tout-à-la-fois de la température de la portion adjacente de l'atmosphère et de celle du globe, décroît dans un moindre rapport : elle décroît d'autant moins promptement que la terre, sur laquelle on la prend, présente un volume plus considérable : tout étant égal d'ailleurs, elle sera plus faible sur la cime d'une montagne isolée, que sur le milieu d'un grand plateau.

Sur celui de Mexico, à 2300 mètres d'élévation, M. de Humboldt a trouvé la température moyenne de 17°, tandis que sur les bords de la mer voisine elle est de 26° : ainsi, si l'on suppose que la diminution de la chaleur se fait en progression arithmétique, il faudra compter environ 250 mètres de hauteur par abaissement de 1° dans la température. Sur le plateau de Quito, à 3000 mètres, le même observateur trouve la température moyenne de 14°,3, et de 13°,2 plus basse que celle de la mer voisine; ce qui donne environ 230 mètres de hauteur par degré. Sur des sommités d'un moins grand volume, sur nos montagnes, le décroissement sera plus rapide. La moyenne des observations faites à l'hospice du Saint-Bernard, habitation la plus élevée de l'Europe, et qui est à 2510 mètres environ sur la mer, la moyenne des observations faites en 1818, donne un décroissement d'un degré par 200 mètres.

Saussure a fait un grand nombre d'observations sur la température, dans les Alpes, à diverses hauteurs, et avec des thermomètres qu'il enfonçait sous terre à des profondeurs où la variation diurne n'était plus sensible. Les résultats ont varié, pour l'élévation correspondante à un degré, de 133 à 177 mètres (1), et le terme moyen a été de 154 mètres. Ces observations ont été faites dans l'été : elles auraient indiqué une élévation plus considérable si elles eussent été faites dans une autre saison, ainsi que nous le verrons par la suite. D'après cette considération, et pour les diverses élévations dont nous avons le plus d'intérêt à connaître la température, je crois qu'on ne s'éloignera guère de la réalité en portant à 200 mètres la hauteur relative à un degré, ou, ce qui revient au même, *en estimant à un demi-degré, par cent mètres de hauteur, la diminution de température due à l'élévation du sol.* Il est inutile de rappeler que cette règle ne doit être considérée que comme une simple approximation : elle nous indique qu'*une élévation de cent mètres, équivaut à-peu-près à une augmentation en latitude d'un degré, sous le rapport de la diminution de température.*

Les autres éléments qui influent sur la chaleur des diverses parties de la surface du globe, peuvent encore moins être l'objet de quelque loi générale : nous allons nous borner à les indiquer.

1° La nature de l'eau, sa transparence, etc., la rendent beaucoup moins susceptible de s'échauffer et de se refroidir que la terre. Dans les environs de Marseille, Raymond a vu la chaleur de la terre aller jusqu'à 53° ; mais jamais celle de la mer voisine ne s'est élevée à 25° : en hiver, le froid de la terre y est quelquefois de —7,1, et celui de la Méditerranée n'a pas excédé +7,5. Les mouvements divers que les mers éprouvent, mêlant les eaux de différentes profondeurs et de différentes lati-

(1) §§ 2226, 2231, 2267, 2276, 2289, 2298, du *Voyage dans les Alpes.*

tudes, contribuent encore à établir sur leur surface une uniformité de température qui n'a pas lieu sur la terre ferme. Les terres voisines de la mer, se ressentant de cette moindre variation de température, n'éprouvent point, toutes choses égales d'ailleurs, d'aussi grands degrés de chaleur ou de froid, que celles qui sont plus enfoncées dans l'intérieur des continents sous le même parallèle.

2° Indépendamment de la cause que nous venons d'assigner, il paraît encore que la température de la partie septentrionale de notre continent, diminue à mesure qu'on s'avance vers l'orient. C'est ainsi qu'à Paris la température est déjà plus basse que sur les côtes de Bretagne ; qu'à Varsovie, elle est de 2°,7 plus basse qu'à Amsterdam ; qu'à Pékin, elle n'est que de 12°,7, tandis qu'elle est de 18° sur les côtes de l'Italie, sous la même latitude.

3° Les vastes forêts qui couvrent une grande partie de l'Amérique septentrionale, les grands lacs qu'on y trouve, son prolongement vers le pôle, etc., sont encore des causes qui affectent la température de cette partie du monde, et qui la rendent plus froide que n'est celle de l'Europe, à égalité de latitude. Au reste, quelle qu'en soit la cause, toujours est-il positif que la température est sensiblement plus froide dans les États-Unis d'Amérique ; et que la différence augmente à mesure qu'on remonte vers le nord.

4° L'hémisphère austral est en général plus froid que l'hémisphère boréal ; ce qui peut venir du moindre séjour que le soleil fait au sud de l'équateur, et peut-être plus encore de la moins grande quantité de terres que cet hémisphère renferme.

Outre les causes dont nous venons de parler, il en est d'autres qui sont entièrement particulières à chaque localité : telles sont, 1° l'exposition du sol par rapport aux divers points de l'horizon : Toulon et Trieste, situés au pied méridional des montagnes, doivent recevoir de cette circonstance une cause particulière de chaleur. 2° L'exposition par rapport aux diverses chaînes de montagnes qui arrêtent ou changent la direction de certains vents ; ainsi, dans nos climats, un pays, placé derrière une chaîne qui le garantit des vents du nord, jouira d'une température plus élevée que celui qui serait exposé à ces mêmes vents. 3° La nature même du sol ; des montagnes calcaires, blanches et nues donneront lieu à une réverbération des rayons solaires, qui augmentera considérablement la chaleur de l'été ; c'est peut-être la cause de celle qu'on éprouve dans plusieurs parties de la Provence. 4° La position dans le fond d'une vallée, le voisinage de glaciers ou de montagnes très-froides, etc., etc., sont encore des causes qui modifient la température de diverses parties de la terre.

D'après tout ce qui vient d'être dit, on voit que les lignes de même température, ou les lignes *isothermes*, ne sont point, sur notre globe, parallèles à l'équateur : elles paraissent s'écarter davantage de ce parallélisme, et se plier plus fortement de diverses manières, à mesure qu'on s'approche des pôles, d'après la remarque qu'en a faite M. de Humboldt dans son mémoire *sur les lignes isothermes, et la distribution de la chaleur sur le globe* (1).

La considération de ces lignes, c'est-à-dire du terme moyen de la température annuelle d'un lieu, est loin de suffire à la détermination ou connaissance de son climat, ainsi qu'aux conséquences que l'agriculture, la physiologie végétale et animale peuvent en déduire. Il faut y joindre encore la considération de l'intensité et de la durée du chaud et du froid qu'on éprouve dans les diverses saisons. M. de Humboldt a traité complétement cette matière dans le mémoire que nous venons de citer.

(1) *Mémoires de la société d'Arcueil*, tom. 3.

ART. 2. *Température de l'atmosphère.*

La surface de la terre échauffée par les rayons solaires, et par d'autres causes, devient comme un foyer qui émet la chaleur tout autour de lui; les diverses couches de notre atmosphère, reçoivent ce calorique rayonnant, et prennent un degre de temperature qui est d'autant plus grand, toutes choses égales d'ailleurs, qu'elles sont plus près de la surface, ou plutôt, qu'elles sont plus denses; l'air, en diminuant de densité, augmente de capacité pour le calorique, et devient plus froid. Elles reçoivent directement, en outre, une certaine quantité de chaleur des rayons solaires qui les traversent; mais cette quantité, qui est nulle dans les hautes régions où l'air est parfaitement diaphane, n'est encore que bien petite dans les régions inférieures; elle y est d'autant plus sensible que l'air est plus chargé de vapeurs; j'ai vu des nuages prendre des rayons du soleil une assez forte chaleur et la réverbérer autour d'eux: par l'effet de cette seconde cause, la température de l'atmosphère doit encore aller en diminuant, à mesure qu'on s'élève au-dessus de la terre.

Mais cette diminucion est loin de se faire d'une manière constante et régulière. Les couches supérieures de l'atmosphère sont loin de participer à toutes les variations de température qu'éprouvent celles qui sont voisines de la terre. Supposons, par exemple, que l'on soit vers le milieu d'un beau jour d'été; la reverberation des rayons solaires, les émanations des corps échauffés, l'ascension des gaz et des vapeurs qui se dégagent d'un sol quelquefois brûlant, communiquent bientôt une grande chaleur à la masse d'air qui est en contact avec ce sol: mais une partie de ces causes calorifiques cesse d'agir à une petite hauteur, et l'autre ne fait ressentir que lentement et peu a peu ses effets aux couches supérieures. De même, les causes qui produisent le froid qu'on éprouve à la surface de la terre dans la nuit et le matin, et même en hiver, n'agissent pas, ou n'agissent pas avec la même intensité, sur les couches plus élevées; de sorte que celles-ci prennent une chaleur moyenne qui varie d'autant moins dans les diverses parties du jour, et même dans les diverses saisons de l'année, qu'elles sont plus élevées. — Des observations directes attestent ce fait. Saussure, dans la belle suite d'expériences qu'il a faites au col du Géant, à 3400 mètres de hauteur, n'a trouvé la variation diurne en température que de 5° ; tandis que dans le même tems, elle avait été de 14° à Genève (1). Il n'est pas douteux qu'à la même hauteur, mais en pleine atmosphère, loin de tout corps capable de conserver et de transmettre le calorique, cette variation n eût été bien moindre : il est même très-vraisemblable qu'à des hauteurs qu'il est donné à l'homme d'atteindre, elle est absolument nulle : et Saussure estime qu'à 12 ou 14000 mètres la variation annuelle même n'est plus sensible. Dans ces hautes régions, où l'air est rare et diaphane, les rayons d'un soleil culminant traversent ce fluide sans l'échauffer; au milieu du jour il n'est pas plus chaud que dans la nuit; il ne l'est pas plus au solstice d'été qu'à celui d'hiver. Ces seuls faits suffisent pour montrer la très-grande différence qu'il y a entre les quantités dont la chaleur diminue à mesure qu'on s'élève dans l'atmosphère, dans les diverses saisons de l'année et aux différentes heures du jour. A une hauteur de quinze mille mètres (de trente, si l'on veut), la température est la même durant toute l'année, tandis que dans nos climats elle varie d'une cinquantaine de degrés : ainsi, dans l'été, la différence entre les températures extrêmes de la colonne atmosphérique pourra être de 50° plus grande qu'en hiver. A une hauteur de cinq ou six mille mètres, en pleine atmosphère, la variation diurne est nulle, tandis qu'elle est de dix ou quinze degrés à la surface

(1) *Voyage dans les Alpes*, § 2051.

de la terre ; de sorte que, dans les moments les plus chauds du jour, la différence entre les termes extrêmes sera peut-être double.

Indépendamment de ces causes générales dans la variation de la diminution de température à mesure qu'on s'élève, il est une infinité de causes particulières, locales et momentanées, telles que les vents, les remous, le voisinage des terres, la présence des nuages, etc., dont l'action perturbatrice est aussi grande qu'incontestable. Leurs effets réunis produisent des différences étonnantes dans les résultats de nos observations ; M. Gay-Lussac, dans son ascension aérostatique du mois d'août 1804 n'a vu le thermomètre baisser que de 3°,2 sur une hauteur de 2700 mètres ; tandis que, dans l'ascension du mois suivant, il a baissé de 40°25, sur une hauteur de sept mille mètres : ce qui donne, terme moyen, 173 mètres par degré, dans la dernière ascension.

Cependant, les moyennes, entre un grand nombre d'observations, peuvent nous donner un terme moyen, autour duquel se feront les oscillations. Il a été l'objet des recherches des physiciens, et en particulier de Saussure, qui a fait un très-grand nombre d'observations à ce sujet dans les Alpes : je donne ici le résultat de celles qu'il a faites sur le col du Géant, à 3400 mètres d'élévation, en juillet, pendant seize jours consécutifs : il fera connaître l'effet des heures sur la rapidité du décroissement de la chaleur (1). Je ferai connaître l'effet des saisons par un tableau présentant l'élévation correspondante à un degré du thermomètre, d'après la moyenne des observations faites durant chaque mois de 1818, à l'hospice du Saint-Bernard et à Genève, à deux heures après midi (2)

---

(1) Voyez le détail de ces observations dans le *Voyage dans les Alpes*, §§ 2050 et suiv

(2) Le thermomètre, au Saint-Bernard, étant placé près d'une

COL DU GEANT.		SAINT-BERNARD.	
Heures du jour.	*Hauteur*	*Mois*	*Hauteur*
Minuit	171$^{met.}$	Janvier	221^{met}
2 heures	189	Février	214
4	210	Mars	219
6	195	Avril	211
8	180	Mai	222
9	160	Juin	210
Midi	148	Juillet	142
2	140	Août	149
4	142	Septembre	164
6	141	Octobre	241
8	143	Novembre	201
10	157	Décembre	246
Moyenne	158	Moyenne	203

Saussure concluait de ses différentes observations, qu'en été, dans nos latitudes, la température moyenne de l'air, depuis le niveau de la mer jusqu'à la cime de nos plus hautes montagnes, décroît d'un degré du thermomètre de Réaumur par cent toises d'élévation, ou de 156 mètres par degré de notre thermomètre. Il pense qu'en hiver, le décroissement eût été de 230 mètres.

J'ai été moi-même conduit à un résultat à-peu-près pareil à celui de Saussure, par diverses observations dont les principales sont consignées dans le tableau suivant :

---

habitation presque toujours plus chaude que l'air ambiant, a dû, en général, indiquer de moindres degrés de froid que s'il eût été placé en pleine atmosphère; ce qui a donné des hauteurs un peu plus fortes qu'elles ne doivent être.

STATIONS.	DIFFERENCE DE NIVEAU	NOMBRE D'OBSERVAT.	HEURES DES OBSERVAT.	HAUTEUR PAR DEGRÉ.
	mèt.		h.	met.
Saint-Bernard et Paris.	2430	50	12	162
Saint-Bernard et Turin.	2217	52	12	143
Idem.	*id.*	24	12	138
Idem.	*id.*	24	8	167
Saint-Bernard et Aost.	1904	45	12	140
Idem.	*id.*	37	8	143
Pied et cime du Mont-Gregorio. . .	1708	10	12	152
Moyenne.				149

Cette moyenne est un peu inférieure à celle que d'autres observateurs, et notamment M. de Humboldt, ont déduite de leurs recherches. Ce dernier savant, au milieu des observations de toute espèce qu'il a faites dans les régions équinoxiales de l'Amérique, en a recueilli un grand nombre sur le décroissement de la chaleur à mesure qu'on s'élève sur les montagnes; et il en a déduit plusieurs conséquences, au sujet desquelles nous sommes contraints de renvoyer à son *Essai sur les réfractions astronomiques*, et à son *Mémoire sur les lignes isothermes*, ouvrages dans lesquels il a aussi traité en son entier la question du décroissement de la chaleur. J'expose ici le résultat de ses observations dans les Andes, en donnant l'élévation correspondante à un abaissement d'un degré dans le thermomètre, à diverses hauteurs; car M. de Humboldt remarque que la rapidité du décroissement varie suivant les hauteurs.

Du niveau de la mer à 1000 mètres.	170 mèt.
De 1000 à 2000.	294
De 2000 à 3000.	232
De 3000 à 4000.	131
De 4000 à 5000.	180

Je remarque que la majeure partie de ces observations, ayant été faites sur de grands plateaux, indiquent plutôt la température des terres élevées que celle de l'atmosphère à la même élévation. Nous avons déjà parlé de la première, et nous avons porté son décroissement à un degré par 200 mètres d'élévation. Le décroissement de la température de l'atmosphère paraît plus rapide, et nous l'estimerons à 160 mètres, d après l'ensemble de nos observations et de celles des physiciens.

Les ascensions aréostatiques, isolant en quelque sorte l'observateur au milieu de l'atmosphère, loin de toute influence de la terre, seraient bien les plus propres à faire connaitre la loi du décroissementde la température à mesure qu'on s'élève, si l'on pouvait tenir le ballon stationnaire à volonté. Mais la rapidité avec laquelle il passe d'une couche à l'autre, et la lenteur avec laquelle le thermomètre prend la température du milieu dans lequel il est plongé, laisseront toujours une incertitude dans l'attribution que l'on fera à une couche, d'un certain degré de température. Aussi le courageux physicien qui, à l'aide des ballons, s'est élevé à la plus grande hauteur que les hommes aient encore atteinte, n'a-t-il osé tirer aucune conclusion positive des observations thermométriques qu'il a faites durant son ascension. Il remarque seulement qu'en comparant la température du bas de la colonne parcourue avec celle du haut de la même colonne, à 7000 mètres d'élévation, et en supposant l'uniformité dans le décroissement de la chaleur, on a par degré . . . . 173 mèt.

En comparant la température du bas avec celle du milieu (3691 mètres). 191

Et cette dernière comparée avec celle du haut. . . 141

M. Gay-Lussac observe, qu'ainsi le décroissement a été plus rapide dans les régions supérieures (1): de 5000 a

(1) *Annales de chimie*, tom. 52.

7000 mètres, espace dans lequel les causes perturbatrices, l'influence de la terre, et les variations horaires en température, devaient produire moins d'irrégularités et où elles en ont effectivement moins produit, on ne trouve plus que 134 mètres par degré.

Mais la chaleur décroît-elle uniformément d'un degré pour une même hauteur ? en d'autres termes, décroît-elle en progression arithmétique ? Euler ne le pensait pas, et il admettait une progression géométrique. Oriani a cru devoir ensuite adopter une progression mitoyenne (la progression harmonique). Il en a été de même de M. Lindenau : et ces savans ont ainsi admis une plus grande rapidité de décroissement dans les régions inférieures. M. Laplace, lui-même, paraît pencher vers cette opinion, et il pense que la température, comme la densité réelle des couches de l'atmosphère, doit tenir à-peu-près le milieu entre la progression géométrique et la progression arithmétique : il adopte cependant celle-ci, dans son mode de mesurer les hauteurs à l'aide du baromètre ; et il me semble effectivement que la masse générale des observations conduit au moins autant à cette progression qu'à toute autre ; mais, je le répète, les très-grandes différences et irrégularités que présentent les observations de température à diverses hauteurs, ne permettent pas d'en conclure aucune loi précise de décroissement.

S'il me fallait cependant tirer une conclusion de l'ensemble de ces observations, je dirais que le décroissement de la chaleur, dans l'atmosphère, éprouve à chaque instant les plus grandes variations ; que d'un jour à l'autre, et dans le même lieu, on le voit quelquefois devenir double et même triple de ce qu'il était la veille ; et que les moyennes des observations faites avec le plus de soin dans nos climats, indiquent qu'il est d'environ un degré du thermomètre centigrade par 160 mètres d'élévation.

Limite de neiges.

Il suit de là, que, si l'on s'élève dans l'atmosphère au-dessus d'un lieu, d'autant de fois 160 mètres qu'il y a de degrés dans l'expression de la température moyenne de ce lieu, on atteindra le point où le thermomètre se tient, terme moyen, à zéro, c'est-à-dire le point où la glace et la neige cesseraient de fondre, si la température ne variait pas d'une saison à l'autre: tout ce qui s'éleverait au-dessus d'une surface menée par ces divers points, serait continuellement couvert de neige, et cette surface serait la *limite inférieure des neiges perpétuelles.* Elle toucherait la surface de la terre dans le voisinage du pôle, et irait en s'élevant vers l'équateur, où elle serait à 4320 mètres ($27° \times 160$) au-dessus du niveau des mers. Mais il paraît que, par l'effet de la différence entre les saisons, ou par celui de la chaleur particulière, provenant de la masse du globe, que les plateaux et montagnes portent avec eux, cette limite est d'environ 3° ou de 500 mètres plus élevée que le zéro moyen ; de sorte que son élévation verticale au-dessus d'un point dont la latitude est l serait à-peu-près

$$4320 \text{ met. coss.}^2\, l + 500 \text{ mètres},$$

ainsi qu'on le voit par le tableau suivant, lequel renferme les principales observations de Humboldt, Bouguer, Saussure, et de Buch.

OBSERVATEURS	LIEUX DE L'OBSERVATION.	LIMITES	
		OBSERVEES.	CALCULÉES.
Humboldt.	Equateur.	4800	4820
Bouguer.	Tropique.	4100	4133
Webt.	Inde.	3520	3727
Saussure.	Alpes.	2700	2585
De Buch.	Cercle polaire. . .	1169	1160
De Buch.	70° latitude. . . .	1060	1005

Quoique l'expression ci-dessus représente assez exactement

les principaux faits observés, nous sommes loin de la donner comme fondée en théorie. Nous remarquerons même que, puisque, d'après les observations (1), la différence entre les températures de deux latitudes diminue considérablement à de grandes hauteurs, le terme de glace fondante, et par suite la limite des neiges, doit baisser sous l'équateur et s'élever vers les pôles. Telle est même l'opinion émise par M. de Humboldt. Vraisemblablement encore les grands amas de neige et les grands glaciers qui couvrent les terrains élevés des régions équatoriales, refroidissant l'air ambiant et le sol, seront peut être une cause de l'abaissement de la limite des neiges dans ces régions : un grand glacier descend plus bas qu'un petit, toutes choses égales d'ailleurs.

Je dois, remarquer en outre que l'exposition du sol et les circonstances locales influent tellement sur la hauteur de la limite des neiges, qu'il ne saurait y avoir aucune loi uniquement dépendante de la latitude pour l'exprimer. Saussure a cru, d'après l'ensemble de ses observations, pouvoir la fixer à 2700 m. entre les 46e et 47e degrés de latitude; et à 43°, M. Ramond a cru devoir baisser cette détermination de 260 mètres, pour le versant septentrional des Pyrénées : tandis que j'ai dû l'élever de 300 m. à $45°\frac{1}{2}$, sur le revers méridional des Alpes; car il est bien positif que, sur les faîtes et plateaux qui y sont à 3000 m., il n'y a point de neiges perpétuelles ; je ne parle pas ici de quelques bras de glaciers qui, encaissés et abrités dans quelques vallées profondes, y descendent à des niveaux souvent très-bas, à 1440 mètres, par exemple, près le village d'Entrèves, dans la vallée d'Aost (2).

---

(1) A $1°\frac{1}{2}$ de la latitude, sur le Chimboraço, a 5880 mètres de hauteur M. de Humboldt a eu —1°,5 ; et M. Gay-Lussac, à 49° de latitude, et à pareille hauteur, a eu —1°,6 environ.

(2) Voyez la constitution physique de cette vallée, *Journal des Mines*, tom. 29, pag. 254.

Art. III. *Température au-dessous de la superficie de la terre.*

La surface du globe présente des terres et des mers : on est parvenu au-dessous de la superficie des premières, par les travaux du mineur, et au-dessous du niveau des mers, par la sonde du navigateur ; l'on a porté des thermomètres dans ces travaux et l'on en a attaché à ces sondes : examinons les résultats de leurs indications.

a) Température des mines.

Les observations dans l'intérieur des mines doivent etre faites avec beaucoup de discernement, de manière à bien donner la température de la roche à une profondeur déterminée, et non celle d'un courant d'air passant à cette profondeur, ou d'un courant d'eau qui y vient des travaux supérieurs. Ainsi nous ne pourrons tirer aucune induction des observations d'après lesquelles Guettard nous dit que la température s'est soutenue à 11° dans les fameuses mines de Wieliczka, depuis 85 jusqu'à 170 mètres de profondeur (1), ni de celles que Deluc a faites, en passant, dans les mines du Hartz, et qui lui indiquaient tantôt 12°,6, tantôt 15, au fond de puits de 330 m.

Gensane, directeur des mines de Giromagny, dans les Vosges, avait mis vraisemblablement plus de soin à celles d'où il conclut que,

à 100 mètres de profondeur, la température était de 12
à 308 18,8
à 433 23,1

Saussure nous fournit des détails sur les observations qu'il a faites aux mines de sel de Bex en Suisse, dans un puits où personne n'était entré depuis trois mois.

---

(1) *Mémoires de l'académie*, 1762.

A 108 mètres, la température d'un peu d'eau stagnante indiquait. . . . . 14°,4.

A 183, dans un boyau de galerie, on avait. . . 15,6.

A 220, de l'eau salée, ramassée au fond du puits, donnait . . . . 17,4.

On remarquera que ce n'est point ici une mine métallique (1).

J'ai fait moi-même, et avec un soin particulier, un grand nombre d'observations sur la température des mines, notamment à Freyberg en Saxe ; je donne, dans le tableau suivant, celles qui me paraissent les plus concluantes, et je renvoie pour les autres et pour les détails au *Journal des Mines* (tome XIII), et au tome III de mon ouvrage sur les *Mines de Freyberg* : j'indique la profondeur verticale et le nom de la mine dans laquelle elles ont été faites.

PROFONDEUR.	BESCHERT-GLÜCK.	HIMMELFAHRT.	KÏHSCHACHT.	JUNG-HOHE-BIRKE.
mèt 0	8°	8	8	8
100	. . . .	10	. . . .	10
120	9 ½	. . . .	. . . .	11
160	. . . .	. . . .	. . . .	12 ½
180	. . . .	12 ½	. . . .	. . .
200	. . . .	. . . .	. . . .	14
220	12 ½	. . . .	12 ½	. . .
240	. . . .	. . . .	. . . .	15
260	14 et 15	14 ½	14	. . .
280	. . . .	. . . .	. . . .	16
300	15 ½	. . . .	16	. . .
330	. . . .	. . . .	. . . .	17

Je dis quelques mots sur ces observations et sur les localités.

(1) *Voyage dans les Alpes*, § 1088.

Freyberg est situé sur le milieu du versant septentrional du *Erzgebirge*, à 51° de latitude, et à 400 mètres au-dessus du niveau de la mer; le climat y est très-froid, et la température moyenne de l'année n'y excède pas 8° à 9°. Mes observations ont été faites à la fin de l'hiver de 1802; le thermomètre y était descendu à 18° au-dessous de glace, et presque jamais il ne s'était élevé au-dessus du point de congélation; la terre était couverte de neige depuis quelques mois, et, les jours même des observations, le thermomètre marquait 3° ou 4° au-dessous de zéro. Je dois encore remarquer qu'aux mines de Freyberg, on ne connaît ni fermentation, ni mouvement intestin dans les substances minérales qui puisse y occasioner quelque élévation particulière de température: de tous côtés je n'y ai vu que des masses inertes et froides.

Les températures de 12 $\frac{1}{2}$ et 14°, à 220 et 260 mètres de profondeur, dans la mine de *Beschertgluck*, ont été données par des sources considérables qui sortoient du rocher à ces profondeurs; leur chaleur a été la même en janvier et en mai; mais, comme les eaux venaient des parties supérieures, et par conséquent plus froides, elles auront refroidi le canal qui les conduisait, et indiqué une chaleur moindre que celle qui convenait à la profondeur à laquelle elles sourdaient: effectivement, à 260 mètres, les eaux stagnantes dans les galeries indiquaient 15°.

La mine de *Kühschacht*, la plus profonde de Freyberg, descend jusqu'a 414 mètres, et le fond en est à une trentaine de mètres au-dessous du niveau de la mer: en 1800, elle avait été inondée jusqu'à 70 mètres au-dessous de la superficie du terrain; à l'époque de mes observations, on épuisait les eaux, et leur niveau était déjà à 300 mètres au-dessous du sol; ce qui en restait encore remplissait seulement une fente d'un mètre de largeur, et était ainsi très-propre à donner la température de la roche adjacente.

Au fond de la mine de *Junghohebirke*, la température a été également prise dans une eau qui noyait les travaux souterrains, et qui avait plus de 30 mètres de profondeur. Le thermomètre se tenait à la même hauteur dans une galerie percée au même niveau, et à un assez grand éloignement de la mare souterraine.

Ces diverses observations me forcent à conclure qu'*aux mines de Freyberg, la température augmente à mesure qu'on s'y enfonce, et qu'à 300 mètres elle excède d'environ 8° celle de la surface du sol.*

Cette assertion vient d'être encore confirmée par de nouvelles expériences faites avec un soin tout particulier, d'après les ordres du directeur-général des mines de la Saxe. En 1805, deux thermomètres ont été placés, à poste fixe, dans la mine de *Beschertglück*, où j'avais fait mes observations : ils étaient dans des niches pratiquées à cet effet dans la roche, et derrière une vitre, l'un à 180 mètres de profondeur, et l'autre à 260 ; ils ont été observés trois fois par jour durant l'espace de deux ans : ils ont toujours marqué le même degré, sans la moindre variation, le premier se tenant à 11°,2, et le second à 15° : c'est exactement le résultat que j'avais obtenu en 1802. On a établi, d'une semblable manière, des thermomètres dans la mine d'*Alte Hoffnung Gottes*, à deux lieues au nord de Freyberg, et ils ont indiqué (1),

à 73 mètres de profondeur.	9°
170	12,8
270	15,0
380	18,7

Après avoir rapporté ces faits, et conclu une diminution de température d'environ un degré par 37 mètres de profondeur,

(1) *Annales des Mines*, tom. 3.

M. le directeur-général observe que toutes ces mines sont dans des montagnes de gneis qui ne renferment ni beaucoup de pyrites, ni autres substances susceptibles, par quelque mouvement intérieur, d'élever la température (1).

Des expériences faites dernièrement, en juin et décembre 1815, dans une mine de Cornouailles, indiquent une augmentation encore plus formelle et plus rapide. La température, à quelques mètres au-dessus de la surface du sol, était de. . . . . 11°

à 200 mètres de profondeur, elle s'élevait à. . 18

à 250 22

à 300 24

à 366. 26

Tous ces faits, aussi positifs que bien constatés, nous portent à conclure que, dans les mines, et même dans toutes les excavations au milieu des roches, la température augmente à mesure qu'on s'y enfonce; et cela dans une progression rapide : elle est de plus de 1° par 50 mètres, d'après les observations les mieux constatées que nous ayons.

b) Température des mers.

Celles qui ont été faites dans l'Océan présentent un fait contraire, et qui même, au premier aspect, paraît devoir conduire à une conséquence directement opposée. Dans la plupart des mers, et particulièrement dans celles des pays chauds, la température diminue en raison de la profondeur, au moins jusqu'à une certaine distance de la surface : j'expose d'abord les faits.

---

(1) La mine de Huelgoat, en Bretagne, m'a présenté une élévation de chaleur due à la décomposition des pyrites : la température qui convient à la superficie du sol dans cette contrée est de 11°, et celle des eaux vitrioliques qui sourdaient à 230 mètres de profondeur était de 19°,7. (*Journ. des Mines*, tom. 21.)

Péron a trouvé, par un moyen aussi ingénieux qu'il paraît exact (1), la chaleur de l'air et celle de la surface de l'eau étant de 31°, que la température en pleine mer, presque sous l'équateur,

à 390 mètres de profondeur était de 9°,4
et à 700 de. 7,5

Déjà les observations de Forster, dans les mers australes (2), et celles du docteur Irwing dans la mer glaciale (3), avaient fait connaître cette diminution, ainsi qu'on le voit par le tableau suivant, où l'on donne la température de la mer tant à sa surface qu'à diverses profondeurs.

LATITUDE.	TEMPÉRATURE DE			
	L'AIR.	LA MER.		
		à la surface.	à la profondeur de	
25° australe. . .	. . . . .	21°	19°,5	146 mèt.
35.	. . . . .	15	3,3	183
56.	. . . . .	0	0,5	183
64.	. . . . .	0,3	0,0	183
60 boréale. . . .	10	10	6,7	120
60.	15	14	10	103
65.	19	13	4,4	1252
67.	9	. . . . .	— 3,3	1430
67.	9	. . . . .	0,	1232
78.	7	4	0,5	214
78.	5	. . . . .	— 0,5	216
80.	0	2,2	4.0	110

Ellis conclut, de plusieurs observations qu'il a faites dans les mers d'Afrique, que la température diminue jusqu'à 650 brasses (1200 mètres), mais qu'au-delà elle augmente; et à mille brasses (1830 mètres), il l'a trouvée de 11°,7.

(1) *Annales du Muséum*, n° 26.

(2) *Voyage de Cook*, tom. V.

(3) *Voyage au pôle boréal* fait en 1773 par le capitaine Phipps, depuis lord Mulgrave, p. 143 et 144.

Saussure, à qui aucun genre d'observations relatives à la constitution et à la théorie du globe n'était étranger, après avoir fait un grand nombre d'expériences sur la température de la terre, voulut aussi en faire sur celle des mers ; malheureusement il n'a cherché à déterminer que celle du fond ; et par des moyens qui ne peuvent laisser aucun doute, il a trouvé qu'elle était de 13°25 aux environs de Nice et de Gènes, à 288 et 585 mètres de profondeur (1).

Le même observateur a pris la température du fond de la plupart des lacs des Alpes, et sur des profondeurs qui ont varié depuis 50 jusqu'à 300 mètres, le thermomètre n'a varié que de 4°,2 à 6°,9, quoiqu'à la superficie de ces mêmes lacs il s'élevât jusqu'à 20 et même à 25° (2).

Ce fait bien singulier, car la température de la terre, à une très-petite distance de ces lacs, et à la même profondeur, eût été beaucoup plus considérable ; ce fait, dis-je, frappa Saussure ; il en chercha vainement la cause, et il finit par conclure qu'aucun principe connu ne pouvait en rendre une raison suffisante. Le principe a été découvert depuis ; des expériences positives nous ont appris que l'eau est à son *maximum* de densité à quatre degrés du thermomètre, et que, dans un mélange d'eaux affectées de diverses températures, celles qui ont ce degré se tiennent constamment au fond. De là vient que dans les régions polaires, et sous d'énormes couches de glace, le fond de l'Océan est habituellement à 4° ; de là vient encore que ce degré se retrouve quelquefois au fond des mers, dans les zones tempérées ; des courants y auront probablement conduit des eaux venant des zones glaciales ; il devra encore se retrouver dans les lacs où afflueront des eaux très-froides.

---

(1) *Voyage aux Alpes*, §§ 1351, 1391 et 1393.

(2) *Ibidem*, 1394 et suiv.

Mais dans les lieux où une pareille cause ne subsiste pas, et ne refroidit pas continuellement le fond du réservoir, ce fond communique sa chaleur, c'est-à-dire celle de la terre, à l'eau adjacente, et, de proche en proche, à celle qui l'avoisine, en suivant les lois de la distribution de la chaleur dans les fluides. Telle est vraisemblablement la cause, 1° de la température de 13° trouvée sur les côtes de Nice et de Gènes; 2° de l'élévation de un ou deux degrés au-dessus de celui correspondant au *maximum* de densité, dans quelques lacs de la Suisse; 3° du fait remarqué par Ellis, que, jusqu'à une certaine profondeur, la température de la mer diminue pour augmenter ensuite; 4° des faits observés par Péron, qu'à profondeur égale la température de l'Océan est plus élevée dans le voisinage des côtes, etc.

Ce dernier naturaliste, frappé de voir la température baisser de 24° pour un enfoncement de 700 mètres, et n'être plus que de 7° à cette profondeur, même au milieu de la zone torride, concluait qu'à une petite distance au-dessous on atteignait le terme de congélation, et qu'au-delà tout n'était que glace. Mais sous le cercle polaire, Irwing n'a pas eu moitié de cette diminution par une profondeur double; au 80e degré, le long de l'immense calotte de glace qui couvre les régions polaires, il n'a trouvé qu'un fond d'argile molle, dans lequel la sonde s'enfonçait de quelques brasses, et dont par conséquent la température était au-dessus de zéro; souvent même elle était plus grande sur ce fond qu'à la surface de la mer.

La diminution de la chaleur dans les grandes masses d'eau, à mesure qu'on s'y enfonce, n'est donc qu'une circonstance particulière, dépendante de la mobilité des molécules du fluide, et des lois de l'hydrostatique qui veut que les molécules soient successivement les unes au-dessus des autres, suivant l'ordre inverse de leur densité respective. Cette diminution ne contredit, en aucune manière, la conséquence tirée des observations faites dans l'intérieur de la masse solide du globe, et qui prouvent incontestablement, qu'à toutes les profondeurs que nous avons atteintes, la température augmente avec la profondeur.

Au reste, en rappelant ce dernier fait, et en le donnant comme positif, je ne préjuge rien sur sa cause. Je me borne à observer qu'il semble indiquer que la terre possède, dans son sein, un foyer ou des foyers de chaleur indépendans de l'action du soleil. Mais cette chaleur provient-elle d'un *feu central*, dû à un état de fusion dans lequel serait encore l'intérieur du globe, ainsi que le pensaient Buffon, Mairan, Bailli, etc.? Ou bien est-elle un effet de l'action chimique que les corps qui sont dans le globe exercent les uns sur les autres? Ce sont des questions pour la solution desquelles nos connaissances, sur les parties de la terre accessibles à nos observations, ne nous fournissent point de données.

NOTE XI.

De la mesure des hauteurs à l'aide du baromètre.

La hauteur des montagnes et l'élévation respective des diverses parties d'un terrain, sont, pour le géologiste qui les parcourt et qui les étudie, un objet du plus grand intérêt, et la détermination de ces élévations est une de ses plus importantes, je dirai même une de ses plus satisfaisantes occupations. C'est à l'aide du baromètre qu'il l'opère, et cet instrument est devenu, en quelque sorte, un compagnon habituel de ses voyages. En conséquence, je crois pouvoir exposer, dans ce traité de géognosie, ce mode de mesurer les hauteurs. Je vais le faire de manière à en donner une pleine intelligence, tout en cherchant à le mettre à la portée du plus grand nombre possible de lecteurs et tout en évitant des détails pour lesquels je renvoie à un mémoire que j'ai publié dans les tomes 70 et 71 du *Journal de physique*.

Si l'on plonge, dans une cuvette pleine de mercure, l'extrémité inférieure d'un tube vide d'air et fermé par le haut, la pression que l'atmosphère exerce, par suite de son poids, sur la surface du métal, le force à refluer dans le tube, et à s'y élever jusqu'à ce que le poids de la colonne mercurielle contre-balance cette pression, et qu'il lui soit par conséquent égal : en d'autres termes, le mercure monte jusqu'à ce que le poids de sa colonne soit égal à celui d'une des colonnes de l'atmosphère qui reposent sur la cuvette, et qui aurait un même diamètre : telle est la théorie du tube de Torricelli ou *baromètre*. Si on élève cet instrument au-dessus de la surface de la terre, les colonnes de l'atmosphère qui pèsent sur lui, devenant plus courtes, le mercure, moins chargé, baissera dans le tube; et cet abaissement, se trouvant en rapport avec l'élévation, pourra nous la faire connaître; il suffira de trouver des règles ou formules qui donnent les élévations correspondantes à des longueurs de colonnes barométriques connues.

Je vais établir ces règles de la manière la plus élémentaire possible, ce sont elles qui constituent la *méthode barométrique* de mesurer les hauteurs (1), et je donnerai ensuite le moyen d'en faire usage aux personnes les moins versées dans l'art du calcul : j'examinerai, dans une seconde partie,

(1) La démonstration que je vais donner n'exige d'autres connaissances en mathématique que celle des éléments d'arithmétique, tels qu'ils sont exposés dans des cours placés entre les mains des commencants, dans celui de Bezout, par exemple, et ces premières notions d'algèbre que l'on peut acquérir en une ou deux heures de tems. A la fin de cette note, je donnerai une solution analytique et complète du problème.

L'une et l'autre de ces méthodes me sont entièrement propres.

les erreurs que l'on peut commettre en l'appliquant à la pratique, et je terminerai par quelques courtes observations sur la manière d'observer les instruments.

PREMIÈRE PARTIE.

De la méthode barométrique.

Etablissement de la formule fondamentale.

On prend deux points ou stations à la surface du globe, on y observe le baromètre et le thermomètre ; et de ces observations, il faut conclure la hauteur ou différence de niveau entre ces deux stations.

Pour résoudre le problème, supposons d'abord que l'air atmosphérique soit à zéro de température thermométrique, qu'il soit entièrement sec, et que la gravité soit une force constante.

Cela posé, divisons, par la pensée, l'atmosphère en couches horizontales fort minces (d'un centimètre, par exemple), mais d'égale épaisseur. Cette épaisseur étant prise pour unité, l'élévation des diverses couches au-dessus de la mer sera représentée par la suite naturelle des nombres 0, 1, 2, 3, 4...... centimètres, ainsi *cette élévation croîtra en progression arithmétique.* Donc, si on représente les élévations successives par a, a', a'', etc., on aura

$$\div\ 0.\ a.\ a'.\ a''.\ a'''.\ a^{IV}\ldots$$

D'un autre côté, l'atmosphère étant supposée en équilibre dans la région comprise entre les deux stations, toutes les parties de la même couche éprouveront une égale pression, et, en s'élevant d'une couche à l'autre, cette pression, ou le poids qui la produit, décroîtra en progression géométrique (1). Or,

(1) Soit, pour le démontrer, P le poids d'une colonne de l'atmosphère divisée en tranches fort minces, mais d'égale épaisseur, p, p', p'', le poids de la même colonne dont on aurait retranché successivement la première, les deux premières, les trois premières

d'après ce que nous avons dit en commençant, ce poids comprimant sera égal dans chaque couche, au poids de la colonne d'un baromètre dont la cuvette serait dans cette couche : de plus, à égalité de pesanteur spécifique dans le mercure, c'est-à-dire à égalité de température et de force de pesanteur, les poids des colonnes barométriques sont proportionnels à la longueur de ces colonnes; donc *la longueur de la colonne d'un baromètre, élevé successivement de couche en couche, décroîtra en progression géométrique.* De sorte que si B représente l'indication du baromètre au niveau de la mer, c'est-à-dire au bas de la couche inférieure, et b, b', b'', etc., les indications successives dans les couches immédiatement supérieures, on aura

$$\because B : b : b' : b'' : b''' \ldots .$$

---

tranches, à partir du bas : q, q', q'' les densités de la première, de la seconde, de la troisième tranches. Les poids de ces mêmes tranches seront évidemment $P-p$, $p-p'$, $p'-p''$, et les poids qui les comprimeront seront p, p'; p'', etc.

On sait, par les premiers éléments de la physique, 1° que l'air se comprime proportionnellement aux poids dont il est chargé, et par suite que les densités sont proportionnelles aux poids comprimants; 2° que l'épaisseur (et par conséquent le volume) des tranches étant la même, leur densité est proportionnelle à leur poids.

D'après le premier principe, on a

$$q : q' :: p : p'$$

D'après le second, on a, de plus,

$$q : q' :: P-p : p-p',$$

Donc, à cause du rapport commun $q : q'$

$$P-p : p-p' :: p : p' \text{ ou } P : p :: p : p'$$

On trouverait de même

$$p : p' :: p' : p''$$

Donc

$$\because P : p : p' : p'' : p''' \ldots . \quad \text{C. Q. F. D.}$$

Rendons cette progression croissante, et faisons-la commencer par 1. Elle devient d'abord

$$\div\!\div \frac{1}{B} : \frac{1}{b} : \frac{1}{b'} : \frac{1}{b''} : \frac{1}{b'''} \ldots$$

et ensuite, en multipliant les termes par B,

$$\div\!\div\ 1 : \frac{B}{b} : \frac{B}{b'} : \frac{B}{b''} : \frac{B}{b'''} \ldots$$

Rappelons maintenant que les logarithmes sont des nombres en progression arithmétique qui correspondent, terme pour terme, à une autre suite de nombres en progression géométrique (1); et de plus, que, dans ceux qui donnent le moyen de convertir les multiplications en additions, et les divisions en soustractions, le premier terme de la progression arithmétique est zéro, et le premier terme de la progression géométrique est 1. Vu nos deux progressions

$$\div\ 0 \ .\ a\ .\ a'\ .\ a''\ .\ a'''\ \ldots.$$

$$\div\!\div\ 1 : \frac{B}{b} : \frac{B}{b'} : \frac{B}{b''} : \frac{B}{b'''} \ldots$$

Nous aurons donc

$$a = \log\frac{B}{b},\quad a' = \log\frac{B}{b'},\quad a'' = \log\frac{B}{b''}$$

Ces logarithmes *barométriques*, qu'on me permette cette expression, ne sont pas, il est vrai, les logarithmes de nos tables ordinaires; mais il est facile de leur substituer ceux-ci, puisque les logarithmes d'un système quelconque peuvent être ramenés à ceux d'un autre système, en les multipliant par un nombre qui reste constant dans tout le système (2). Soit ici c ce nombre,

---

(1) Définition de d'Alembert, dans l'*Encyclopédie*.

(2) Lacroix, *Algèbre*, § 250. En général, toute progression arithmétique commençant par zéro peut être transformée en une autre progression arithmétique, en la multipliant par un certain

que nous déterminerons dans peu, et nous aurons, en employant les logarithmes tabulaires,

$$a = c \log \frac{B}{b} = c\,(\log B - \log b)$$

$$a' = c \log \frac{B}{b'} = c\,(\log B - \log b')$$

Maintenant; si a' est la hauteur de la station inférieure au-dessus de la mer, et a^{1000} la hauteur de la station supérieure, b' l'indication du baromètre à la première, et b^{1000} à la station supérieure, la différence de niveau, qui est $a^{1000} - a'$, sera

$$c\,(\log B - \log b^{1000}) - c\,(\log B - \log b')$$
$$\text{ou } c\,(\log b' - \log b^{1000})$$

En général, soit H la hauteur du baromètre à la station inférieure, h celle du baromètre à la station supérieure, et x la différence de niveau entre les deux stations, il est évident que l'on aura

$$x = c\,(\log H - \log h)$$

La valeur de c devant rester la même, quelles que soient celles de x, H, h, va nous être donnée par un cas particulier, dans lequel les pesanteurs spécifiques du mercure et de l'air vont nous suffire pour déterminer ces trois dernières quantités. MM. Biot et Arago ont trouvé, qu'à 0°. du thermomètre, sous la pression barométrique de 0,76 mètres, et à la latitude de 45°., le mercure pesait 10467 fois plus que l'air sec. Supposons, d'après cela, que l'atmosphère soit divisée en tranches de 0,10457 mèt., et chacune d'une densité uniforme; elles seront assez minces pour que cette dernière supposition ne puisse donner

---

nombre (qui est le rapport entre la raison des deux progressions): or un système de logarithmes n'est qu'une pareille progression.

lieu à aucune erreur sensible (1). Transportons-nous, en idée, à la tranche où un baromètre placé à sa surface supérieure se tiendrait à 0,76 mètres : là, l'air pesant 10467 fois moins que le mercure, si l'on descend le baromètre à la surface inférieure de la tranche, le mercure haussera d'une quantité égale à la 10467e partie de l'épaisseur de cette tranche, puisque la colonne barométrique doit augmenter d'un poids égal à celui de la colonne atmosphérique. Or, la 10467e partie de 0,10467 mètres est 0,00001 mèt. ; donc le baromètre à cette surface, qui représente la station inférieure, indiquera 0,76001 mètres ; tandis qu'à la surface ou station supérieure, il est à 0,76 ; la différence de niveau entre les deux stations, qui est l'épaisseur de la tranche, sera 0,10467 mètres. Ainsi on a

$$0{,}10467 \text{ mèt.} = c\,(\log 0{,}76001 - \log 0{,}76).$$

Les grandes tables de logarithmes donnant log 0,76001 — log 076 = 0,0000057144, on aura

$$c = \frac{0{,}10467}{0{,}0000057144} = 18317 \text{ mèt.},$$

et pour formule finale

$$x = 18317\,(\log H - \log h).$$

Additions. Corrigeons maintenant, par diverses additions, l'effet des suppositions que nous avons faites en admettant que l'air était 0° de température, qu'il était entièrement sec, que la gravité avait partout la même intensité qu'au 45e degré de latitude.

---

(1) Si au lieu de supposer l'épaisseur des tranches de l'atmosphère de 0,10467 mèt., on l'eût prise cent et même dix mille fois plus petite, on aurait également eu $c = 18317$ mèt. Par un long calcul numérique, je me suis assuré que l'épaisseur étant 0,00001 m., ce qui n'est pas celle de la feuille du papier le plus mince, on aurait eu $c = 18316{,}88$ mèt. Ainsi on ne saurait, en aucune manière, attaquer la légitimité de notre supposition.

La chaleur dilate l'air, le rend moins dense et moins pesant : plus elle sera forte, moins l'air sera pesant, et plus il faudra s'élever dans l'atmosphère pour que le baromètre y baisse d'une même quantité, puisque la différence des deux colonnes barométriques aux deux stations doit être égale, en poids, à la différence entre les deux colonnes atmosphériques aux mêmes stations. De sorte qu'au même abaissement barométrique répondent des élévations d'autant plus grandes que la température de l'air est plus considérable. Add. rel. à la temp. de l'air.

A partir de zéro du thermomètre centigrade, la chaleur dilate l'air des 0,00375 de son volume, par degré de ce thermomètre : en conséquence, une hauteur correspondante à un certain abaissement barométrique ($H-h$), étant déterminé dans la supposition que l'air compris entre les deux stations est à 0°, ce qui est le cas de notre formule, on aura la hauteur correspondante au même abaissement, lorsque l'air sera à un degré quelconque n, en augmentant la première d'autant de fois sa 0,00375e partie qu'il y a d'unités dans n, c'est-à-dire en la multipliant par le facteur $1 + 0{,}00375\, n$.

La quantité n doit représenter la température générale de la masse d'air comprise entre les deux stations; pour la déterminer, il faudrait connaître, 1° la température des couches extrêmes de cette masse; 2° et la loi suivant laquelle elle décroît de l'une à l'autre. Malheureusement, nous ne pouvons avoir que des approximations à cet égard; et ce qu'on peut faire de mieux, dans ce cas, dit M. Laplace, c'est de supposer, dans toute la masse, une température uniforme et moyenne entre les deux stations. En conséquence, si t est l'indication du thermomètre à la station inférieure, et t' à la station supérieure, on aura $n = \frac{t+t'}{2}$; et le facteur de correction sera

$$1 + 0{,}00375\, \frac{t+t'}{2}$$

Nous ferons encore à ce facteur une correction dépendante des Add. rel. à l'état hygrométrique de l'air.

vapeurs aqueuses répandues dans l'atmosphère. Ces vapeurs, à force élastique égale, sont plus légères que l'air : ainsi, en se mêlant avec lui, elles en diminuent la densité, et par suite elles nécessitent, dans la valeur de n, une correction pareille à celle déjà faite pour la température, c'est-à-dire une augmentation proportionnelle à la diminution de densité. Vu la difficulté et presque l'impossibilité de déterminer d'une manière exacte la diminution de densité due à l'effet des vapeurs dans toute la masse d'air comprise entre les deux stations, et en observant que les vapeurs sont en général d'autant plus abondantes dans notre atmosphère que la température y est plus élevée, M. Laplace opère la correction qu'elles nécessitent, en augmentant un peu le coefficient de la dilatation de l'air, 375, et en le portant à 400 De sorte que le facteur de correction devient $1+0{,}004\,\frac{t+t'}{2}$ o

$$1+0{,}002\,(t+t').$$

Add. rel. à la différance dans la tempér. des barom.

En établissant la formule, nous avons supposé que le mercure des deux baromètres était à la même température ; mais comme il est rare qu'il en soit ainsi, il faudra ramener les longueurs des deux colonnes barométriques, à ce qu'elles seraient si elles étaient affectées du même degré de chaleur. D'après des expériences de MM. Dulong et Petit, le mercure se dilate de $\frac{1}{5550}$ ou 0,0001802 par degré du thermomètre; ainsi, en allongeant la colonne la plus froide d'autant de fois sa 5550e partie qu'il y a de degrés de différence entre les températures des deux baromètres, on effectuera la correction convenable; en conséquence, si T exprime la température du baromètre inférieur, et T' celle du baromètre supérieur, et c'est ordinairement la plus froide, la hauteur barométrique h deviendra

$$h\left[1+0{,}00018\,(T-T')\right]$$

Add. rel. à la diff. d'action de la pes. sur les barom.

Nos deux colonnes barométriques doivent être réduites non-seulement à la même température, mais encore à la même intensité de pesanteur. Cette force décroissant à mesure qu'on s'élève dans l'atmosphère, le mercure dans le baromètre supérieur sera spécifiquement moins pesant, et il montera plus haut que si l'action de cette force fût restée constante. On le ramenera à la hauteur qu'il doit avoir, en diminuant celle qui est donnée par l'observation, dans le rapport du carré des distances des deux baromètres au centre de la terre, puisque la pesanteur décroît dans ce rapport. J'ai trouvé, ainsi qu'on le verra dans les considérations théoriques qui terminent ce mémoire, que cette correction se fait, d'une manière exacte et bien plus simple, en augmentant, une fois pour toutes, de 48 m. le coefficient 18317, lequel devient ainsi 18365 mètres.

Add. rel. à la var. de la pes. dans le sens vertical

Le décroissement de la pesanteur, à mesure qu'on s'élève dans l'atmosphère, fait encore que la masse d'air comprise entre les deux stations, est moins pesante, et par suite moins dense qu'elle ne le serait si la gravité conservait, à toutes les hauteurs que nous pouvons atteindre, la même intensité qu'au niveau de la mer. Or, c'est cette dernière intensité que nous avons admise dans la formule, en prenant la pesanteur de l'air dans un lieu où le baromètre était à 0,76 mèt., ce qui est la hauteur moyenne de cet instrument, dans la partie inférieure de l'atmosphère. En conséquence, il faudra encore augmenter la valeur de x, proportionnellement à la diminution de densité dans la masse d'air comprise entre les deux stations, ou proportionnellement à la diminution que la gravité aura éprouvée depuis le niveau de la mer jusqu'au milieu de cette masse, c'est-à-dire dans le rapport du carré de la distance de ces deux points au centre de la terre (1) : on sait que les forces attractives agissent en raison inverse du carré des distances.

---

(1) a étant la hauteur de la station inférieure au-dessus de la mer, et r le rayon du globe terrestre, ce rapport sera $\frac{\left(r+a+\frac{x}{2}\right)^2}{r^2}$ qui se réduit à $1+\frac{2a+x}{r}$

Cette augmentation peut encore se faire, comme on le verra dans la solution analytique, *en augmentant le coefficient* 18365 *de la six-millième partie de l'élévation de la station inférieure sur la mer, plus la trois-millième partie de la différence de niveau entre les deux stations* (différence estimée d'une manière approximative) : ou bien, avec une exactitude suffisante, en l'augmentant, une fois pour toutes, d'une dixaine de mètres.

Add. rel. à la var. de la pes. en lat.

Le coefficient a été déterminé pour la latitude de 45° : à partir de ce point, la gravité augmente en allant vers le pôle, et diminue en allant vers l'équateur ; par l'effet de cette variation, l'air de l'atmosphère est plus dense dans le premier cas, et il l'est moins dans le second ; par conséquent, la valeur de x (qui est proportionnelle au coefficient) devra être diminuée ou augmentée dans un rapport inverse ; or, la diminution ou augmentation de la gravité, d'après les observations des physiciens et des astronomes (1), à compter du 45ᵉ degré, est exprimée par 0,00284 coss 2 l, l représentant la latitude. Nous ferons donc la correction désirée en multipliant la valeur de x par

$$1 + 0{,}00284 \text{ coss } 2\,l.$$

Dans les zones tempérées, elle peut être faite en *prenant la dix-millième partie de la hauteur trouvée, la multipliant par la différence entre la latitude des stations et 45°, et ajoutant le produit à la hauteur trouvée, ou l'en retranchant, selon que la latitude est au-dessous ou au-dessus de 45°.*

En comprenant, dans la formule, toutes les corrections que nous venons d'indiquer, la hauteur x se déterminera à l'aide des équations suivantes :

$$x = x'\left(1 + \frac{2a + x'}{r}\right)$$

(1) M. Laplace, *Mécanique céleste.*

$$x' = 18365 \left[10{,}002 \, (t + t') \right] (1 + 0{,}00284 \text{ coss. } 2l)$$
$$\left[\log H - \log h \left(1 + 0{,}00018 \, (T - T') \right) \right]$$

ou simplement en faisant la correction relative à la latitude de la manière sus-mentionnée,

$$x = 18375 \left[1 + 0{,}002 \, (t + t') \right] \left[\log H - \text{etc.} \right]$$

Essai de la formule sur une hauteur connue.

Avant d'appliquer à la pratique des formules uniquement déduites de considérations théoriques, faisons-en l'essai sur une hauteur déjà mesurée par d'autres moyens. Nous le ferons sur une montagne parfaitement convenable à un pareil objet : c'est le *Mont-Gregorio*, à deux lieues au nord-ouest de la petite ville d'Ivrée. Il fait partie de la chaîne des Alpes qui borde les plaines du Piémont au nord : son pied les touche immédiatement, et sa cime, isolée en pleine atmosphère, est à deux mille mètres environ au-dessus du niveau de la mer.

De concert avec M. Mallet, ingénieur en chef des ponts et chaussées, j'ai établi, dans une grande prairie et à six mille mètres du sommet, une base qui a été mesurée avec des règles faites exprès ; elle avait 670,299 mèt. ; les angles ont été pris et répétés dix fois avec un cercle répétiteur, et l'effet de la réfraction a été corrigé par une des formules de la *Mécanique céleste*, qui était applicable à ce cas. Le résultat de cette opération trigonométrique nous a donné 1708,4 mètres pour la hauteur de la montagne, au-dessus de la prairie. Douze fois, dans le mois d'octobre 1809, nous nous sommes rendus, l'un à la cime, l'autre au pied du mont, avec des instruments qui venaient d'être faits par le meilleur artiste (Fortin) de Paris en ce genre ; chacun des douze jours, nous avons pris note des indications de ces instruments, à 11, 11 $\frac{1}{2}$, 12, 12 $\frac{1}{2}$, et 1 heure (1).

(1) Voyez dans le *Journal de physique*, tom. 70, p. 451 et

Je vais donner ici l'observation qui a été faite dans les circonstances les plus favorables, et qui représente à-peu-près la moyenne entre toutes celles qui ont eu lieu à la même heure.

Le 17 octobre, à midi, on a eu,

$H =$ 0,7422 mètres.
$h =$ 0,60505
$T =$ 19°,85 qui se réduisent à 17,87 (1).
$T' =$ 10,5. 9,50
$t =$ 19,95
$t' =$ 9,9

On a de plus $l = 45°32'$ et $a = 250$ mètres.

D'après ces données, on obtient, par les formules

$$x' = 1714{,}0 \text{ et } x = 1714{,}6 \text{ mètres.}$$

---

suiv., les détails de cette opération, peut-être la plus exacte qui ait encore été faite pour comparer les mesures trigonométriques et barométriques.

(1) On a diminué d'un dixième les indications thermométriques, pour corriger les effets de la dilatation de l'échelle du baromètre. Cette échelle était en laiton, et le laiton se dilate dix fois moins que le mercure à température égale.

En général, pour tout baromètre portant une échelle susceptible de s'allonger par la chaleur, il faut opérer une correction analogue. Elle se fera en diminuant T et T', ou le coefficient de la dilatation du mercure (0,000180), dans le rapport des dilatations de ce métal et de l'échelle; ou, d'une manière plus simple encore, en adaptant, au thermomètre fixé au baromètre, une échelle dont les degrés ne seront plus ceux du thermomètre ordinaire, mais ces degrés diminués en nombre dans le rapport sus-mentionné. Par exemple, si l'échelle est en laiton, on ne mettra plus que 90° de glace à l'eau bouillante; si elle était en verre, cette substance se dilatant de 0,0000087 par degré, tandis que le mercure se dilate de 0,00018, on mettrait 95°2, puisque $100\left(1-\frac{87}{1800}\right) = 95{,}2$.

INDICATION DU BAROMÈTRE.	HAUTEURS CORRESPONDANTES AUX INDICATIONS DU B							
	N° I. MILLIMÈTRES DU BAROMÈTRE.							
	9.	8.	7.	6.	5.	4.	3.	2.
cent.	mètres.	mètres.	mètres.	mètres.	mètres.	mètres.	mètres.	mètres.
77	0,0	10,2	20,5	30,8	41,1	51,4	61,7	72,0
76	103,0	113,4	123,8	134,2	144,6	155,1	164,5	176,0
75	207,5	218,0	228,5	239,1	249,6	260,2	270,8	281,4
74	313,3	324,0	334,7	345,4	356,1	366,8	377,5	388,2
73	420,4	431,1	441,8	452,6	463,5	474,5	485,4	496,4
72	529,2	540,2	551,1	562,0	573,0	584,0	595,0	606,1
71	639,4	650,6	661,7	672,8	683,9	695,0	706,2	717,4
70	751,1	762,4	773,7	785,0	796,3	807,6	818,9	830,2
69	864,4	875,8	887,3	898,7	910,2	921,7	933,2	944,7
68	979,4	991,0	1002,6	1014,3	1025,9	1037,5	1049,2	1060,9
67	1096,0	1107,8	1119,5	1131,3	1143,1	1155,0	1166,8	1178,7
66	1214,4	1226,3	1238,2	1250,3	1262,3	1274,4	1286,3	1298,4
65	1334,7	1346,8	1358,9	1371,0	1383,2	1395,4	1407,6	1419,8
64	1456,7	1469,0	1481,3	1493,6	1506,0	1518,4	1530,8	1543,2
63	1580,5	1593,0	1605,5	1618,0	1630,6	1643,2	1655,8	1668,4
62	1706,4	1719,1	1732,8	1744,6	1757,4	1770,2	1783,0	1795,8
61	1834,3	1847,1	1860,0	1872,9	1885,9	1899,0	1912,0	1925,1
60	1964,3	1977,4	1990,5	2003,6	2016,7	2030,0	2043,2	2056,5
59	2096,4	2109,7	2123,0	2136,4	2149,8	2163,2	2176,7	2190,2
58	2230,8	2244,3	2257,9	2271,5	2285,1	2298,8	2312,5	2326,2
57	2367,4	2381,2	2395,0	2408,9	2422,8	2436,7	2450,6	2464,5
56	2506,5	2520,5	2534,5	2548,6	2562,7	2576,9	2591,1	2605,3
55	2648,0	2662,3	2676,6	2691,0	2705,3	2719,7	2734,1	2748,6
54	2792,0	2806,7	2821,3	2835,9	2850,6	2865,3	2880,0	2894,7
53	2939,0	2953,8	2968,6	2983,5	2998,4	3013,3	3028,3	3043,3

BAROMÈTRE.		HAUTEURS POUR LES DIX-MILL. DU BAR.								
		N° II. DIXIÈMES DE MILLIMÈTRE DU BAROMÈTRE.								
1.	0.	1.	2.	3	4.	5.	6.	7.	8.	9.
mètres.	mètres.	mèt.	mèt.	mèt.	mèt.	mèt	mèt	mètres.	mètres.	mètres.
82,3	92,7	1,0	2,1	3,1	4,1	5,1	6,2	7,2	8,2	9,3
186,5	197,0	1,0	2,1	3,1	4,2	5,2	6,2	7,3	8,3	9,4
292,0	302,7	1,1	2,1	3,2	4,2	5,3	6,4	7,4	8,5	9,5
399,0	409,7	1,1	2,2	3,2	4,3	5,4	6,4	7,5	8,6	9,6
507,3	518,3	1,1	2,2	3,3	4,4	5,5	6,5	7,6	8,7	9,8
617,2	628,3	1,1	2,2	3,3	4,4	5,5	6,6	7,7	8,8	9,9
728,6	739,8	1,1	2,2	3,3	4,4	5,6	6,7	7,8	8,9	10,0
841,6	853,0	1,1	2,3	3,4	4,5	5,6	6,8	7,9	9,0	10,2
956,2	967,8	1,1	2,3	3,4	4,6	5,7	6,9	8,0	9,2	10,4
1072,6	1084,3	1,2	2,3	3,5	4,6	5,8	7,0	8,1	9,3	10,5
1190,5	1202,5	1,2	2,4	3,5	4,7	5,9	7,1	8,3	9,4	10,6
1310,5	1322,6	1,2	2,4	3,6	4,8	6,0	7,2	8,4	9,6	10,8
1432,1	1444,4	1,2	2,4	3,7	4,9	6,1	7,3	8,5	9,8	11,0
1555,7	1568,1	1,2	2,5	3,7	5,0	6,2	7,4	8,7	9,9	11,2
1681,0	1693,7	1,3	2,5	3,8	5,0	6,3	7,6	8,8	10,1	11,3
1808,6	1821,5	1,3	2,6	3,8	5,1	6,4	7,7	9,0	10,2	11,5
1938,1	1951,2	1,3	2,6	3,9	5,2	6,5	7,8	9,1	10,4	11,7
2069,8	2083,1	1,3	2,6	4,0	5,3	6,6	7,9	9,2	10,6	11,9
2203,7	2217,3	1,3	2,7	4,0	5,4	6,7	8,0	9,4	10,7	12,1
2339,9	2353,6	1,4	2,7	4,1	5,4	6,8	8,2	9,5	10,9	12,2
2478,5	2492,5	1,4	2,8	4,2	5,5	7,0	8,3	9,7	11,1	12,5
2619,5	2633,7	1,4	2,8	4,2	5,6	7,1	8,5	9,9	11,3	12,7
2763,1	2777,6	1,4	2,9	4,3	5,8	7,2	8,6	10,1	11,5	13,0
2909,4	2924,2	1,5	2,9	4,4	5,9	7,4	8,8	10,3	11,8	13,2
3058,3	3073,3	1,5	3,0	4,5	6,0	7,5	9,0	10,5	12,0	13,5

Résultat plus grand de 6 mètres que celui donné par la mesure trigonométrique. Cette différence, sur une si grande hauteur, doit être regardée comme nulle; outre qu'elle rentre presque dans la limite des erreurs de l'observation, des considérations ultérieures nous feront voir que, vu l'heure des observations au Mont-Grégorio, leur résultat devait pécher un peu en excès. Nous pouvons donc conclure, de notre comparaison entre les deux modes de mesurer les hauteurs, que la formule que nous avons établie donne des résultats aussi exacts qu'on peut l'espérer de la méthode barométrique.

Tables pour le calcul des hauteurs.

Mais l'usage de cette formule exige l'emploi du calcul par logarithmes, et la plupart des naturalistes, des géographes et voyageurs intéressés aux nivellements barométriques, ont perdu l'usage de ce mode particulier de calcul. Je leur donne ici une petite table, à l'aide de laquelle, par une très-simple application des trois premières règles de l'arithmétique, on calcule les hauteurs d'une manière tout aussi exacte, et avec bien plus de facilité que par le calcul logarithmique; j'expose la manière de s'en servir.

Les indications barométriques, à chacune des deux stations, seront exprimées en fractions de mètres (centimètres, millimètres et dixièmes de millimètres), ou elles y seront réduites; et les thermomètres, tant ceux qui donnent la température du baromètre, que ceux qui donnent la température de l'air, seront centigrades.

Prenez, dans la partie n° 1 de la table, *la hauteur correspondante au nombre de centimètres et millimètres de l'indication du baromètre inférieur; retranchez-en la hauteur correspondante au nombre de dixièmes de millimètre de la même indication*, telle que cette hauteur est donnée dans la partie n° 2, sur la même ligne horizontale que la hauteur prise dans la partie n° 1. *Faites-en de même pour l'indication du baromètre supérieur. Soustrayez ensuite le premier reste du se-*

cond. Le résultat serait la hauteur demandée si la température était partout à zéro du thermomètre: on opérera les corrections nécessitées par la température réelle, à l'aide des règles suivantes:

1° Pour le mercure des baromètres. *Retranchez, l'une de l'autre, les deux indications des thermomètres fixés aux baromètres; augmentez le reste de sa moitié, et soustrayez ce nombre de la hauteur déjà trouvée* (1): si l'indication du thermomètre à la station supérieure était plus grande que l'autre, on ajouterait le nombre au lieu de le retrancher.

2° Pour l'air atmosphérique. *Ajoutez l'une à l'autre les deux indications des thermomètres libres, doublez la somme, multipliez ce double par la millième partie du résultat précédemment obtenu, ajoutez le produit à ce résultat*, et vous aurez, en mètres, la hauteur cherchée: les deux indications seraient retranchées l'une de l'autre, au lieu d'être ajoutées, si une d'elles était au-dessous de zéro.

La correction due à la diminution de la pesanteur dans le sens vertical est comprise dans la table. Quant à celle pour la variation de cette même force en latitude, elle s'effectuera ainsi qu'il a été dit ci-dessus: au reste, il est superflu de la faire dans toute l'étendue de la France.

Je donne un exemple:

Ce sera celui du Mont-Grégorio, à l'aide des observations déjà citées. Les deux indications barométriques sont 742,2 et 605,05 millim., celles des thermomètres fixes sont 17°,87 et 9°,50; et celles des thermomètres libres, 19°,95 et 9°,9.

---

(1) Cette règle que nous avions déjà donnée en 1810, suppose que la dilatation du mercure est de 0,000188 par degré: c'est le nombre que nous avions cru devoir admettre comme tenant le milieu entre ceux adoptés par divers physiciens: M. Laplace donnait 185, et Roy 192 entre 0 et 30°.

Si on adoptait celui qui a été déterminé en dernier lieu avec un soin particulier par M. Dulong, il faudrait multiplier la différence entre les indications des thermomètres fixes par 1,44 au lieu de 1,5. La hauteur du Mont-Grégorio, qui a été trouvée de 1714,6 m. par la nouvelle règle, aurait été de 1714,0 d'après l'ancienne.

La partie n° 1 de la table, donne 388,2 mèt. pour la hauteur correspondante à 74 centim. et 2 millim.; la partie n° 2 donne 2,2 mèt. pour 2 dix-millim., je retranche ces deux nombres et j'ai 386,0 mèt. De même, je prends la hauteur 2016,1 mèt., correspondante à 60 centim. 5 millim., et j'en soustrais la hauteur 0,6 mèt., correspondante à 0,05 millim. ($\frac{1}{2}$ dix-millim.), et j'obtiens 2016,1 mèt. Ces deux résultats (2016,1 et 368,0), soustraits l'un de l'autre, donnent 1630,1 mèt.

Retranchant l'une de l'autre les deux indications des thermomètres fixes (17°,87 et 9°,5), on a 8,37 : augmentant ce reste de sa moitié, il devient 12,6 : je le soustrais de 1830,1 et j'obtiens 1617,5 mèt.

J'ajoute les deux indications des thermomètres libres (19°,95 et 9°,9), je double la somme, et j'ai 59,7 : je prends la millième partie de 1617,5; elle est de 1,6175, ou seulement 1,62; je la multiplie par 59,7, j'ajoute le produit (96,6) à 1617,5, et on a 1714,1 mètres.

La latitude du Mont-Grégorio n'excédant que d'un demi-degré 45°, la correction due à la latitude se bornera à retrancher de 1714,1 mèt. la petite quantité 0,1 mèt., qui est la moitié de sa dix-millième partie : de sorte que la hauteur finale sera 1714,0 mètres.

La formule calculée par logarithmes, avec toute l'exactitude possible, aurait également donné 1714,0 mètres (en employant le même coefficient pour la dilatation du mercure).

J'ai publié, en 1810, une autre petite table qui a été imprimée dans les journaux de cette année, et qui est remarquable par son extrême simplicité, ainsi que par l'avantage qu'elle a de pouvoir être collée sur le baromètre même qui sert aux observations, et de dispenser ainsi de tout transport de tables. Elle donne les hauteurs à un mètre près, et c'est tout ce qu'on peut désirer pour l'exactitude : je la joins ici en exposant la manière d'en faire usage.

BAR.	HAUT.	DIFF.
cent.	mètres.	mètres.
77	0	103
76	104	104
75	210	106
74	317	107
73	425	108
72	535	110
71	647	112
70	760	113
69	875	115
68	992	117
67	1110	118
66	1230	120
65	1352	122
64	1476	124
63	1601	125
62	1728	127
61	1858	130
60	1990	132
59	2124	134
58	2261	137
57	2400	139
56	2541	141
55	2685	144
54	2831	146
53	2980	149
52	3132	152
51	3287	155
50	3445	158
49	3607	162
48	3772	165
47	3940	168
46	4112	172
45	4287	176
44	4466	179
43	4650	184
42	4838	188
41	5031	193
40	5228	197
39	5430	202
38	5638	208
37	5851	213
36	6070	219

Les indications barométriques étant exprimées en centimètres et fractions de centimètres, *prenez dans la colonne des* hauteurs, *le nombre qui est vis-à-vis l'indication du baromètre inférieur, abstraction faite de la fraction ; multipliez, par cette fraction, le nombre correspondant de la colonne des* différences, *et soustrayez le produit du premier nombre. Faites-en de même pour l'indication du baromètre supérieur; et retranchez ensuite, l'une de l'autre, les deux* hauteurs *ainsi diminuées.*

On fera les corrections pour les températures du mercure et de l'air, comme ci-dessus.

Si l'on voulait calculer la hauteur du Mont-Grégorio, par cette table, les deux indications barométriques étant 74,22 et 60,505 centim., on prendrait, dans la colonne des *hauteurs*, le nombre 317 placé vis-à-vis 74 centim. indiqués par le baromètre inférieur; on multiplierait la fraction 0,22 de l'indication par la *différence* correspondante 107, et le produit 24, retranché de 317, donnerait 293 : de même, pour l'indication (60,505) du baromètre supérieur, on prendrait la *hauteur* 1990 m. notée vis-à-vis 60, on en retrancherait le produit (67) de 132 *différence* correspondante par 0,505, et l'on aurait 1923 : les deux hauteurs ainsi diminuées (1923 et 293), soustraites l'une de l'autre, donneraient 1630 mètres, résultat égal à celui donné par l'autre table.

Enfin, dans le nivellement des pays de coteaux, de collines, et, en général, de hauteurs qui n'excéderaient pas 400 mètres, on se sert ordinairement du tableau suivant, dont on porte une copie dans son portefeuille, et qui donne la hauteur correspondante à un millimètre d'abaissement barométrique, à diverses températures. On prend la différence entre les indications des baromètres aux deux stations, exprimée en millimètres et fractions de millimètres, et on la multiplie par le nombre de la table moyen entre les indications des baromètres et des thermomètres. Supposons, par exemple, que les baromètres indiquassent 75,34 m. et 72,88 m., que la température moyenne de l'air fût de 15° : on voit que et le nombre de la table moyen entre ces données, est entre 11,3, 11,4 et 11,5; ce sera donc 11,4; lequel, multiplié par 24,6 millim., différence entre les deux indications barométriques, donnera 280,4 mètres pour la différence de niveau. La grande table eût donné 280,7 mètres. Si les baromètres n'avaient pas une même température, il y aurait lieu à une correction pareille à celle ci-dessus indiquée.

HAUTEUR CORRESPONDANTE

A UN MILLIMÈTRE DU BAROMÈTRE.

	LE THERMOMÈTRE A L'AIR ÉTANT A					
	10°	12°	14°	16°	18°	20°
	mèt.	mèt.	mèt.	mèt.	mèt.	mèt.
LE BAROM. ÉTANT A 76 cent.	10,8	10,9	11,0	11,1	11,2	11,3
75. . .	11,0	11,1	11,2	11,2	11,3	11,4
74. . .	11 1	11,2	11,3	11,4	11,5	11,6
73. . .	11,3	11,4	11,5	11,5	11,6	11,7
72. . .	11,4	11,5	11,7	11,7	11,8	11,9
71. . .	11,6	11,7	11,8	11,8	11,9	12,0
70. . .	11,8	11,9	11,9	12,0	12,1	12,2

SECONDE PARTIE.

Des erreurs de la méthode barométrique, de leurs causes et de leur grandeur.

Après avoir établi les règles de la mesure des hauteurs par le baromètre, faisons connaître le degré de confiance qu'elles peuvent présenter dans les différents cas; et, à cet effet, examinons la nature et la grandeur des erreurs que l'on peut commettre en les appliquant à la pratique. Ces erreurs sont de deux espèces, les unes proviennent du plus ou moins d'exactitude des quantités qu'on introduit dans la formule à chaque cas particulier, et les autres viennent de la formule même : les premières sont les erreurs de l'observation, et les secondes sont celles de la méthode.

Des erreurs de l'observation.

Quelque exercé que soit un observateur, quelque bons que soient les instruments qu'il emploie, il y a toujours une certaine limite d'erreur dans l'observation, en-deçà de laquelle il lui est presque impossible de donner aucune garantie. J'estimerai cette limite, 1° pour le baromètre, à un dixième de millimètre; l'effet de la capillarité, la comparaison des deux baromètres, la position de l'œil, etc., ne permettent pas de garantir une moindre erreur: or, un dixième de millimètre répond, sur le terrain, à un ou deux mètres d'élévation, suivant la hauteur à laquelle on est au-dessus de la mer. 2° A un demi-degré sur la température réelle et moyenne de toute la colonne barométrique : un degré d'erreur sur cette température, répond, sur le terrain, à une erreur d'un mètre et demi (ou 1,44 mètres), à quelque hauteur que l'on soit. 3° A un degré, au moins, sur la vraie température de chaque station, c'est-à-dire, de la couche de l'atmosphère où est cette station : une telle erreur en donne une de 0,002 de la hauteur mesurée. Ces erreurs, il est vrai, ne seront presque jamais toutes dans le même sens, c'est-à-dire, tendant toutes à augmenter ou à diminuer la différence de niveau cherchée ; mais il n'en est pas moins positif qu'elles ne permettent pas de répondre qu'une observation, faite même dans des circonstances favorables, donne une hauteur à un ou deux mètres près, plus deux ou trois millimètres de cette même hauteur.

Les erreurs de la méthode ou de la formule peuvent encore être bien plus considérables. Cette formule est composée de trois parties principales ; savoir, le coefficient constant, le facteur dépendant de la température de l'air, et celui dépendant des indications barométriques : examinons les erreurs qui peuvent provenir de chacune de ces parties. Celles qui seraient dues aux facteurs relatifs à la température du mercure, et à la variation de la pesanteur, ne peuvent être qu'insignifiantes.

Erreur provenant du coefficient.

Notre coefficient 18365 étant déduit, par un calcul rigoureux, des expériences les plus exactes que l'on ait en physique sur les poids de l'air et du mercure, doit être regardé comme la donnée définitive de la théorie ; je crois pouvoir encore dire qu'il est celle de la pratique.

Schuckburg, cherchant à vérifier et à rectifier la formule de Deluc sur le Mont-Salève et sur le Môle, près de Genève, fit plusieurs opérations trigonométriques et barométriques sur ces montagnes : en leur appliquant la formule ci-dessus exposée, on en déduit, pour coefficient, 18405, terme moyen ; mais l'auteur ayant ensuite trouvé, d'après un grand nombre d'observations postérieures, qu'il donnait les élévations d'environ 0,002 trop fortes, il se réduit à 18368.

Le général Roy a fait, en Angleterre, à diverses heures du jour et par une température moyenne de 9°,2, un grand nombre de mesures trigonométriques et barométriques. Si l'on substitue au nombre 0,00441, adopté par ce savant pour la dilatation de l'air, celui de nos formules (0,004), on trouve 18349 pour coefficient.

M. Laplace, d'après des observations faites par M. Ramond

dans les Pyrénées, a donné 18393, ou plutôt 18385; en en déduisant la quantité relative à la correction due à l'effet de la diminution de la pesanteur, dans le sens vertical, sur le poids de l'air.

Notre coefficient est le terme moyen entre ces trois principaux résultats des observations publiées jusqu'ici.

De plus, celles que j'ai faites au Mont-Grégorio indiquent 18305 pour l'heure de midi; mais, en ayant égard à l'effet des heures, ainsi que nous le verrons bientôt, elles donneraient environ 18365, pour terme moyen, aux époques du jour et de l'année où l'on fait la majeure partie des observations barométriques.

Erreurs provenant du facteur thermométrique.

Ces diverses considérations m'engagent à conclure que ce coefficient est aussi exact qu'on puisse le désirer, et qu'il ne saurait donner lieu à aucune erreur notable.

Il n'en sera pas de même du facteur relatif à la température de l'air, $1+0,004\frac{t+t'}{2}$, que nous pouvons appeler le facteur thermométrique.

Les expériences de Saussure, Dalton et Gay-Lussac, ne laissent aucun doute sur la partie de ce facteur qui exprime la quantité dont l'air, ainsi que toutes les substances gazeuses, qui entrent dans la composition de l'atmosphère, se dilatent; quantité qui est de 0,00375 par chaque degré du thermomètre centigrade. Nous l'avons, il est vrai, portée à 0,004 à cause des vapeurs aqueuses répandues dans l'atmosphère: mais l'erreur qui peut résulter de cette manière de corriger l'effet des vapeurs sur la densité de l'air, ne saurait, dans aucun cas, être que très-petite. Lorsque le thermomètre est entre 10 et 20°, et l'hygromètre à cheveu entre 70 et 90°, et le plus souvent ces instruments se tiennent entre ces limites; elle ne va pas à un millième de la hauteur mesurée, et, par conséquent, elle doit être regardée comme nulle: dans les tems les plus humides et les plus froids (abstraction faite de ceux où il gèle), elle ne saurait être de deux millièmes en moins ; et, dans les tems chauds et secs, rarement s'élevera-t-elle à deux et presque jamais à trois millièmes en plus.

Ce sera donc à la quantité $\frac{t+t'}{2}$ qu'il faudra imputer les plus grandes erreurs de la méthode barométrique ; et nous en avons signalé la cause en établissant la formule. Nous avons vu que cette quantité devait exprimer la vraie température moyenne de toute la masse d'air comprise entre les deux stations, et qu'à cet effet il faudrait, 1° que t indiquât la température de la couche inférieure de cette masse, et t' celle de la couche supérieure ; 2° que d'une couche à l'autre, la diminution ou l'accroissement de la chaleur se fît en progression arithmétique : rarement ces deux conditions ont-elles réellement lieu dans la pratique.

En effet, t et t', tels que nous les prenons à nos stations, sont habituellement affectés de la situation du thermomètre à ces points, même dans les localités qui paraissent les plus favorables ; par exemple, cet instrument placé dans une grande plaine, à 2 ou 3 mètres au-dessus du sol, à l'ombre d'un corps étroit, en plein midi, se tiendra plus bas au milieu d'une prairie qu'au milieu d'une terre labourée blanche située un peu plus loin : un nuage qui passera dessus suffira souvent pour le faire baisser momentanément d'une quantité notable. Sur la cime d'une haute montagne, pour ainsi dire en pleine atmosphère, un léger vent du sud peut faire monter, comme sur un plan incliné, l'air qui repose sur le versant méridional, et qui y est fortement échauffé par les rayons du soleil et par les effets de la réverbération ; il enveloppera l'observateur, même à son insu, d'un milieu plus chaud que n'est l'air dans l'atmosphère, au même niveau, et verticalement au-dessus de la station inférieure ; et c'est cependant la vraie température de cet air que devrait représenter t'.

Quoique la masse générale des observations thermométriques faites à de grandes hauteurs, puisse porter à admettre que le décroissement de la chaleur, à mesure qu'on s'élève dans l'atmosphère, se fait en progression arithmétique, ou du moins qu'elle n'indique pas plutôt une autre espèce de progression, il n'en est pas moins vrai qu'elle nous montre les plus grandes irrégularités dans ce décroissement, ainsi que nous l'avons vu dans la note précédente (page 435—441). Ces observations nous apprennent que la couche inférieure éprouve, en température, des variations continuelles, locales, et presque instantanées, qui ne se font point sentir, même à une petite hauteur : de sorte que la température de cette couche sort, en quelque sorte, de la progression : en conséquence, si nous l'y introduisons, et que nous la prenions comme terme extrême, pour déterminer le terme moyen, nous commettrons une erreur en plus ou en moins, selon que la couche sera plus chaude ou plus froide qu'elle ne l'est moyennement; cette erreur sera d'autant plus grande, que la variation en température sera plus forte, et qu'elle se fera ressentir à un moindre nombre de couches, ou de termes de la progression, c'est-à-dire, qu'elle sera plus subite. L'autre terme extrême t', se trouvant plus élevé dans l'atmosphère, sera moins affecté des causes d'erreur que nous venons d'indiquer; mais il le sera encore, et il le sera d'autant plus que la station supérieure tiendra à une plus grande masse de terrain, et que le thermomètre y sera plus près du sol.

Il suit de ce qui vient d'être dit, que notre facteur de température doit pécher en excès, 1° dans les heures et les moments du jour où la chaleur, à la surface de la terre, s'élève au-dessus de la moyenne, et d'autant plus que cette élévation est plus brusque et plus considérable; 2° lorsque, d'un jour à l'autre, il survient un haussement notable en température; 3° enfin, dans la saison la plus chaude de l'année. Il péchera en moins et d'autant plus qu'il surviendra dans la journée, ou d'un jour à l'autre, un refroidissement plus grand et plus subit ; et ce sera surtout au moment du lever du soleil, époque de la journée où la couche d'air qui touche la surface de la terre éprouve le plus grand degré de froid, où elle l'éprouve tout-à-coup et sans qu'il se fasse sentir aux couches élevées.

Quelle peut être la grandeur de l'erreur provenant de cette cause ? Malgré la multitude des observations barométriques faites par les physiciens, il serait difficile de les présenter et combiner de manière à bien faire ressortir l'effet particulier du facteur de la température, et à fixer ses excès. Me bornant à quelques observations qui me sont propres, je dirai qu'ayant pris, pendant vingt-quatre jours consécutifs, la hauteur de l'hospice du grand Saint-Bernard au-dessus de Turin, à huit heures du matin, midi, et quatre heures du soir, j'ai eu les résultats suivants :

Pour 8 heures. . . . . 2196 mètres.
Pour midi 2222
Pour 4 heures (1). 2212

Trente-sept jours d'observations m'ont donné pour la hauteur du même hospice, au-dessus de la petite ville d'Aoste :

à 8 heures. 1889
à midi. 1904
à 4 heures. 1898

(1) Le coefficient 18305, donné à midi par nos observations sur le Mont-Grégorio, réduit à ce que les observations du Saint-Bernard font présumer qu'il eût été à quatre heures du soir, deviendrait 18387 d'après la comparaison avec Turin, et 18363 d'après celle avec d'Aoste : or les résultats de la formule, à 4 h.res, paraissent être le terme moyen entre ceux qu'on obtiendrait depuis 9 heures du matin jusqu'à 6 ou 7 heures du soir, dans la belle saison. Nous pouvons donc en conclure que le coefficient déterminé à 4 heures, et par suite notre coefficient théorique 18365, qui n'en diffère pas sensiblement, est comme le terme moyen qui doit donner les moindres erreurs dans l'intervalle du tems consacré ordinairement aux observations barométriques.

Reprenons les observations du Saint-Bernard et de Turin, faites pendant cinquante-un jours à midi : dans les dix premiers jours, à la fin de juillet, la température moyenne étant 18°, la hauteur a été. . . . . 2221 mèt,
Dans les dix derniers, au commencement de septembre, la température étant 14°, la hauteur n'a plus été que.... 2202

Le 7 septembre, la température moyenne baissa de 9°, et la hauteur trouvée ne fut que de. 2175

M. Ramond, mesurant, au lever du soleil, une hauteur de 2613 mètres, a eu une erreur de 60 mètres.

Au reste, quoique la très-grande partie des différences dans les résultats sus-mentionnés soit due au facteur de la température, elle ne lui appartient pas entièrement : voyez, à ce sujet, mon mémoire sus-mentionné.

L'effet des saisons sera constaté par le tableau suivant, donnant la hauteur de l'hospice du Saint-Bernard sur Genève, d'après les observations de chaque mois.

En définitive, nos suppositions sur l'estimation de la température de la masse d'air comprise entre les deux stations, peuvent nous induire dans une erreur d'un et de deux degrés thermométriques; ce qui correspond aux quatre ou huit millièmes de la hauteur mesurée. Cette erreur notable dans de grandes hauteurs, est presque insignifiante dans celles qui n'excèdent pas deux ou trois cents mètres.

Erreur du facteur barométrique.

La méthode barométrique repose sur la supposition que, dans la masse d'air comprise entre les deux stations, une même couche horizontale de l'atmosphère éprouve, dans toutes ses parties, une égale pression, ou, en d'autres termes, que le baromètre s'y tient partout à la même hauteur. D'où il suit que les variations continuelles qui affectent cet instrument sur un point devraient se faire ressentir simultanément sur tout autre dans la même couche, ou, ce qui revient au même, que la marche de deux baromètres placés en des lieux différents devrait conserver son parallélisme au milieu de ses variations (abstraction faite des différences dans la température de la masse d'air comprise entre ces lieux). Quoique les observations indiquent un parallélisme vraiment surprenant dans la marche de deux baromètres placés dans des lieux fort éloignés, à deux cents lieues de distance, par exemple; cependant, en examinant cette marche dans ses détails, nous voyons que les perturbations barométriques ne se propagent que successivement; de sorte que, malgré la rapidité de la transmission, lorsque la distance est considérable, les variations ne sont pas assez simultanées pour qu'il n'en puisse résulter de fortes erreurs dans la mesure des hauteurs; elles dépendront, en grande partie, de la direction et de la force des vents, qui ne peuvent manquer d'exercer une influence considérable sur le sens et la promptitude de la transmission.

Telle est la nature de l'erreur due au facteur barométrique. Sa grandeur sera nulle, ou du moins insensible, lorsque la distance entre les deux stations n'excédera pas trois ou quatre myriamètres, hors le cas de quelque mouvement extraordinaire dans le baromètre. Quoique la distance entre le Saint-Bernard et Turin soit de près de onze myriamètres, dans les cinquante-un jours qu'ont duré mes observations, je n'ai pas trouvé, sur une hauteur de 2220 mètres, une erreur de 10 à 12 mètres que je pusse attribuer, avec vraisemblance, au facteur barométrique. Mais en comparant les observations du Saint-Bernard à celles de Paris, sur une différence de niveau de 2430 mètres, on a des erreurs de 70 et 80 mètres, dont une grande partie est certainement un effet de la distance, qui est, il est vrai, de cinquante myriamètres.

Je ne saurais donner un exemple plus concluant de la grandeur des erreurs dont la mesure des hauteurs est susceptible, et par suite mieux fixer le degré de confiance qu'on doit attacher à la méthode barométrique, qu'en présentant, mois par mois, la hauteurs de l'hopice du grand Saint-Bernard, au-dessus de Genève, conclue de la moyenne des observations faites tous les jours dans ces deux stations, au lever du soleil, et à deux heures après midi, en 1818. En prenant ainsi la moyenne d'une trentaine d'observations, les erreurs de l'observation, ainsi que les anomalies dues à des causes passagères, telles qu'un orage, etc., disparaissent.

Le Saint-Bernard, situé sur un col, au faîte des grandes Alpes, se trouve comme engagé entre leurs plus hautes sommités : il est à environ 2510 mètres au-dessus de la mer, et à 85535 mètres (19 lieues), à l'est-sud-est de Genève.

MOIS.	LEVER DU SOLEIL.		A DEUX HEURES.	
	hauteur.	distance.	hauteur.	distance.
	mèt.		mèt.	
Janvier.	2058	— 13	2091	— 21
Février.	2065	— 6	2104	— 8
Mars.	2093	+ 23	2130	+ 18
Avril.	2058	— 13	2119	+ 7
Mai.	2080	+ 9	2132	+ 20
Juin.	2074	+ 3	2147	+ 35
Juillet.	2084	+ 13	2119	+ 2
Août.	2075	+ 4	2137	+ 25
Septembre.	2068	— 3	2117	+ 5
Octobre.	2071	0	2095	— 17
Novembre.	2061	— 11	2076	— 34
Décembre.	2062	— 9	2081	— 31
Moyenne.	2071		2112	

Ainsi, même à l'aide de moyennes, nous avons ici des erreurs de 35 mètres sur 2112, c'est-à-dire de 16 sur 100 : et ce qui est bien remarquable, c'est que les erreurs ont été moindres au lever du soleil qu'à deux heures après midi; quoique le premier de ces moments soit en général regardé comme le plus défavorable à la mesure des hauteurs : dans le cas présent, avec un coefficient déterminé pour ce moment, il eût été plus favorable que celui de 2 h. Il importe que les observations du Saint-Bernard soient multipliées et qu'elles soient faites avec le plus grand soin : malgré quelques désavantages de position, sous certains rapports, c'est l'observatoire météorologique le plus important de l'Europe : c'est l'habitation la plus élevée de cette partie du monde.

Les causes perturbatrices du baromètre exercent plus d'action dans les couches inférieures que dans les couches supérieures de l'atmosphère. En conséquence, lorsqu'on mesure de petites hauteurs, comme les deux stations sont dans les premières de ces couches, les erreurs provenant de la perturbation, c'est-à-dire celles de facteur barométrique, doivent être plus considérables que pour les grandes hauteurs. Cependant, on peut encore ici obtenir des résultats bien satisfaisants. En 1816, j'ai vu faire, par M. Marqué-Victor, professeur de physique, et par M. la Faure, ingénieur des ponts et chaussées, 56 observations simultanées, en huit jours, à Toulouse et à Naurouse, point de partage des eaux du canal de Languedoc : la distance entre les deux stations est de 43 mille mètres, et la différence de niveau, connue d'après un grand nombre de nivellements, est de 50,1 mètres. Le résultat moyen des observations barométriques a été 50,2 mètres : le tableau de ces observations en présente neuf anomales dont quelques-unes donnent jusqu'à 4 mètres d'erreur; mais en bonne critique, elles seraient dans le cas d'être rejetées, tout indique que plusieurs d'entre elles ne sont dues qu'à une erreur dans l'observation; dans les 45 autres, les différences n'excèdent pas 2 mètres, et elles sont tantôt en plus, tantôt en moins.

En résumant, nous pourrons établir, qu'en faisant abstraction des causes manifestes d'erreur, telles qu'un changement brusque et considérable dans la température, une forte pluie, ou une grêle qui refroidirait tout-à-coup l'air, les approches d'un orage, l'époque d'une tempête, une distance de plus de dix myriamètres entre les deux stations, une position dans laquelle le thermomètre indiquerait manifestement une température différente de celle qui règne en pleine atmosphère au même niveau, et les moments voisins du lever du soleil, la méthode barométrique doit donner les hauteurs qui excéderaient quatre ou cinq cents mètres, à moins d'un centième près de leur valeur. On atteindra rarement cette limite d'erreur, et lorsque les circonstances météorologiques, ou celles de position, ne seront pas défavorables, et que les deux stations ne seront qu'à quelques myriamètres, on aura habituellement les hauteurs à deux, trois ou quatre millièmes près de leur valeur réelle.

Considérations pratiques.

Disons quelques mots sur les instruments et sur la manière de les observer.

Les baromètres destinés à la mesure des hauteurs doivent réunir deux avantages qui semblent presque incompatibles : ils doivent être faciles à transporter et à manier, sujets à peu de dérangements, et, en même tems, ils doivent donner les élévations du mercure avec une grande exactitude. De tous ceux qui ont été faits jusqu'ici, aucun ne réunit mieux ces avantages que ceux construits par M. Fortin, artiste de Paris; ils conviennent principalement aux déterminations fort exactes. On en fait à Londres de très-simples et très-légers, et qui donnent des résultats d'une exactitude suffisante pour les opérations ordinaires de la géologie, et même de la géographie physique : ils sont décrits dans le tome 42 de la *Bibliothèque britannique*. Peut-être sont-ils surpassés encore, en simplicité et en commodité, par ceux dernièrement inventés par M. Gay-Lussac, et dont il a fait connaître la construction au tome I des *Annales de physique et de chimie*.

Le baromètre doit être garni d'un vernier indiquant les

dixièmes de millimètre, et portant, en avant et en arrière du tube de verre, deux plaques ou repères, qui fixent, avec précision, la position du rayon visuel de l'observateur. Immédiatement avant l'observation, on donnera un petit mouvement au mercure, on vérifiera si celui de la cuvette répond bien au zéro de l'échelle, et on frappera légèrement sur le tube, ou plutôt sur la monture, afin de rompre l'adhérence du mercure au verre, et d'affaiblir les effets de la capillarité. Ensuite on baissera le vernier jusqu'à ce que le rayon visuel soit tangent ou plutôt presque tangent au sommet de la convexité de la colonne de mercure.

Le baromètre portera un thermomètre placé de manière à donner le plus exactement possible la température du mercure dans le tube. A cet effet, sa boule doit être garantie du contact immédiat de l'air extérieur, et l'instrument doit être tenu assez long-tems en expérience pour qu'il prenne par-tout le même degré de chaleur; il faut éviter, autant que possible, de le mettre au soleil.

Les thermomètres destinés à donner la température de l'air, doivent avoir la boule nue, et être très-sensibles. Il faut les disposer de manière a ce qu'ils indiquent la température de la couche d'air dans laquelle ils se trouvent telle que cette température est en pleine atmosphère; l'observateur fera usage de tout son discernement pour faire qu'il en soit réellement ainsi: en conséquence, il devra les éloigner, autant que possible, du sol; les placer à 5, 6 et même à 8 ou 10 mètres de hauteur, si cela se peut; les tenir à l'ombre d'un corps étroit de manière à ce qu'ils ne soient point frappés par les rayons du soleil, tout en donnant la température de l'air échauffé par ces mêmes rayons, les garantir de la réverbération des corps voisins, etc.

Les divers instruments qui servent aux deux stations doivent être fréquemment comparés entre eux; ils doivent encore l'avoir été avec des instruments d'une bonté reconnue. Ainsi les baromètres seront comparés avec un bon baromètre à siphon, ou avec celui de quelque observatoire; la différence qui pourra exister entre eux, et qui pourra provenir, ou de la capillarité, ou du placement du zéro de l'échelle, sera une quantité constante à ajouter ou à retrancher dans chaque observation.

Solution analytique du problème.

Etablissons la formule, pour la détermination des hauteurs à l'aide du baromètre, dans toute sa généralité; soit à cet effet

$x =$ différence de niveau entre les deux stations.

$a =$ hauteur de la station inférieure au-dessus de la mer.

$H =$ longueur de la colonne barométrique à la station inférieure.

$h =$ longueur de la colonne à la station supérieure.

$p =$ densité du mercure à zéro du thermomètre.

$p' =$ densité du mercure dans le baromètre inférieur.

$p'' =$ densite du mercure dans le baromètre supérieur.

$G =$ gravité au niveau de la mer, et à 45° de latitude.

$g =$ gravité au niveau de la mer, dans le lieu de l'observation.

$g' =$ gravité à la station inférieure.

$g'' =$ gravité à la station supérieure.

$q =$ densité de l'air sec, au niveau de la mer, à 45° de latitude, à zéro du thermomètre, et sous la pression barométrique de $G.p.$ 0,76 mètres.

$q' =$ densité de l'air à la station inférieure, et par suite sous la pression $g'\,p'\,H$.

$q'' =$ densité de l'air à la station supérieure, ou sous la pression $g'\,p''\,h$.

$r =$ rayon terrestre, qu'on peut ici regarder comme le même à toutes les latitudes, et égal à 6366700 mètres.

Lorsqu'une masse d'air est en équilibre, toutes les parties d'une même couche horizontale éprouvent une égale pression; ainsi, toutes les colonnes atmosphériques d'un même diamètre qui reposent sur cette couche sont égales en poids, et ce poids équivaut à celui de la colonne de mercure d'un baromètre placé dans la meme couche : d'où il suit que *le poids d'une colonne verticale d'air, prise entre les niveaux des deux stations, est egal a la différence entre les poids des colonnes barometriques a ces stations.* De la, l'equation fondamentale

$$\int g'' q'' dx = g' p' H - g'' p'' h;$$

car la base des colonnes étant 1, $g'' q''\ dx$ est le poids d'une tranche différentielle de la colonne d'air prise a la hauteur x.

La gravite etant en raison inverse du carre de la distance au centre de la terre, on a

$$\frac{g''}{g} = \left(\frac{r + a + x}{r}\right)^2 = 1 - \frac{2a + 2x}{r},$$

en observant que tous les termes qui contiennent r^2 au dénominateur sont extremement petits et peuvent être negliges.

Faisons

$$x\left(1 - \frac{2a + x}{r}\right) = x':$$

la différenciation donnera

$$g'' dx = g dx'.$$

La temperature etant supposée égale, les densites de l'air sont comme les poids comprimants, ainsi

$$\frac{q'}{q''} = \frac{g' p' H}{g'' p'' h}$$

De sorte que l'équation fondamentale devient

$$\int g q'' dx' = g' p' H - g' p' H \frac{q''}{q'}$$

En différenciant, on a

$$g dx' = \frac{g' p' H}{q'} \cdot \frac{dq''}{q''}$$

dont l'integrale (la constante etant déterminée pour la station inferieure, ou $x = 0$ et $q'' = q'$) est

$$g x' = \frac{g' p' H}{q'} [\log q' - \log q''] = \frac{g' p' H}{q''} \log \frac{q'}{q''} = \frac{g' q' H}{q}$$

$$\log \frac{g' p' H}{g' p'' h}$$

Mettant pour x' la valeur ci-dessus, et substituant les logarithmes tabulaires aux logarithmes hyperboliques, m etant le module des premiers, on a

$$x = \frac{g' p' H}{g\, q' m} \left(\log \frac{g' p' H}{g'' p'' h}\right) \left(1 + \frac{2a + x}{r}\right) \ldots. (O)$$

Substituons des quantites constantes ou connues aux variables qui sont dans cette equation.

La gravite varie, à diverses latitudes, proportionnellement a la longueur du pendule; et cette longueur etant a une latitude l, egale à 0,990031 metre $+$ 0,005637 $\sin^2 l$, on conclut, en observant que $2 \sin^2 l = 1 - \cos 2\, l$, et qu a 45° $\cos 2\, l = 0$,

$$g = G\,(1 - 0{,}0028 \cos 2\, l).$$

La densité de l'air depend non-seulement des poids comprimants, mais encore de la temperature à laquelle ce fluide est soumis, et des vapeurs qui y sont melees. Quoique la chaleur décroisse progressivement d'une station a l'autre, il est cependant clair que x, c'est-a-dire la longueur d'une colonne d'air entre les deux stations, restera le même si l'on admet, dans toute son etendue, une température uniforme et egale a sa temperature moyenne, soit α cette temperature moyenne : on sait qu'une masse d'air, dont le volume est 1 a 0° du thermometre centigrade, occupe un volume represente par $1 + 0{,}00375\, \alpha$, a α° du meme thermometre, et que les densites suivent le rapport inverse des volumes. Les vapeurs aqueuses, en se mêlant a l'air, en diminuent la densite; si celle de l'air sec est exprimee par 1, et que Δ represente la diminution moyenne due à l'effet de la vapeur dans la masse d'air comprise entre les deux stations, $1 - \Delta$ exprimera la densite de cette masse (1). Prenant en considération les trois éléments de la densite de l'air, nous aurons donc :

---

(1) Δ n'est qu'une tres-petite fraction dont la valeur est $\frac{3f}{8k}$, k étant la hauteur du barometre dans la masse d'air que l'on considere, et f la force elastique de la vapeur renfermée dans cette même masse; nous avons fait connaître, pag. 46, le mode de sa détermination.

$$q : q' :: G.\,p.\,0{,}76 \times (1 + 0{,}00375\,\alpha) \times 1 : g'\,p'\,H \times 1 \times (1 - \Delta),$$

ou $$\frac{g'\,p'H}{q'} = \frac{G.p.0\,76}{q}\,(1 + 0{,}00475\,\alpha)\,(1 + \Delta).$$

Le mercure se dilate de 0,00018, par degré du thermomètre centigrade; de sorte que si T est la température du barometre inférieur et T' celle du barometre superieur, on aura, à tres-peu-près

$$\frac{p''}{p'} = 1 - 0{,}00018\,(T - T')$$

De plus $\frac{g'}{g''} = 1 + \frac{2x}{r}$.

Ainsi,

$$\log \frac{g'\,p'\,H}{g''p''h} = \log \frac{H}{h} + \log\,[1 - 0{,}00018\,(T - T')] + \log\left(1 + \frac{2x}{r}\right) = \log \frac{H}{h} - 0{,}000078\,(T - T') + \frac{2xm}{r},$$

puisque les derniers logarithmes appartenant à l'unité suivie de très-petites fractions ces fractions sont même multipliées par le module m ($= 0{,}43429$).

Substituant, dans l'équation (O), les valeurs de g, $\frac{g'\,p'\,H}{q'}$ et $\log \frac{g'\,p'\,H}{g''\,p''\,h}$ que nous venons de trouver, nous aurons

$$x = \frac{p.\,0{,}76}{q.\,m.}\,(1 + 0{,}00375\,\alpha)\,(1 + \Delta)\,(1 + 0{,}00284\,\cos 2\,l)\left(1 + \frac{2\,a + x}{r}\right)\left[\log \frac{H}{h} - 0{,}000078\,(T - T') + \frac{2\,x\,m}{r}\right]$$

faisons, pour abréger

$$\frac{p.\,0{,}76}{q\,m} = c$$

$$\log \frac{H}{h} - 0{,}000078\,(T - T') = d$$

$$1 + 0{,}00375\,\alpha = \gamma$$

$$1 + \Delta = \varphi$$

$$1 + 0{,}0028\,\cos 2\,l = \lambda$$

et degageant x, nous aurons pour equation finale,

$$x = \gamma\varphi\lambda d\left(c + \frac{2c^2\gamma\varphi\lambda m}{r} + \frac{2ca}{r} + \frac{c^2\gamma\varphi\lambda d}{r}\right)$$

Operons, dans cette formule, quelques transformations convenables a la pratique, et observons avant, que, d'apres les experiences de MM. Biot et Arago, sur les poids de l'air et du mercure, $\frac{p}{q} =$ 10467, el par suite le *coefficient constant* $c =$ 18317 mètres.

Le terme $\frac{2c^2\gamma\varphi\lambda m}{r}$ étant très-petit, par rapport a c, on peut y négliger φ et λ, qui ne diffèrent que tres-peu de l'unite : en donnant ensuite à γ les valeurs qu'il peut avoir de 0° à 26°, ce qui est la plus forte température qu'on puisse admettre dans la mesure des hauteurs, le terme ne variera que de 46 à 50 mètres. Ainsi, en l'ajoutant à 18317, on peut le supposer constant et égal à 48 mètres : faisant ensuite $18317 + 48 = c'$, et observant que $\frac{c'}{r}$ ne diffère pas sensiblement de $\frac{c}{r}$ on aura,

$$x = c'\gamma\varphi\lambda d + \frac{c'\gamma\varphi\lambda d.\,2a}{r} + \frac{(c'\gamma\varphi\lambda d)^2}{r}$$

Lorsque la station inférieure est au niveau de la mer (et même qu'elle n'est pas à plus de 300 metres au-dessus), le terme renfermant a peut être négligé, alors

$$x = c'\gamma\varphi\lambda d + \frac{(c'\gamma\varphi\lambda d)^2}{r} \ldots \text{(R)}$$

expression tres-commode pour le calcul, puisque le second terme n'est que le carre du premier divise par r.

La quantité Δ varie, dans l'atmosphère, de 0,001 a 0,008; en general, elle croît avec la temperature; et sans s'exposer à commettre une erreur notable, on peut faire $\Delta = 0{,}00025\,\alpha$; ou, ce qui est la meme chose, faire, avec M. Laplace, $\gamma\varphi = 1 + 0{,}004\,\alpha$. Nous avons deja admis, avec ce même savant, $\alpha = \frac{t + t'}{2}$.

D'apres tout cela et faisant $x' = c'\gamma\varphi\lambda d$, on retrouve les equations finales donnees pages 462 et 463.

$x' = 18365\,[1 + 0{,}0028 \cos s\, 2\, l]\,[1 + 0{,}002\,(t + t')]\,[\log H - \log h - 0{,}000078\,(T - T')]$, et $x = x'\left(1 + \frac{2a + x}{r}\right)$

Si l'on nomme B et b l'elevation de nos deux stations au-dessus du niveau de la mer, ou plutôt au-dessus du point, tres-voisin de ce niveau, où le barometre serait a 0,77 mèt. au moment de l'observation, dans le cas où la temperature, tant des baromètres que de l'air, serait a zero du thermometre, a la latitude de 45°, on aura, d'apres la formule (R)

$$B = 18365\,(\log 0{,}77 - \log H) + [18365\,(\log 0{,}77 - \log H)]^2 \frac{1}{r}$$

$$b = 18365\,(\log 0{,}77 - \log h) + [18365\,(\log 0{,}77 - \log h)]^2 \frac{1}{r}$$

De plus, $18365 \times 0\,0000782 = 1{,}44$ ou $1,\,5$ (1).

Donc $x = [B - b - 1,\,5\,(T - T')]\,1 + 0{,}002\,(t + t')]$

Expression tres-facile à calculer, lorsqu'on aura les valeurs de B et b, correspondantes aux diverses valeurs de H et h. Ce sont ces valeurs qui font l'objet des tables données ci-dessus. La même formule rend raison de notre manière de faire la correction pour la temperature des barometres et de l'air. Quant à la correction en latitude, nous avons indique la manière de l'effectuer.

Terminons par quelques considérations théoriques sur la formule et sur la nature de son coefficient constant.

Si l'on suppose que la température est à 0°, que l'air est sec, et que la gravité est constante, on a simplement

$$x = c\,d = 18317\,(\log H - \log h).$$

Les facteurs γ, φ, λ, corrigent successivement l'effet de la supposition relativement à la temperature, à l'humidité et à la variation de la gravité en latitude. Quant à ce qui est de la variation de cette force dans le sens vertical, l'effet de la supposition est corrigé par les trois dernière termes du facteur complexe, dans l'équation generale

---

(1) Dans la note p. 464 nous avons donné les raisons qui nous ont porté à substituer 1,5 1,44

$$x = \gamma\varphi\lambda d \left(c + \frac{2c^2\gamma\varphi\lambda m}{r} + \frac{2ca}{r} + \frac{c^2\gamma\varphi\lambda d}{r}\right),$$

termes qui, d'apres ce qui a été dit ci-dessus, et en observant que $\frac{c\gamma\varphi\lambda d}{r}$ ne differe par sensiblement de $\frac{x}{r}$, peuvent s'ecrire ainsi qu'il suit:

$$48 + 0{,}0058\, a + 0{,}0029\, x.$$

Le premier des trois est relatif a la diminution des poids du mercure dans les barometres, par l'effet de la variation de la gravité dans le sens vertical; et les deux autres e sont à la diminution du poids de la masse d'air comprise entre les deux stations. Le premier augmente le coefficient de la quantité constante 48 metres, le second l'augmente d'environ 0,006 a, et le dernier de 0,003 x.

Le coefficient constant c a pour expression $\frac{p.\ 0{,}76\ \text{mèt.}}{q.\ m.}$, ou plus généralement $\frac{pb}{Dm}$, b étant une hauteur barometrique quelconque, et D la densité de l'air sous cette pression b; car $\frac{0{,}76}{q} = \frac{b}{D}$ Si b représentait l'indication du baromètre au niveau de la mer, et que l'atmosphere eût par-tout la densité qu'elle a à ce niveau, la hauteur de l'atmosphère, ainsi constituée, étant la longueur de la colonne barométrique b augmentée dans le rapport des densités p et D, du mercure et de l'air, serait $\frac{pb}{D}$; d'où nous conclurons que notre coefficient constant n'est que *la hauteur de l'atmosphere dans la supposition d'une densité constante* divisee par le module des tables. On peut donc dire que la *hauteur d'un lieu au-dessus d'un autre est egale à la hauteur de l'atmosphère multipliee par la différence entre les logarithmes naturels des colonnes barometriques observées à ces deux lieux*, en supposant que l'atmosphere a partout le même degré de densité qu'au niveau de la mer, et qu'elle possède le même degré de température, d'humidite et de pesanteur que la masse d'air comprise entre les deux stations.

On voit encore, d'après ce qui vient d'être exposé, que notre coefficient (7955 metres, en employant les logarithmes naturels), ou la hauteur de l'atmosphere dans la supposition d'une densité constante, est le module des *logarithmes barometriques ;* en d'autres termes, qu'elle represente la sous-tangente d'une logarithmique dans laquelle les colonnes barométriques seraient les ordonnées, et les hauteurs correspondantes seraient les abscisses.

TABLE
DES CHAPITRES ET DES PARAGRAPHES
CONTENUS DANS CE VOLUME.

INTRODUCTION.

pages.

§ 1. Objet et etymologie de la géognosie. . . 1
2. Coup-d'œil general sur l'ensemble de la geognosie. 3
3. Plan de l'ouvrage. 11

PREMIERE PARTIE.

Considérations generales sur le globe terrestre et sur les masses minerales qui le composent.

Chap. Ier. *De la figure et de la masse du globe terrestre.*

§ 4, Sa figure d'apres les lois de l'equilibre des fluides, et d'apres les mesures et les observations. La terre a été fluide; 14. § 5, Sa grandeur; 24. § 6, Sa densité; 25.

Chap. II. *Des fluides qui entourent la masse solide du globe.*

Art. Ier. *De l'atmosphere.* § 7, Sa composition; 30. § 8, Sa hauteur; 32. § 9, Ses mouvements: 33. § 10, Des meteorites; 34. — Art. II. *De l'eau sur le globe. a) De l'eau dans les mers.* § 11, Etendue et permanence de la mer; 35. § 12, Mouvements des eaux de la mer; flux et reflux; courants; 35. § 13, Contenu des eaux de la mer. Salure; 41. *b) De l'eau dans l'atmosphère.* § 14, Passage de l'eau dans l'atmosphere. Evaporation; 45. § 15, Retour de l'eau sur la terre. Pluie, sa quantité. Rosée; 48.

c) *De l'eau sur la surface de la terre ferme.* § 16, Des eaux courantes ; 54. § 17, Contenu des sources et des eaux courantes ; 55.

CHAP. III. *Des inégalités a la surface du globe.*

§ 18, Objet de ce chapitre ; 59. § 19, Différentes sortes d'inégalités ; 60.

SECT. Ire *Inégalités de la surface de la terre ferme.* — ART. Ier. *Des montagnes et des chaînes de montagnes.* § 20, Montagne et ses parties ; 64. § 20 *bis*, Idee generale d'une chaîne, sa structure et ses parties ; 66. § 21, Faîte ; 70. § 22, Versants. Des inclinaisons diverses ; 74. § 23, Rameaux ; 79. § 24, Vallées, vallons, gorges ; 82. § 25, Cimes ; 88. § 26, Cols ; 92. § 27, Liaison des chaînes entre elles ; 94. § 28, Limites entre les diverses chaînes ; 98. § 29, Direction générale des chaînes ; 100. § 30, Bassins et lacs dans les montagnes ; 102. — ART. II. *Des collines.* § 31, Collines ; 107. — ART. III. *Des plaines.* § 32, Plaines proprement dites ; 108. § 33, Plaines elevees ou plateaux ; 109. § 34, Bassins et rivières. Observations relatives a la représentation des inégalités du terrain sur les cartes ; 111.

SECT. II. *Inégalités du fond de la mer.* § 35, Observations générales ; 115. § 36, Chaînes sous-marines ; 116. § 37, Rochers et îles élevés par les zoophytes ; 117.

CHAP. IV. *Des agents qui exercent une action sur la surface du globe, et des dégradations ou changements produits par cette action.*

SECT. Ire. *Des agents et de la nature de leur action.* — ART. Ier. *Agents exterieurs.* — 1) *Action de l'atmosphère.* § 38, Action de l'air sur la surface de la terre ; 121. § 39, Action de la chaleur ; 123. § 40, Action de la foudre ; 124. — 2) *Action de l'eau.* a) *Action destructive.* §§ 41, 42, 43, 44, Par son mouvement. Eaux sauvages. Eaux sous forme de courant, dans les lacs et dans les mers. Erosion des roches; 126. § 45, Par son poids. Eboulements; 138. § 46, Par sa dilatabilité en se gelant; 140. § 47, Action dissolvante sur les roches; 141. § 48, Decomposition des roches; 142. *b*) *Action reproductive.* § 49, Distinctions entre les precipites chimiques et les précipités mecaniques; 145. § 50, Eaux courantes; 146. § 51, Eaux stagnantes; 149. § 52, Formations minerales qui se produisent encore a la surface de la terre ferme; 152. § 53, Formations actuelles dans les mers; 157. — ART. II. *Des agents interieurs. a*) *Des volcans et des phénomenes volcaniques.* § 54, Position des volcans; 160. § 55, Idees generales des phénomenes volcaniques; 163. § 56, Fumee; 167. § 57, Cendres volcaniques; 168. § 58, Sables volcaniques; 170. § 59, Scories volcaniques; 170. § 60, Pierres non fondues; 171. § 61, Force de projection des volcans; 172. § 62, Maniere dont les laves sortent des cratères; 173. § 63, Laves dans les montagnes volcaniques et dans les crateres: sortie et marche des laves; 176. § 64, Vitesse des courants de laves; 178. § 65, Leur viscosite; 179. § 66, Lenteur du refroidissement; 180. § 67, Chaleur des laves; 181. § 68, Grandeur des courants; 182. § 69, Eruptions aqueuses et boueuses; 183. § 70, Volcans d'air et de boue: salses; 189. § 71, Eaux jaillissantes: Geysers, 191. § 72, Volcans dans l'état de calme; 193. § 73, Phenomenes météorologiques liés aux eruptions volcaniques; 195. *b*) *Des tremblements de terre.* § 74, Differentes sortes de tremblements de terre; 197. § 75, Volcans produits durant les tremblements de terre; 199. § 76, Phenomenes des tremblements de terre; 201. § 77, Observations sur la distance à laquelle se propagent les tremblements; 205. *c*) *Observations sur la cause des phenomenes volcaniques.* § 78, Le calorique est le principal agent de ces phenomenes ; 107. § 79, Combustible qui sert d'aliment au feu volcanique ; 207. § 80, Cause des incendies volcaniques ; 209. § 81, Matiere des laves ; 211. § 82, Causes des eruptions ; 213. § 83, Position des foyers volcaniques ; 216.

SECT. II. *Des changements et degradations operes a la surface de la terre.* § 84, Surface de la terre immediatement apres sa formation ; 219. — ART. Ier. *Effets destructifs de la pesanteur.* § 85, Affaissements, eboulements ; 221. — ART. II. *Effets des elements atmosphériques.* § 86, Abaissement de niveau des terrains elevés ; 224. § 87, Morcellement des couches ; 232. §§ 88, 89, 90, 91, Formation des vallees : circonstances de la formation : appreciation de la force des agents qui concourent a l'excavation des vallees : la forme et la structure des vallées decelent leur origine : opinion de Deluc, etc., sur leur origine ; 237. § 92, Produits de la decomposition portes dans les plaines et les mers ; 250. — ART. III. *Effets dus aux volcans et aux tremblements de terre.* § 93, Effets dus aux volcans ; 254. § 94, Effets produits par les tremblements de terre ; 259. § 95, Conclusion de ce chapitre ; 268.

CHAP. V. *De la structure et de la superposition des masses minerales.*

§ 96, Differentes sortes de structures mineralogiques ; 270. § 97, Definitions : mineral : roche : couche : formation : terrain ; 271. § 98, Differentes sortes de structures geognostiques ; 275. — ART. Ier. *Structure des roches.* § 99, Différentes sortes de structures dans les roches ; 275. § 100, Structure simple ; 276. § 101, Structure fragmentaire ; *ibid.* § 102, Structure granitique ; 278. § 103, Structure schisteuse (composee) ; *ibid.* § 104, Structure porphyrique ; 279. § 105, Structure amygdaloïde : geodes d'agate ; 280. § 106, Structure double ; 284. § 107, Structure irreguliere ; 285.

§ 108, Roches auxquelles il convient de donner un nom propre ; *ibid.* — Art. II. *Structure en grand, ou division des masses et couches minerales.* § 109, Differentes sortes de divisions dans les masses de roches ; 287. *a*) *Stratification.* § 110, Definition ; 288. § 111, Determination de la stratification ; *ibid.* § 112, Caracteres distinctifs des fissures de la stratification ; 290. § 113, Des roches stratifiees, et des roches non stratifiees ; 293. § 114, Observation sur les causes de la stratification ; 295. *b*) *Division prismatique.* § 115, En masses rectangulaires ; 300. § 116, En prismes ; 302. § 117, En plaques ; 306. *c*) *Division en masses globuleuses.* § 118, Forme globuleuse due a la decomposition ; 308. § 119, Dans les roches cristallines ; 316. § 120, Dans les roches compactes. Consequences et observations ; 319. — Art. III. *Structure et étendue des formations.* § 121, Acception du mot formation : 322. *a*) *Structure ou composition des formations.* § 122, Composition d'une formation : 323. *b*) *Etendue des formations.* §§ 123, 124, Etendue primitive, formations generales, formations partielles ; 326. § 125, Etendue actuelle ; 328. — Art. IV *De l'assemblage ou de la superposition des formations.* § 126, Circonstances de la superposition des couches d'apres Werner ; 130. *a*) *Du parallelisme entre la stratification de deux formations consecutives.* § 127, Determination du parallelisme ; 332, §§ 128, 129, 130, Ses consequences relativement a l'identite des formations, aux degradations du sol et a l'age des couches ; 338. *b*) *De la forme et de la position des couches.* § 131, Doctrine de Werner ; 838. § 132, Forme des couches ; 340. § 133, Direction des couches ; 342. § 134, Inclinaison des couches, 345. § 135, Observation sur l'inclinaison des couches, formation des couches inclinees, redressement ou renversement des couches ; 347.

Chap. VI. *Des changements survenus progressivement dans la formation des masses minérales.*

§ 136, Objet de ce chapitre; 353. § 137, Les masses minerales ont ete deposees par une dissolution qui a successivement baissee de niveau, d'apres Werner; 354. § 138, Changement dans la nature de la dissolution ; 357. § 139, Les précipites ont ete de moins en moins cristallins ; 358. § 140, Les precipites mecaniques ont successivement augmente ; 359. § 141, Apparition successive des differents etres organises; 362. § 142, Division des terrains en cinq classes; 364. § 143, Formations particulieres de Werner; 368. §§ 144 et 145, Suite des formations de Werner, suite des schistes, suite des calcaires; 370.

NOTES.

I. Definition et rang de la geognosie dans les sciences naturelles, d'apres Werner. 274

II. De l'epaisseur de la croûte du globe connue aux minéralogistes. 377

III. De la nature de la fluidite des masses minérales. . . 379

IV. Des mouvements de la terre, etc. 390

V. Des meteorites ou aerolithes. 391

VI. Des sources 401

VII. Des îles produites par les volcans. 407

VIII. De la diminution des eaux de la mer 413

IX. Des systemes de geogenie de Buffon, Deluc, Hutton, Laplace et Herschell. 419

X. *De la temperature de la terre.* — Temperature a la surface. — Temperature de l'atmosphere. — Temperature des mines et des mers 424

XI. *De la mesure des hauteurs a l'aide du barometre.* — Etablissement de la méthode barometrique. — Tables pour le calcul des hauteurs.— Erreurs de la methode barometrique. — Observations pratiques. — Solution analytique du probleme 452

FIN DE LA TABLE.

De l'Imprimerie de Cellot, rue des Grands-Augustins, n° 9.

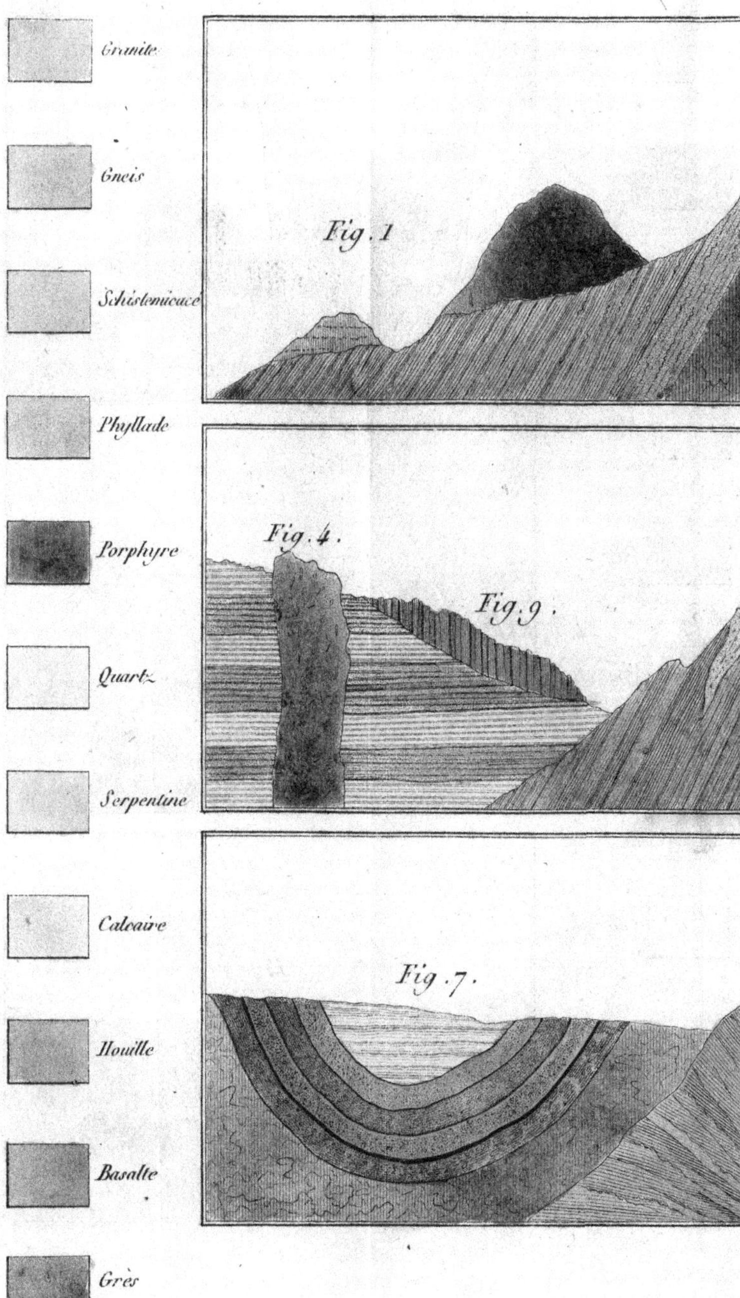
Granite
Gneis
Schistemicacé
Phyllade
Porphyre
Quartz
Serpentine
Calcaire
Houille
Basalte
Grès
Fig. 1
Fig. 4.
Fig. 9.
Fig. 7.

Fig. 2.

Fig. 3.

Fig. 5.

Fig. 6.

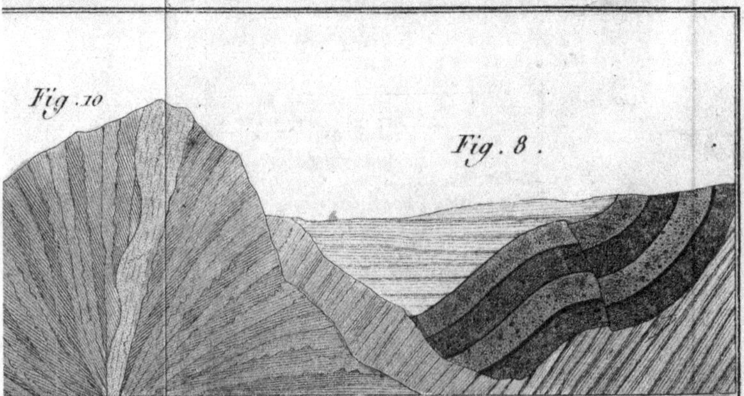

Fig. 10

Fig. 8.

Printed in the United States
By Bookmasters